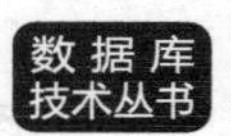

Redis
设计与实现

The Design and Implementation of Redis

黄健宏 著

图书在版编目（CIP）数据

Redis设计与实现/黄健宏著. —北京：机械工业出版社，2014.4（2024.6重印）
（数据库技术丛书）

ISBN 978-7-111-46474-7

I. R… II. 黄… III. 数据库－基本知识 IV. TP311.13

中国版本图书馆CIP数据核字（2014）第079820号

本书全面而完整地讲解了 Redis 的内部机制与实现方式，对 Redis 的大多数单机功能以及所有多机功能的实现原理进行了介绍，展示了这些功能的核心数据结构以及关键的算法思想，图示丰富，描述清晰，并给出大量参考信息。通过阅读本书，读者可以快速、有效地了解 Redis 的内部构造以及运作机制，更好、更高效地使用 Redis。

本书主要分为四大部分。第一部分“数据结构与对象”介绍了 Redis 中的各种对象及其数据结构，并说明这些数据结构如何影响对象的功能和性能。第二部分“单机数据库的实现”对 Redis 实现单机数据库的方法进行了介绍，包括数据库、RDB 持久化、AOF 持久化、事件等。第三部分“多机数据库的实现”对 Redis 的 Sentinel、复制、集群三个多机功能进行了介绍。第四部分“独立功能的实现”对 Redis 中各个相对独立的功能模块进行了介绍，涉及发布与订阅、事务、Lua 脚本、排序、二进制位数组、慢查询日志、监视器等。本书作者专门维护了 RedisBook.com 网站，提供带有详细注释的 Redis 源代码，以及本书相关的更新内容。

Redis设计与实现

黄健宏 著

出版发行：机械工业出版社（北京市西城区百万庄大街22号 邮政编码：100037）

责任编辑：吴 怡　　责任校对：殷 虹

印 刷：涿州市般润文化传播有限公司　　版 次：2024年6月第1版第30次印刷

开 本：186mm×240mm 1/16　　印 张：25.25

书 号：ISBN 978-7-111-46474-7　　定 价：79.00元

客服电话：（010）88361066 68326294

前　言

时间回到2011年4月，当时我正在编写一个用户关系模块，这个模块需要实现一个“共同关注”功能，用于计算出两个用户关注了哪些相同的用户。

举个例子，假设huangz关注了peter、tom、jack三个用户，而john关注了peter、tom、bob、david四个用户，那么当huangz访问john的页面时，共同关注功能就会计算并打印出类似“你跟john都关注了peter和tom”这样的信息。

从集合计算的角度来看，共同关注功能本质上就是计算两个用户关注集合的交集，因为交集这个概念是如此的常见，所以我很自然地认为共同关注这个功能可以很容易地实现，但现实却给了我当头一棒：我所使用的关系数据库并不直接支持交集计算操作，要计算两个集合的交集，除了需要对两个数据表执行合并（join）操作之外，还需要对合并的结果执行去重复（distinct）操作，最终导致交集操作的实现变得异常复杂。

是否存在直接支持集合操作的数据库呢？带着这个疑问，我在搜索引擎上面进行查找，并最终发现了Redis。在我看来，Redis正是我想要找的那种数据库——它内置了集合数据类型，并支持对集合执行交集、并集、差集等集合计算操作，其中的交集计算操作可以直接用于实现我想要的共同关注功能。

得益于Redis本身的简单性，以及Redis手册的详尽和完善，我很快学会了怎样使用Redis的集合数据类型，并用它重新实现了整个用户关系模块：重写之后的关系模块不仅代码量更少，速度更快，更重要的是，之前需要使用一段甚至一大段SQL查询才能实现的功能，现在只需要调用一两个Redis命令就能够实现了，整个模块的可读性得到了极大的提高。

自此之后，我开始在越来越多的项目里面使用Redis，与此同时，我对Redis的内部实现也越来越感兴趣，一些问题开始频繁地出现在我的脑海中，比如：

- Redis的五种数据类型分别是由什么数据结构实现的？
- Redis的字符串数据类型既可以存储字符串（比如"hello world"），又可以存储整数和浮点数（比如10086和3.14），甚至是二进制位（使用*SETBIT*等命令），Redis在内部是怎样存储这些值的？
- Redis的一部分命令只能对特定数据类型执行（比如*APPEND*只能对字符串执行，*HSET*

只能对哈希表执行），而另一部分命令却可以对所有数据类型执行（比如*DEL*、*TYPE*和*EXPIRE*），不同的命令在执行时是如何进行类型检查的？Redis在内部是否实现了一个类型系统？

- Redis的数据库是怎样存储各种不同数据类型的键值对的？数据库里面的过期键又是怎样实现自动删除的？
- 除了数据库之外，Redis还拥有发布与订阅、脚本、事务等特性，这些特性又是如何实现的？
- Redis使用什么模型或者模式来处理客户端的命令请求？一条命令请求从发送到返回需要经过什么步骤？

为了找到这些问题的答案，我再次在搜索引擎上面进行查找，可惜的是这次搜索并没有多少收获：Redis还是一个非常年轻的软件，对它的最好介绍就是官方网站上面的文档，但是这些文档主要关注的是怎样使用Redis，而不是介绍Redis的内部实现。另外，网上虽然有一些博客文章对Redis的内部实现进行了介绍，但这些文章要么不齐全（只介绍了Redis中的少数几个特性），要么就写得过于简单（只是一些概述性的文章），要么关注的就是旧版本（比如2.0、2.2或者2.4，而当时的最新版已经是2.6了）。

综合来看，详细而且完整地介绍Redis内部实现的资料，无论是外文还是中文都不存在。意识到这一点之后，我决定自己动手注释Redis的源代码，从中寻找问题的答案，并通过写博客的方式与其他Redis用户分享我的发现。在积累了七八篇Redis源代码注释文章之后，我想如果能将这些博文汇集成书的话，那一定会非常有趣，并且我自己也会从中学到很多知识。于是我在2012年年末开始创作《Redis设计与实现》，并最终于2013年3月8日在互联网发布了本书的第一版。

尽管《Redis设计与实现》第一版顺利发布了，但在我的心目中，这个第一版还是有很多不完善的地方：

- 比如说，因为第一版是我边注释Redis源代码边写的，如果有足够时间让我先完整地注释一遍Redis的源代码，然后再进行写作的话，那么书本在内容方面应该会更为全面。
- 又比如说，第一版只介绍了Redis的内部机制和单机特性，但并没有介绍Redis多机特性，而我认为只有将关于多机特性的介绍也包含进来，这本《Redis设计与实现》才算是真正的完成了。

就在我考虑应该何时编写新版来修复这些缺陷的时候，机械工业出版社的吴怡编辑来信询问我是否有兴趣正式地出版《Redis设计与实现》，能够正式地出版自己写的书一直是我梦寐以求的事情，我找不到任何拒绝这一邀请的理由，就这样，在《Redis设计与实现》第一版发布几天之后，新版《Redis设计与实现》的写作也马不停蹄地开始了。

从2013年3月到2014年1月这11个月间，我重新注释了Redis在unstable分支的源代码（也即是现在的Redis 3.0源代码），重写了《Redis设计与实现》第一版已有的所有章节，并向书中添加了关于二进制位操作（bitop）、排序、复制、Sentinel和集群等主题的新章节，最终完成了这本新版的《Redis 设计与实现》。本书不仅介绍了Redis的内部机制（比如数据库实现、类型系统、事件模型），而且还介绍了大部分Redis单机特性（比如事务、持久化、Lua脚本、排序、二进制位操作），以及所有Redis多机特性（如复制、Sentinel和集群）。

虽然作者创作本书的初衷只是为了满足自己的好奇心，但了解Redis内部实现的好处并不仅仅在于满足好奇心：通过了解Redis的内部实现，理解每一个特性和命令背后的运作机制，可以帮助我们更高效地使用Redis，避开那些可能会引起性能问题的陷阱。我衷心希望这本新版《Redis设计与实现》能够帮助读者更好地了解Redis，并成为更优秀的Redis使用者。

本书的第一版获得了很多热心读者的反馈，这本新版的很多改进也来源于读者们的意见和建议，因此我将继续在RedisBook.com设置disqus论坛（可以不注册直接发贴），欢迎读者随时就这本新版《Redis设计与实现》发表提问、意见、建议、批评、勘误，等等，我会努力地采纳大家的意见，争取在将来写出更好的《Redis设计与实现》，以此来回报大家对本书的支持。

黄健宏（huangz）

2014年3月于清远

致　谢

我要感谢hoterran 和iammutex 这两位良师益友，他们对我的帮助和支持贯穿整本书从概念萌芽到正式出版的整个阶段，也感谢他们抽出宝贵的时间为本书审稿。

我要感谢吴怡编辑鼓励我创作并出版这本新版《Redis 设计与实现》，以及她在写作过程中对我的悉心指导。

我要感谢TimYang 在百忙之中抽空为本书审稿，并耐心地给出了详细的意见。

我要感谢Redis 之父Salvatore Sanfilippo ，如果不是他创造了Redis 的话，这本书也不会出现了。

我要感谢所有阅读了《Redis 设计与实现》第一版的读者，他们的意见和建议帮助我更好地完成这本新版《Redis 设计与实现》。

最后，我要感谢我的家人和朋友，他们的关怀和鼓励使得本书得以顺利完成。

目录

第二部分 单机数据库的实现

第三部分　多机数据库的实现

第1章 引　言

本书对 Redis 的大多数单机功能以及所有多机功能的实现原理进行了介绍，力图展示这些功能的核心数据结构以及关键的算法思想。

通过阅读本书，读者可以快速、有效地了解 Redis 的内部构造以及运作机制，这些知识可以帮助读者更好地、也更高效地使用 Redis。

为了让本书的内容保持简单并且容易读懂，本书会尽量以高层次的角度来对 Redis 的实现原理进行描述，如果读者只是对 Redis 的实现原理感兴趣，但并不想研究 Redis 的源代码，那么阅读本书就足够了。

另一方面，如果读者打算深入了解 Redis 实现原理的底层细节，本书在 RedisBook.com 提供了一份带有详细注释的 Redis 源代码，读者可以先阅读本书对某一功能的介绍，然后再阅读该功能对应的实现代码，这有助于读者更快地读懂实现代码，也有助于读者更深入地了解该功能的实现原理。

1.1 Redis 版本说明

本书是基于 Redis 2.9——也即是 Redis 3.0 的开发版来编写的，因为 Redis 3.0 的更新主要与 Redis 的多机功能有关，而 Redis 3.0 的单机功能则与 Redis 2.6、Redis 2.8 的单机功能基本相同，所以本书的内容对于使用 Redis 2.6 至 Redis 3.0 的读者来说应该都是有用的。

另外，因为 Redis 通常都是渐进地增加新功能，并且很少会大幅地修改已有的功能，所以本书的大部分内容对于 Redis 3.0 之后的几个版本来说，应该也是有用的。

1.2 章节编排

本书由“数据结构与对象”、“单机数据库的实现”、“多机数据库的实现”、“独立功能的实现”四个部分组成。

第一部分“数据结构与对象”

Redis 数据库里面的每个键值对（key-value pair）都是由对象（object）组成的，其中：

- 数据库键总是一个字符串对象（string object）；
- 而数据库键的值则可以是字符串对象、列表对象（list object）、哈希对象（hash object）、集合对象（set object）、有序集合对象（sorted set object）这五种对象中的其中一种。

比如说，执行以下命令将在数据库中创建一个键为字符串对象，值也为字符串对象的键值对：

```
redis> SET msg "hello world"
OK
```

而执行以下命令将在数据库中创建一个键为字符串对象，值为列表对象的键值对：

```
redis> RPUSH numbers 1 3 5 7 9
(integer) 5
```

本书的第一部分将对以上提到的五种不同类型的对象进行介绍，剖析这些对象所使用的底层数据结构，并说明这些数据结构是如何深刻地影响对象的功能和性能的。

第二部分“单机数据库的实现”

本书的第二部分对 Redis 实现单机数据库的方法进行了介绍。

第 9 章“数据库”对 Redis 数据库的实现原理进行了介绍，说明了服务器保存键值对的方法，服务器保存键值对过期时间的方法，以及服务器自动删除过期键值对的方法等等。

第 10 章“RDB 持久化”和第 11 章“AOF 持久化”分别介绍了 Redis 两种不同的持久化方式的实现原理，说明了服务器根据数据库来生成持久化文件的方法，服务器根据持久化文件来还原数据库的方法，以及 *BGSAVE* 命令和 *BGREWRITEAOF* 命令的实现原理等等。

第 12 章“事件”对 Redis 的文件事件和时间事件进行了介绍：

- 文件事件主要用于应答（accept）客户端的连接请求，接收客户端发送的命令请求，以及向客户端返回命令回复；
- 而时间事件则主要用于执行 redis.c/serverCron 函数，这个函数通过执行常规的维护和管理操作来保持 Redis 服务器的正常运作，一些重要的定时操作也是由这个函数负责触发的。

第 13 章“客户端”对 Redis 服务器维护和管理客户端状态的方法进行了介绍，列举了客户端状态包含的各个属性，说明了客户端的输入缓冲区和输出缓冲区的实现方法，以及 Redis 服务器创建和销毁客户端状态的条件等等。

第 14 章“服务器”对单机 Redis 服务器的运作机制进行了介绍，详细地说明了服务器处理命令请求的步骤，解释了 serverCron 函数所做的工作，并讲解了 Redis 服务器的初始化过程。

第三部分“多机数据库的实现”

本书的第三部分对 Redis 的复制（replication）、Sentinel、集群（cluster）三个多机功能进行了介绍。

第 15 章“复制”对 Redis 的主从复制功能（master-slave replication）的实现原理进行了介绍，说明了当用户指定一个服务器（从服务器）去复制另一个服务器（主服务器）时，主从服务器之间执行了什么操作，进行了什么数据交互，诸如此类。

第 16 章“Sentinel”对 Redis Sentinel 的实现原理进行了介绍，说明了 Sentinel 监视服务器的方法，Sentinel 判断服务器是否下线的方法，以及 Sentinel 对下线服务器进行故障转移的方法等等。

第 17 章“集群”对 Redis 集群的实现原理进行了介绍，说明了节点（node）的构建方法，节点处理命令请求的方法，转发（redirection）错误的实现方法，以及各个节点之间进行通信的方法等等。

第四部分“独立功能的实现”

本书的第四部分对 Redis 中各个相对独立的功能模块进行了介绍。

第 18 章“发布与订阅”对 *PUBLISH*、*SUBSCRIBE*、*PUBSUB* 等命令的实现原理进行了介绍，解释了 Redis 的发布与订阅功能是如何实现的。

第 19 章“事务”对 *MULTI*、*EXEC*、*WATCH* 等命令的实现原理进行了介绍，解释了 Redis 的事务是如何实现的，并说明了 Redis 的事务对 ACID 性质的支持程度。

第 20 章“Lua 脚本”对 *EVAL*、*EVALSHA*、*SCRIPT LOAD* 等命令的实现原理进行了介绍，解释了 Redis 服务器是如何执行和管理用户传入的 Lua 脚本的；这一章还对 Redis 服务器构建 Lua 环境的过程，以及主从服务器之间复制 Lua 脚本的方法进行了介绍。

第 21 章“排序”对 *SORT* 命令以及 *SORT* 命令所有可用选项（比如 *DESC*、*ALPHA*、*GET* 等等）的实现原理进行了介绍，并说明了当 SORT 命令带有多个选项时，不同选项执行的先后顺序。

第 22 章“二进制位数组”对 Redis 保存二进制位数组的方法进行了介绍，并说明了 *GETBIT*、*SETBIT*、*BITCOUNT*、*BITOP* 这几个二进制位数组操作命令的实现原理。

第 23 章“慢查询日志”对 Redis 创建和保存慢查询日志（slow log）的方法进行了介绍，并说明了 *SLOWLOG GET*、*SLOWLOG LEN*、*SLOWLOG RESET* 等慢查询日志操作命令的实现原理。

第 24 章“监视器”介绍了将客户端变为监视器（monitor）的方法，以及服务器在处理命令请求时，向监视器发送命令信息的方法。

1.3 推荐的阅读方法

因为 Redis 的单机功能是多机功能的子集，所以无论读者使用的是单机模式的 Redis，还是多机模式的 Redis，都应该阅读本书的第一部分和第二部分，这两个部分包含的知识是所有 Redis 使用者都必然会用到的。

如果读者要使用 Redis 的多机功能，那么在阅读本书的第一部分和第二部分之后，应该接着阅读本书的第三部分。如果读者只使用 Redis 的单机功能，那么可以跳过第三部分，直接阅读第四部分。

本书的前三个部分都是以自底向上（bottom-up）的方式来写的，也就是说，排在后面的章节会假设读者已经读过了排在前面的章节。如果一个概念在前面的章节已经介绍过，那么后面的章节就不会再重复介绍这个概念，所以读者最好按顺序阅读这三部分的各个章节。

本书的第四部分包含的各章是完全独立的，读者可以按自己的兴趣来挑选要读的章节。在本书的第四部分中，除了第 20 章的其中一节涉及多机功能的内容之外，其他章节都没有涉及多机功能的内容，所以第四部分的大部分章节都可以在只阅读了本书第一部分和第二部分的情况下阅读。

图 1-1 对上面描述的阅读方法进行了总结。

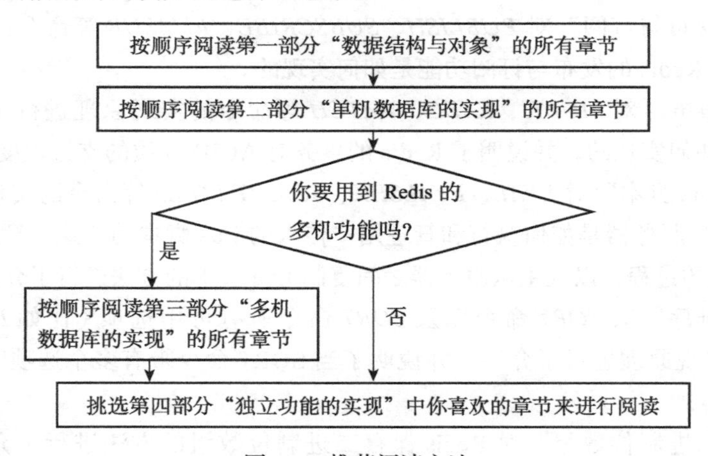

图 1-1　推荐阅读方法

1.4 行文规则

名字引用规则

在第一次引用 Redis 源代码文件 file 中的名字 name 时，本书使用 file/name 格式，比如 redis.c/main 表示 redis.c 文件中的 main 函数，而 redis.h/redisDb 则表示 redis.h 文件中的 redisDb 结构，诸如此类。

另外，在第一次引用标准库头文件 file 中的名字 name 时，本书使用 <file>/name 格式，比如 <unistd.h>/write 表示 unistd.h 头文件的 write 函数，而 <stdio.h>/printf 则表示 stdio.h 头文件的 printf 函数，诸如此类。

在第一次引用某个名字之后，本书就会去掉名字前缀的文件名，直接使用名字本身。举个例子，当第一次引用 redis.h 文件的 redisDb 结构的时候，会使用 redis.h/redisDb 格式，而之后再次引用 redisDb 结构时，只使用名字 redisDb。

结构引用规则

本书使用 struct.property 格式来引用 struct 结构的 property 属性，比如 redisDb.id 表示 redisDb 结构的 id 属性，而 redisDb.expires 则表示 redisDb 结构的 expires 属性，诸如此类。

算法规则

除非有额外说明，否则本书列出的算法复杂度一律为最坏情形下的算法复杂度。

代码规则

本书使用 C 语言和 Python 语言来展示代码：

- 在描述数据结构以及比较简短的代码时，本书通常会直接粘贴 Redis 的源代码，也即 C 语言代码。
- 而当需要使用代码来描述比较长或者比较复杂的程序时，本书通常会使用 Python 语言来表示伪代码。

本书展示的 Python 伪代码中通常会包含 server 和 client 两个全局变量，其中 server 表示服务器状态（redis.h/redisServer 结构的实例），而 client 则表示正在执行操作的客户端状态（redis.h/redisClient 结构的实例）。

1.5　配套网站

本书配套网站 redisbook.com 记录了本书的最新消息，并且提供了附带详细注释的 Redis 源代码可供下载，读者也可以通过这个网站查看和反馈本书的勘误，或者发表与本书有关的问题、意见以及建议。

第一部分

数据结构与对象

第 2 章

简单动态字符串

Redis 没有直接使用 C 语言传统的字符串表示（以空字符结尾的字符数组，以下简称 C 字符串），而是自己构建了一种名为简单动态字符串（simple dynamic string，SDS）的抽象类型，并将 SDS 用作 Redis 的默认字符串表示。

在 Redis 里面，C 字符串只会作为字符串字面量（string literal）用在一些无须对字符串值进行修改的地方，比如打印日志：

```
redisLog(REDIS_WARNING,"Redis is now ready to exit, bye bye...");
```

当 Redis 需要的不仅仅是一个字符串字面量，而是一个可以被修改的字符串值时，Redis 就会使用 SDS 来表示字符串值，比如在 Redis 的数据库里面，包含字符串值的键值对在底层都是由 SDS 实现的。

举个例子，如果客户端执行命令：

```
redis> SET msg "hello world"
OK
```

那么 Redis 将在数据库中创建一个新的键值对，其中：

- 键值对的键是一个字符串对象，对象的底层实现是一个保存着字符串 "msg" 的 SDS。
- 键值对的值也是一个字符串对象，对象的底层实现是一个保存着字符串 "hello world" 的 SDS。

又比如，如果客户端执行命令：

```
redis> RPUSH fruits "apple" "banana" "cherry"
(integer) 3
```

那么 Redis 将在数据库中创建一个新的键值对，其中：

- 键值对的键是一个字符串对象，对象的底层实现是一个保存了字符串 "fruits" 的 SDS。
- 键值对的值是一个列表对象，列表对象包含了三个字符串对象，这三个字符串对象分别由三个 SDS 实现：第一个 SDS 保存着字符串 "apple"，第二个 SDS 保存着字符串 "banana"，第三个 SDS 保存着字符串 "cherry"。

除了用来保存数据库中的字符串值之外，SDS 还被用作缓冲区（buffer）：AOF 模块中的 AOF 缓冲区，以及客户端状态中的输入缓冲区，都是由 SDS 实现的，在之后介绍 AOF 持久化和客户端状态的时候，我们会看到 SDS 在这两个模块中的应用。

本章接下来将对 SDS 的实现进行介绍，说明 SDS 和 C 字符串的不同之处，解释为什么 Redis 要使用 SDS 而不是 C 字符串，并在本章的最后列出 SDS 的操作 API。

2.1 SDS 的定义

每个 sds.h/sdshdr 结构表示一个 SDS 值：

```
struct sdshdr {

    // 记录 buf 数组中已使用字节的数量
    // 等于 SDS 所保存字符串的长度
    int len;

    // 记录 buf 数组中未使用字节的数量
    int free;

    // 字节数组，用于保存字符串
    char buf[];

};
```

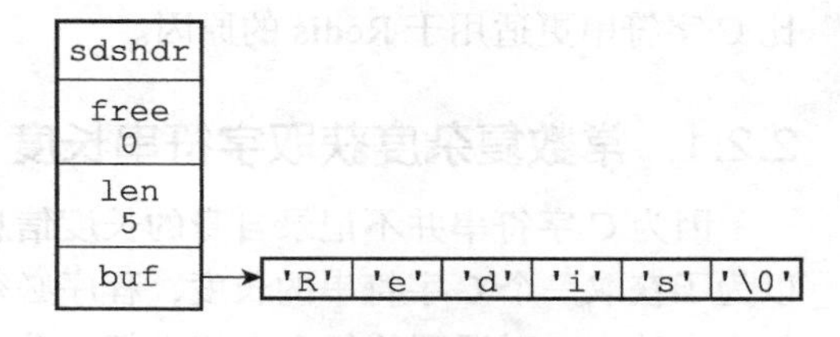

图 2-1　SDS 示例

图 2-1 展示了一个 SDS 示例：

- ❑ free 属性的值为 0，表示这个 SDS 没有分配任何未使用空间。
- ❑ len 属性的值为 5，表示这个 SDS 保存了一个五字节长的字符串。
- ❑ buf 属性是一个 char 类型的数组，数组的前五个字节分别保存了 'R'、'e'、'd'、'i'、's' 五个字符，而最后一个字节则保存了空字符 '\0'。

SDS 遵循 C 字符串以空字符结尾的惯例，保存空字符的 1 字节空间不计算在 SDS 的 len 属性里面，并且为空字符分配额外的 1 字节空间，以及添加空字符到字符串末尾等操作，都是由 SDS 函数自动完成的，所以这个空字符对于 SDS 的使用者来说是完全透明的。遵循空字符结尾这一惯例的好处是，SDS 可以直接重用一部分 C 字符串函数库里面的函数。

举个例子，如果我们有一个指向图 2-1 所示 SDS 的指针 s，那么可以直接使用 <stdio.h>/printf 函数，通过执行以下语句：

```
printf("%s", s->buf);
```

来打印出 SDS 保存的字符串值 "Redis"，而无须为 SDS 编写专门的打印函数。

图 2-2 展示了另一个 SDS 示例。这个 SDS 和之前展示的 SDS 一样，都保存了字符串值 "Redis"。这个 SDS 和之前展示的 SDS 的区别在于，这个 SDS 为 buf 数组分配了五字节未使用空间，所以它的 free 属性的值为 5（图中使用五个空格来表示五字节的未使用空间）。

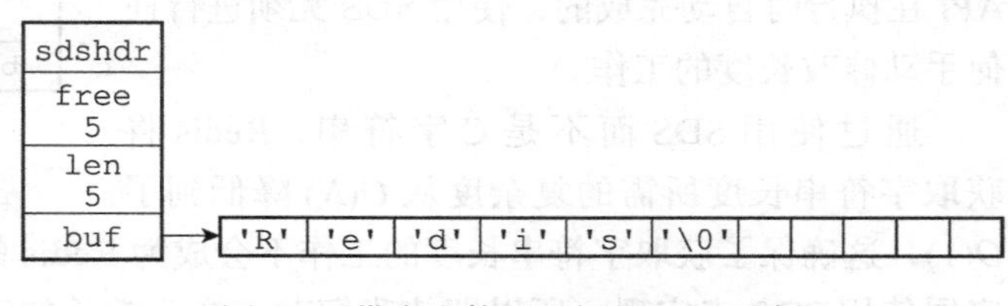

图 2-2　带有未使用空间的 SDS 示例

接下来的一节将详细地说明未使用空间在 SDS 中的作用。

2.2 SDS 与 C 字符串的区别

根据传统，C 语言使用长度为 `N+1` 的字符数组来表示长度为 N 的字符串，并且字符数组的最后一个元素总是空字符 `'\0'`。

例如，图 2-3 就展示了一个值为 `"Redis"` 的 C 字符串。

C 语言使用的这种简单的字符串表示方式，并不能满足 Redis 对字符串在安全性、效率以及功能方面的要求，本节接下来的内容将详细对比 C 字符串和 SDS 之间的区别，并说明 SDS 比 C 字符串更适用于 Redis 的原因。

'R'	'e'	'd'	'i'	's'	'\0'

图 2-3　C 字符串

2.2.1 常数复杂度获取字符串长度

因为 C 字符串并不记录自身的长度信息，所以为了获取一个 C 字符串的长度，程序必须遍历整个字符串，对遇到的每个字符进行计数，直到遇到代表字符串结尾的空字符为止，这个操作的复杂度为 $O(N)$。

举个例子，图 2-4 展示了程序计算一个 C 字符串长度的过程。

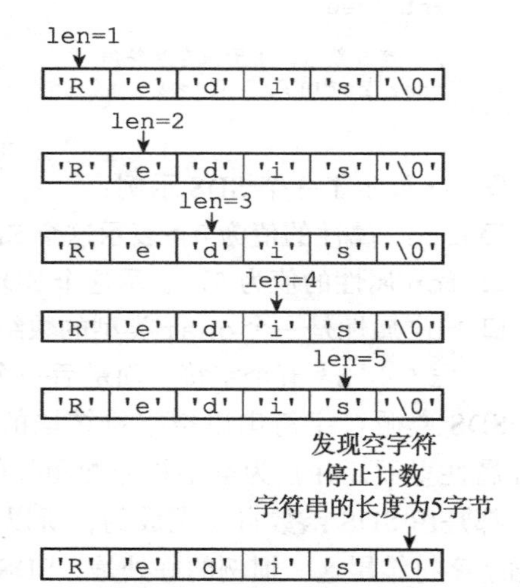

图 2-4　计算 C 字符串长度的过程

和 C 字符串不同，因为 SDS 在 `len` 属性中记录了 SDS 本身的长度，所以获取一个 SDS 长度的复杂度仅为 $O(1)$。

举个例子，对于图 2-5 所示的 SDS 来说，程序只要访问 SDS 的 `len` 属性，就可以立即知道 SDS 的长度为 `5` 字节。

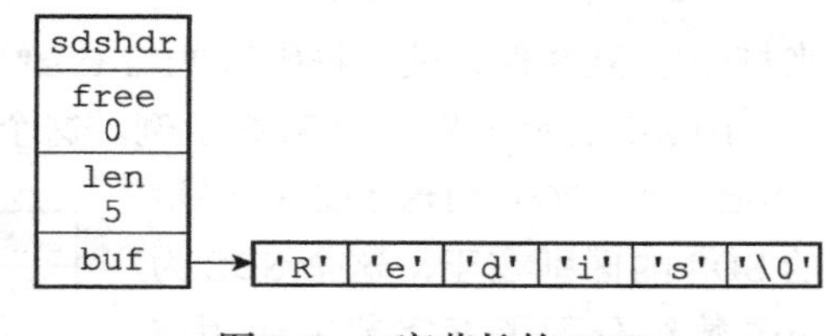

图 2-5　5 字节长的 SDS

又例如，对于图 2-6 展示的 SDS 来说，程序只要访问 SDS 的 `len` 属性，就可以立即知道 SDS 的长度为 `11` 字节。

设置和更新 SDS 长度的工作是由 SDS 的 API 在执行时自动完成的，使用 SDS 无须进行任何手动修改长度的工作。

通过使用 SDS 而不是 C 字符串，Redis 将获取字符串长度所需的复杂度从 $O(N)$ 降低到了 $O(1)$，这确保了获取字符串长度的工作不会成为 Redis 的性能瓶颈。例如，因为字符串键在底层使用 SDS 来实现，所以即使我们对一个非常长的字符串键反复执行 *STRLEN* 命令，也不会对系统性能造成任何影响，因为 *STRLEN* 命令的复杂度仅为 $O(1)$。

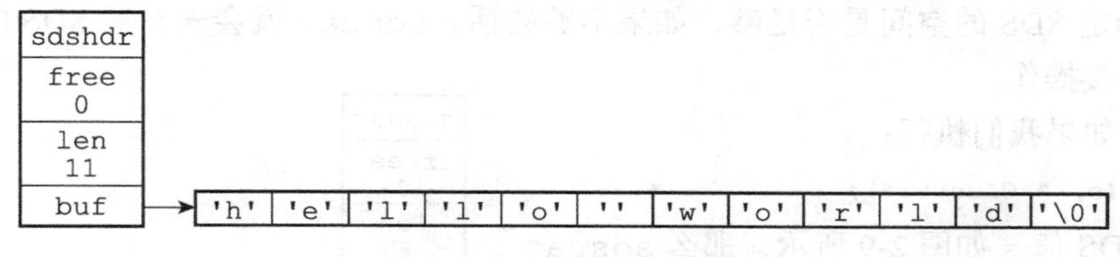

图 2-6　11 字节长的 SDS

2.2.2　杜绝缓冲区溢出

除了获取字符串长度的复杂度高之外，C 字符串不记录自身长度带来的另一个问题是容易造成缓冲区溢出（buffer overflow）。举个例子，`<string.h>/strcat` 函数可以将 `src` 字符串中的内容拼接到 `dest` 字符串的末尾：

```
char *strcat(char *dest, const char *src);
```

因为 C 字符串不记录自身的长度，所以 `strcat` 假定用户在执行这个函数时，已经为 `dest` 分配了足够多的内存，可以容纳 `src` 字符串中的所有内容，而一旦这个假定不成立时，就会产生缓冲区溢出。

举个例子，假设程序里有两个在内存中紧邻着的 C 字符串 `s1` 和 `s2`，其中 `s1` 保存了字符串 `"Redis"`，而 `s2` 则保存了字符串 `"MongoDB"`，如图 2-7 所示。

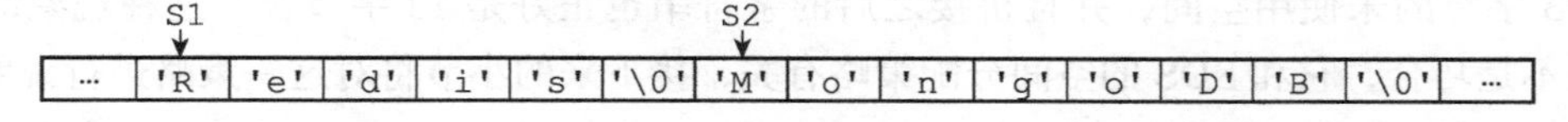

图 2-7　在内存中紧邻的两个 C 字符串

如果一个程序员决定通过执行：

```
strcat(s1, " Cluster");
```

将 `s1` 的内容修改为 `"Redis Cluster"`，但粗心的他却忘了在执行 `strcat` 之前为 `s1` 分配足够的空间，那么在 `strcat` 函数执行之后，`s1` 的数据将溢出到 `s2` 所在的空间中，导致 `s2` 保存的内容被意外地修改，如图 2-8 所示。

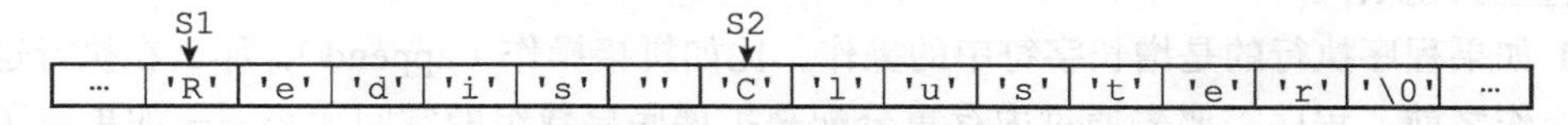

图 2-8　`S1` 的内容溢出到了 `S2` 所在的位置上

与 C 字符串不同，SDS 的空间分配策略完全杜绝了发生缓冲区溢出的可能性：当 SDS API 需要对 SDS 进行修改时，API 会先检查 SDS 的空间是否满足修改所需的要求，如果不满足的话，API 会自动将 SDS 的空间扩展至执行修改所需的大小，然后才执行实际的修改操作，所以使用 SDS 既不需要手动修改 SDS 的空间大小，也不会出现前面所说的缓冲区溢出问题。

举个例子，SDS 的 API 里面也有一个用于执行拼接操作的 `sdscat` 函数，它可以将一个 C 字符串拼接到给定 SDS 所保存的字符串的后面，但是在执行拼接操作之前，sdscat 会先检查给定 SDS 的空间是否足够，如果不够的话，sdscat 就会先扩展 SDS 的空间，然后才执行拼接操作。

例如，如果我们执行：

```
sdscat(s, " Cluster");
```

其中 SDS 值 s 如图 2-9 所示，那么 sdscat 将在执行拼接操作之前检查 s 的长度是否足够，在发现 s 目前的空间不足以拼接 " Cluster" 之后，sdscat 就会先扩展 s 的空间，然后才执行拼接 " Cluster" 的操作，拼接操作完成之后的 SDS 如图 2-10 所示。

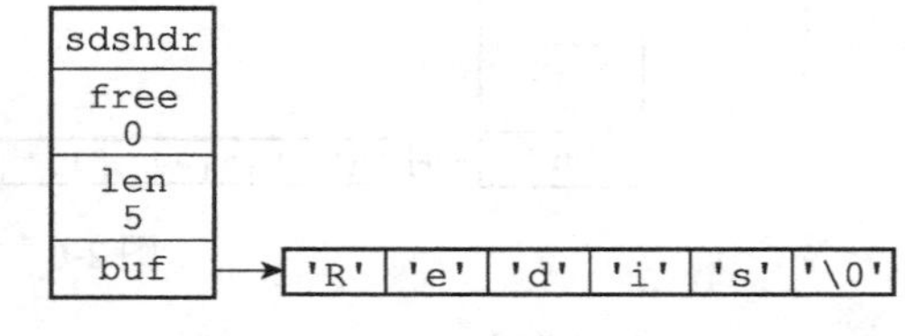

图 2-9 sdscat 执行之前的 SDS

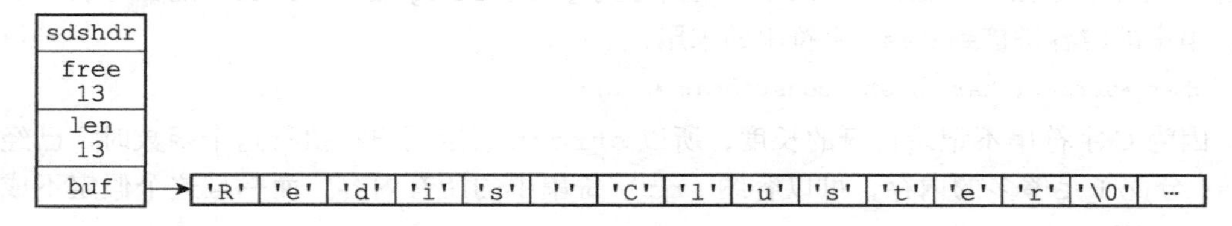

图 2-10 sdscat 执行之后的 SDS

注意，图 2-10 所示的 SDS，sdscat 不仅对这个 SDS 进行了拼接操作，它还为 SDS 分配了 13 字节的未使用空间，并且拼接之后的字符串也正好是 13 字节长，这种现象既不是 bug 也不是巧合，它和 SDS 的空间分配策略有关，接下来的小节将对这一策略进行说明。

2.2.3 减少修改字符串时带来的内存重分配次数

正如前两个小节所说，因为 C 字符串并不记录自身的长度，所以对于一个包含了 N 个字符的 C 字符串来说，这个 C 字符串的底层实现总是一个 N+1 个字符长的数组（额外的一个字符空间用于保存空字符）。因为 C 字符串的长度和底层数组的长度之间存在着这种关联性，所以每次增长或者缩短一个 C 字符串，程序都总要对保存这个 C 字符串的数组进行一次内存重分配操作：

- 如果程序执行的是增长字符串的操作，比如拼接操作（append），那么在执行这个操作之前，程序需要先通过内存重分配来扩展底层数组的空间大小——如果忘了这一步就会产生缓冲区溢出。
- 如果程序执行的是缩短字符串的操作，比如截断操作（trim），那么在执行这个操作之后，程序需要通过内存重分配来释放字符串不再使用的那部分空间——如果忘了这一步就会产生内存泄漏。

举个例子，如果我们持有一个值为 "Redis" 的 C 字符串 s，那么为了将 s 的值改为 "Redis Cluster"，在执行：

```
strcat(s, " Cluster");
```

之前，我们需要先使用内存重分配操作，扩展 s 的空间。

之后，如果我们又打算将 s 的值从 "Redis Cluster" 改为 "Redis Cluster Tutorial"，那么在执行：

```
strcat(s, " Tutorial");
```

之前，我们需要再次使用内存重分配扩展 s 的空间，诸如此类。

因为内存重分配涉及复杂的算法，并且可能需要执行系统调用，所以它通常是一个比较耗时的操作：

- 在一般程序中，如果修改字符串长度的情况不太常出现，那么每次修改都执行一次内存重分配是可以接受的。
- 但是 Redis 作为数据库，经常被用于速度要求严苛、数据被频繁修改的场合，如果每次修改字符串的长度都需要执行一次内存重分配的话，那么光是执行内存重分配的时间就会占去修改字符串所用时间的一大部分，如果这种修改频繁地发生的话，可能还会对性能造成影响。

为了避免 C 字符串的这种缺陷，SDS 通过未使用空间解除了字符串长度和底层数组长度之间的关联：在 SDS 中，buf 数组的长度不一定就是字符数量加一，数组里面可以包含未使用的字节，而这些字节的数量就由 SDS 的 free 属性记录。

通过未使用空间，SDS 实现了空间预分配和惰性空间释放两种优化策略。

1. 空间预分配

空间预分配用于优化 SDS 的字符串增长操作：当 SDS 的 API 对一个 SDS 进行修改，并且需要对 SDS 进行空间扩展的时候，程序不仅会为 SDS 分配修改所必须要的空间，还会为 SDS 分配额外的未使用空间。

其中，额外分配的未使用空间数量由以下公式决定：

- 如果对 SDS 进行修改之后，SDS 的长度（也即是 len 属性的值）将小于 1MB，那么程序分配和 len 属性同样大小的未使用空间，这时 SDS len 属性的值将和 free 属性的值相同。举个例子，如果进行修改之后，SDS 的 len 将变成 13 字节，那么程序也会分配 13 字节的未使用空间，SDS 的 buf 数组的实际长度将变成 13+13+1=27 字节（额外的一字节用于保存空字符）。
- 如果对 SDS 进行修改之后，SDS 的长度将大于等于 1MB，那么程序会分配 1MB 的未使用空间。举个例子，如果进行修改之后，SDS 的 len 将变成 30MB，那么程序会分配 1MB 的未使用空间，SDS 的 buf 数组的实际长度将为 30 MB + 1MB + 1byte。

通过空间预分配策略，Redis 可以减少连续执行字符串增长操作所需的内存重分配次数。

举个例子，对于图 2-11 所示的 SDS 值 s 来说，如果我们执行：

```
sdscat(s, " Cluster");
```

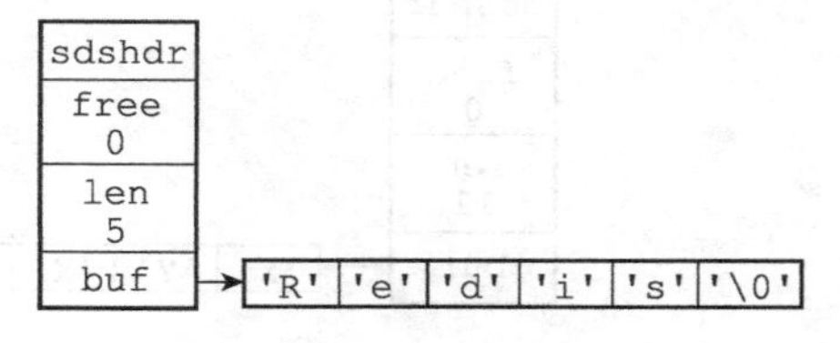

图 2-11　执行 sdscat 之前的 SDS

那么 sdscat 将执行一次内存重分配操作，将 SDS 的长度修改为 13 字节，并将 SDS 的未使用空间同样修改为 13 字节，如图 2-12 所示。

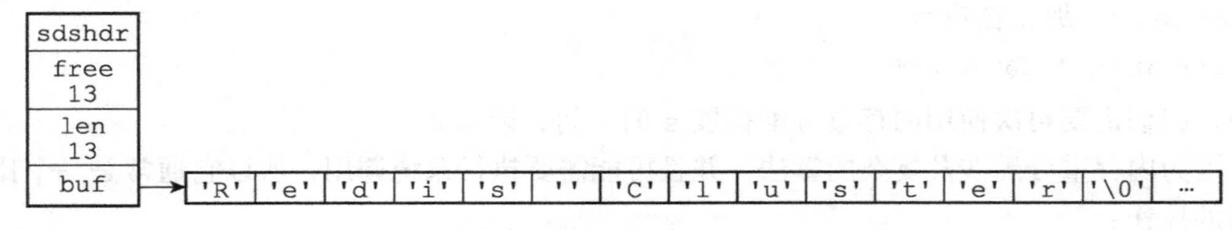

图 2-12 执行 sdscat 之后 SDS

如果这时，我们再次对 s 执行：

```
sdscat(s, " Tutorial");
```

那么这次 sdscat 将不需要执行内存重分配，因为未使用空间里面的 13 字节足以保存 9 字节的 " Tutorial"，执行 sdscat 之后的 SDS 如图 2-13 所示。

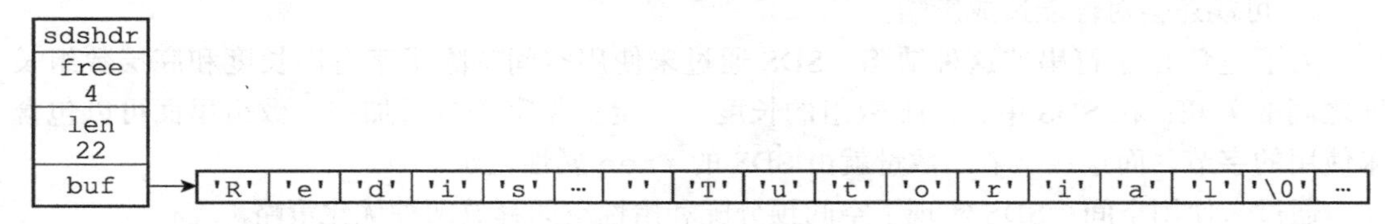

图 2-13 再次执行 sdscat 之后的 SDS

在扩展 SDS 空间之前，SDS API 会先检查未使用空间是否足够，如果足够的话，API 就会直接使用未使用空间，而无须执行内存重分配。

通过这种预分配策略，SDS 将连续增长 N 次字符串所需的内存重分配次数从必定 N 次降低为最多 N 次。

2. 惰性空间释放

惰性空间释放用于优化 SDS 的字符串缩短操作：当 SDS 的 API 需要缩短 SDS 保存的字符串时，程序并不立即使用内存重分配来回收缩短后多出来的字节，而是使用 free 属性将这些字节的数量记录起来，并等待将来使用。

举个例子，sdstrim 函数接受一个 SDS 和一个 C 字符串作为参数，从 SDS 左右两端分别移除所有在 C 字符串中出现过的字符。

比如对于图 2-14 所示的 SDS 值 s 来说，执行：

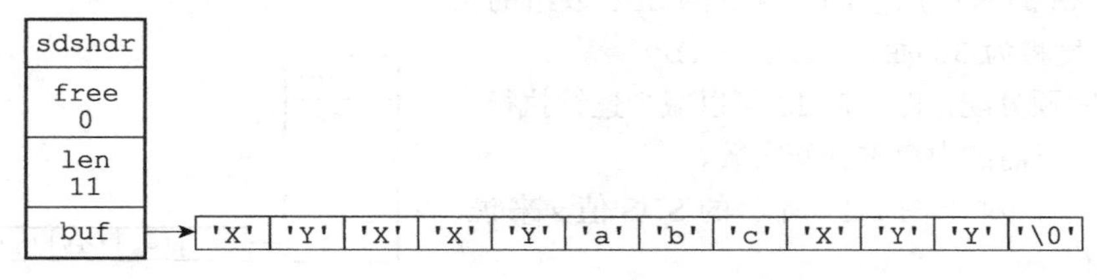

图 2-14 执行 sdstrim 之前的 SDS

```
sdstrim(s, "XY"); // 移除 SDS 字符串中的所有 'X' 和 'Y'
```

会将 SDS 修改成图 2-15 所示的样子。

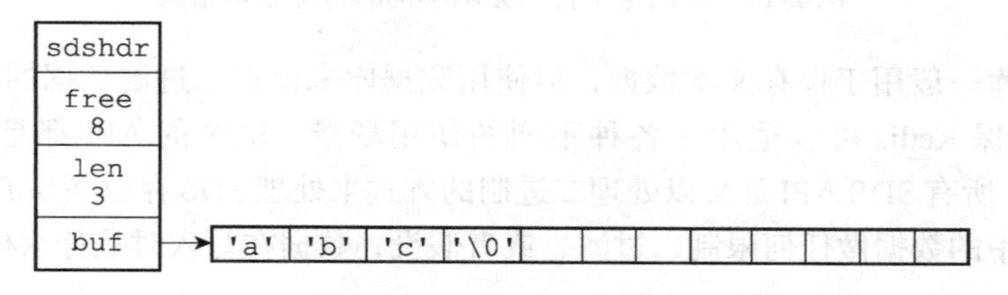

图 2-15　执行 sdstrim 之后的 SDS

注意执行 sdstrim 之后的 SDS 并没有释放多出来的 8 字节空间，而是将这 8 字节空间作为未使用空间保留在了 SDS 里面，如果将来要对 SDS 进行增长操作的话，这些未使用空间就可能会派上用场。

举个例子，如果现在对 s 执行：

```
sdscat(s, " Redis");
```

那么完成这次 sdscat 操作将不需要执行内存重分配：因为 SDS 里面预留的 8 字节空间已经足以拼接 6 个字节长的 " Redis"，如图 2-16 所示。

通过惰性空间释放策略，SDS 避免了缩短字符串时所需的内存重分配操作，并为将来可能有的增长操作提供了优化。

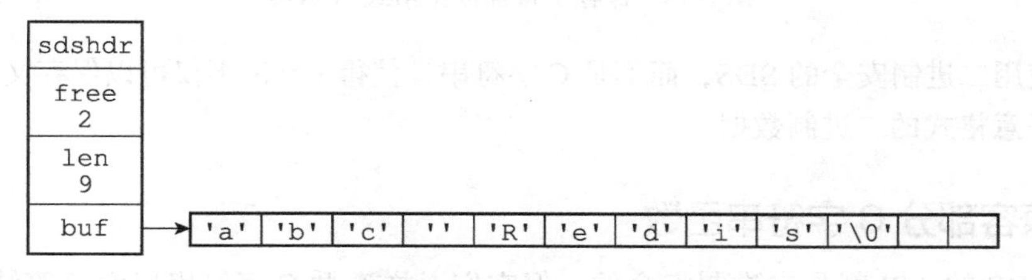

图 2-16　执行 sdscat 之后的 SDS

与此同时，SDS 也提供了相应的 API，让我们可以在有需要时，真正地释放 SDS 的未使用空间，所以不用担心惰性空间释放策略会造成内存浪费。

2.2.4　二进制安全

C 字符串中的字符必须符合某种编码（比如 ASCII），并且除了字符串的末尾之外，字符串里面不能包含空字符，否则最先被程序读入的空字符将被误认为是字符串结尾，这些限制使得 C 字符串只能保存文本数据，而不能保存像图片、音频、视频、压缩文件这样的二进制数据。

举个例子，如果有一种使用空字符来分割多个单词的特殊数据格式，如图 2-17 所示，那么这种格式就不能使用 C 字符串来保存，因为 C 字符串所用的函数只会识别出其中的 "Redis"，而忽略之后的 "Cluster"。

'R'	'e'	'd'	'i'	's'	'\0'	'C'	'l'	'u'	's'	't'	'e'	'r'	'\0'

图 2-17 使用空字符来分割单词的特殊数据格式

虽然数据库一般用于保存文本数据，但使用数据库来保存二进制数据的场景也不少见，因此，为了确保 Redis 可以适用于各种不同的使用场景，SDS 的 API 都是二进制安全的（binary-safe），所有 SDS API 都会以处理二进制的方式来处理 SDS 存放在 buf 数组里的数据，程序不会对其中的数据做任何限制、过滤、或者假设，数据在写入时是什么样的，它被读取时就是什么样。

这也是我们将 SDS 的 `buf` 属性称为字节数组的原因——Redis 不是用这个数组来保存字符，而是用它来保存一系列二进制数据。

例如，使用 SDS 来保存之前提到的特殊数据格式就没有任何问题，因为 SDS 使用 `len` 属性的值而不是空字符来判断字符串是否结束，如图 2-18 所示。

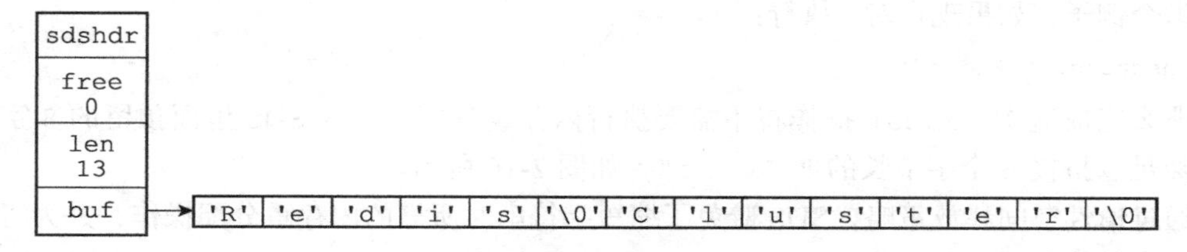

图 2-18 保存了特殊数据格式的 SDS

通过使用二进制安全的 SDS，而不是 C 字符串，使得 Redis 不仅可以保存文本数据，还可以保存任意格式的二进制数据。

2.2.5 兼容部分 C 字符串函数

虽然 SDS 的 API 都是二进制安全的，但它们一样遵循 C 字符串以空字符结尾的惯例：这些 API 总会将 SDS 保存的数据的末尾设置为空字符，并且总会在为 buf 数组分配空间时多分配一个字节来容纳这个空字符，这是为了让那些保存文本数据的 SDS 可以重用一部分 `<string.h>` 库定义的函数。

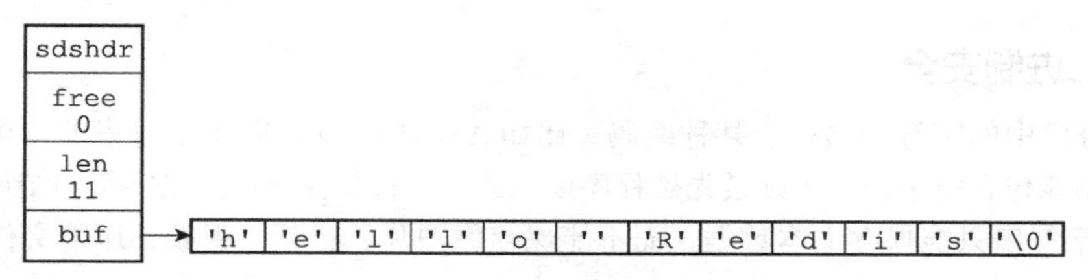

图 2-19 一个保存着文本数据的 SDS

举个例子，如图 2-19 所示，如果我们有一个保存文本数据的 SDS 值 `sds`，那么我们就可以重用 `<string.h>/strcasecmp` 函数，使用它来对比 SDS 保存的字符串和另一个 C 字符串：

```
strcasecmp(sds->buf, "hello world");
```

这样 Redis 就不用自己专门去写一个函数来对比 SDS 值和 C 字符串值了。

与此类似，我们还可以将一个保存文本数据的 SDS 作为 `strcat` 函数的第二个参数，将 SDS 保存的字符串追加到一个 C 字符串的后面：

```
strcat(c_string, sds->buf);
```

这样 Redis 就不用专门编写一个将 SDS 字符串追加到 C 字符串之后的函数了。

通过遵循 C 字符串以空字符结尾的惯例，SDS 可以在有需要时重用 `<string.h>` 函数库，从而避免了不必要的代码重复。

2.2.6 总结

表 2-1 对 C 字符串和 SDS 之间的区别进行了总结。

表 2-1 C 字符串和 SDS 之间的区别

C 字符串	SDS
获取字符串长度的复杂度为 $O(N)$	获取字符串长度的复杂度为 $O(1)$
API 是不安全的，可能会造成缓冲区溢出	API 是安全的，不会造成缓冲区溢出
修改字符串长度 N 次必然需要执行 N 次内存重分配	修改字符串长度 N 次最多需要执行 N 次内存重分配
只能保存文本数据	可以保存文本或者二进制数据
可以使用所有 `<string.h>` 库中的函数	可以使用一部分 `<string.h>` 库中的函数

2.3 SDS API

表 2-2 列出了 SDS 的主要操作 API。

表 2-2 SDS 的主要操作 API

函 数	作 用	时间复杂度
sdsnew	创建一个包含给定 C 字符串的 SDS	$O(N)$，N 为给定 C 字符串的长度
sdsempty	创建一个不包含任何内容的空 SDS	$O(1)$
sdsfree	释放给定的 SDS	$O(N)$，N 为被释放 SDS 的长度
sdslen	返回 SDS 的已使用空间字节数	这个值可以通过读取 SDS 的 `len` 属性来直接获得，复杂度为 $O(1)$
sdsavail	返回 SDS 的未使用空间字节数	这个值可以通过读取 SDS 的 `free` 属性来直接获得，复杂度为 $O(1)$
sdsdup	创建一个给定 SDS 的副本（copy）	$O(N)$，N 为给定 SDS 的长度
sdsclear	清空 SDS 保存的字符串内容	因为惰性空间释放策略，复杂度为 $O(1)$
sdscat	将给定 C 字符串拼接到 SDS 字符串的末尾	$O(N)$，N 为被拼接 C 字符串的长度
sdscatsds	将给定 SDS 字符串拼接到另一个 SDS 字符串的末尾	$O(N)$，N 为被拼接 SDS 字符串的长度

（续）

函　数	作　用	时间复杂度
sdscpy	将给定的 C 字符串复制到 SDS 里面，覆盖 SDS 原有的字符串	$O(N)$，N 为被复制 C 字符串的长度
sdsgrowzero	用空字符将 SDS 扩展至给定长度	$O(N)$，N 为扩展新增的字节数
sdsrange	保留 SDS 给定区间内的数据，不在区间内的数据会被覆盖或清除	$O(N)$，N 为被保留数据的字节数
sdstrim	接受一个 SDS 和一个 C 字符串作为参数，从 SDS 左右两端分别移除所有在 C 字符串中出现过的字符	$O(M*N)$，M 为 SDS 的长度，N 为给定 C 字符串的长度
sdscmp	对比两个 SDS 字符串是否相同	$O(N)$，N 为两个 SDS 中较短的那个 SDS 的长度

2.4 重点回顾

- Redis 只会使用 C 字符串作为字面量，在大多数情况下，Redis 使用 SDS（Simple Dynamic String，简单动态字符串）作为字符串表示。
- 比起 C 字符串，SDS 具有以下优点：

1）常数复杂度获取字符串长度。

2）杜绝缓冲区溢出。

3）减少修改字符串长度时所需的内存重分配次数。

4）二进制安全。

5）兼容部分 C 字符串函数。

2.5 参考资料

- 《C 语言接口与实现：创建可重用软件的技术》一书的第 15 章和第 16 章介绍了一个和 SDS 类似的通用字符串实现。
- 维基百科的 Binary Safe 词条（http://en.wikipedia.org/wiki/Binary-safe）和 http://computer.yourdictionary.com/binary-safe 给出了二进制安全的定义。
- 维基百科的 Null-terminated string 词条给出了空字符结尾字符串的定义，说明了这种表示的来源，以及 C 语言使用这种字符串表示的历史原因：http://en.wikipedia.org/wiki/Null-terminated_string
- 《C 标准库》一书的第 14 章给出了 `<string.h>` 标准库所有 API 的介绍，以及这些 API 的基础实现。
- GNU C 库的主页上提供了 GNU C 标准库的下载包，其中的 /string 文件夹包含了所有 <string.h> API 的完整实现：http://www.gnu.org/software/libc

第 3 章
链　表

链表提供了高效的节点重排能力，以及顺序性的节点访问方式，并且可以通过增删节点来灵活地调整链表的长度。

作为一种常用数据结构，链表内置在很多高级的编程语言里面，因为 Redis 使用的 C 语言并没有内置这种数据结构，所以 Redis 构建了自己的链表实现。

链表在 Redis 中的应用非常广泛，比如列表键的底层实现之一就是链表。当一个列表键包含了数量比较多的元素，又或者列表中包含的元素都是比较长的字符串时，Redis 就会使用链表作为列表键的底层实现。

举个例子，以下展示的 integers 列表键包含了从 1 到 1024 共一千零二十四个整数：

```
redis> LLEN integers
(integer) 1024

redis> LRANGE integers 0 10
1)"1"
2)"2"
3)"3"
4)"4"
5)"5"
6)"6"
7)"7"
8)"8"
9)"9"
10)"10"
11)"11"
```

integers 列表键的底层实现就是一个链表，链表中的每个节点都保存了一个整数值。

除了链表键之外，发布与订阅、慢查询、监视器等功能也用到了链表，Redis 服务器本身还使用链表来保存多个客户端的状态信息，以及使用链表来构建客户端输出缓冲区（output buffer），本书后续的章节将陆续对这些链表应用进行介绍。

本章接下来的内容将对 Redis 的链表实现进行介绍，并列出相应的链表和链表节点 API。

因为已经有很多优秀的算法书籍对链表的基本定义和相关算法进行了详细的讲解，所以本章不会介绍这些内容，如果不具备关于链表的基本知识的话，可以参考《算法：C 语言实现（第 1～4 部分）》一书的 3.3 至 3.5 节，或者《数据结构与算法分析：C 语言描述》一书的 3.2 节，又或者《算法导论（第三版）》一书的 10.2 节。

3.1 链表和链表节点的实现

每个链表节点使用一个 adlist.h/listNode 结构来表示：

```
typedef struct listNode {

    // 前置节点
    struct listNode *prev;

    // 后置节点
    struct listNode *next;

    // 节点的值
    void *value;

}listNode;
```

多个 listNode 可以通过 prev 和 next 指针组成双端链表，如图 3-1 所示。

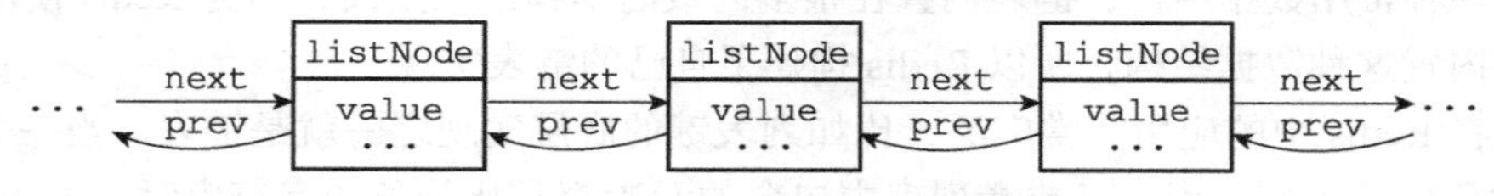

图 3-1 由多个 listNode 组成的双端链表

虽然仅仅使用多个 listNode 结构就可以组成链表，但使用 adlist.h/list 来持有链表的话，操作起来会更方便：

```
typedef struct list {

    // 表头节点
    listNode *head;

    // 表尾节点
    listNode *tail;

    // 链表所包含的节点数量
    unsigned long len;

    // 节点值复制函数
    void *(*dup)(void *ptr);

    // 节点值释放函数
    void (*free)(void *ptr);

    // 节点值对比函数
    int (*match)(void *ptr,void *key);

} list;
```

list 结构为链表提供了表头指针 head、表尾指针 tail，以及链表长度计数器 len，而 dup、free 和 match 成员则是用于实现多态链表所需的类型特定函数：

- dup 函数用于复制链表节点所保存的值；
- free 函数用于释放链表节点所保存的值；

❑ match 函数则用于对比链表节点所保存的值和另一个输入值是否相等。

图 3-2 是由一个 list 结构和三个 listNode 结构组成的链表。

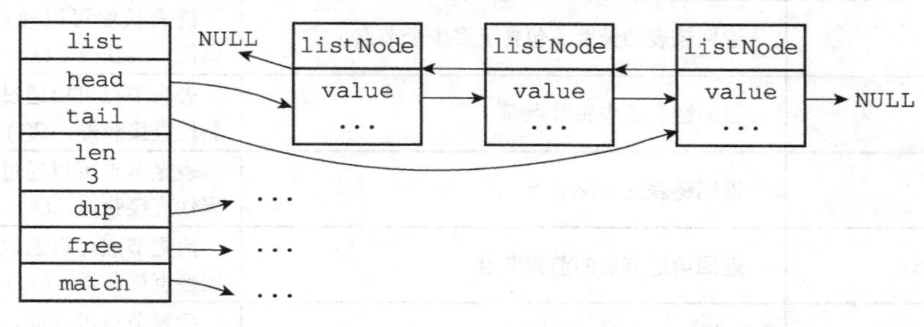

图 3-2　由 list 结构和 listNode 结构组成的链表

Redis 的链表实现的特性可以总结如下：

❑ 双端：链表节点带有 prev 和 next 指针，获取某个节点的前置节点和后置节点的复杂度都是 $O(1)$。
❑ 无环：表头节点的 prev 指针和表尾节点的 next 指针都指向 NULL，对链表的访问以 NULL 为终点。
❑ 带表头指针和表尾指针：通过 list 结构的 head 指针和 tail 指针，程序获取链表的表头节点和表尾节点的复杂度为 $O(1)$。
❑ 带链表长度计数器：程序使用 list 结构的 len 属性来对 list 持有的链表节点进行计数，程序获取链表中节点数量的复杂度为 $O(1)$。
❑ 多态：链表节点使用 void* 指针来保存节点值，并且可以通过 list 结构的 dup、free、match 三个属性为节点值设置类型特定函数，所以链表可以用于保存各种不同类型的值。

3.2　链表和链表节点的 API

表 3-1 列出了所有用于操作链表和链表节点的 API。

表 3-1　链表和链表节点 API

函数	作用	时间复杂度
listSetDupMethod	将给定的函数设置为链表的节点值复制函数	$O(1)$
listGetDupMethod	返回链表当前正在使用的节点值复制函数	复制函数可以通过链表的 dup 属性直接获得，$O(1)$
listSetFreeMethod	将给定的函数设置为链表的节点值释放函数	$O(1)$
listGetFree	返回链表当前正在使用的节点值释放函数	释放函数可以通过链表的 free 属性直接获得，$O(1)$
listSetMatchMethod	将给定的函数设置为链表的节点值对比函数	$O(1)$
listGetMatchMethod	返回链表当前正在使用的节点值对比函数	对比函数可以通过链表的 match 属性直接获得，$O(1)$

（续）

函数	作用	时间复杂度
listLength	返回链表的长度（包含了多少个节点）	链表长度可以通过链表的 len 属性直接获得，$O(1)$
listFirst	返回链表的表头节点	表头节点可以通过链表的 head 属性直接获得，$O(1)$
listLast	返回链表的表尾节点	表尾节点可以通过链表的 tail 属性直接获得，$O(1)$
listPrevNode	返回给定节点的前置节点	前置节点可以通过节点的 prev 属性直接获得，$O(1)$
listNextNode	返回给定节点的后置节点	后置节点可以通过节点的 next 属性直接获得，$O(1)$
listNodeValue	返回给定节点目前正在保存的值	节点值可以通过节点的 value 属性直接获得，$O(1)$
listCreate	创建一个不包含任何节点的新链表	$O(1)$
listAddNodeHead	将一个包含给定值的新节点添加到给定链表的表头	$O(1)$
listAddNodeTail	将一个包含给定值的新节点添加到给定链表的表尾	$O(1)$
listInsertNode	将一个包含给定值的新节点添加到给定节点的之前或者之后	$O(1)$
listSearchKey	查找并返回链表中包含给定值的节点	$O(N)$，N 为链表长度
listIndex	返回链表在给定索引上的节点	$O(N)$，N 为链表长度
listDelNode	从链表中删除给定节点	$O(N)$，N 为链表长度
listRotate	将链表的表尾节点弹出，然后将被弹出的节点插入到链表的表头，成为新的表头节点	$O(1)$
listDup	复制一个给定链表的副本	$O(N)$，N 为链表长度
listRelease	释放给定链表，以及链表中的所有节点	$O(N)$，N 为链表长度

3.3　重点回顾

- 链表被广泛用于实现 Redis 的各种功能，比如列表键、发布与订阅、慢查询、监视器等。
- 每个链表节点由一个 listNode 结构来表示，每个节点都有一个指向前置节点和后置节点的指针，所以 Redis 的链表实现是双端链表。
- 每个链表使用一个 list 结构来表示，这个结构带有表头节点指针、表尾节点指针，以及链表长度等信息。
- 因为链表表头节点的前置节点和表尾节点的后置节点都指向 NULL，所以 Redis 的链表实现是无环链表。
- 通过为链表设置不同的类型特定函数，Redis 的链表可以用于保存各种不同类型的值。

第4章

字　典

字典，又称为符号表（symbol table）、关联数组（associative array）或映射（map），是一种用于保存键值对（key-value pair）的抽象数据结构。

在字典中，一个键（key）可以和一个值（value）进行关联（或者说将键映射为值），这些关联的键和值就称为键值对。

字典中的每个键都是独一无二的，程序可以在字典中根据键查找与之关联的值，或者通过键来更新值，又或者根据键来删除整个键值对，等等。

字典经常作为一种数据结构内置在很多高级编程语言里面，但Redis所使用的C语言并没有内置这种数据结构，因此Redis构建了自己的字典实现。

字典在Redis中的应用相当广泛，比如Redis的数据库就是使用字典来作为底层实现的，对数据库的增、删、查、改操作也是构建在对字典的操作之上的。

举个例子，当我们执行命令：

```
redis> SET msg "hello world"
OK
```

在数据库中创建一个键为"msg"，值为"hello world"的键值对时，这个键值对就是保存在代表数据库的字典里面的。

除了用来表示数据库之外，字典还是哈希键的底层实现之一，当一个哈希键包含的键值对比较多，又或者键值对中的元素都是比较长的字符串时，Redis就会使用字典作为哈希键的底层实现。

举个例子，website是一个包含10086个键值对的哈希键，这个哈希键的键都是一些数据库的名字，而键的值就是数据库的主页网址：

```
redis> HLEN website
(integer) 10086

redis> HGETALL website
1)"Redis"
```

```
2)"Redis.io"
3)"MariaDB"
4)"MariaDB.org"
5)"MongoDB"
6)"MongoDB.org"
# ...
```

website 键的底层实现就是一个字典，字典中包含了 10086 个键值对，例如：

- 键值对的键为 "Redis"，值为 "Redis.io"。
- 键值对的键为 "MariaDB"，值为 "MariaDB.org"；
- 键值对的键为 "MongoDB"，值为 "MongoDB.org"；

除了用来实现数据库和哈希键之外，Redis 的不少功能也用到了字典，在后续的章节中会不断地看到字典在 Redis 中的各种不同应用。

本章接下来的内容将对 Redis 的字典实现进行详细介绍，并列出字典的操作 API。本章不会对字典的基本定义和基础算法进行介绍，如果有需要的话，可以参考以下这些资料：

- 维基百科的 Associative Array 词条（http://en.wikipedia.org/wiki/Associative_array ）和 Hash Table 词条（http://en.wikipedia.org/wiki/Hash_table）。
- 《算法：C 语言实现（第 1～4 部分）》一书的第 14 章。
- 《算法导论（第三版）》一书的第 11 章。

4.1 字典的实现

Redis 的字典使用哈希表作为底层实现，一个哈希表里面可以有多个哈希表节点，而每个哈希表节点就保存了字典中的一个键值对。

接下来的三个小节将分别介绍 Redis 的哈希表、哈希表节点以及字典的实现。

4.1.1 哈希表

Redis 字典所使用的哈希表由 dict.h/dictht 结构定义：

```
typedef struct dictht {

    // 哈希表数组
    dictEntry **table;

    // 哈希表大小
    unsigned long size;

    //哈希表大小掩码，用于计算索引值
    //总是等于size-1
    unsigned long sizemask;

    // 该哈希表已有节点的数量
    unsigned long used;

} dictht;
```

table 属性是一个数组，数组中的每个元素都是一个指向 dict.h/dictEntry 结构的指针，每个 dictEntry 结构保存着一个键值对。size 属性记录了哈希表的大小，也即是 table 数组的大小，而 used 属性则记录了哈希表目前已有节点（键值对）的数量。sizemask 属性的值总是等于 size-1，这个属性和哈希值一起决定一个键应该被放到 table 数组的哪个索引上面。

图 4-1 展示了一个大小为 4 的空哈希表（没有包含任何键值对）。

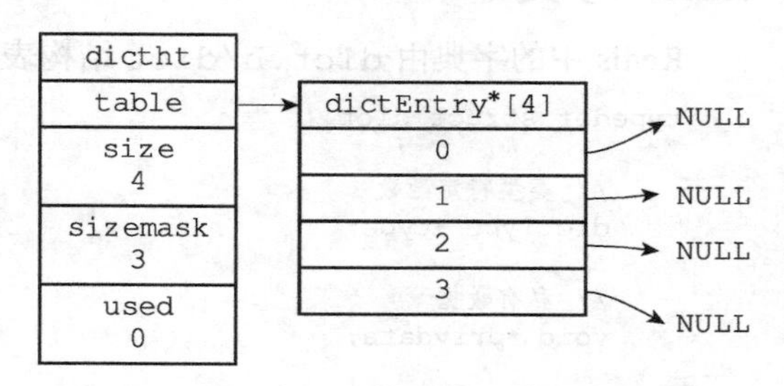

图 4-1　一个空的哈希表

4.1.2 哈希表节点

哈希表节点使用 dictEntry 结构表示，每个 dictEntry 结构都保存着一个键值对：

```
typedef struct dictEntry {

    // 键
    void *key;

    // 值
    union{
        void *val;
        uint64_t u64;
        int64_t s64;
    } v;

    // 指向下个哈希表节点，形成链表
    struct dictEntry *next;

} dictEntry;
```

key 属性保存着键值对中的键，而 v 属性则保存着键值对中的值，其中键值对的值可以是一个指针，或者是一个 uint64_t 整数，又或者是一个 int64_t 整数。

next 属性是指向另一个哈希表节点的指针，这个指针可以将多个哈希值相同的键值对连接在一次，以此来解决键冲突（collision）的问题。

举个例子，图 4-2 就展示了如何通过 next 指针，将两个索引值相同的键 k1 和 k0 连接在一起。

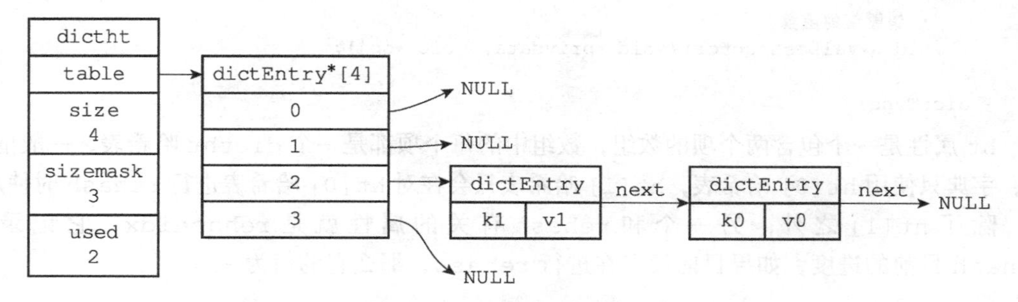

图 4-2　连接在一起的键 K1 和键 K0

4.1.3 字典

Redis 中的字典由 dict.h/dict 结构表示：

```
typedef struct dict {

    // 类型特定函数
    dictType *type;

    // 私有数据
    void *privdata;

    // 哈希表
    dictht ht[2];

    // rehash 索引
    // 当 rehash 不在进行时，值为 -1
    int trehashidx; /* rehashing not in progress if rehashidx == -1 */

} dict;
```

type 属性和 privdata 属性是针对不同类型的键值对，为创建多态字典而设置的：

- type 属性是一个指向 dictType 结构的指针，每个 dictType 结构保存了一簇用于操作特定类型键值对的函数，Redis 会为用途不同的字典设置不同的类型特定函数。
- 而 privdata 属性则保存了需要传给那些类型特定函数的可选参数。

```
typedef struct dictType {

    // 计算哈希值的函数
    unsigned int (*hashFunction)(const void *key);

    // 复制键的函数
    void *(*keyDup)(void *privdata, const void *key);

    // 复制值的函数
    void *(*valDup)(void *privdata, const void *obj);

    // 对比键的函数
    int (*keyCompare)(void *privdata, const void *key1, const void *key2);

    // 销毁键的函数
    void (*keyDestructor)(void *privdata, void *key);

    // 销毁值的函数
    void (*valDestructor)(void *privdata, void *obj);

} dictType;
```

ht 属性是一个包含两个项的数组，数组中的每个项都是一个 dictht 哈希表，一般情况下，字典只使用 ht[0] 哈希表，ht[1] 哈希表只会在对 ht[0] 哈希表进行 rehash 时使用。

除了 ht[1] 之外，另一个和 rehash 有关的属性就是 rehashidx，它记录了 rehash 目前的进度，如果目前没有在进行 rehash，那么它的值为 -1。

图 4-3 展示了一个普通状态下（没有进行 rehash）的字典。

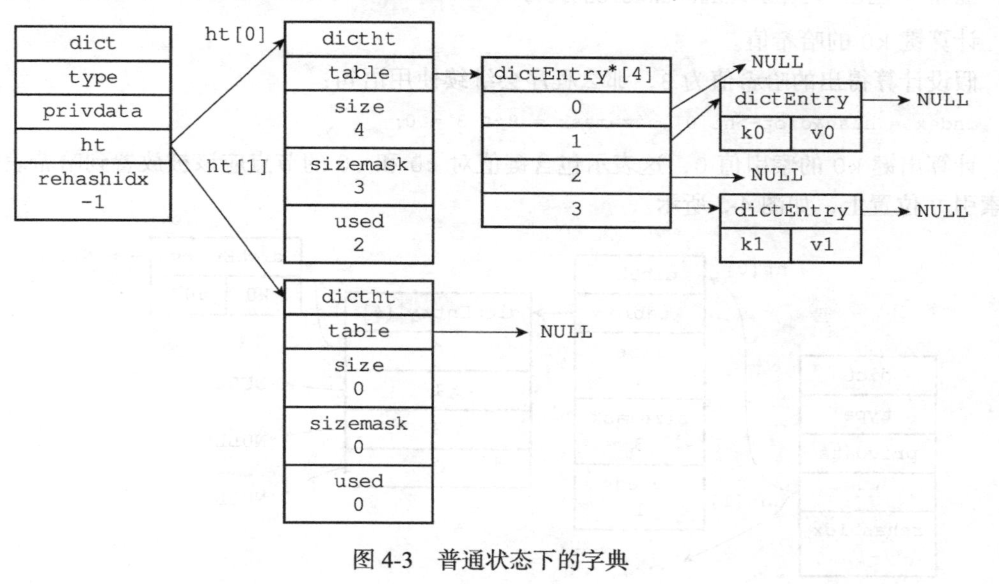

图 4-3　普通状态下的字典

4.2　哈希算法

当要将一个新的键值对添加到字典里面时，程序需要先根据键值对的键计算出哈希值和索引值，然后再根据索引值，将包含新键值对的哈希表节点放到哈希表数组的指定索引上面。

Redis 计算哈希值和索引值的方法如下：

```
# 使用字典设置的哈希函数，计算键 key 的哈希值
hash = dict->type->hashFunction(key);

# 使用哈希表的 sizemask 属性和哈希值，计算出索引值
# 根据情况不同，ht[x] 可以是 ht[0] 或者 ht[1]
index = hash & dict->ht[x].sizemask;
```

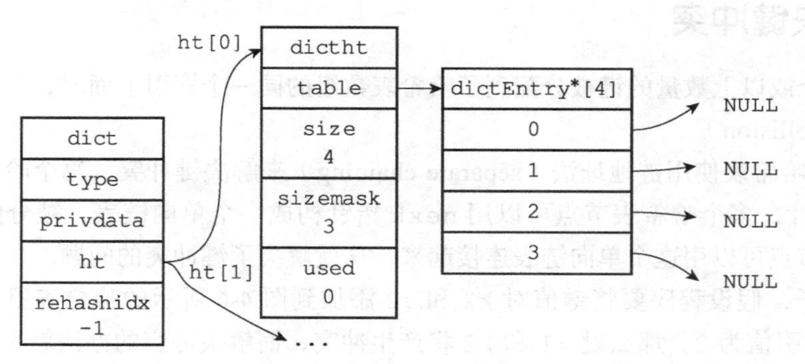

图 4-4　空字典

举个例子，对于图 4-4 所示的字典来说，如果我们要将一个键值对 k0 和 v0 添加到字典里面，那么程序会先使用语句：

```
hash = dict->type->hashFunction(k0);
```

计算键 k0 的哈希值。

假设计算得出的哈希值为 8，那么程序会继续使用语句：

```
index = hash&dict->ht[0].sizemask = 8 & 3 = 0;
```

计算出键 k0 的索引值 0，这表示包含键值对 k0 和 v0 的节点应该被放置到哈希表数组的索引 0 位置上，如图 4-5 所示。

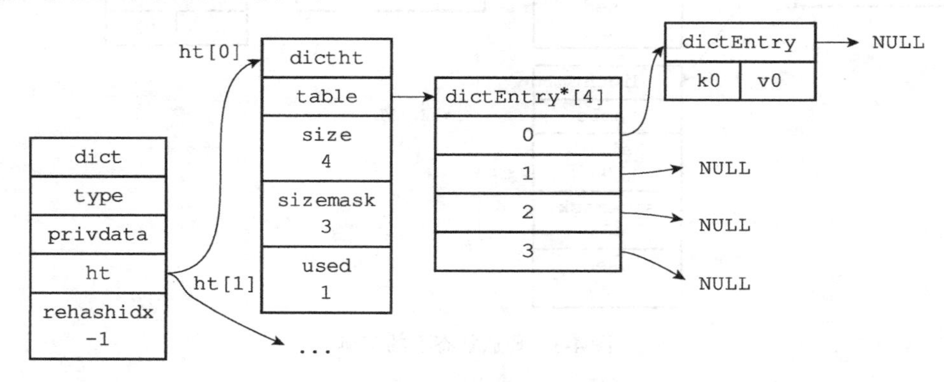

图 4-5 添加键值对 K0 和 v0 之后的字典

当字典被用作数据库的底层实现，或者哈希键的底层实现时，Redis 使用 MurmurHash2 算法来计算键的哈希值。

MurmurHash 算法最初由 Austin Appleby 于 2008 年发明，这种算法的优点在于，即使输入的键是有规律的，算法仍能给出一个很好的随机分布性，并且算法的计算速度也非常快。

MurmurHash 算法目前的最新版本为 MurmurHash3，而 Redis 使用的是 MurmurHash2，关于 MurmurHash 算法的更多信息可以参考该算法的主页：http://code.google.com/p/smhasher/。

4.3 解决键冲突

当有两个或以上数量的键被分配到了哈希表数组的同一个索引上面时，我们称这些键发生了冲突（collision）。

Redis 的哈希表使用链地址法（separate chaining）来解决键冲突，每个哈希表节点都有一个 next 指针，多个哈希表节点可以用 next 指针构成一个单向链表，被分配到同一个索引上的多个节点可以用这个单向链表连接起来，这就解决了键冲突的问题。

举个例子，假设程序要将键值对 k2 和 v2 添加到图 4-6 所示的哈希表里面，并且计算得出 k2 的索引值为 2，那么键 k1 和 k2 将产生冲突，而解决冲突的办法就是使用 next 指针将键 k2 和 k1 所在的节点连接起来，如图 4-7 所示。

因为 dictEntry 节点组成的链表没有指向链表表尾的指针，所以为了速度考虑，程序总是将新节点添加到链表的表头位置（复杂度为 $O(1)$），排在其他已有节点的前面。

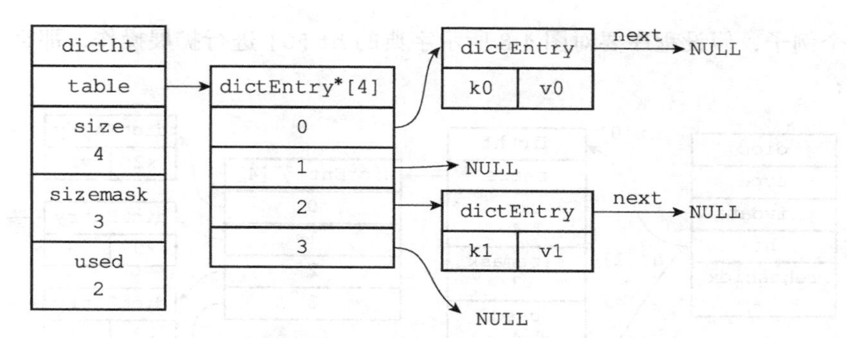

图 4-6 一个包含两个键值对的哈希表

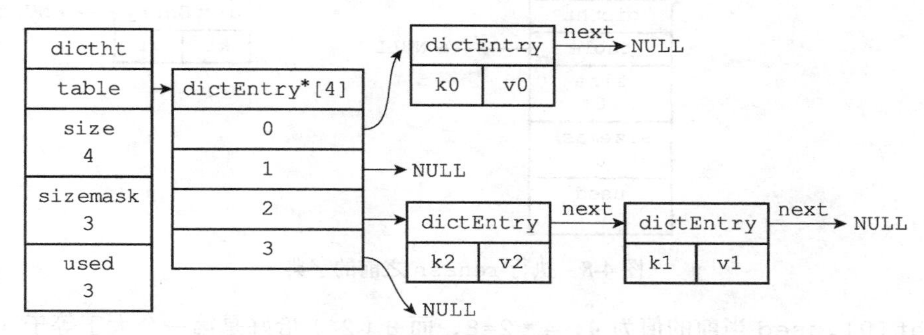

图 4-7 使用链表解决 k2 和 k1 的冲突

4.4 rehash

随着操作的不断执行，哈希表保存的键值对会逐渐地增多或者减少，为了让哈希表的负载因子（load factor）维持在一个合理的范围之内，当哈希表保存的键值对数量太多或者太少时，程序需要对哈希表的大小进行相应的扩展或者收缩。

扩展和收缩哈希表的工作可以通过执行 rehash（重新散列）操作来完成，Redis 对字典的哈希表执行 rehash 的步骤如下：

1）为字典的 ht[1] 哈希表分配空间，这个哈希表的空间大小取决于要执行的操作，以及 ht[0] 当前包含的键值对数量（也即是 ht[0].used 属性的值）：

- 如果执行的是扩展操作，那么 ht[1] 的大小为第一个大于等于 ht[0].used*2 的 2^n（2 的 n 次方幂）；
- 如果执行的是收缩操作，那么 ht[1] 的大小为第一个大于等于 ht[0].used 的 2^n。

2）将保存在 ht[0] 中的所有键值对 rehash 到 ht[1] 上面：rehash 指的是重新计算键的哈希值和索引值，然后将键值对放置到 ht[1] 哈希表的指定位置上。

3）当 ht[0] 包含的所有键值对都迁移到了 ht[1] 之后（ht[0] 变为空表），释放 ht[0]，将 ht[1] 设置为 ht[0]，并在 ht[1] 新创建一个空白哈希表，为下一次 rehash 做准备。

举个例子，假设程序要对图 4-8 所示字典的 ht[0] 进行扩展操作，那么程序将执行以下步骤：

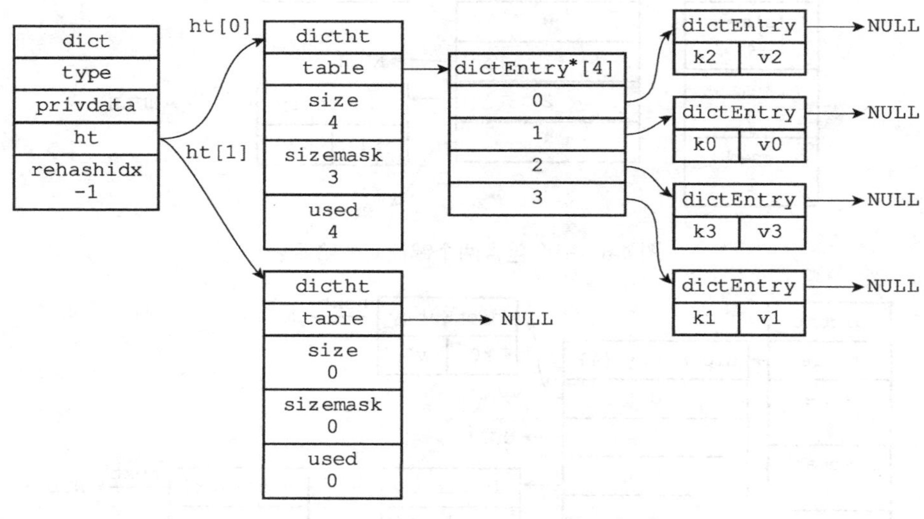

图 4-8 执行 rehash 之前的字典

1）ht[0].used 当前的值为 4，4 * 2=8，而 8（2^3）恰好是第一个大于等于 4 的 2 的 n 次方，所以程序会将 ht[1] 哈希表的大小设置为 8。图 4-9 展示了 ht[1] 在分配空间之后，字典的样子。

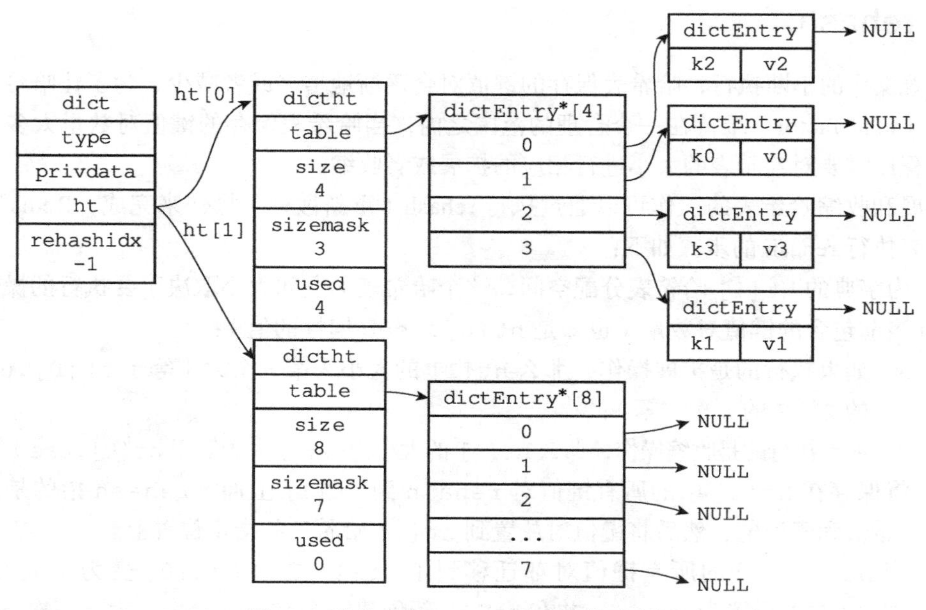

图 4-9 为字典的 ht[1] 哈希表分配空间

2）将 ht[0] 包含的四个键值对都 rehash 到 ht[1]，如图 4-10 所示。

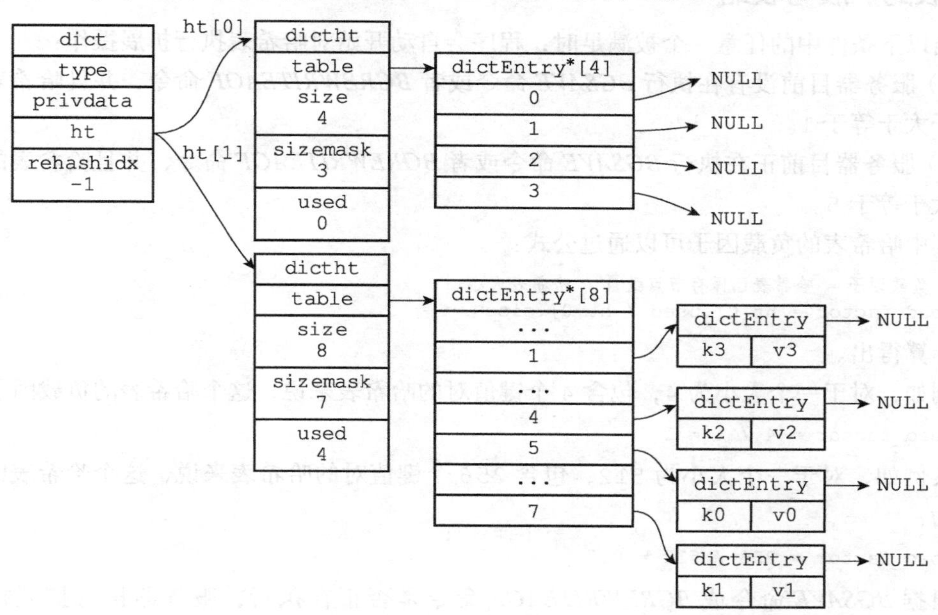

图 4-10　ht[0] 的所有键值对都已经被迁移到 ht[1]

3）释放 ht[0]，并将 ht[1] 设置为 ht[0]，然后为 ht[1] 分配一个空白哈希表，如图 4-11 所示。至此，对哈希表的扩展操作执行完毕，程序成功将哈希表的大小从原来的 4 改为了现在的 8。

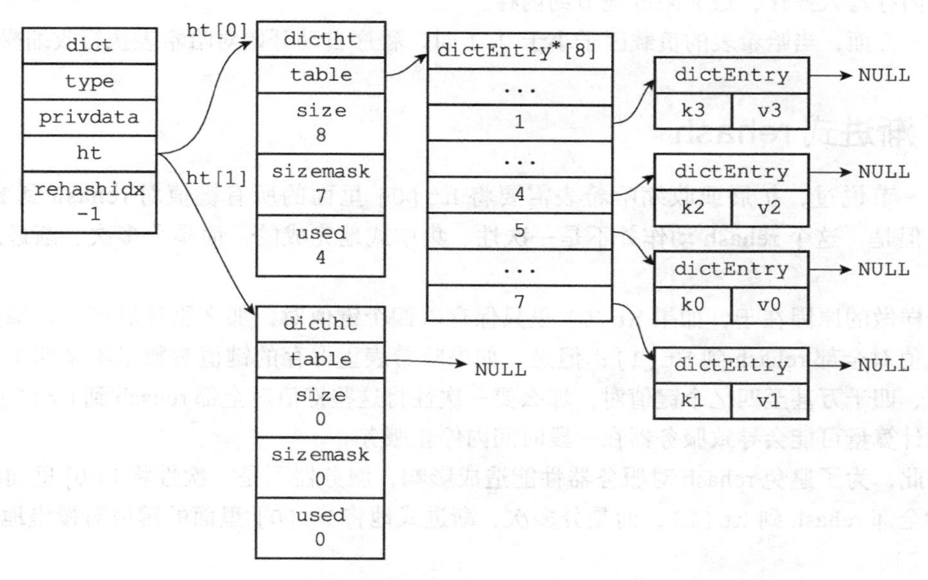

图 4-11　完成 rehash 之后的字典

哈希表的扩展与收缩

当以下条件中的任意一个被满足时，程序会自动开始对哈希表执行扩展操作：

1）服务器目前没有在执行 *BGSAVE* 命令或者 *BGREWRITEAOF* 命令，并且哈希表的负载因子大于等于 `1`。

2）服务器目前正在执行 *BGSAVE* 命令或者 *BGREWRITEAOF* 命令，并且哈希表的负载因子大于等于 `5`。

其中哈希表的负载因子可以通过公式：

```
# 负载因子 = 哈希表已保存节点数量 / 哈希表大小
load_factor = ht[0].used / ht[0].size
```

计算得出。

例如，对于一个大小为 `4`，包含 `4` 个键值对的哈希表来说，这个哈希表的负载因子为：

```
load_factor = 4 / 4 = 1
```

又例如，对于一个大小为 `512`，包含 `256` 个键值对的哈希表来说，这个哈希表的负载因子为：

```
load_factor = 256 / 512 = 0.5
```

根据 *BGSAVE* 命令或 *BGREWRITEAOF* 命令是否正在执行，服务器执行扩展操作所需的负载因子并不相同，这是因为在执行 *BGSAVE* 命令或 *BGREWRITEAOF* 命令的过程中，Redis需要创建当前服务器进程的子进程，而大多数操作系统都采用写时复制（copy-on-write）技术来优化子进程的使用效率，所以在子进程存在期间，服务器会提高执行扩展操作所需的负载因子，从而尽可能地避免在子进程存在期间进行哈希表扩展操作，这可以避免不必要的内存写入操作，最大限度地节约内存。

另一方面，当哈希表的负载因子小于 `0.1` 时，程序自动开始对哈希表执行收缩操作。

4.5 渐进式 rehash

上一节说过，扩展或收缩哈希表需要将 `ht[0]` 里面的所有键值对 rehash 到 `ht[1]` 里面，但是，这个 rehash 动作并不是一次性、集中式地完成的，而是分多次、渐进式地完成的。

这样做的原因在于，如果 `ht[0]` 里只保存着四个键值对，那么服务器可以在瞬间就将这些键值对全部 rehash 到 `ht[1]`；但是，如果哈希表里保存的键值对数量不是四个，而是四百万、四千万甚至四亿个键值对，那么要一次性将这些键值对全部 rehash 到 `ht[1]` 的话，庞大的计算量可能会导致服务器在一段时间内停止服务。

因此，为了避免 rehash 对服务器性能造成影响，服务器不是一次性将 ht[0] 里面的所有键值对全部 rehash 到 `ht[1]`，而是分多次、渐进式地将 `ht[0]` 里面的键值对慢慢地 rehash 到 `ht[1]`。

以下是哈希表渐进式 rehash 的详细步骤：

1）为 ht[1] 分配空间，让字典同时持有 ht[0] 和 ht[1] 两个哈希表。

2）在字典中维持一个索引计数器变量 rehashidx，并将它的值设置为 0，表示 rehash 工作正式开始。

3）在 rehash 进行期间，每次对字典执行添加、删除、查找或者更新操作时，程序除了执行指定的操作以外，还会顺带将 ht[0] 哈希表在 rehashidx 索引上的所有键值对 rehash 到 ht[1]，当 rehash 工作完成之后，程序将 rehashidx 属性的值增一。

4）随着字典操作的不断执行，最终在某个时间点上，ht[0] 的所有键值对都会被 rehash 至 ht[1]，这时程序将 rehashidx 属性的值设为 -1，表示 rehash 操作已完成。

渐进式 rehash 的好处在于它采取分而治之的方式，将 rehash 键值对所需的计算工作均摊到对字典的每个添加、删除、查找和更新操作上，从而避免了集中式 rehash 而带来的庞大计算量。

图 4-12 至图 4-17 展示了一次完整的渐进式 rehash 过程，注意观察在整个 rehash 过程中，字典的 rehashidx 属性是如何变化的。

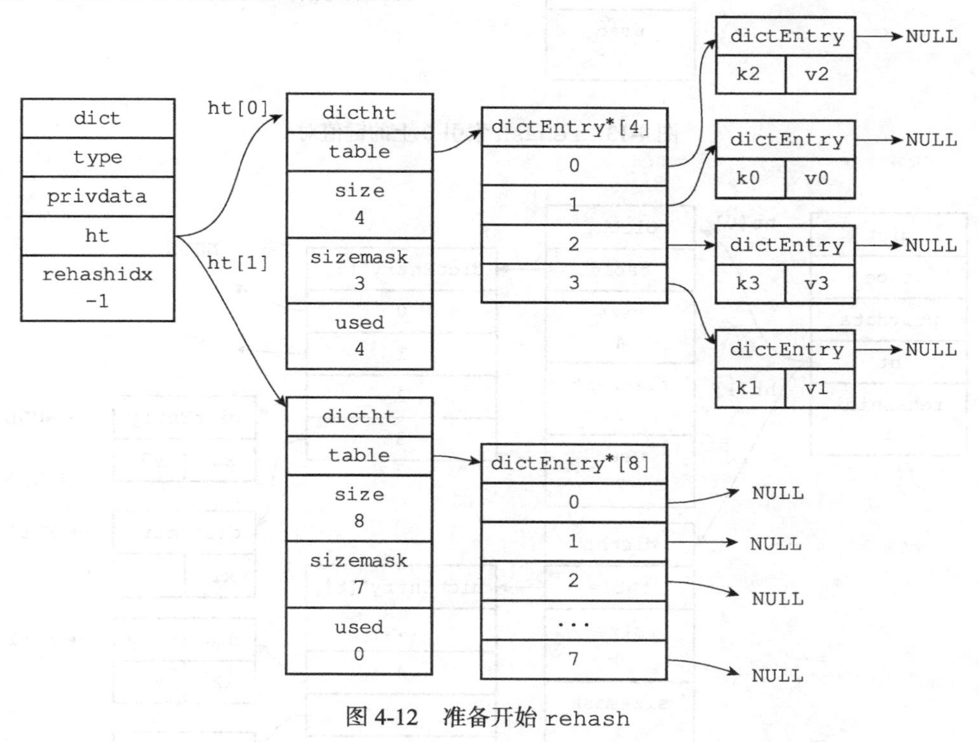

图 4-12　准备开始 rehash

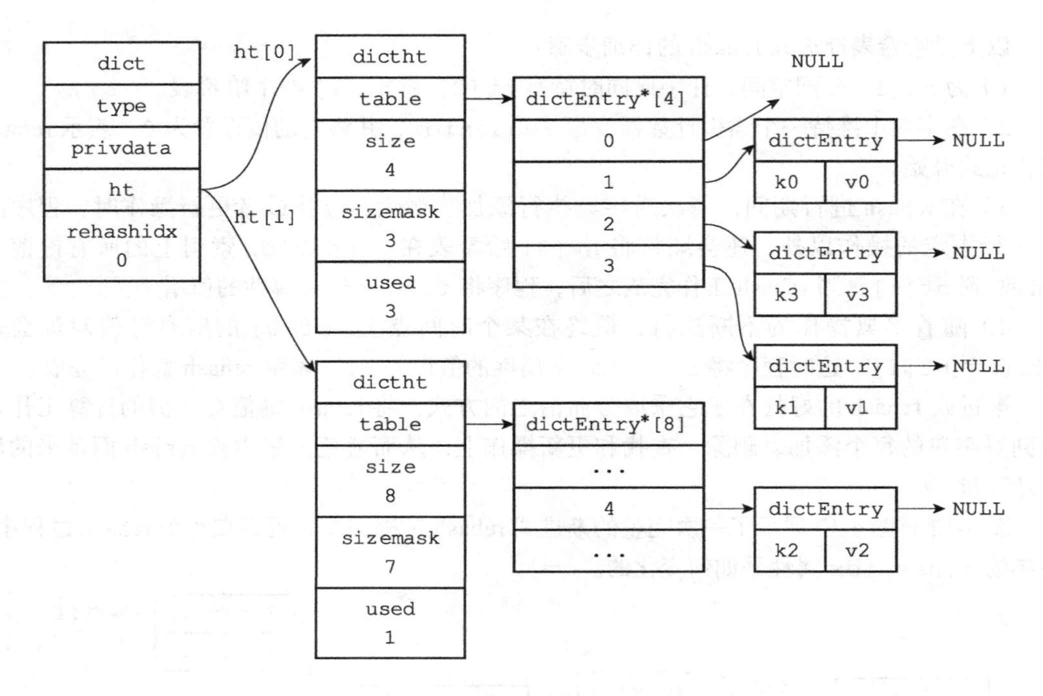

图 4-13 rehash 索引 0 上的键值对

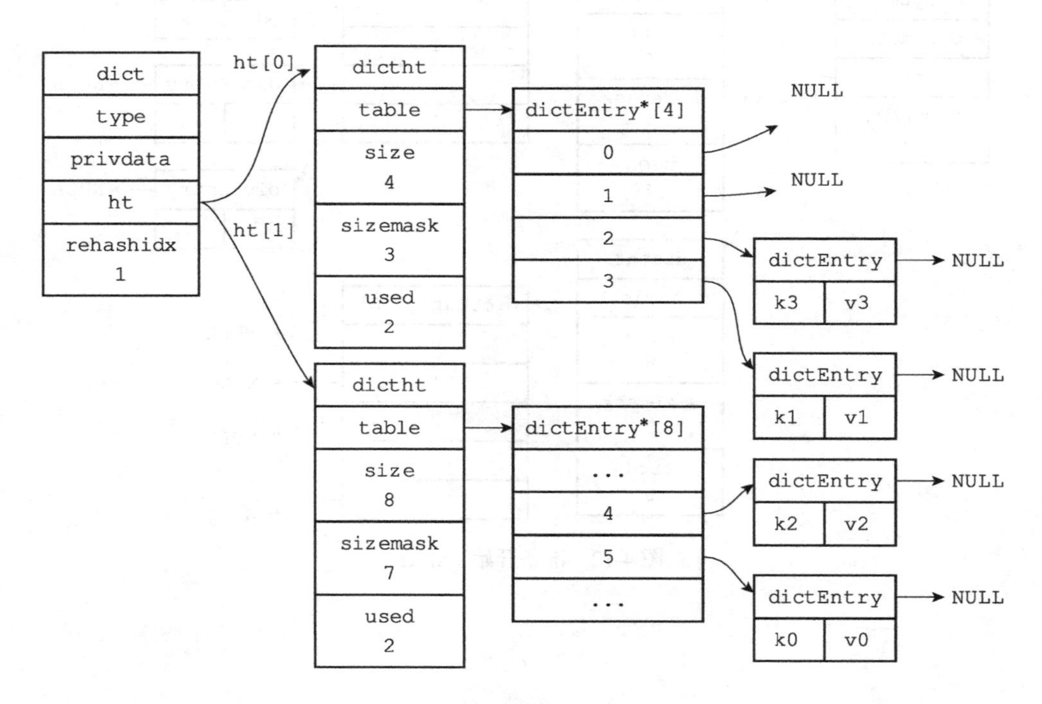

图 4-14 rehash 索引 1 上的键值对

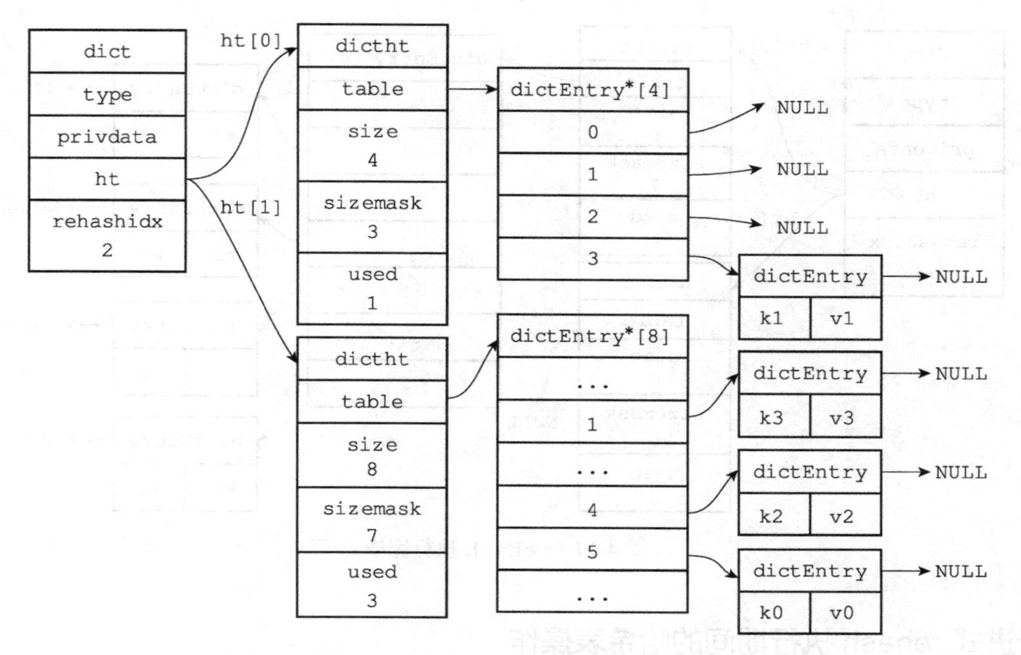

图 4-15　rehash 索引 2 上的键值对

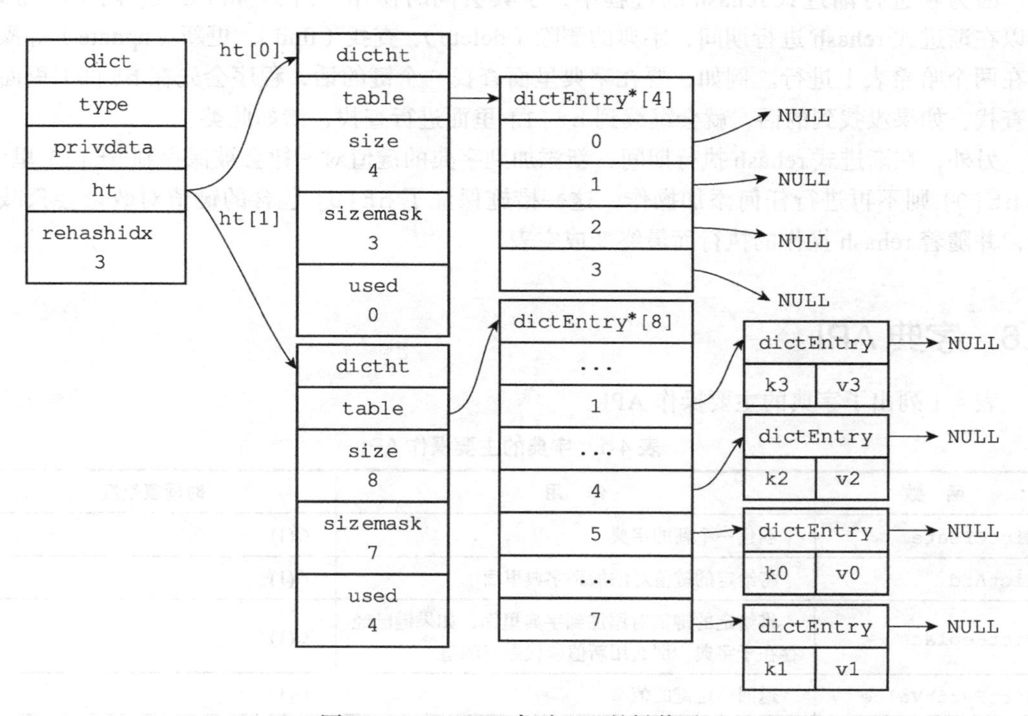

图 4-16　rehash 索引 3 上的键值对

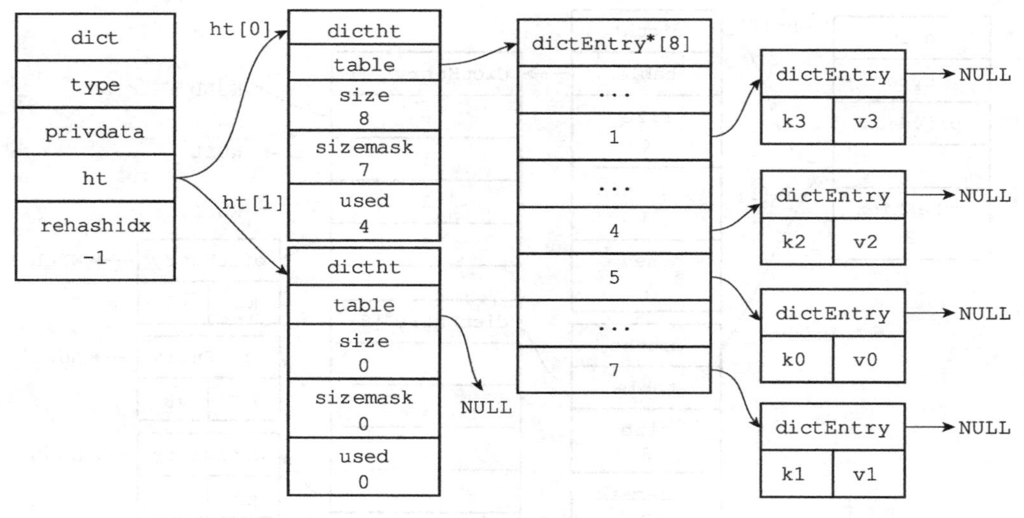

图 4-17 rehash 执行完毕

渐进式 rehash 执行期间的哈希表操作

因为在进行渐进式 rehash 的过程中，字典会同时使用 ht[0] 和 ht[1] 两个哈希表，所以在渐进式 rehash 进行期间，字典的删除（delete）、查找（find）、更新（update）等操作会在两个哈希表上进行。例如，要在字典里面查找一个键的话，程序会先在 ht[0] 里面进行查找，如果没找到的话，就会继续到 ht[1] 里面进行查找，诸如此类。

另外，在渐进式 rehash 执行期间，新添加到字典的键值对一律会被保存到 ht[1] 里面，而 ht[0] 则不再进行任何添加操作，这一措施保证了 ht[0] 包含的键值对数量会只减不增，并随着 rehash 操作的执行而最终变成空表。

4.6 字典 API

表 4-1 列出了字典的主要操作 API。

表 4-1 字典的主要操作 API

函数	作用	时间复杂度
dictCreate	创建一个新的字典	$O(1)$
dictAdd	将给定的键值对添加到字典里面	$O(1)$
dictReplace	将给定的键值对添加到字典里面，如果键已经存在于字典，那么用新值取代原有的值	$O(1)$
dictFetchValue	返回给定键的值	$O(1)$
dictGetRandomKey	从字典中随机返回一个键值对	$O(1)$

（续）

函　数	作　用	时间复杂度
dictDelete	从字典中删除给定键所对应的键值对	$O(1)$
dictRelease	释放给定字典，以及字典中包含的所有键值对	$O(N)$，N 为字典包含的键值对数量

4.7 重点回顾

- 字典被广泛用于实现 Redis 的各种功能，其中包括数据库和哈希键。
- Redis 中的字典使用哈希表作为底层实现，每个字典带有两个哈希表，一个平时使用，另一个仅在进行 rehash 时使用。
- 当字典被用作数据库的底层实现，或者哈希键的底层实现时，Redis 使用 MurmurHash2 算法来计算键的哈希值。
- 哈希表使用链地址法来解决键冲突，被分配到同一个索引上的多个键值对会连接成一个单向链表。
- 在对哈希表进行扩展或者收缩操作时，程序需要将现有哈希表包含的所有键值对 rehash 到新哈希表里面，并且这个 rehash 过程并不是一次性地完成的，而是渐进式地完成的。

第5章 跳跃表

跳跃表（skiplist）是一种有序数据结构，它通过在每个节点中维持多个指向其他节点的指针，从而达到快速访问节点的目的。

跳跃表支持平均 $O(\log N)$、最坏 $O(N)$ 复杂度的节点查找，还可以通过顺序性操作来批量处理节点。

在大部分情况下，跳跃表的效率可以和平衡树相媲美，并且因为跳跃表的实现比平衡树要来得更为简单，所以有不少程序都使用跳跃表来代替平衡树。

Redis 使用跳跃表作为有序集合键的底层实现之一，如果一个有序集合包含的元素数量比较多，又或者有序集合中元素的成员（member）是比较长的字符串时，Redis 就会使用跳跃表来作为有序集合键的底层实现。

举个例子，fruit-price 是一个有序集合键，这个有序集合以水果名为成员，水果价钱为分值，保存了 130 款水果的价钱：

```
redis> ZRANGE fruit-price 0 2 WITHSCORES
1)"banana"
2)"5"
3)"cherry"
4)"6.5"
5)"apple"
6)"8"

redis> ZCARD fruit-price
(integer)130
```

fruit-price 有序集合的所有数据都保存在一个跳跃表里面，其中每个跳跃表节点（node）都保存了一款水果的价钱信息，所有水果按价钱的高低从低到高在跳跃表里面排序：

- 跳跃表的第一个元素的成员为 "banana"，它的分值为 5；
- 跳跃表的第二个元素的成员为 "cherry"，它的分值为 6.5；
- 跳跃表的第三个元素的成员为 "apple"，它的分值为 8；

和链表、字典等数据结构被广泛地应用在 Redis 内部不同，Redis 只在两个地方用到了跳跃表，一个是实现有序集合键，另一个是在集群节点中用作内部数据结构，除此之外，跳跃表在Redis里面没有其他用途。本章将对Redis中的跳跃表实现进行介绍，并列出跳跃表的操作API。本章不会对跳跃表的基本定义和基础算法进行介绍，如果有需要的话，可以参考WilliamPugh关于跳跃表的论文《Skip Lists: A Probabilistic Alternative to Balanced Trees》，或者《算法：C语言实现（第1～4部分）》一书的13.5节。

5.1 跳跃表的实现

Redis的跳跃表由`redis.h/zskiplistNode`和`redis.h/zskiplist`两个结构定义，其中`zskiplistNode`结构用于表示跳跃表节点，而`zskiplist`结构则用于保存跳跃表节点的相关信息，比如节点的数量，以及指向表头节点和表尾节点的指针等等。

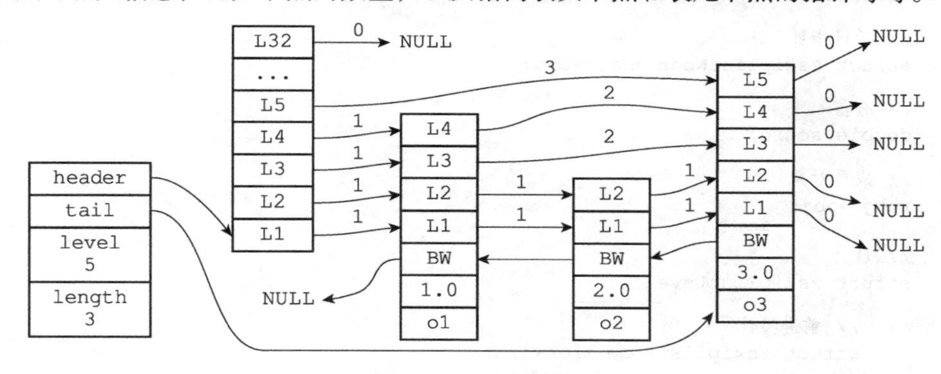

图5-1 一个跳跃表

图5-1展示了一个跳跃表示例，位于图片最左边的是`zskiplist`结构，该结构包含以下属性：

- ❑ `header`：指向跳跃表的表头节点。
- ❑ `tail`：指向跳跃表的表尾节点。
- ❑ `level`：记录目前跳跃表内，层数最大的那个节点的层数（表头节点的层数不计算在内）。
- ❑ `length`：记录跳跃表的长度，也即是，跳跃表目前包含节点的数量（表头节点不计算在内）。

位于`zskiplist`结构右方的是四个`zskiplistNode`结构，该结构包含以下属性：

- ❑ 层（level）：节点中用`L1`、`L2`、`L3`等字样标记节点的各个层，`L1`代表第一层，`L2`代表第二层，以此类推。每个层都带有两个属性：前进指针和跨度。前进指针用于访问位于表尾方向的其他节点，而跨度则记录了前进指针所指向节点和当前节点的距离。在上面的图片中，连线上带有数字的箭头就代表前进指针，而那个数字就是跨度。当程序从表头向表尾进行遍历时，访问会沿着层的前进指针进行。
- ❑ 后退（backward）指针：节点中用`BW`字样标记节点的后退指针，它指向位于当前节点的前一个节点。后退指针在程序从表尾向表头遍历时使用。

- 分值（score）：各个节点中的 1.0、2.0 和 3.0 是节点所保存的分值。在跳跃表中，节点按各自所保存的分值从小到大排列。
- 成员对象（obj）：各个节点中的 o1、o2 和 o3 是节点所保存的成员对象。

注意表头节点和其他节点的构造是一样的：表头节点也有后退指针、分值和成员对象，不过表头节点的这些属性都不会被用到，所以图中省略了这些部分，只显示了表头节点的各个层。

本节接下来的内容将对 zskiplistNode 和 zskiplist 两个结构进行更详细的介绍。

5.1.1 跳跃表节点

跳跃表节点的实现由 redis.h/zskiplistNode 结构定义：

```
typedef struct zskiplistNode {

    // 后退指针
    struct zskiplistNode *backward;

    // 分值
    double score;

    // 成员对象
    robj *obj;

    // 层
    struct zskiplistLevel {

        // 前进指针
        struct zskiplistNode *forward;

        // 跨度
        unsigned int span;

    } level[];

} zskiplistNode;
```

1. 层

跳跃表节点的 level 数组可以包含多个元素，每个元素都包含一个指向其他节点的指针，程序可以通过这些层来加快访问其他节点的速度，一般来说，层的数量越多，访问其他节点的速度就越快。

每次创建一个新跳跃表节点的时候，程序都根据幂次定律（power law，越大的数出现的概率越小）随机生成一个介于 1 和 32 之间的值作为 level 数组的大小，这个大小就是层的“高度”。

图 5-2 分别展示了三个高度为 1 层、3 层和 5 层的节点，因为 C 语言的数组索引总是从 0 开始的，所以节点的第一层是 level[0]，而第二层是 level[1]，以此类推。

2. 前进指针

每个层都有一个指向表尾方向的前进指针（level[i].forward 属性），用于从表头向表尾方向访问节点。图 5-3 用虚线表示出了程序从表头向表尾方向，遍历跳跃表中所有节点的路径：

zskiplistNode
level[0]
backward
score
obj

zskiplistNode
level[2]
level[1]
level[0]
backward
score
obj

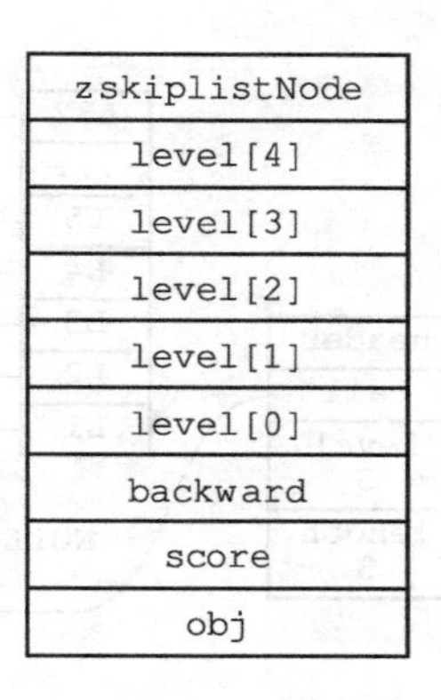

图 5-2 带有不同层高的节点

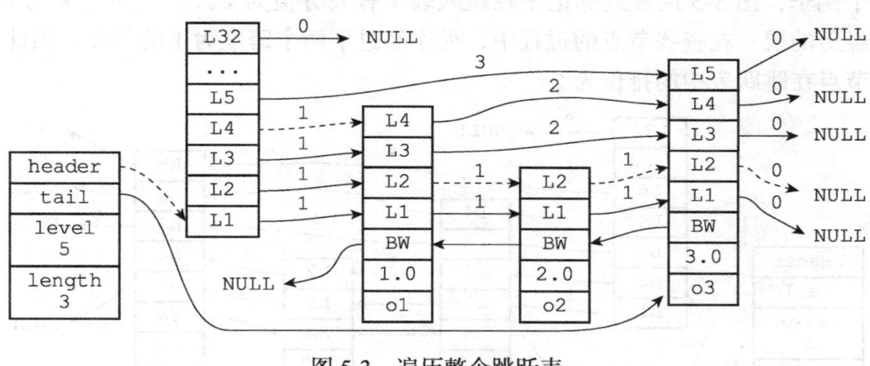

图 5-3 遍历整个跳跃表

1）迭代程序首先访问跳跃表的第一个节点（表头），然后从第四层的前进指针移动到表中的第二个节点。

2）在第二个节点时，程序沿着第二层的前进指针移动到表中的第三个节点。

3）在第三个节点时，程序同样沿着第二层的前进指针移动到表中的第四个节点。

4）当程序再次沿着第四个节点的前进指针移动时，它碰到一个 NULL，程序知道这时已经到达了跳跃表的表尾，于是结束这次遍历。

3. 跨度

层的跨度（level[i].span 属性）用于记录两个节点之间的距离：

- 两个节点之间的跨度越大，它们相距得就越远。
- 指向 NULL 的所有前进指针的跨度都为 0，因为它们没有连向任何节点。

初看上去，很容易以为跨度和遍历操作有关，但实际上并不是这样，遍历操作只使用前进指针就可以完成了，跨度实际上是用来计算排位（rank）的：在查找某个节点的过程中，将沿途访问过的所有层的跨度累计起来，得到的结果就是目标节点在跳跃表中的排位。

举个例子，图 5-4 用虚线标记了在跳跃表中查找分值为 3.0、成员对象为 o3 的节点时，沿途经历的层：查找的过程只经过了一个层，并且层的跨度为 3，所以目标节点在跳跃表中的排位为 3。

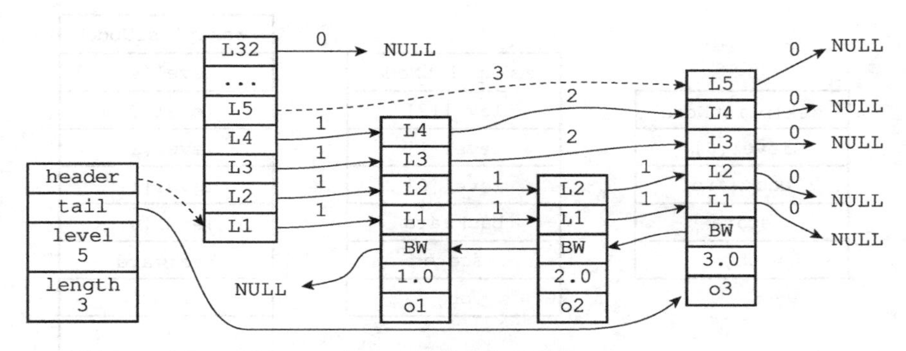

图 5-4 计算节点的排位

再举个例子，图 5-5 用虚线标记了在跳跃表中查找分值为 2.0、成员对象为 o2 的节点时，沿途经历的层：在查找节点的过程中，程序经过了两个跨度为 1 的节点，因此可以计算出，目标节点在跳跃表中的排位为 2。

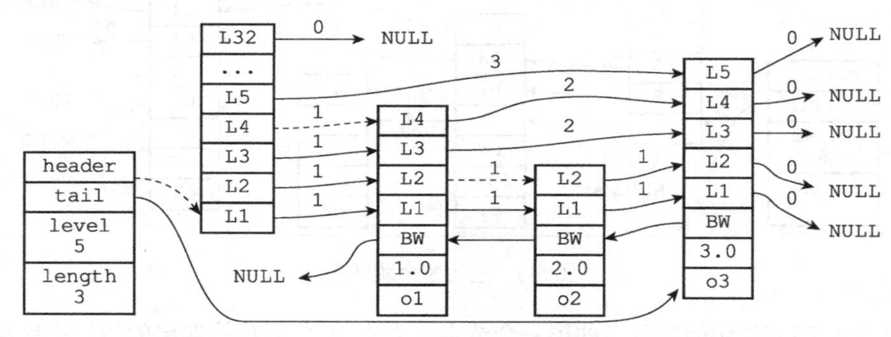

图 5-5 另一个计算节点排位的例子

4. 后退指针

节点的后退指针（backward 属性）用于从表尾向表头方向访问节点：跟可以一次跳过多个节点的前进指针不同，因为每个节点只有一个后退指针，所以每次只能后退至前一个节点。

图 5-6 用虚线展示了如果从表尾向表头遍历跳跃表中的所有节点：程序首先通过跳跃表的 tail 指针访问表尾节点，然后通过后退指针访问倒数第二个节点，之后再沿着后退指针访问倒数第三个节点，再之后遇到指向 NULL 的后退指针，于是访问结束。

5. 分值和成员

节点的分值（score 属性）是一个 double 类型的浮点数，跳跃表中的所有节点都按分值从小到大来排序。

节点的成员对象（obj 属性）是一个指针，它指向一个字符串对象，而字符串对象则保存着一个 SDS 值。

在同一个跳跃表中，各个节点保存的成员对象必须是唯一的，但是多个节点保存的分值却可以是相同的：分值相同的节点将按照成员对象在字典序中的大小来进行排序，成员对象较小的节点会排在前面（靠近表头的方向），而成员对象较大的节点则会排在后面（靠近表尾的方向）。

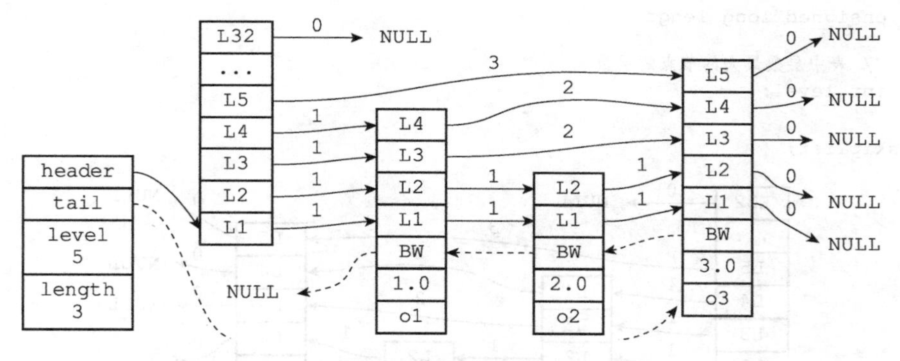

图 5-6 从表尾向表头方向遍历跳跃表

举个例子，在图 5-7 所示的跳跃表中，三个跳跃表节点都保存了相同的分值 10086.0，但保存成员对象 o1 的节点却排在保存成员对象 o2 和 o3 的节点之前，而保存成员对象 o2 的节点又排在保存成员对象 o3 的节点之前，由此可见，o1、o2、o3 三个成员对象在字典中的排序为 o1<=o2<=o3。

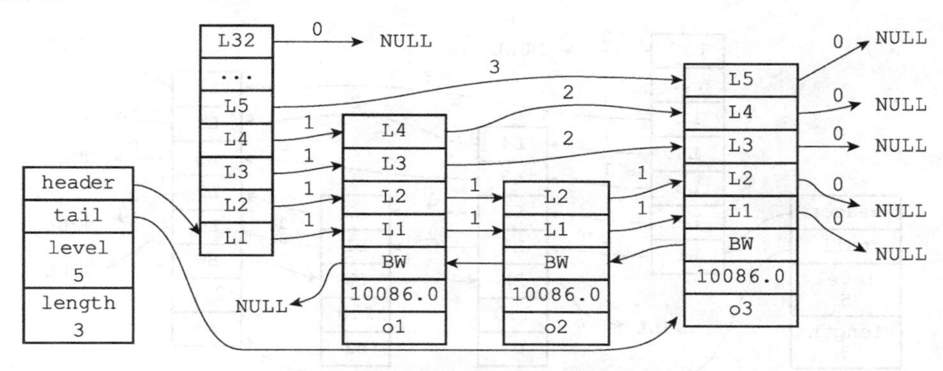

图 5-7 三个带有相同分值的跳跃表节点

5.1.2 跳跃表

仅靠多个跳跃表节点就可以组成一个跳跃表，如图 5-8 所示。

但通过使用一个 zskiplist 结构来持有这些节点，程序可以更方便地对整个跳跃表进行处理，比如快速访问跳跃表的表头节点和表尾节点，或者快速地获取跳跃表节点的数量（也即是跳跃表的长度）等信息，如图 5-9 所示。

zskiplist 结构的定义如下：

```
typedef struct zskiplist {

    // 表头节点和表尾节点
```

```
    structz skiplistNode *header, *tail;

    // 表中节点的数量
    unsigned long length;

    // 表中层数最大的节点的层数
    int level;

} zskiplist;
```

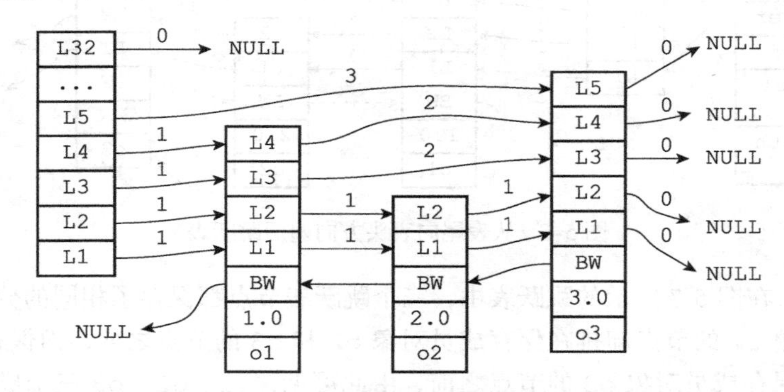

图 5-8 由多个跳跃节点组成的跳跃表

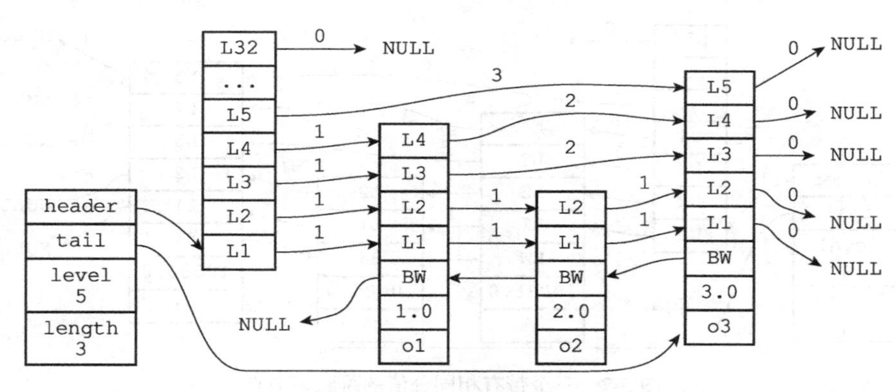

图 5-9 带有 zskiplist 结构的跳跃表

header 和 tail 指针分别指向跳跃表的表头和表尾节点，通过这两个指针，程序定位表头节点和表尾节点的复杂度为 $O(1)$。

通过使用 length 属性来记录节点的数量，程序可以在 $O(1)$ 复杂度内返回跳跃表的长度。

level 属性则用于在 $O(1)$ 复杂度内获取跳跃表中层高最大的那个节点的层数量，注意表头节点的层高并不计算在内。

5.2 跳跃表 API

表 5-1 列出了跳跃表的所有操作 API。

表 5-1 跳跃表 API

函 数	作 用	时间复杂度
zslCreate	创建一个新的跳跃表	$O(1)$
zslFree	释放给定跳跃表，以及表中包含的所有节点	$O(N)$，N 为跳跃表的长度
zslInsert	将包含给定成员和分值的新节点添加到跳跃表中	平均 $O(\log N)$，最坏 $O(N)$，N 为跳跃表长度
zslDelete	删除跳跃表中包含给定成员和分值的节点	平均 $O(\log N)$，最坏 $O(N)$，N 为跳跃表长度
zslGetRank	返回包含给定成员和分值的节点在跳跃表中的排位	平均 $O(\log N)$，最坏 $O(N)$，N 为跳跃表长度
zslGetElementByRank	返回跳跃表在给定排位上的节点	平均 $O(\log N)$，最坏 $O(N)$，N 为跳跃表长度
zslIsInRange	给定一个分值范围（range），比如 0 到 15，20 到 28，诸如此类，如果给定的分值范围包含在跳跃表的分值范围内，那么返回 1，否则返回 0	通过跳跃表的表头节点和表尾节点，这个检测可以用 $O(1)$ 复杂度完成
zslFirstInRange	给定一个分值范围，返回跳跃表中第一个符合这个范围的节点	平均 $O(\log N)$，最坏 $O(N)$。N 为跳跃表长度
zslLastInRange	给定一个分值范围，返回跳跃表中最后一个符合这个范围的节点	平均 $O(\log N)$，最坏 $O(N)$。N 为跳跃表长度
zslDeleteRangeByScore	给定一个分值范围，删除跳跃表中所有在这个范围之内的节点	$O(N)$，N 为被删除节点数量
zslDeleteRangeByRank	给定一个排位范围，删除跳跃表中所有在这个范围之内的节点	$O(N)$，N 为被删除节点数量

5.3 重点回顾

- 跳跃表是有序集合的底层实现之一。
- Redis 的跳跃表实现由 zskiplist 和 zskiplistNode 两个结构组成，其中 zskiplist 用于保存跳跃表信息（比如表头节点、表尾节点、长度），而 zskiplistNode 则用于表示跳跃表节点。
- 每个跳跃表节点的层高都是 1 至 32 之间的随机数。
- 在同一个跳跃表中，多个节点可以包含相同的分值，但每个节点的成员对象必须是唯一的。
- 跳跃表中的节点按照分值大小进行排序，当分值相同时，节点按照成员对象的大小进行排序。

第 6 章
整 数 集 合

整数集合（intset）是集合键的底层实现之一，当一个集合只包含整数值元素，并且这个集合的元素数量不多时，Redis 就会使用整数集合作为集合键的底层实现。

举个例子，如果我们创建一个只包含五个元素的集合键，并且集合中的所有元素都是整数值，那么这个集合键的底层实现就会是整数集合：

```
redis> SADD numbers 1 3 5 7 9
(integer) 5

redis> OBJECT ENCODING numbers
"intset"
```

在这一章，我们将对整数集合及其相关操作的实现原理进行介绍。

6.1 整数集合的实现

整数集合（intset）是 Redis 用于保存整数值的集合抽象数据结构，它可以保存类型为 `int16_t`、`int32_t` 或者 `int64_t` 的整数值，并且保证集合中不会出现重复元素。

每个 `intset.h/intset` 结构表示一个整数集合：

```
typedef struct intset {

    // 编码方式
    uint32_t encoding;

    // 集合包含的元素数量
    uint32_t length;

    // 保存元素的数组
    int8_t contents[];

} intset;
```

`contents` 数组是整数集合的底层实现：整数集合的每个元素都是 `contents` 数组的一个数组项（item），各个项在数组中按值的大小从小到大有序地排列，并且数组中不包含任何重复项。

length 属性记录了整数集合包含的元素数量，也即是 contents 数组的长度。

虽然 intset 结构将 contents 属性声明为 int8_t 类型的数组，但实际上 contents 数组并不保存任何 int8_t 类型的值，contents 数组的真正类型取决于 encoding 属性的值：

- 如果 encoding 属性的值为 INTSET_ENC_INT16，那么 contents 就是一个 int16_t 类型的数组，数组里的每个项都是一个 int16_t 类型的整数值（最小值为 -32 768，最大值为 32 767）。
- 如果 encoding 属性的值为 INTSET_ENC_INT32，那么 contents 就是一个 int32_t 类型的数组，数组里的每个项都是一个 int32_t 类型的整数值（最小值为 -2 147 483 648，最大值为 2 147 483 647）。
- 如果 encoding 属性的值为 INTSET_ENC_INT64，那么 contents 就是一个 int64_t 类型的数组，数组里的每个项都是一个 int64_t 类型的整数值（最小值为 -9 223 372 036 854 775 808，最大值为 9 223 372 036 854 775 807）。

图 6-1 展示了一个整数集合示例：

- encoding 属性的值为 INTSET_ENC_INT16，表示整数集合的底层实现为 int16_t 类型的数组，而集合保存的都是 int16_t 类型的整数值。
- length 属性的值为 5，表示整数集合包含五个元素。
- contents 数组按从小到大的顺序保存着集合中的五个元素。
- 因为每个集合元素都是 int16_t 类型的整数值，所以 contents 数组的大小等于 sizeof(int16_t)* 5 = 16 * 5 = 80 位。

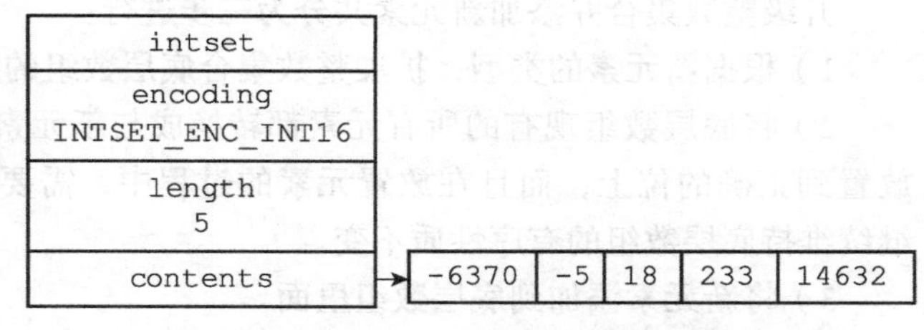

图 6-1　一个包含五个 int16_t 类型整数值的整数集合

图 6-2 展示了另一个整数集合示例：

- encoding 属性的值为 INTSET_ENC_INT64，表示整数集合的底层实现为 int64_t 类型的数组，而数组中保存的都是 int64_t 类型的整数值。
- length 属性的值为 4，表示整数集合包含四个元素。
- contents 数组按从小到大的顺序保存着集合中的四个元素。
- 因为每个集合元素都是 int64_t 类型的整数值，所以 contents 数组的大小为 sizeof(int64_t)* 4 = 64 * 4 = 256 位。

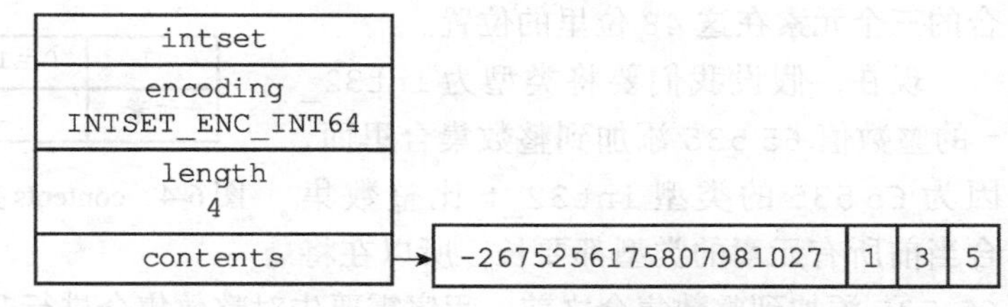

图 6-2　一个包含四个 int16_t 类型整数值的整数集合

虽然 contents 数组保存的四个整数值中，只有 -2 675 256 175 807 981 027 是真正需要用 int64_t 类型来保存的，而其他的 1、3、5 三个值都可以用 int16_t 类型来保存，不过根据整数集合的升级规则，当向一个底层为 int16_t 数组的整数集合添加一个 int64_t 类型的整数值时，整数集合已有的所有元素都会被转换成 int64_t 类型，所以 contents 数组保存的四个整数值都是 int64_t 类型的，不仅仅是 -2 675 256 175 807 981 027。

接下来的一节将对整数集合的升级操作进行详细介绍。

6.2 升级

每当我们要将一个新元素添加到整数集合里面，并且新元素的类型比整数集合现有所有元素的类型都要长时，整数集合需要先进行升级（upgrade），然后才能将新元素添加到整数集合里面。

升级整数集合并添加新元素共分为三步进行：

1）根据新元素的类型，扩展整数集合底层数组的空间大小，并为新元素分配空间。

2）将底层数组现有的所有元素都转换成与新元素相同的类型，并将类型转换后的元素放置到正确的位上，而且在放置元素的过程中，需要继续维持底层数组的有序性质不变。

3）将新元素添加到底层数组里面。

举个例子，假设现在有一个 INTSET_ENC_INT16 编码的整数集合，集合中包含三个 int16_t 类型的元素，如图 6-3 所示。

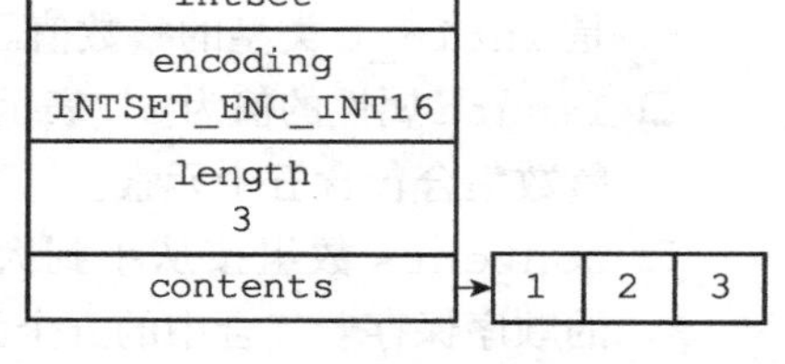

图 6-3 一个包含三个 int16_t 类型的元素的整数集合

因为每个元素都占用 16 位空间，所以整数集合底层数组的大小为 3*16=48 位，图 6-4 展示了整数集合的三个元素在这 48 位里的位置。

位	0至15位	16至31位	32至47位
元素	1	2	3

图 6-4 contents 数组的各个元素，以及它们所在的位

现在，假设我们要将类型为 int32_t 的整数值 65 535 添加到整数集合里面，因为 65 535 的类型 int32_t 比整数集合当前所有元素的类型都要长，所以在将 65 535 添加到整数集合之前，程序需要先对整数集合进行升级。

升级首先要做的是，根据新类型的长度，以及集合元素的数量（包括要添加的新元素在内），对底层数组进行空间重分配。

整数集合目前有三个元素，再加上新元素 65 535，整数集合需要分配四个元素的空间，因为每个 int32_t 整数值需要占用 32 位空间，所以在空间重分配之后，底层数组的大小将是 32 * 4 = 128 位，如图 6-5 所示。虽然程序对底层数组进行了空间重分配，但数组原有的三个元素 1、2、3 仍然是 int16_t 类型，这些元素还保存在数组的前 48 位里面，

所以程序接下来要做的就是将这三个元素转换成 int32_t 类型，并将转换后的元素放置到正确的位上面，而且在放置元素的过程中，需要维持底层数组的有序性质不变。

位	0至15位	16至31位	32至47位	48至127位
元素	1	2	3	（新分配空间）

图 6-5 进行空间重分配之后的数组

首先，因为元素 3 在 1、2、3、65535 四个元素中排名第三，所以它将被移动到 contents 数组的索引 2 位置上，也即是数组 64 位至 95 位的空间内，如图 6-6 所示。

位	0至15位	16至31位	32至47位	48至63位	64位至95位	96位至127位
元素	1	2	3	（新分配空间）	3	（新分配空间）

从int16_t类型转换为int32_t类型

图 6-6 对元素 3 进行类型转换，并保存在适当的位上

接着，因为元素 2 在 1、2、3、65535 四个元素中排名第二，所以它将被移动到 contents 数组的索引 1 位置上，也即是数组的 32 位至 63 位的空间内，如图 6-7 所示。

位	0至15位	16至31位	32至63位	64位至95位	96位至127位
元素	1	2	2	3	（新分配空间）

从int16_t类型转换为int32_t类型

图 6-7 对元素 2 进行类型转换，并保存在适当的位上

之后，因为元素 1 在 1、2、3、65535 四个元素中排名第一，所以它将被移动到 contents 数组的索引 0 位置上，即数组的 0 位至 31 位的空间内，如图 6-8 所示。

位	0至31位	32至63位	64位至95位	96位至127位
元素	1	2	3	（新分配空间）

从 int16_t 类型转换为 int32_t 类型

图 6-8 对元素 1 进行类型转换，并保存在适当的位上

然后，因为元素 65535 在 1、2、3、65535 四个元素中排名第四，所以它将被添加到 contents 数组的索引 3 位置上，也即是数组的 96 位至 127 位的空间内，如图 6-9 所示。

位	0至31位	32至63位	64位至95位	96位至127位
元素	1	2	3	65535

添加新元素

图 6-9 添加 65535 到数组

最后，程序将整数集合 encoding 属性的值从 INTSET_ENC_INT16 改为 INTSET_ENC_INT32，并将 length 属性的值从 3 改为 4，设置完成之后的整数集合如图 6-10 所示。

因为每次向整数集合添加新元素都可能会引起升级，而每次升级都需要对底层数组中已有的所有元素进行类型转换，所以向整数集合添加新元素的时间复杂度为 $O(N)$。

其他类型的升级操作，比如从 INTSET_ENC_INT16 编码升级为 INTSET_ENC_INT64 编码，或者从 INTSET_ENC_INT32 编码升级为 INTSET_ENC_INT64 编码，升级的过程都和上面展示的升级过程类似。

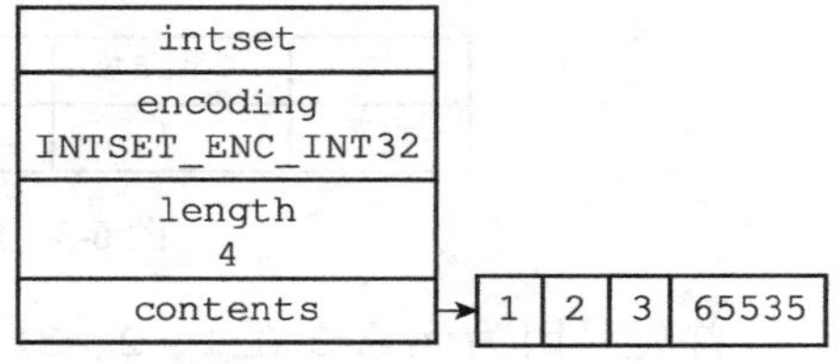

图 6-10 完成添加操作之后的整数集合

升级之后新元素的摆放位置

因为引发升级的新元素的长度总是比整数集合现有所有元素的长度都大，所以这个新元素的值要么就大于所有现有元素，要么就小于所有现有元素：

- ❑ 在新元素小于所有现有元素的情况下，新元素会被放置在底层数组的最开头（索引 0）；
- ❑ 在新元素大于所有现有元素的情况下，新元素会被放置在底层数组的最末尾（索引 length-1）。

6.3 升级的好处

整数集合的升级策略有两个好处，一个是提升整数集合的灵活性，另一个是尽可能地节约内存。

6.3.1 提升灵活性

因为 C 语言是静态类型语言，为了避免类型错误，我们通常不会将两种不同类型的值放在同一个数据结构里面。

例如，我们一般只使用 int16_t 类型的数组来保存 int16_t 类型的值，只使用 int32_t 类型的数组来保存 int32_t 类型的值，诸如此类。

但是，因为整数集合可以通过自动升级底层数组来适应新元素，所以我们可以随意地将 int16_t、int32_t 或者 int64_t 类型的整数添加到集合中，而不必担心出现类型错误，这种做法非常灵活。

6.3.2 节约内存

当然，要让一个数组可以同时保存 int16_t、int32_t、int64_t 三种类型的值，最简单的做法就是直接使用 int64_t 类型的数组作为整数集合的底层实现。不过这样一来，即使添加到整数集合里面的都是 int16_t 类型或者 int32_t 类型的值，数组都需要使用 int64_t 类型的空间去保存它们，从而出现浪费内存的情况。

而整数集合现在的做法既可以让集合能同时保存三种不同类型的值，又可以确保升级操作只会在有需要的时候进行，这可以尽量节省内存。

例如，如果我们一直只向整数集合添加 int16_t 类型的值，那么整数集合的底层实现就会一直是 int16_t 类型的数组，只有在我们要将 int32_t 类型或者 int64_t 类型的值添加到集合时，程序才会对数组进行升级。

6.4 降级

整数集合不支持降级操作，一旦对数组进行了升级，编码就会一直保持升级后的状态。

举个例子，对于图 6-11 所示的整数集合来说，即使我们将集合里唯一一个真正需要使用 int64_t 类型来保存的元素 4 294 967 295 删除了，整数集合的编码仍然会维持 INTSET_ENC_INT64，底层数组也仍然会是 int64_t 类型的，如图 6-12 所示。

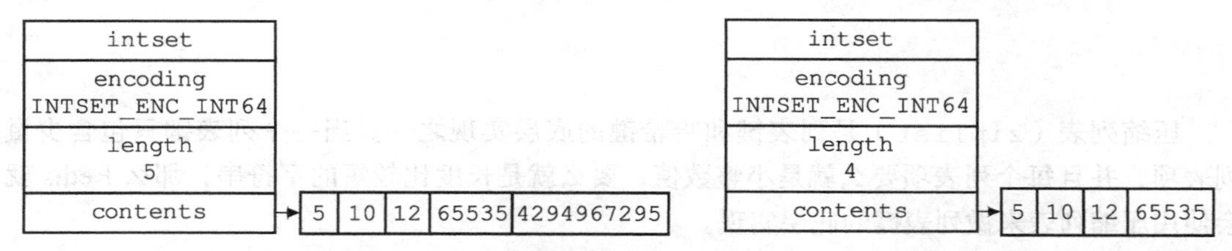

图 6-11 数组编码为 INTSET_ENC_INT64 的整数集合　图 6-12 删除 4 294 967 295 的整数集合

6.5 整数集合 API

表 6-1 列出了整数集合的操作 API。

表 6-1 整数集合 API

函　数	作　用	时间复杂度
intsetNew	创建一个新的整数集合	$O(1)$
intsetAdd	将给定元素添加到整数集合里面	$O(N)$
intsetRemove	从整数集合中移除给定元素	$O(N)$
intsetFind	检查给定值是否存在于集合	因为底层数组有序，查找可以通过二分查找法来进行，所以复杂度为 $O(\log N)$
intsetRandom	从整数集合中随机返回一个元素	$O(1)$
intsetGet	取出底层数组在给定索引上的元素	$O(1)$
intsetLen	返回整数集合包含的元素个数	$O(1)$
intsetBlobLen	返回整数集合占用的内存字节数	$O(1)$

6.6 重点回顾

- 整数集合是集合键的底层实现之一。
- 整数集合的底层实现为数组，这个数组以有序、无重复的方式保存集合元素，在有需要时，程序会根据新添加元素的类型，改变这个数组的类型。
- 升级操作为整数集合带来了操作上的灵活性，并且尽可能地节约了内存。
- 整数集合只支持升级操作，不支持降级操作。

第 7 章

压缩列表

压缩列表（ziplist）是列表键和哈希键的底层实现之一。当一个列表键只包含少量列表项，并且每个列表项要么就是小整数值，要么就是长度比较短的字符串，那么 Redis 就会使用压缩列表来做列表键的底层实现。

例如，执行以下命令将创建一个压缩列表实现的列表键：

```
redis> RPUSH lst 1 3 5 10086 "hello" "world"
(integer)6

redis> OBJECT ENCODING lst
"ziplist"
```

列表键里面包含的都是 1、3、5、10086 这样的小整数值，以及 "hello"、"world" 这样的短字符串。

另外，当一个哈希键只包含少量键值对，比且每个键值对的键和值要么就是小整数值，要么就是长度比较短的字符串，那么 Redis 就会使用压缩列表来做哈希键的底层实现。

举个例子，执行以下命令将创建一个压缩列表实现的哈希键：

```
redis> HMSET profile "name" "Jack" "age" 28 "job" "Programmer"
OK

redis> OBJECT ENCODING profile
"ziplist"
```

哈希键里面包含的所有键和值都是小整数值或者短字符串。本章将对压缩列表的定义以及相关操作进行详细的介绍。

7.1 压缩列表的构成

压缩列表是 Redis 为了节约内存而开发的，是由一系列特殊编码的连续内存块组成的顺序型（sequential）数据结构。一个压缩列表可以包含任意多个节点（entry），每个节点可以保存一个字节数组或者一个整数值。

图 7-1 展示了压缩列表的各个组成部分，表 7-1 则记录了各个组成部分的类型、长度以

及用途。

zlbytes	zltail	zllen	entry1	entry2	...	entryN	zlend

图 7-1 压缩列表的各个组成部分

表 7-1 压缩列表各个组成部分的详细说明

属性	类型	长度	用 途
zlbytes	uint32_t	4 字节	记录整个压缩列表占用的内存字节数：在对压缩列表进行内存重分配，或者计算 zlend 的位置时使用
zltail	uint32_t	4 字节	记录压缩列表表尾节点距离压缩列表的起始地址有多少字节：通过这个偏移量，程序无须遍历整个压缩列表就可以确定表尾节点的地址
zllen	uint16_t	2 字节	记录了压缩列表包含的节点数量：当这个属性的值小于 UINT16_MAX（65535）时，这个属性的值就是压缩列表包含节点的数量；当这个值等于 UINT16_MAX 时，节点的真实数量需要遍历整个压缩列表才能计算得出
entryX	列表节点	不定	压缩列表包含的各个节点，节点的长度由节点保存的内容决定
zlend	uint8_t	1 字节	特殊值 0xFF（十进制 255），用于标记压缩列表的末端

图 7-2 展示了一个压缩列表示例：

- ❑ 列表 zlbytes 属性的值为 0x50（十进制 80），表示压缩列表的总长为 80 字节。
- ❑ 列表 zltail 属性的值为 0x3c（十进制 60），这表示如果我们有一个指向压缩列表起始地址的指针 p，那么只要用指针 p 加上偏移量 60，就可以计算出表尾节点 entry3 的地址。
- ❑ 列表 zllen 属性的值为 0x3（十进制 3），表示压缩列表包含三个节点。

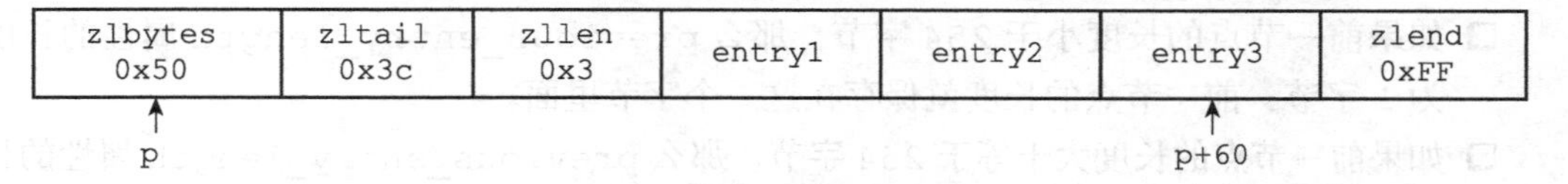

图 7-2 包含三个节点的压缩列表

图 7-3 展示了另一个压缩列表示例：

zlbytes 0xd2	zltail 0xb3	zllen 0x5	entry1	entry2	entry3	entry4	entry5	zlend 0xFF
↑ p							↑ p+179	

图 7-3 包含五个节点的压缩列表

- ❑ 列表 zlbytes 属性的值为 0xd2（十进制 210），表示压缩列表的总长为 210 字节。
- ❑ 列表 zltail 属性的值为 0xb3（十进制 179），这表示如果我们有一个指向压缩列表起始地址的指针 p，那么只要用指针 p 加上偏移量 179，就可以计算出表尾节点 entry5 的地址。
- ❑ 列表 zllen 属性的值为 0x5（十进制 5），表示压缩列表包含五个节点。

7.2 压缩列表节点的构成

每个压缩列表节点可以保存一个字节数组或者一个整数值，其中，字节数组可以是以下三种长度之一：

- 长度小于等于 63（2^6-1）字节的字节数组；
- 长度小于等于 16 383（$2^{14}-1$）字节的字节数组；
- 长度小于等于 4 294 967 295（$2^{32}-1$）字节的字节数组；

而整数值则可以是以下六种长度之一：

- 4 位长，介于 0 至 12 之间的无符号整数；
- 1 字节长的有符号整数；
- 3 字节长的有符号整数；
- int16_t 类型整数；
- int32_t 类型整数；
- int64_t 类型整数。

previous_entry_length	encoding	content

图 7-4 压缩列表节点的各个组成部分

每个压缩列表节点都由 previous_entry_length、encoding、content 三个部分组成，如图 7-4 所示。

接下来将分别介绍这三个组成部分。

7.2.1 previous_entry_length

节点的 previous_entry_length 属性以字节为单位，记录了压缩列表中前一个节点的长度。previous_entry_length 属性的长度可以是 1 字节或者 5 字节：

- 如果前一节点的长度小于 254 字节，那么 previous_entry_length 属性的长度为 1 字节：前一节点的长度就保存在这一个字节里面。
- 如果前一节点的长度大于等于 254 字节，那么 previous_entry_length 属性的长度为 5 字节：其中属性的第一字节会被设置为 0xFE（十进制值 254），而之后的四个字节则用于保存前一节点的长度。

图 7-5 展示了一个包含一字节长 previous_entry_length 属性的压缩列表节点，属性的值为 0x05，表示前一节点的长度为 5 字节。

previous_entry_length 0x05	encoding ...	content ...

图 7-5 当前节点的前一节点的长度为 5 字节

图 7-6 展示了一个包含五字节长 previous_entry_length 属性的压缩节点，属性的值为 0xFE00002766，其中值的最高位字节 0xFE 表示这是一个五字节长的 previous_entry_length 属性，而之后的四字节 0x00002766（十进制值 10086）才是前一节点的实际长度。

previous_entry_length 0xFE00002766	encoding ...	content ...

图 7-6 当前节点的前一节点的长度为 10086 字节

因为节点的 previous_entry_length 属性记录了前一个节点的长度，所以程序可以通过指针运算，根据当前节点的起始地址来计算出前一个节点的起始地址。

举个例子，如果我们有一个指向当前节点起始地址的指针 c，那么我们只要用指针 c 减去当前节点 previous_entry_length 属性的值，就可以得出一个指向前一个节点起始地址的指针 p，如图 7-7 所示。

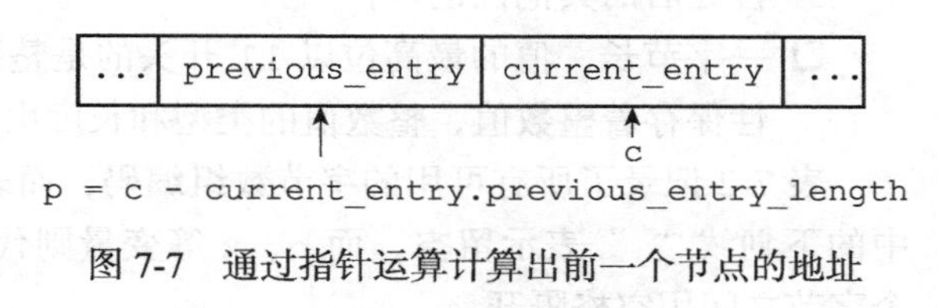

图 7-7 通过指针运算计算出前一个节点的地址

压缩列表的从表尾向表头遍历操作就是使用这一原理实现的，只要我们拥有了一个指向某个节点起始地址的指针，那么通过这个指针以及这个节点的 previous_entry_length 属性，程序就可以一直向前一个节点回溯，最终到达压缩列表的表头节点。

图 7-8 展示了一个从表尾节点向表头节点进行遍历的完整过程：

- 首先，我们拥有指向压缩列表表尾节点 entry4 起始地址的指针 p1（指向表尾节点的指针可以通过指向压缩列表起始地址的指针加上 zltail 属性的值得出）；
- 通过用 p1 减去 entry4 节点 previous_entry_length 属性的值，我们得到一个指向 entry4 前一节点 entry3 起始地址的指针 p2；
- 通过用 p2 减去 entry3 节点 previous_entry_length 属性的值，我们得到一个指向 entry3 前一节点 entry2 起始地址的指针 p3；
- 通过用 p3 减去 entry2 节点 previous_entry_length 属性的值，我们得到一个指向 entry2 前一节点 entry1 起始地址的指针 p4，entry1 为压缩列表的表头节点；
- 最终，我们从表尾节点向表头节点遍历了整个列表。

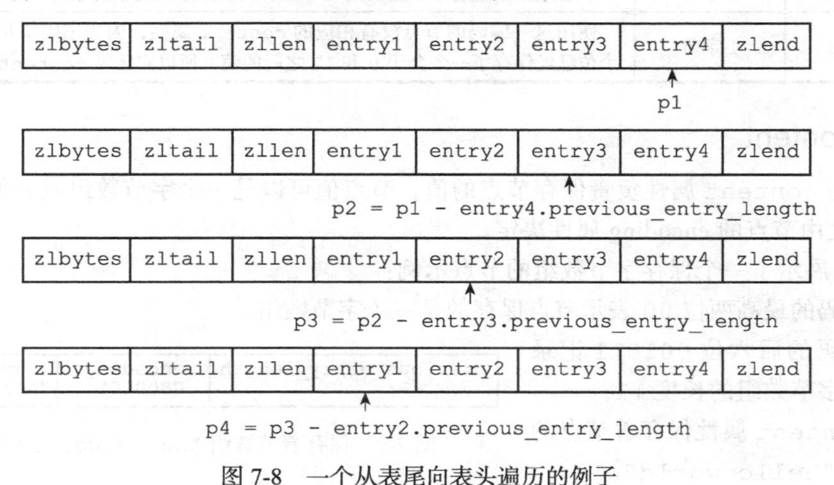

图 7-8 一个从表尾向表头遍历的例子

7.2.2 encoding

节点的 encoding 属性记录了节点的 content 属性所保存数据的类型以及长度：

- 一字节、两字节或者五字节长，值的最高位为 00、01 或者 10 的是字节数组编码：这种编码表示节点的 content 属性保存着字节数组，数组的长度由编码除去最高两位之后的其他位记录；
- 一字节长，值的最高位以 11 开头的是整数编码：这种编码表示节点的 content 属性保存着整数值，整数值的类型和长度由编码除去最高两位之后的其他位记录；

表 7-2 记录了所有可用的字节数组编码，而表 7-3 则记录了所有可用的整数编码。表格中的下划线“_”表示留空，而 b、x 等变量则代表实际的二进制数据，为了方便阅读，多个字节之间用空格隔开。

表 7-2 字节数组编码

编 码	编码长度	content 属性保存的值
00bbbbbb	1 字节	长度小于等于 63 字节的字节数组
01bbbbbb xxxxxxxx	2 字节	长度小于等于 16 383 字节的字节数组
10______ aaaaaaaa bbbbbbbb cccccccc dddddddd	5 字节	长度小于等于 4 294 967 295 的字节数组

表 7-3 整数编码

编码	编码长度	content 属性保存的值
11000000	1 字节	int16_t 类型的整数
11010000	1 字节	int32_t 类型的整数
11100000	1 字节	int64_t 类型的整数
11110000	1 字节	24 位有符号整数
11111110	1 字节	8 位有符号整数
1111xxxx	1 字节	使用这一编码的节点没有相应的 content 属性，因为编码本身的 xxxx 四个位已经保存了一个介于 0 和 12 之间的值，所以它无须 content 属性

7.2.3 content

节点的 content 属性负责保存节点的值，节点值可以是一个字节数组或者整数，值的类型和长度由节点的 encoding 属性决定。

图 7-9 展示了一个保存字节数组的节点示例：

- 编码的最高两位 00 表示节点保存的是一个字节数组；
- 编码的后六位 001011 记录了字节数组的长度 11；
- content 属性保存着节点的值 "hello world"。

previous_entry_length	encoding	content
...	00001011	"hello world"

图 7-9 保存着节数组 "hello world" 的节点

图 7-10 展示了一个保存整数值的节点示例：

previous_entry_length	encoding	content
...	11000000	10086

图 7-10 保存着整数值 10086 的节点

- 编码 11000000 表示节点保

存的是一个 int16_t 类型的整数值；

- content 属性保存着节点的值 10086。

7.3 连锁更新

前面说过，每个节点的 previous_entry_length 属性都记录了前一个节点的长度：

- 如果前一节点的长度小于 254 字节，那么 previous_entry_length 属性需要用 1 字节长的空间来保存这个长度值。
- 如果前一节点的长度大于等于 254 字节，那么 previous_entry_length 属性需要用 5 字节长的空间来保存这个长度值。

现在，考虑这样一种情况：在一个压缩列表中，有多个连续的、长度介于 250 字节到 253 字节之间的节点 e1 至 eN，如图 7-11 所示。

zlbytes	zltail	zllen	e1	e2	e3	...	eN	zlend

图 7-11　包含节点 e1 至 eN 的压缩列表

因为 e1 至 eN 的所有节点的长度都小于 254 字节，所以记录这些节点的长度只需要 1 字节长的 previous_entry_length 属性，换句话说，e1 至 eN 的所有节点的 previous_entry_length 属性都是 1 字节长的。

这时，如果我们将一个长度大于等于 254 字节的新节点 new 设置为压缩列表的表头节点，那么 new 将成为 e1 的前置节点，如图 7-12 所示。

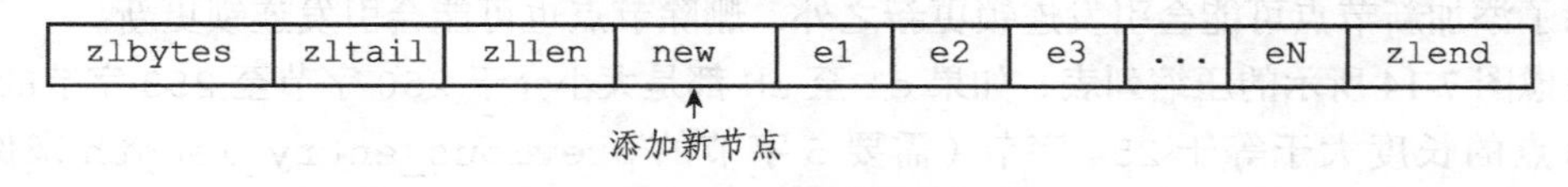

图 7-12　添加新节点到压缩列表

因为 e1 的 previous_entry_length 属性仅长 1 字节，它没办法保存新节点 new 的长度，所以程序将对压缩列表执行空间重分配操作，并将 e1 节点的 previous_entry_length 属性从原来的 1 字节长扩展为 5 字节长。

现在，麻烦的事情来了，e1 原本的长度介于 250 字节至 253 字节之间，在为 previous_entry_length 属性新增四个字节的空间之后，e1 的长度就变成了介于 254 字节至 257 字节之间，而这种长度使用 1 字节长的 previous_entry_length 属性是没办法保存的。

因此，为了让 e2 的 previous_entry_length 属性可以记录下 e1 的长度，程序需要再次对压缩列表执行空间重分配操作，并将 e2 节点的 previous_entry_length 属性从原来的 1 字节长扩展为 5 字节长。

正如扩展 e1 引发了对 e2 的扩展一样，扩展 e2 也会引发对 e3 的扩展，而扩展 e3 又会引发对 e4 的扩展……为了让每个节点的 previous_entry_length 属性都符合压缩列表对节点的要求，程序需要不断地对压缩列表执行空间重分配操作，直到 eN 为止。

Redis 将这种在特殊情况下产生的连续多次空间扩展操作称之为"连锁更新"（cascade update），图 7-13 展示了这一过程。

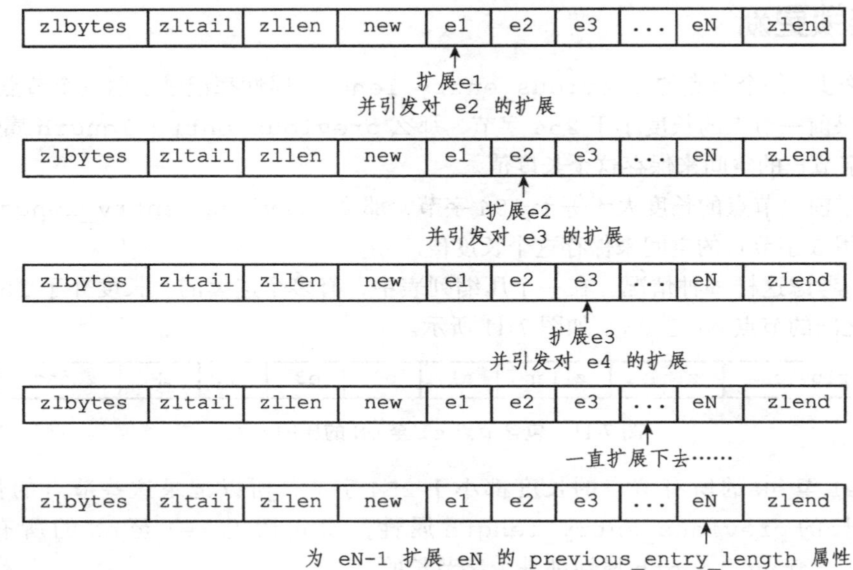

图 7-13 连锁更新过程

除了添加新节点可能会引发连锁更新之外，删除节点也可能会引发连锁更新。

考虑图 7-14 所示的压缩列表，如果 e1 至 eN 都是大小介于 250 字节至 253 字节的节点，big 节点的长度大于等于 254 字节（需要 5 字节的 previous_entry_length 来保存），而 small 节点的长度小于 254 字节（只需要 1 字节的 previous_entry_length 来保存），那么当我们将 small 节点从压缩列表中删除之后，为了让 e1 的 previous_entry_length 属性可以记录 big 节点的长度，程序将扩展 e1 的空间，并由此引发之后的连锁更新。

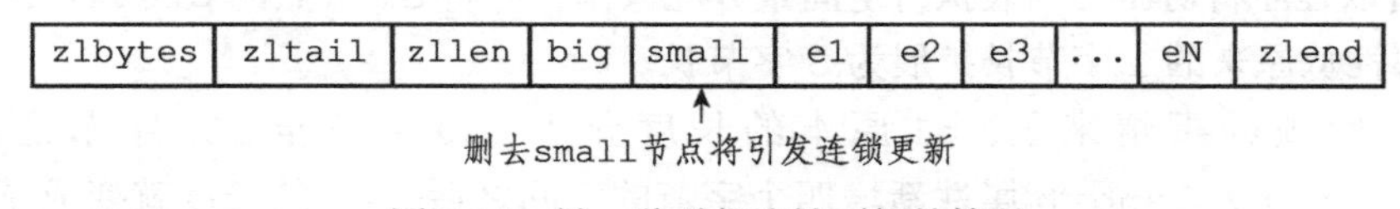

图 7-14 另一种引起连锁更新的情况

因为连锁更新在最坏情况下需要对压缩列表执行 N 次空间重分配操作，而每次空间重分配的最坏复杂度为 $O(N)$，所以连锁更新的最坏复杂度为 $O(N^2)$。

要注意的是，尽管连锁更新的复杂度较高，但它真正造成性能问题的几率是很低的：

- 首先，压缩列表里要恰好有多个连续的、长度介于 250 字节至 253 字节之间的节点，连锁更新才有可能被引发，在实际中，这种情况并不多见；
- 其次，即使出现连锁更新，但只要被更新的节点数量不多，就不会对性能造成任何影响：比如说，对三五个节点进行连锁更新是绝对不会影响性能的；

因为以上原因，ziplistPush 等命令的平均复杂度仅为 $O(N)$，在实际中，我们可以放心地使用这些函数，而不必担心连锁更新会影响压缩列表的性能。

7.4 压缩列表 API

表 7-4 列出了所有用于操作压缩列表的 API。

表 7-4 压缩列表 API

函数	作用	算法复杂度
ziplistNew	创建一个新的压缩列表	$O(1)$
ziplistPush	创建一个包含给定值的新节点，并将这个新节点添加到压缩列表的表头或者表尾	平均 $O(N)$，最坏 $O(N^2)$
ziplistInsert	将包含给定值的新节点插入到给定节点之后	平均 $O(N)$，最坏 $O(N^2)$
ziplistIndex	返回压缩列表给定索引上的节点	$O(N)$
ziplistFind	在压缩列表中查找并返回包含了给定值的节点	因为节点的值可能是一个字节数组，所以检查节点值和给定值是否相同的复杂度为 $O(N)$，而查找整个列表的复杂度则为 $O(N^2)$
ziplistNext	返回给定节点的下一个节点	$O(1)$
ziplistPrev	返回给定节点的前一个节点	$O(1)$
ziplistGet	获取给定节点所保存的值	$O(1)$
ziplistDelete	从压缩列表中删除给定的节点	平均 $O(N)$，最坏 $O(N^2)$
ziplistDeleteRange	删除压缩列表在给定索引上的连续多个节点	平均 $O(N)$，最坏 $O(N^2)$
ziplistBlobLen	返回压缩列表目前占用的内存字节数	$O(1)$
ziplistLen	返回压缩列表目前包含的节点数量	节点数量小于 65 535 时为 $O(1)$，大于 65 535 时为 $O(N)$

因为 ziplistPush、ziplistInsert、ziplistDelete 和 ziplistDeleteRange 四个函数都有可能会引发连锁更新，所以它们的最坏复杂度都是 $O(N^2)$。

7.5 重点回顾

- 压缩列表是一种为节约内存而开发的顺序型数据结构。
- 压缩列表被用作列表键和哈希键的底层实现之一。
- 压缩列表可以包含多个节点，每个节点可以保存一个字节数组或者整数值。
- 添加新节点到压缩列表，或者从压缩列表中删除节点，可能会引发连锁更新操作，但这种操作出现的几率并不高。

第 8 章

对　象

在前面的数个章节里，我们陆续介绍了 Redis 用到的所有主要数据结构，比如简单动态字符串（SDS）、双端链表、字典、压缩列表、整数集合等等。

Redis 并没有直接使用这些数据结构来实现键值对数据库，而是基于这些数据结构创建了一个对象系统，这个系统包含字符串对象、列表对象、哈希对象、集合对象和有序集合对象这五种类型的对象，每种对象都用到了至少一种我们前面所介绍的数据结构。

通过这五种不同类型的对象，Redis 可以在执行命令之前，根据对象的类型来判断一个对象是否可以执行给定的命令。使用对象的另一个好处是，我们可以针对不同的使用场景，为对象设置多种不同的数据结构实现，从而优化对象在不同场景下的使用效率。

除此之外，Redis 的对象系统还实现了基于引用计数技术的内存回收机制，当程序不再使用某个对象的时候，这个对象所占用的内存就会被自动释放；另外，Redis 还通过引用计数技术实现了对象共享机制，这一机制可以在适当的条件下，通过让多个数据库键共享同一个对象来节约内存。

最后，Redis 的对象带有访问时间记录信息，该信息可以用于计算数据库键的空转时长，在服务器启用了 `maxmemory` 功能的情况下，空转时长较大的那些键可能会优先被服务器删除。

本章接下来将逐一介绍以上提到的 Redis 对象系统的各个特性。

8.1　对象的类型与编码

Redis 使用对象来表示数据库中的键和值，每次当我们在 Redis 的数据库中新创建一个键值对时，我们至少会创建两个对象，一个对象用作键值对的键（键对象），另一个对象用作键值对的值（值对象）。

举个例子，以下 *SET* 命令在数据库中创建了一个新的键值对，其中键值对的键是一个包含了字符串值 `"msg"` 的对象，而键值对的值则是一个包含了字符串值 `"hello world"` 的对象：

```
redis> SET msg "hello world"
OK
```

Redis 中的每个对象都由一个 redisObject 结构表示，该结构中和保存数据有关的三个属性分别是 type 属性、encoding 属性和 ptr 属性：

```
typedef struct redisObject {

    // 类型
    unsigned type:4;

    // 编码
    unsigned encoding:4;

    // 指向底层实现数据结构的指针
    void *ptr;

    // ...

} robj;
```

8.1.1 类型

对象的 type 属性记录了对象的类型，这个属性的值可以是表 8-1 列出的常量的其中一个。

表 8-1 对象的类型

类型常量	对象的名称
REDIS_STRING	字符串对象
REDIS_LIST	列表对象
REDIS_HASH	哈希对象
REDIS_SET	集合对象
REDIS_ZSET	有序集合对象

对于 Redis 数据库保存的键值对来说，键总是一个字符串对象，而值则可以是字符串对象、列表对象、哈希对象、集合对象或者有序集合对象的其中一种，因此：

- 当我们称呼一个数据库键为“字符串键”时，我们指的是“这个数据库键所对应的值为字符串对象”；
- 当我们称呼一个键为“列表键”时，我们指的是“这个数据库键所对应的值为列表对象”。

诸如此类。

TYPE 命令的实现方式也与此类似，当我们对一个数据库键执行 *TYPE* 命令时，命令返回的结果为数据库键对应的值对象的类型，而不是键对象的类型：

```
# 键为字符串对象，值为字符串对象

redis> SET msg "hello world"
OK

redis> TYPE msg
string

# 键为字符串对象，值为列表对象

redis> RPUSH numbers 1 3 5
(integer) 6

redis> TYPE numbers
```

```
list

# 键为字符串对象，值为哈希对象

redis> HMSET profile name Tom age 25 career Programmer
OK

redis> TYPE profile
hash

# 键为字符串对象，值为集合对象

redis> SADD fruits apple banana cherry
(integer) 3

redis> TYPE fruits
set

# 键为字符串对象，值为有序集合对象

redis> ZADD price 8.5 apple 5.0
    banana 6.0 cherry
(integer) 3

redis> TYPE price
zset
```

表 8-2 列出了 *TYPE* 命令在面对不同类型的值对象时所产生的输出。

表 8-2 不同类型值对象的 *TYPE* 命令输出

对象	对象 type 属性的值	*TYPE* 命令的输出
字符串对象	REDIS_STRING	"string"
列表对象	REDIS_LIST	"list"
哈希对象	REDIS_HASH	"hash"
集合对象	REDIS_SET	"set"
有序集合对象	REDIS_ZSET	"zset"

8.1.2 编码和底层实现

对象的 ptr 指针指向对象的底层实现数据结构，而这些数据结构由对象的 encoding 属性决定。

encoding 属性记录了对象所使用的编码，也即是说这个对象使用了什么数据结构作为对象的底层实现，这个属性的值可以是表 8-3 列出的常量的其中一个。

表 8-3 对象的编码

编码常量	编码所对应的底层数据结构
REDIS_ENCODING_INT	long 类型的整数
REDIS_ENCODING_EMBSTR	embstr 编码的简单动态字符串
REDIS_ENCODING_RAW	简单动态字符串
REDIS_ENCODING_HT	字典
REDIS_ENCODING_LINKEDLIST	双端链表
REDIS_ENCODING_ZIPLIST	压缩列表
REDIS_ENCODING_INTSET	整数集合
REDIS_ENCODING_SKIPLIST	跳跃表和字典

每种类型的对象都至少使用了两种不同的编码，表 8-4 列出了每种类型的对象可以使用的编码。

表 8-4 不同类型和编码的对象

类 型	编 码	对 象
REDIS_STRING	REDIS_ENCODING_INT	使用整数值实现的字符串对象
REDIS_STRING	REDIS_ENCODING_EMBSTR	使用 embstr 编码的简单动态字符串实现的字符串对象
REDIS_STRING	REDIS_ENCODING_RAW	使用简单动态字符串实现的字符串对象
REDIS_LIST	REDIS_ENCODING_ZIPLIST	使用压缩列表实现的列表对象
REDIS_LIST	REDIS_ENCODING_LINKEDLIST	使用双端链表实现的列表对象
REDIS_HASH	REDIS_ENCODING_ZIPLIST	使用压缩列表实现的哈希对象
REDIS_HASH	REDIS_ENCODING_HT	使用字典实现的哈希对象
REDIS_SET	REDIS_ENCODING_INTSET	使用整数集合实现的集合对象
REDIS_SET	REDIS_ENCODING_HT	使用字典实现的集合对象
REDIS_ZSET	REDIS_ENCODING_ZIPLIST	使用压缩列表实现的有序集合对象
REDIS_ZSET	REDIS_ENCODING_SKIPLIST	使用跳跃表和字典实现的有序集合对象

使用 *OBJECT ENCODING* 命令可以查看一个数据库键的值对象的编码：

```
redis> SET msg "hello wrold"
OK

redis> OBJECT ENCODING msg
"embstr"

redis> SET story "long long long long long long ago ..."
OK

redis> OBJECT ENCODING story
"raw"

redis> SADD numbers 1 3 5
(integer) 3

redis> OBJECT ENCODING numbers
"intset"

redis> SADD numbers "seven"
(integer) 1

redis> OBJECT ENCODING numbers
"hashtable"
```

表 8-5 列出了不同编码的对象所对应的 *OBJECT ENCODING* 命令输出。

表 8-5 ***OBJECT ENCODING* 对不同编码的输出**

对象所使用的底层数据结构	编码常量	*OBJECT ENCODING* 命令输出
整数	REDIS_ENCODING_INT	"int"
embstr 编码的简单动态字符串（SDS）	REDIS_ENCODING_EMBSTR	"embstr"
简单动态字符串	REDIS_ENCODING_RAW	"raw"
字典	REDIS_ENCODING_HT	"hashtable"

（续）

对象所使用的底层数据结构	编码常量	*OBJECT ENCODING* 命令输出
双端链表	REDIS_ENCODING_LINKEDLIST	"linkedlist"
压缩列表	REDIS_ENCODING_ZIPLIST	"ziplist"
整数集合	REDIS_ENCODING_INTSET	"intset"
跳跃表和字典	REDIS_ENCODING_SKIPLIST	"skiplist"

通过 encoding 属性来设定对象所使用的编码，而不是为特定类型的对象关联一种固定的编码，极大地提升了 Redis 的灵活性和效率，因为 Redis 可以根据不同的使用场景来为一个对象设置不同的编码，从而优化对象在某一场景下的效率。

举个例子，在列表对象包含的元素比较少时，Redis 使用压缩列表作为列表对象的底层实现：

- 因为压缩列表比双端链表更节约内存，并且在元素数量较少时，在内存中以连续块方式保存的压缩列表比起双端链表可以更快被载入到缓存中；
- 随着列表对象包含的元素越来越多，使用压缩列表来保存元素的优势逐渐消失时，对象就会将底层实现从压缩列表转向功能更强、也更适合保存大量元素的双端链表上面；

其他类型的对象也会通过使用多种不同的编码来进行类似的优化。

在接下来的内容中，我们将分别介绍 Redis 中的五种不同类型的对象，说明这些对象底层所使用的编码方式，列出对象从一种编码转换成另一种编码所需的条件，以及同一个命令在多种不同编码上的实现方法。

8.2 字符串对象

字符串对象的编码可以是 int、raw 或者 embstr。

如果一个字符串对象保存的是整数值，并且这个整数值可以用 long 类型来表示，那么字符串对象会将整数值保存在字符串对象结构的 ptr 属性里面（将 void* 转换成 long），并将字符串对象的编码设置为 int。

举个例子，如果我们执行以下 SET 命令，那么服务器将创建一个如图 8-1 所示的 int 编码的字符串对象作为 number 键的值：

```
redis> SET number 10086
OK

redis> OBJECT ENCODING number
"int"
```

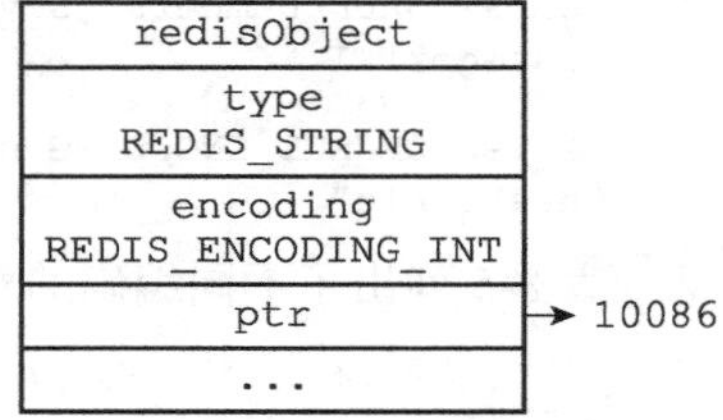

图 8-1 int 编码的字符串对象

如果字符串对象保存的是一个字符串值，并且这个字符串值的长度大于 39 字节，那么字符串对象将使用一个简单动态字符串（SDS）来保存这个字符串值，并将对象的编码设置为 raw。

举个例子，如果我们执行以下命令，那么服务器将创建一个如图 8-2 所示的 raw 编码的字符串对象作为 story 键的值：

```
redis> SET story "Long, long, long ago there lived a king ..."
OK

redis> STRLEN story
(integer) 43

redis> OBJECT ENCODING story
"raw"
```

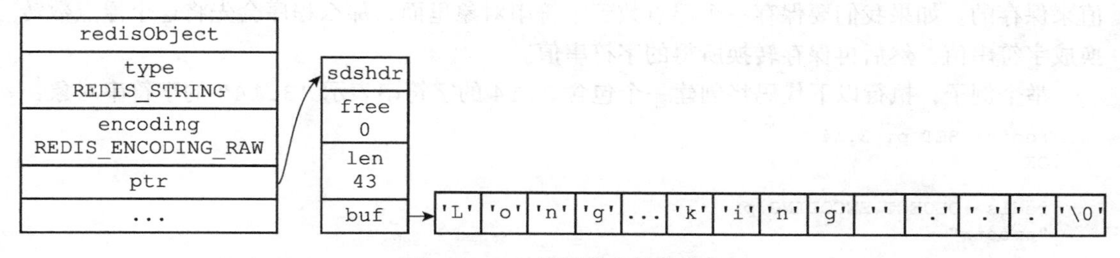

图 8-2 raw 编码的字符串对象

如果字符串对象保存的是一个字符串值，并且这个字符串值的长度小于等于 39 字节，那么字符串对象将使用 embstr 编码的方式来保存这个字符串值。

embstr 编码是专门用于保存短字符串的一种优化编码方式，这种编码和 raw 编码一样，都使用 redisObject 结构和 sdshdr 结构来表示字符串对象，但 raw 编码会调用两次内存分配函数来分别创建 redisObject 结构和 sdshdr 结构，而 embstr 编码则通过调用一次内存分配函数来分配一块连续的空间，空间中依次包含 redisObject 和 sdshdr 两个结构，如图 8-3 所示。

redisObject				sdshdr		
type	encoding	ptr	...	free	len	buf

图 8-3 embstr 编码创建的内存块结构

embstr 编码的字符串对象在执行命令时，产生的效果和 raw 编码的字符串对象执行命令时产生的效果是相同的，但使用 embstr 编码的字符串对象来保存短字符串值有以下好处：

- embstr 编码将创建字符串对象所需的内存分配次数从 raw 编码的两次降低为一次。
- 释放 embstr 编码的字符串对象只需要调用一次内存释放函数，而释放 raw 编码的字符串对象需要调用两次内存释放函数。
- 因为 embstr 编码的字符串对象的所有数据都保存在一块连续的内存里面，所以这种编码的字符串对象比起 raw 编码的字符串对象能够更好地利用缓存带来的优势。

作为例子，以下命令创建了一个 embstr 编码的字符串对象作为 msg 键的值，值对象的样子如图 8-4 所示：

```
redis> SET msg "hello"
OK

redis> OBJECT ENCODING msg
"embstr"
```

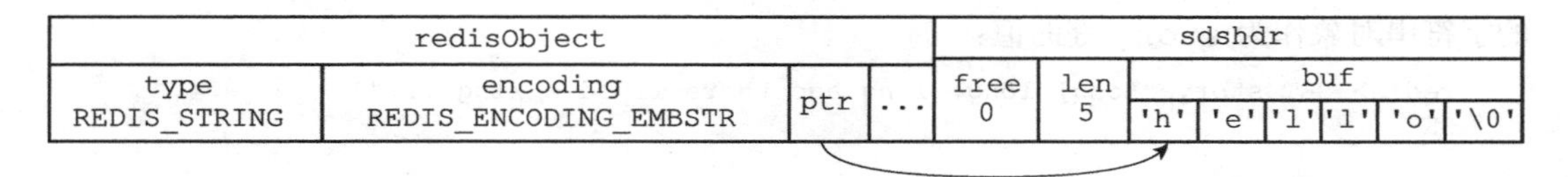

图 8-4 embstr 编码的字符串对象

最后要说的是，可以用 long double 类型表示的浮点数在 Redis 中也是作为字符串值来保存的。如果我们要保存一个浮点数到字符串对象里面，那么程序会先将这个浮点数转换成字符串值，然后再保存转换所得的字符串值。

举个例子，执行以下代码将创建一个包含 3.14 的字符串表示 "3.14" 的字符串对象：

```
redis> SET pi 3.14
OK

redis> OBJECT ENCODING pi
"embstr"
```

在有需要的时候，程序会将保存在字符串对象里面的字符串值转换回浮点数值，执行某些操作，然后再将执行操作所得的浮点数值转换回字符串值，并继续保存在字符串对象里面。

举个例子，如果我们执行以下代码：

```
redis> INCRBYFLOAT pi 2.0
"5.14"

redis> OBJECT ENCODING pi
"embstr"
```

那么程序首先会取出字符串对象里面保存的字符串值 "3.14"，将它转换回浮点数值 3.14，然后把 3.14 和 2.0 相加得出的值 5.14 转换成字符串 "5.14"，并将这个 "5.14" 保存到字符串对象里面。表 8-6 总结并列出了字符串对象保存各种不同类型的值所使用的编码方式。

表 8-6 字符串对象保存各类型值的编码方式

值	编码
可以用 long 类型保存的整数	int
可以用 long double 类型保存的浮点数	embstr 或者 raw
字符串值，或者因为长度太大而没办法用 long 类型表示的整数，又或者因为长度太大而没办法用 long double 类型表示的浮点数	embstr 或者 raw

8.2.1 编码的转换

int 编码的字符串对象和 embstr 编码的字符串对象在条件满足的情况下，会被转换为 raw 编码的字符串对象。

对于 int 编码的字符串对象来说，如果我们向对象执行了一些命令，使得这个对象保存的不再是整数值，而是一个字符串值，那么字符串对象的编码将从 int 变为 raw。

在下面的示例中，我们通过 *APPEND* 命令，向一个保存整数值的字符串对象追加了一个字符串值，因为追加操作只能对字符串值执行，所以程序会先将之前保存的整数值 10086 转换为字符串值 "10086"，然后再执行追加操作，操作的执行结果就是一个 raw 编码的、保存了字符串值的字符串对象：

```
redis> SET number 10086
OK

redis> OBJECT ENCODING number
"int"

redis> APPEND number " is a good number!"
(integer) 23

redis> GET number
"10086 is a good number!"

redis> OBJECT ENCODING number
"raw"
```

另外，因为 Redis 没有为 embstr 编码的字符串对象编写任何相应的修改程序（只有 int 编码的字符串对象和 raw 编码的字符串对象有这些程序），所以 embstr 编码的字符串对象实际上是只读的。当我们对 embstr 编码的字符串对象执行任何修改命令时，程序会先将对象的编码从 embstr 转换成 raw，然后再执行修改命令。因为这个原因，embstr 编码的字符串对象在执行修改命令之后，总会变成一个 raw 编码的字符串对象。

以下代码展示了一个 embstr 编码的字符串对象在执行 *APPEND* 命令之后，对象的编码从 embstr 变为 raw 的例子：

```
redis> SET msg "hello world"
OK

redis> OBJECT ENCODING msg
"embstr"

redis> APPEND msg " again!"
(integer) 18

redis> OBJECT ENCODING msg
"raw"
```

8.2.2 字符串命令的实现

因为字符串键的值为字符串对象，所以用于字符串键的所有命令都是针对字符串对象来构建的，表 8-7 列举了其中一部分字符串命令，以及这些命令在不同编码的字符串对象下的实现方法。

表 8-7 字符串命令的实现

命令	int 编码的实现方法	embstr 编码的实现方法	raw 编码的实现方法
SET	使用 int 编码保存值	使用 embstr 编码保存值	使用 raw 编码保存值
GET	拷贝对象所保存的整数值，将这个拷贝转换成字符串值，然后向客户端返回这个字符串值	直接向客户端返回字符串值	直接向客户端返回字符串值
APPEND	将对象转换成 raw 编码，然后按 raw 编码的方式执行此操作	将对象转换成 raw 编码，然后按 raw 编码的方式执行此操作	调用 sdscatlen 函数，将给定字符串追加到现有字符串的末尾
INCRBYFLOAT	取出整数值并将其转换成 long double 类型的浮点数，对这个浮点数进行加法计算，然后将得出的浮点数结果保存起来	取出字符串值并尝试将其转换成 long double 类型的浮点数，对这个浮点数进行加法计算，然后将得出的浮点数结果保存起来。如果字符串值不能被转换成浮点数，那么向客户端返回一个错误	取出字符串值并尝试将其转换成 long double 类型的浮点数，对这个浮点数进行加法计算，然后将得出的浮点数结果保存起来。如果字符串值不能被转换成浮点数，那么向客户端返回一个错误
INCRBY	对整数值进行加法计算，得出的计算结果会作为整数被保存起来	embstr 编码不能执行此命令，向客户端返回一个错误	raw 编码不能执行此命令，向客户端返回一个错误
DECRBY	对整数值进行减法计算，得出的计算结果会作为整数被保存起来	embstr 编码不能执行此命令，向客户端返回一个错误	raw 编码不能执行此命令，向客户端返回一个错误
STRLEN	拷贝对象所保存的整数值，将这个拷贝转换成字符串值，计算并返回这个字符串值的长度	调用 sdslen 函数，返回字符串的长度	调用 sdslen 函数，返回字符串的长度
SETRANGE	将对象转换成 raw 编码，然后按 raw 编码的方式执行此命令	将对象转换成 raw 编码，然后按 raw 编码的方式执行此命令	将字符串特定索引上的值设置为给定的字符
GETRANGE	拷贝对象所保存的整数值，将这个拷贝转换成字符串值，然后取出并返回字符串指定索引上的字符	直接取出并返回字符串指定索引上的字符	直接取出并返回字符串指定索引上的字符

8.3 列表对象

列表对象的编码可以是 ziplist 或者 linkedlist。

ziplist 编码的列表对象使用压缩列表作为底层实现，每个压缩列表节点（entry）保存了一个列表元素。举个例子，如果我们执行以下 *RPUSH* 命令，那么服务器将创建一个列表对象作为 numbers 键的值：

```
redis> RPUSH numbers 1 "three" 5
(integer) 3
```

如果 numbers 键的值对象使用的是 ziplist 编码，这个这个值对象将会是图 8-5 所展示的样子。

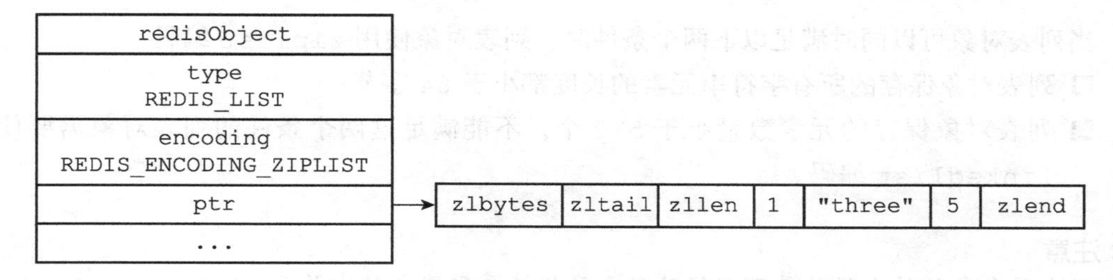

图 8-5 ziplist 编码的 numbers 列表对象

另一方面，linkedlist 编码的列表对象使用双端链表作为底层实现，每个双端链表节点（node）都保存了一个字符串对象，而每个字符串对象都保存了一个列表元素。

举个例子，如果前面所说的 numbers 键创建的列表对象使用的不是 ziplist 编码，而是 linkedlist 编码，那么 numbers 键的值对象将是图 8-6 所示的样子。

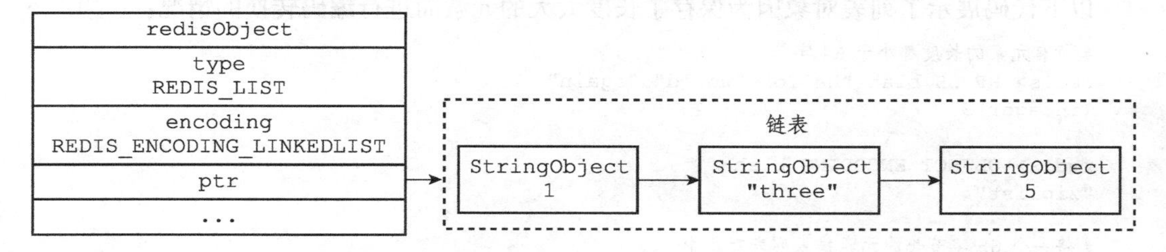

图 8-6 linkedlist 编码的 numbers 列表对象

注意，linkedlist 编码的列表对象在底层的双端链表结构中包含了多个字符串对象，这种嵌套字符串对象的行为在稍后介绍的哈希对象、集合对象和有序集合对象中都会出现，字符串对象是 Redis 五种类型的对象中唯一一种会被其他四种对象嵌套的对象。

注意

为了简化字符串对象的表示，我们在图 8-6 使用了一个带有 StringObject 字样的格子来表示一个字符串对象，而 StringObject 字样下面的是字符串对象所保存的值。比如说，图 8-7 代表的就是一个包含了字符串值 "three" 的字符串对象，它是图 8-8 的简化表示。

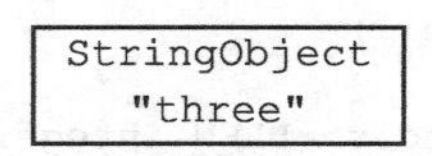

图 8-7 简化的字符串对象表示

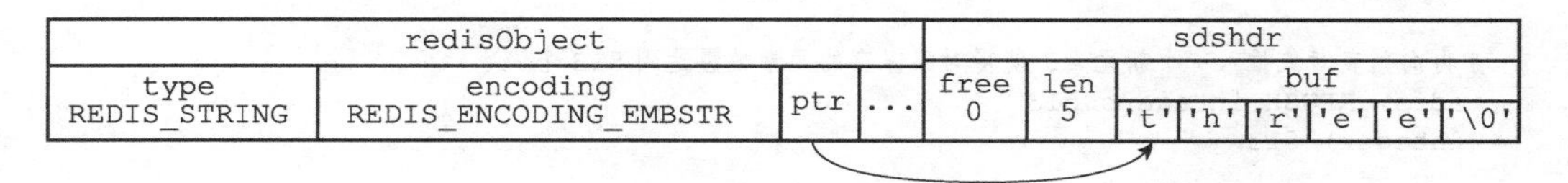

图 8-8 完整的字符串对象表示

本书接下来的内容将继续沿用这一简化表示。

8.3.1 编码转换

当列表对象可以同时满足以下两个条件时，列表对象使用 ziplist 编码：

- 列表对象保存的所有字符串元素的长度都小于 64 字节；
- 列表对象保存的元素数量小于 512 个；不能满足这两个条件的列表对象需要使用 linkedlist 编码。

注意

以上两个条件的上限值是可以修改的，具体请看配置文件中关于 list-max-ziplist-value 选项和 list-max-ziplist-entries 选项的说明。

对于使用 ziplist 编码的列表对象来说，当使用 ziplist 编码所需的两个条件的任意一个不能被满足时，对象的编码转换操作就会被执行，原本保存在压缩列表里的所有列表元素都会被转移并保存到双端链表里面，对象的编码也会从 ziplist 变为 linkedlist。

以下代码展示了列表对象因为保存了长度太大的元素而进行编码转换的情况：

```
# 所有元素的长度都小于 64 字节
redis> RPUSH blah "hello" "world" "again"
(integer)3

redis> OBJECT ENCODING blah
"ziplist"

# 将一个 65 字节长的元素推入列表对象中
redis> RPUSH blah "wwwwwwwwwwwwwwwwwwwwwwwwwwwwwwwwwwwwwwwwwwwwwwwwwwwwwwwwwwwwwwwww"
(integer) 4

# 编码已改变
redis> OBJECT ENCODING blah
"linkedlist"
```

除此之外，以下代码展示了列表对象因为保存的元素数量过多而进行编码转换的情况：

```
# 列表对象包含 512 个元素
redis> EVAL "for i=1, 512 do redis.call('RPUSH', KEYS[1],i)end" 1 "integers"
(nil)

redis> LLEN integers
(integer) 512

redis> OBJECT ENCODING integers
"ziplist"

# 再向列表对象推入一个新元素，使得对象保存的元素数量达到 513 个
redis> RPUSH integers 513
(integer) 513

# 编码已改变
redis> OBJECT ENCODING integers
"linkedlist"
```

8.3.2 列表命令的实现

因为列表键的值为列表对象，所以用于列表键的所有命令都是针对列表对象来构建的，表 8-8 列出了其中一部分列表键命令，以及这些命令在不同编码的列表对象下的实现方法。

表 8-8 列表命令的实现

命令	ziplist 编码的实现方法	linkedlist 编码的实现方法
LPUSH	调用 ziplistPush 函数，将新元素推入到压缩列表的表头	调用 listAddNodeHead 函数，将新元素推入到双端链表的表头
RPUSH	调用 ziplistPush 函数，将新元素推入到压缩列表的表尾	调用 listAddNodeTail 函数，将新元素推入到双端链表的表尾
LPOP	调用 ziplistIndex 函数定位压缩列表的表头节点，在向用户返回节点所保存的元素之后，调用 ziplistDelete 函数删除表头节点	调用 listFirst 函数定位双端链表的表头节点，在向用户返回节点所保存的元素之后，调用 listDelNode 函数删除表头节点
RPOP	调用 ziplistIndex 函数定位压缩列表的表尾节点，在向用户返回节点所保存的元素之后，调用 ziplistDelete 函数删除表尾节点	调用 listLast 函数定位双端链表的表尾节点，在向用户返回节点所保存的元素之后，调用 listDelNode 函数删除表尾节点
LINDEX	调用 ziplistIndex 函数定位压缩列表中的指定节点，然后返回节点所保存的元素	调用 listIndex 函数定位双端链表中的指定节点，然后返回节点所保存的元素
LLEN	调用 ziplistLen 函数返回压缩列表的长度	调用 listLength 函数返回双端链表的长度
LINSERT	插入新节点到压缩列表的表头或者表尾时，使用 ziplistPush 函数；插入新节点到压缩列表的其他位置时，使用 ziplistInsert 函数	调用 listInsertNode 函数，将新节点插入到双端链表的指定位置
LREM	遍历压缩列表节点，并调用 ziplistDelete 函数删除包含了给定元素的节点	遍历双端链表节点，并调用 listDelNode 函数删除包含了给定元素的节点
LTRIM	调用 ziplistDeleteRange 函数，删除压缩列表中所有不在指定索引范围内的节点	遍历双端链表节点，并调用 listDelNode 函数删除链表中所有不在指定索引范围内的节点
LSET	调用 ziplistDelete 函数，先删除压缩列表指定索引上的现有节点，然后调用 ziplistInsert 函数，将一个包含给定元素的新节点插入到相同索引上面	调用 listIndex 函数，定位到双端链表指定索引上的节点，然后通过赋值操作更新节点的值

8.4 哈希对象

哈希对象的编码可以是 ziplist 或者 hashtable。

ziplist 编码的哈希对象使用压缩列表作为底层实现，每当有新的键值对要加入到哈希对象时，程序会先将保存了键的压缩列表节点推入到压缩列表表尾，然后再将保存了值的压缩列表节点推入到压缩列表表尾，因此：

- 保存了同一键值对的两个节点总是紧挨在一起，保存键的节点在前，保存值的节点在后；

❑ 先添加到哈希对象中的键值对会被放在压缩列表的表头方向，而后来添加到哈希对象中的键值对会被放在压缩列表的表尾方向。

举个例子，如果我们执行以下 *HSET* 命令，那么服务器将创建一个列表对象作为 profile 键的值：

```
redis> HSET profile name "Tom"
(integer) 1

redis> HSET profile age 25
(integer) 1

redis> HSET profile career "Programmer"
(integer) 1
```

如果 profile 键的值对象使用的是 ziplist 编码，那么这个值对象将会是图 8-9 所示的样子，其中对象所使用的压缩列表如图 8-10 所示。

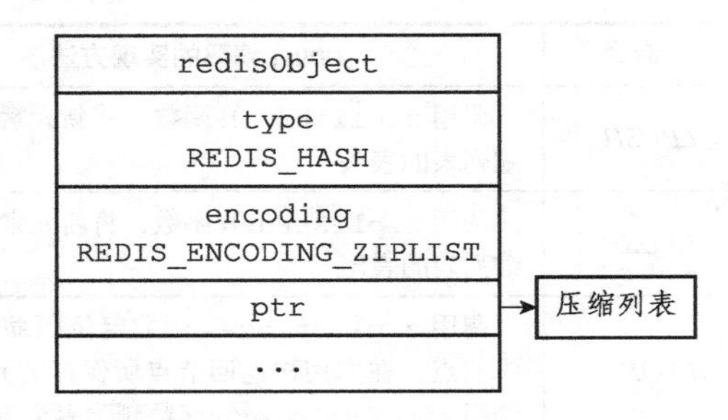

图 8-9 ziplist 编码的 profile 哈希对象

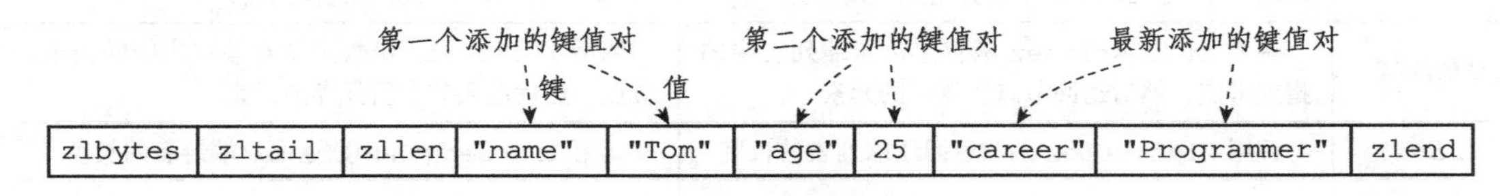

图 8-10 profile 哈希对象的压缩列表底层实现

另一方面，hashtable 编码的哈希对象使用字典作为底层实现，哈希对象中的每个键值对都使用一个字典键值对来保存：

❑ 字典的每个键都是一个字符串对象，对象中保存了键值对的键；

❑ 字典的每个值都是一个字符串对象，对象中保存了键值对的值。

举个例子，如果前面 profile 键创建的不是 ziplist 编码的哈希对象，而是 hashtable 编码的哈希对象，那么这个哈希对象应该会是图 8-11 所示的样子。

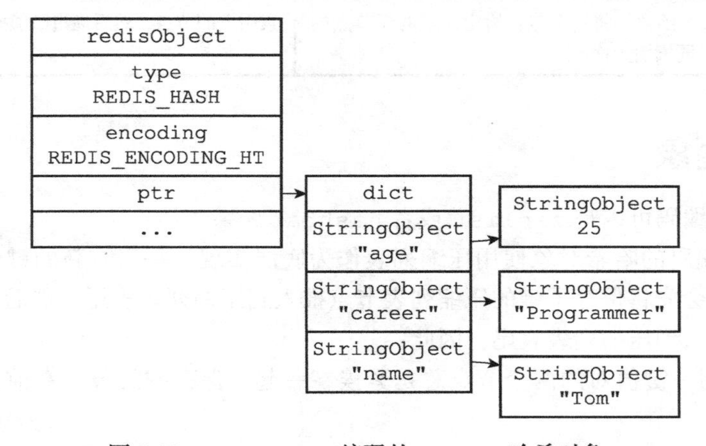

图 8-11 hashtable 编码的 profile 哈希对象

8.4.1 编码转换

当哈希对象可以同时满足以下两个条件时，哈希对象使用 ziplist 编码：

- 哈希对象保存的所有键值对的键和值的字符串长度都小于 64 字节；
- 哈希对象保存的键值对数量小于 512 个；不能满足这两个条件的哈希对象需要使用 hashtable 编码。

注意

这两个条件的上限值是可以修改的，具体请看配置文件中关于 hash-max-ziplist-value 选项和 hash-max-ziplist-entries 选项的说明。

对于使用 ziplist 编码的列表对象来说，当使用 ziplist 编码所需的两个条件的任意一个不能被满足时，对象的编码转换操作就会被执行，原本保存在压缩列表里的所有键值对都会被转移并保存到字典里面，对象的编码也会从 ziplist 变为 hashtable。

以下代码展示了哈希对象因为键值对的键长度太大而引起编码转换的情况：

```
# 哈希对象只包含一个键和值都不超过 64 个字节的键值对
redis> HSET book name "Mastering C++ in 21 days"
(integer) 1

redis> OBJECT ENCODING book
"ziplist"

# 向哈希对象添加一个新的键值对，键的长度为 66 字节
redis> HSET book long_long_long_long_long_long_long_long_long_long_long_
    description "content"
(integer) 1

# 编码已改变
redis> OBJECT ENCODING book
"hashtable"
```

除了键的长度太大会引起编码转换之外，值的长度太大也会引起编码转换，以下代码展示了这种情况的一个示例：

```
# 哈希对象只包含一个键和值都不超过 64 个字节的键值对
redis> HSET blah greeting "hello world"
(integer) 1

redis> OBJECT ENCODING blah
"ziplist"

# 向哈希对象添加一个新的键值对，值的长度为 68 字节
redis> HSET blah story "many string ... many string ... many string ... many
    string ... many"
(integer) 1

# 编码已改变
redis> OBJECT ENCODING blah
"hashtable"
```

最后，以下代码展示了哈希对象因为包含的键值对数量过多而引起编码转换的情况：

```
# 创建一个包含 512 个键值对的哈希对象
redis> EVAL "for i=1, 512 do redis.call('HSET', KEYS[1], i, i)end" 1 "numbers"
(nil)

redis> HLEN numbers
(integer) 512

redis> OBJECT ENCODING numbers
"ziplist"

# 再向哈希对象添加一个新的键值对，使得键值对的数量变成 513 个
redis> HMSET numbers "key" "value"
OK

redis> HLEN numbers
(integer) 513

# 编码改变
redis> OBJECT ENCODING numbers
"hashtable"
```

8.4.2 哈希命令的实现

因为哈希键的值为哈希对象，所以用于哈希键的所有命令都是针对哈希对象来构建的，表 8-9 列出了其中一部分哈希键命令，以及这些命令在不同编码的哈希对象下的实现方法。

表 8-9 哈希命令的实现

命令	ziplist 编码实现方法	hashtable 编码的实现方法
HSET	首先调用 ziplistPush 函数，将键推入到压缩列表的表尾，然后再次调用 ziplistPush 函数，将值推入到压缩列表的表尾	调用 dictAdd 函数，将新节点添加到字典里面
HGET	首先调用 ziplistFind 函数，在压缩列表中查找指定键所对应的节点，然后调用 ziplistNext 函数，将指针移动到键节点旁边的值节点，最后返回值节点	调用 dictFind 函数，在字典中查找给定键，然后调用 dictGetVal 函数，返回该键所对应的值
HEXISTS	调用 ziplistFind 函数，在压缩列表中查找指定键所对应的节点，如果找到的话说明键值对存在，没找到的话就说明键值对不存在	调用 dictFind 函数，在字典中查找给定键，如果找到的话说明键值对存在，没找到的话就说明键值对不存在
HDEL	调用 ziplistFind 函数，在压缩列表中查找指定键所对应的节点，然后将相应的键节点、以及键节点旁边的值节点都删除掉	调用 dictDelete 函数，将指定键所对应的键值对从字典中删除掉
HLEN	调用 ziplistLen 函数，取得压缩列表包含节点的总数量，将这个数量除以 2，得出的结果就是压缩列表保存的键值对的数量	调用 dictSize 函数，返回字典包含的键值对数量，这个数量就是哈希对象包含的键值对数量
HGETALL	遍历整个压缩列表，用 ziplistGet 函数返回所有键和值（都是节点）	遍历整个字典，用 dictGetKey 函数返回字典的键，用 dictGetVal 函数返回字典的值

8.5 集合对象

集合对象的编码可以是 intset 或者 hashtable。

intset 编码的集合对象使用整数集合作为底层实现，集合对象包含的所有元素都被保存在整数集合里面。

举个例子，以下代码将创建一个如图 8-12 所示的 intset 编码集合对象：

```
redis> SADD numbers 1 3 5
(integer) 3
```

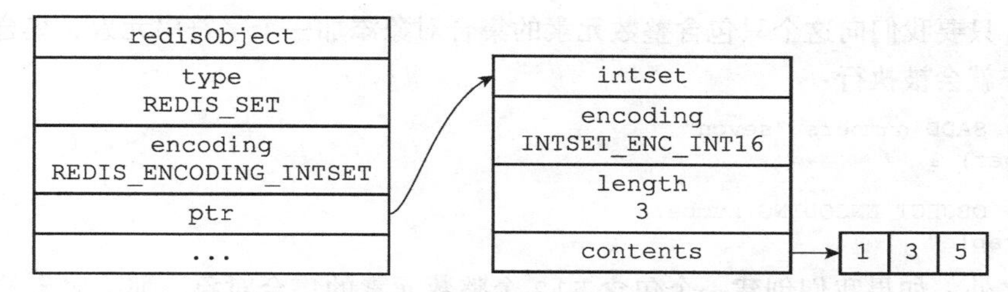

图 8-12　intset 编码的 numbers 集合对象

另一方面，hashtable 编码的集合对象使用字典作为底层实现，字典的每个键都是一个字符串对象，每个字符串对象包含了一个集合元素，而字典的值则全部被设置为 NULL。

举个例子，以下代码将创建一个如图 8-13 所示的 hashtable 编码集合对象：

```
redis> SADD fruits "apple" "banana" "cherry"
(integer)3
```

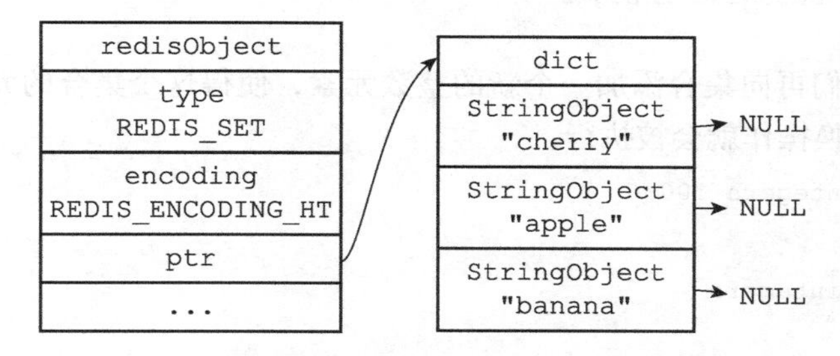

图 8-13　hashtable 编码的 fruits 集合对象

8.5.1 编码的转换

当集合对象可以同时满足以下两个条件时，对象使用 intset 编码：

- ❑ 集合对象保存的所有元素都是整数值；
- ❑ 集合对象保存的元素数量不超过 512 个。

不能满足这两个条件的集合对象需要使用 hashtable 编码。

注意

第二个条件的上限值是可以修改的，具体请看配置文件中关于 set-max-intset-entries 选项的说明。

对于使用 intset 编码的集合对象来说，当使用 intset 编码所需的两个条件的任意一个不能被满足时，就会执行对象的编码转换操作，原本保存在整数集合中的所有元素都会被转移并保存到字典里面，并且对象的编码也会从 intset 变为 hashtable。

举个例子，以下代码创建了一个只包含整数元素的集合对象，该对象的编码为 intset：

```
redis> SADD numbers 1 3 5
(integer) 3

redis> OBJECT ENCODING numbers
"intset"
```

不过，只要我们向这个只包含整数元素的集合对象添加一个字符串元素，集合对象的编码转移操作就会被执行：

```
redis> SADD numbers "seven"
(integer) 1

redis> OBJECT ENCODING numbers
"hashtable"
```

除此之外，如果我们创建一个包含 512 个整数元素的集合对象，那么对象的编码应该会是 intset：

```
redis> EVAL "for i=1, 512 do redis.call('SADD', KEYS[1], i) end" 1 integers
(nil)

redis> SCARD integers
(integer) 512

redis> OBJECT ENCODING integers
"intset"
```

但是，只要我们再向集合添加一个新的整数元素，使得这个集合的元素数量变成 513，那么对象的编码转换操作就会被执行：

```
redis> SADD integers 10086
(integer) 1

redis> SCARD integers
(integer) 513

redis> OBJECT ENCODING integers
"hashtable"
```

8.5.2 集合命令的实现

因为集合键的值为集合对象，所以用于集合键的所有命令都是针对集合对象来构建的，表 8-10 列出了其中一部分集合键命令，以及这些命令在不同编码的集合对象下的实现方法。

表 8-10 集合命令的实现方法

命令	intset 编码的实现方法	hashtable 编码的实现方法
SADD	调用 intsetAdd 函数，将所有新元素添加到整数集合里面	调用 dictAdd，以新元素为键，NULL 为值，将键值对添加到字典里面

（续）

命令	intset 编码的实现方法	hashtable 编码的实现方法
SCARD	调用 intsetLen 函数，返回整数集合所包含的元素数量，这个数量就是集合对象所包含的元素数量	调用 dictSize 函数，返回字典所包含的键值对数量，这个数量就是集合对象所包含的元素数量
SISMEMBER	调用 intsetFind 函数，在整数集合中查找给定的元素，如果找到了说明元素存在于集合，没找到则说明元素不存在于集合	调用 dictFind 函数，在字典的键中查找给定的元素，如果找到了说明元素存在于集合，没找到则说明元素不存在于集合
SMEMBERS	遍历整个整数集合，使用 intsetGet 函数返回集合元素	遍历整个字典，使用 dictGetKey 函数返回字典的键作为集合元素
SRANDMEMBER	调用 intsetRandom 函数，从整数集合中随机返回一个元素	调用 dictGetRandomKey 函数，从字典中随机返回一个字典键
SPOP	调用 intsetRandom 函数，从整数集合中随机取出一个元素，在将这个随机元素返回给客户端之后，调用 intsetRemove 函数，将随机元素从整数集合中删除掉	调用 dictGetRandomKey 函数，从字典中随机取出一个字典键，在将这个随机字典键的值返回给客户端之后，调用 dictDelete 函数，从字典中删除随机字典键所对应的键值对
SREM	调用 intsetRemove 函数，从整数集合中删除所有给定的元素	调用 dictDelete 函数，从字典中删除所有键为给定元素的键值对

8.6 有序集合对象

有序集合的编码可以是 ziplist 或者 skiplist。

ziplist 编码的有序集合对象使用压缩列表作为底层实现，每个集合元素使用两个紧挨在一起的压缩列表节点来保存，第一个节点保存元素的成员（member），而第二个元素则保存元素的分值（score）。

压缩列表内的集合元素按分值从小到大进行排序，分值较小的元素被放置在靠近表头的位置，而分值较大的元素则被放置在靠近表尾的位置。

举个例子，如果我们执行以下 *ZADD* 命令，那么服务器将创建一个有序集合对象作为 price 键的值：

```
redis> ZADD price 8.5 apple 5.0 banana 6.0 cherry
(integer) 3
```

如果 price 键的值对象使用的是 ziplist 编码，那么这个值对象将会是图 8-14 所示的样子，而对象所使用的压缩列表则会是 8-15 所示的样子。

skiplist 编码的有序集合对象使用 zset 结构作为底层实现，一个 zset 结构同时包含一个字典和一个跳跃表：

```
typedef struct zset {

    zskiplist *zsl;
```

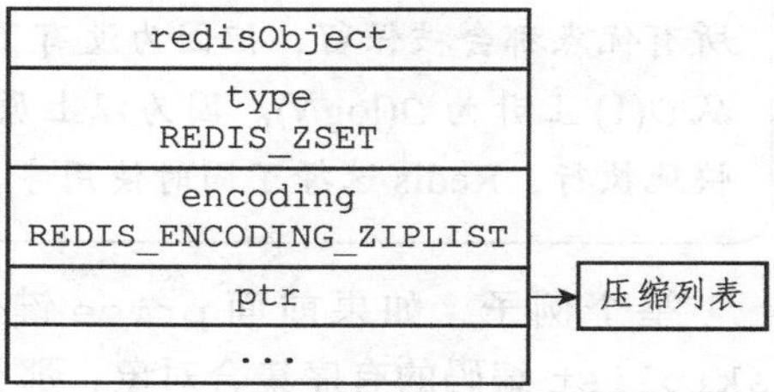

redisObject
type
REDIS_ZSET
encoding
REDIS_ENCODING_ZIPLIST
ptr
...
压缩列表

图 8-14 ziplist 编码的有序集合对象

```
    dict *dict;

} zset;
```

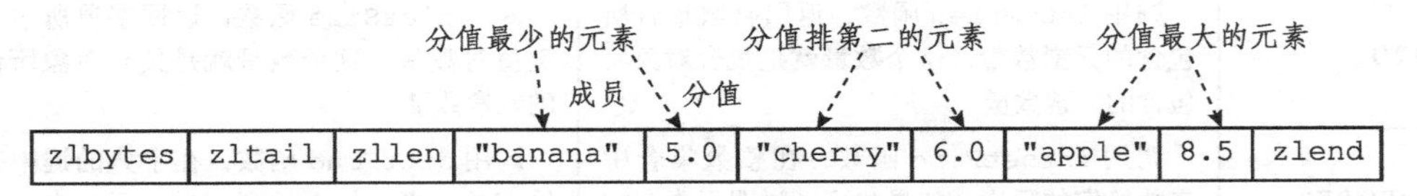

图 8-15 有序集合元素在压缩列表中按分值从小到大排列

zset 结构中的 zsl 跳跃表按分值从小到大保存了所有集合元素，每个跳跃表节点都保存了一个集合元素：跳跃表节点的 object 属性保存了元素的成员，而跳跃表节点的 score 属性则保存了元素的分值。通过这个跳跃表，程序可以对有序集合进行范围型操作，比如 *ZRANK*、*ZRANGE* 等命令就是基于跳跃表 API 来实现的。

除此之外，zset 结构中的 dict 字典为有序集合创建了一个从成员到分值的映射，字典中的每个键值对都保存了一个集合元素：字典的键保存了元素的成员，而字典的值则保存了元素的分值。通过这个字典，程序可以用 $O(1)$ 复杂度查找给定成员的分值，*ZSCORE* 命令就是根据这一特性实现的，而很多其他有序集合命令都在实现的内部用到了这一特性。

有序集合每个元素的成员都是一个字符串对象，而每个元素的分值都是一个 double 类型的浮点数。值得一提的是，虽然 zset 结构同时使用跳跃表和字典来保存有序集合元素，但这两种数据结构都会通过指针来共享相同元素的成员和分值，所以同时使用跳跃表和字典来保存集合元素不会产生任何重复成员或者分值，也不会因此而浪费额外的内存。

为什么有序集合需要同时使用跳跃表和字典来实现？

在理论上，有序集合可以单独使用字典或者跳跃表的其中一种数据结构来实现，但无论单独使用字典还是跳跃表，在性能上对比起同时使用字典和跳跃表都会有所降低。举个例子，如果我们只使用字典来实现有序集合，那么虽然以 $O(1)$ 复杂度查找成员的分值这一特性会被保留，但是，因为字典以无序的方式来保存集合元素，所以每次在执行范围型操作——比如 *ZRANK*、*ZRANGE* 等命令时，程序都需要对字典保存的所有元素进行排序，完成这种排序需要至少 $O(N\log N)$ 时间复杂度，以及额外的 $O(N)$ 内存空间（因为要创建一个数组来保存排序后的元素）。

另一方面，如果我们只使用跳跃表来实现有序集合，那么跳跃表执行范围型操作的所有优点都会被保留，但因为没有了字典，所以根据成员查找分值这一操作的复杂度将从 $O(1)$ 上升为 $O(\log N)$。因为以上原因，为了让有序集合的查找和范围型操作都尽可能快地执行，Redis 选择了同时使用字典和跳跃表两种数据结构来实现有序集合。

举个例子，如果前面 price 键创建的不是 ziplist 编码的有序集合对象，而是 skiplist 编码的有序集合对象，那么这个有序集合对象将会是图 8-16 所示的样子，而对象所使用的 zset 结构将会是图 8-17 所示的样子。

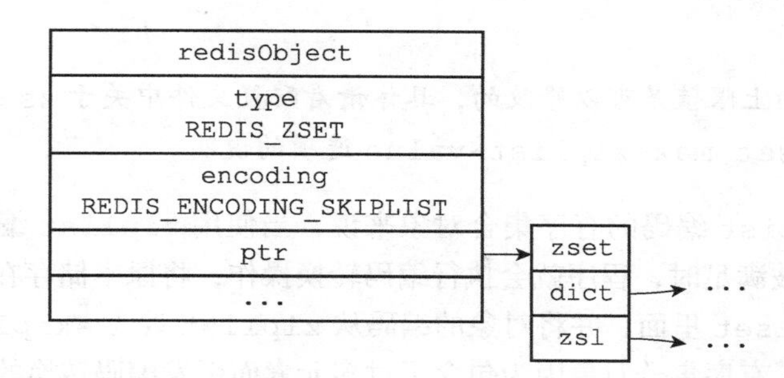

图 8-16　skiplist 编码的有序集合对象

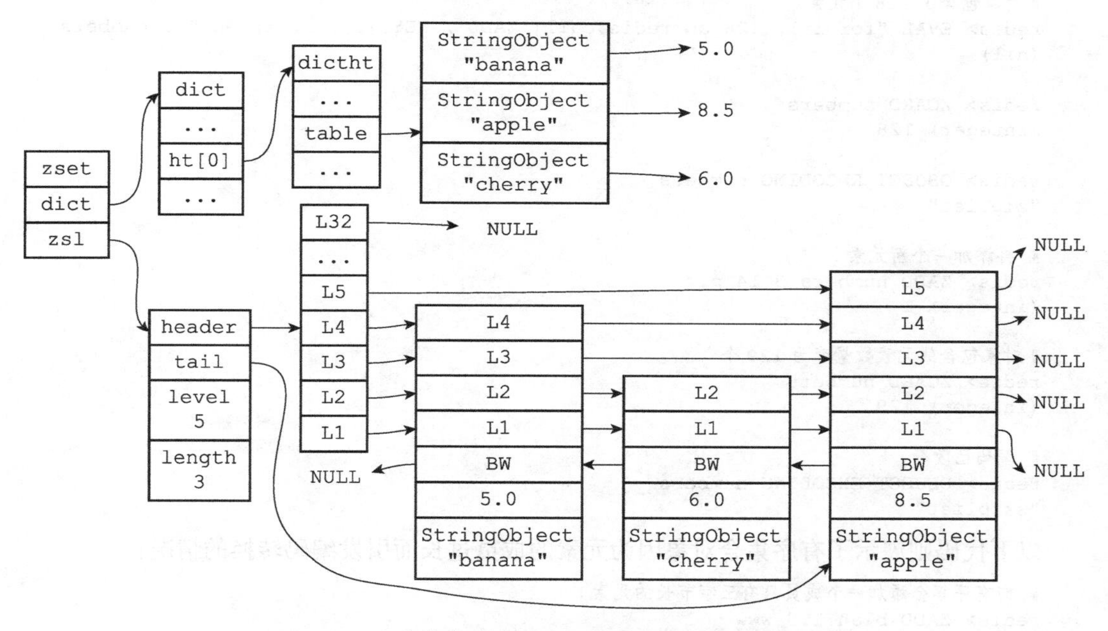

图 8-17　有序集合元素同时被保存在字典和跳跃表中

注意

为了展示方便，图 8-17 在字典和跳跃表中重复展示了各个元素的成员和分值，但在实际中，字典和跳跃表会共享元素的成员和分值，所以并不会造成任何数据重复，也不会因此而浪费任何内存。

8.6.1　编码的转换

当有序集合对象可以同时满足以下两个条件时，对象使用 ziplist 编码：

- 有序集合保存的元素数量小于 128 个；
- 有序集合保存的所有元素成员的长度都小于 64 字节；

不能满足以上两个条件的有序集合对象将使用 skiplist 编码。

注意

以上两个条件的上限值是可以修改的，具体请看配置文件中关于 zset-max-ziplist-entries 选项和 zset-max-ziplist-value 选项的说明。

对于使用 ziplist 编码的有序集合对象来说，当使用 ziplist 编码所需的两个条件中的任意一个不能被满足时，程序就会执行编码转换操作，将原本储存在压缩列表里面的所有集合原素转移到 zset 里面，并将对象的编码从 ziplist 改为 skiplist。

以下代码展示了有序集合对象因为包含了过多元素而引发编码转换的情况：

```
# 对象包含了 128 个元素
redis> EVAL "for i=1, 128 do redis.call('ZADD', KEYS[1], i, i) end" 1 numbers
(nil)

redis> ZCARD numbers
(integer) 128

redis> OBJECT ENCODING numbers
"ziplist"

# 再添加一个新元素
redis> ZADD numbers 3.14 pi
(integer) 1

# 对象包含的元素数量变为 129 个
redis> ZCARD numbers
(integer) 129

# 编码已改变
redis> OBJECT ENCODING numbers
"skiplist"
```

以下代码则展示了有序集合对象因为元素的成员过长而引发编码转换的情况：

```
# 向有序集合添加一个成员只有三字节长的元素
redis> ZADD blah 1.0 www
(integer) 1

redis> OBJECT ENCODING blah
"ziplist"

# 向有序集合添加一个成员为 66 字节长的元素
redis> ZADD blah 2.0 oooooooooooooooooooooooooooooooooooooooooooooooooooooooooooooooooo
(integer) 1

# 编码已改变
redis> OBJECT ENCODING blah
"skiplist"
```

8.6.2 有序集合命令的实现

因为有序集合键的值为有序集合对象，所以用于有序集合键的所有命令都是针对有序集合对象来构建的，表 8-11 列出了其中一部分有序集合键命令，以及这些命令在不同编码的有序集合对象下的实现方法。

表 8-11 有序集合命令的实现方法

命令	ziplist 编码的实现方法	zset 编码的实现方法
ZADD	调用 ziplistInsert 函数，将成员和分值作为两个节点分别插入到压缩列表	先调用 zslInsert 函数，将新元素添加到跳跃表，然后调用 dictAdd 函数，将新元素关联到字典
ZCARD	调用 ziplistLen 函数，获得压缩列表包含节点的数量，将这个数量除以 2 得出集合元素的数量	访问跳跃表数据结构的 length 属性，直接返回集合元素的数量
ZCOUNT	遍历压缩列表，统计分值在给定范围内的节点的数量	遍历跳跃表，统计分值在给定范围内的节点的数量
ZRANGE	从表头向表尾遍历压缩列表，返回给定索引范围内的所有元素	从表头向表尾遍历跳跃表，返回给定索引范围内的所有元素
ZREVRANGE	从表尾向表头遍历压缩列表，返回给定索引范围内的所有元素	从表尾向表头遍历跳跃表，返回给定索引范围内的所有元素
ZRANK	从表头向表尾遍历压缩列表，查找给定的成员，沿途记录经过节点的数量，当找到给定成员之后，途经节点的数量就是该成员所对应元素的排名	从表头向表尾遍历跳跃表，查找给定的成员，沿途记录经过节点的数量，当找到给定成员之后，途经节点的数量就是该成员所对应元素的排名
ZREVRANK	从表尾向表头遍历压缩列表，查找给定的成员，沿途记录经过节点的数量，当找到给定成员之后，途经节点的数量就是该成员所对应元素的排名	从表尾向表头遍历跳跃表，查找给定的成员，沿途记录经过节点的数量，当找到给定成员之后，途经节点的数量就是该成员所对应元素的排名
ZREM	遍历压缩列表，删除所有包含给定成员的节点，以及被删除成员节点旁边的分值节点	遍历跳跃表，删除所有包含了给定成员的跳跃表节点。并在字典中解除被删除元素的成员和分值的关联
ZSCORE	遍历压缩列表，查找包含了给定成员的节点，然后取出成员节点旁边的分值节点保存的元素分值	直接从字典中取出给定成员的分值

8.7 类型检查与命令多态

Redis 中用于操作键的命令基本上可以分为两种类型。

其中一种命令可以对任何类型的键执行，比如说 *DEL* 命令、*EXPIRE* 命令、*RENAME* 命令、*TYPE* 命令、*OBJECT* 命令等。

举个例子，以下代码就展示了使用 *DEL* 命令来删除三种不同类型的键：

```
# 字符串键
redis> SET msg "hello"
OK

# 列表键
```

```
redis> RPUSH numbers 1 2 3
(integer) 3

# 集合键
redis> SADD fruits apple banana cherry
(integer) 3

redis> DEL msg
(integer) 1

redis> DEL numbers
(integer) 1

redis> DEL fruits
(integer) 1
```

而另一种命令只能对特定类型的键执行，比如说：

- *SET*、*GET*、*APPEND*、*STRLEN* 等命令只能对字符串键执行；
- *HDEL*、*HSET*、*HGET*、*HLEN* 等命令只能对哈希键执行；
- *RPUSH*、*LPOP*、*LINSERT*、*LLEN* 等命令只能对列表键执行；
- *SADD*、*SPOP*、*SINTER*、*SCARD* 等命令只能对集合键执行；
- *ZADD*、*ZCARD*、*ZRANK*、*ZSCORE* 等命令只能对有序集合键执行；

举个例子，我们可以用 *SET* 命令创建一个字符串键，然后用 *GET* 命令和 *APPEND* 命令操作这个键，但如果我们试图对这个字符串键执行只有列表键才能执行的 *LLEN* 命令，那么 Redis 将向我们返回一个类型错误：

```
redis> SET msg "hello world"
OK

redis> GET msg
"hello world"

redis> APPEND msg " again!"
(integer) 18

redis> GET msg
"hello world again!"

redis> LLEN msg
(error) WRONGTYPE Operation against a key holding the wrong kind of value
```

8.7.1 类型检查的实现

从上面发生类型错误的代码示例可以看出，为了确保只有指定类型的键可以执行某些特定的命令，在执行一个类型特定的命令之前，Redis 会先检查输入键的类型是否正确，然后再决定是否执行给定的命令。

类型特定命令所进行的类型检查是通过 `redisObject` 结构的 `type` 属性来实现的：

- 在执行一个类型特定命令之前，服务器会先检查输入数据库键的值对象是否为执行命令所需的类型，如果是的话，服务器就对键执行指定的命令；

- 否则，服务器将拒绝执行命令，并向客户端返回一个类型错误。

举个例子，对于*LLEN*命令来说：

- 在执行*LLEN*命令之前，服务器会先检查输入数据库键的值对象是否为列表类型，也即是，检查值对象`redisObject`结构`type`属性的值是否为`REDIS_LIST`，如果是的话，服务器就对键执行*LLEN*命令；
- 否则的话，服务器就拒绝执行命令并向客户端返回一个类型错误。

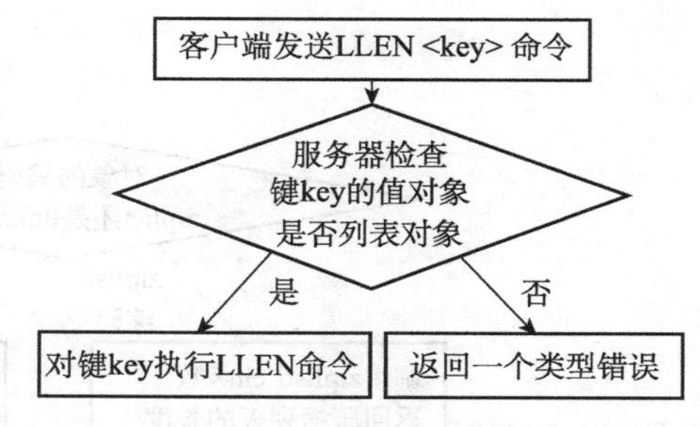

图 8-18 LLEN 命令执行时的类型检查过程

图8-18展示了这一类型检查过程。

其他类型特定命令的类型检查过程也和这里展示的*LLEN*命令的类型检查过程类似。

8.7.2 多态命令的实现

Redis除了会根据值对象的类型来判断键是否能够执行指定命令之外，还会根据值对象的编码方式，选择正确的命令实现代码来执行命令。

举个例子，在前面介绍列表对象的编码时我们说过，列表对象有`ziplist`和`linkedlist`两种编码可用，其中前者使用压缩列表API来实现列表命令，而后者则使用双端链表API来实现列表命令。

现在，考虑这样一个情况，如果我们对一个键执行*LLEN*命令，那么服务器除了要确保执行命令的是列表键之外，还需要根据键的值对象所使用的编码来选择正确的*LLEN*命令实现：

- 如果列表对象的编码为`ziplist`，那么说明列表对象的实现为压缩列表，程序将使用`ziplistLen`函数来返回列表的长度；
- 如果列表对象的编码为`linkedlist`，那么说明列表对象的实现为双端链表，程序将使用`listLength`函数来返回双端链表的长度；

借用面向对象方面的术语来说，我们可以认为*LLEN*命令是多态（polymorphism）的，只要执行*LLEN*命令的是列表键，那么无论值对象使用的是`ziplist`编码还是`linkedlist`编码，命令都可以正常执行。

图8-19展示了*LLEN*命令从类型检查到根据编码选择实现函数的整个执行过程，其他类型特定命令的执行过程也是类似的。

实际上，我们可以将*DEL*、*EXPIRE*、*TYPE*等命令也称为多态命令，因为无论输入的键是什么类型，这些命令都可以正确地执行。

DEL、*EXPIRE*等命令和*LLEN*等命令的区别在于，前者是基于类型的多态——一个命令可以同时用于处理多种不同类型的键，而后者是基于编码的多态——一个命令可以同时用于处理多种不同编码。

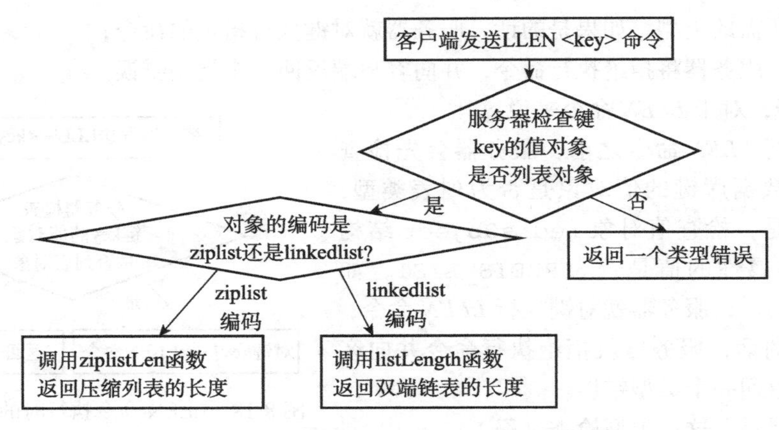

图 8-19 LLEN 命令的执行过程

8.8 内存回收

因为 C 语言并不具备自动内存回收功能，所以 Redis 在自己的对象系统中构建了一个引用计数（reference counting）技术实现的内存回收机制，通过这一机制，程序可以通过跟踪对象的引用计数信息，在适当的时候自动释放对象并进行内存回收。

每个对象的引用计数信息由 redisObject 结构的 refcount 属性记录：

```
typedef struct redisObject {

    // ...

    // 引用计数
    int refcount;

    // ...

} robj;
```

对象的引用计数信息会随着对象的使用状态而不断变化：

- 在创建一个新对象时，引用计数的值会被初始化为 1；
- 当对象被一个新程序使用时，它的引用计数值会被增一；
- 当对象不再被一个程序使用时，它的引用计数值会被减一；
- 当对象的引用计数值变为 0 时，对象所占用的内存会被释放。

表 8-12 列出了修改对象引用计数的 API，这些 API 分别用于增加、减少、重置对象的引用计数。

表 8-12 修改对象引用计数的 API

函数	作用
incrRefCount	将对象的引用计数值增一
decrRefCount	将对象的引用计数值减一，当对象的引用计数值等于 0 时，释放对象
resetRefCount	将对象的引用计数值设置为 0，但并不释放对象，这个函数通常在需要重新设置对象的引用计数值时使用

对象的整个生命周期可以划分为创建对象、操作对象、释放对象三个阶段。作为例子，以下代码展示了一个字符串对象从创建到释放的整个过程：

```
// 创建一个字符串对象 s，对象的引用计数为 1
robj *s = createStringObject(...)

// 对象 s 执行各种操作 ...

// 将对象 s 的引用计数减一，使得对象的引用计数变为 0
// 导致对象 s 被释放
decrRefCount(s)
```

其他不同类型的对象也会经历类似的过程。

8.9 对象共享

除了用于实现引用计数内存回收机制之外，对象的引用计数属性还带有对象共享的作用。举个例子，假设键 A 创建了一个包含整数值 100 的字符串对象作为值对象，如图 8-20 所示。

如果这时键 B 也要创建一个同样保存了整数值 100 的字符串对象作为值对象，那么服务器有以下两种做法：

1）为键 B 新创建一个包含整数值 100 的字符串对象；

2）让键 A 和键 B 共享同一个字符串对象；

以上两种方法很明显是第二种方法更节约内存。

在 Redis 中，让多个键共享同一个值对象需要执行以下两个步骤：

1）将数据库键的值指针指向一个现有的值对象；

2）将被共享的值对象的引用计数增一。

举个例子，图 8-21 就展示了包含整数值 100 的字符串对象同时被键 A 和键 B 共享之后的样子，可以看到，除了对象的引用计数从之前的 1 变成了 2 之外，其他属性都没有变化。共享对象机制对于节约内存非常有帮助，数据库中保存的相同值对象越多，对象共享机制就能节约越多的内存。

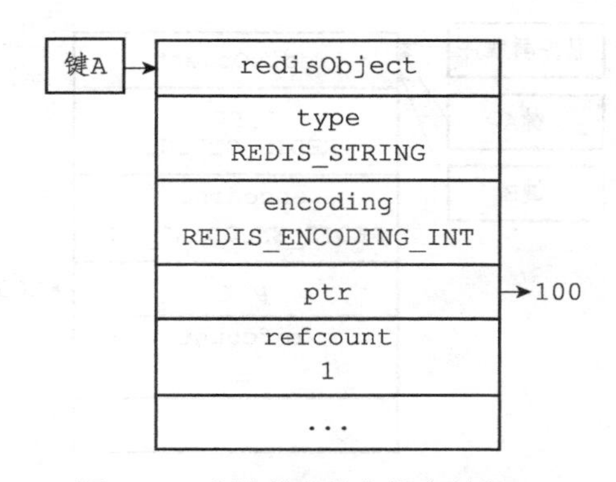

图 8-20 未被共享的字符串对象

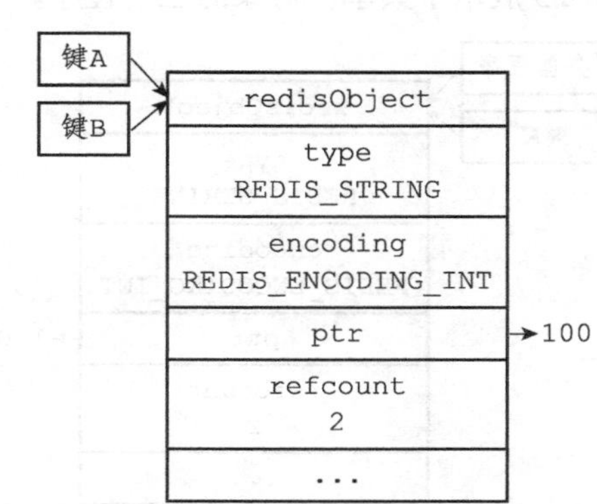

图 8-21 被共享的字符串对象

例如，假设数据库中保存了整数值 100 的键不只有键 A 和键 B 两个，而是有一百个，那么服务器只需要用一个字符串对象的内存就可以保存原本需要使用一百个字符串对象的内存才能保存的数据。

目前来说，Redis 会在初始化服务器时，创建一万个字符串对象，这些对象包含了从 0 到 9999 的所有整数值，当服务器需要用到值为 0 到 9999 的字符串对象时，服务器就会使用这些共享对象，而不是新创建对象。

注意

创建共享字符串对象的数量可以通过修改 redis.h/REDIS_SHARED_INTEGERS 常量来修改。

举个例子，如果我们创建一个值为 100 的键 A，并使用 *OBJECT REFCOUNT* 命令查看键 A 的值对象的引用计数，我们会发现值对象的引用计数为 2：

```
redis> SET A 100
OK

redis> OBJECT REFCOUNT A
(integer) 2
```

引用这个值对象的两个程序分别是持有这个值对象的服务器程序，以及共享这个值对象的键 A，如图 8-22 所示。

如果这时我们再创建一个值为 100 的键 B，那么键 B 也会指向包含整数值 100 的共享对象，使得共享对象的引用计数值变为 3：

```
redis> SET B 100
OK

redis> OBJECT REFCOUNT A
(integer) 3

redis> OBJECT REFCOUNT B
(integer) 3
```

图 8-23 展示了共享值对象的三个程序。

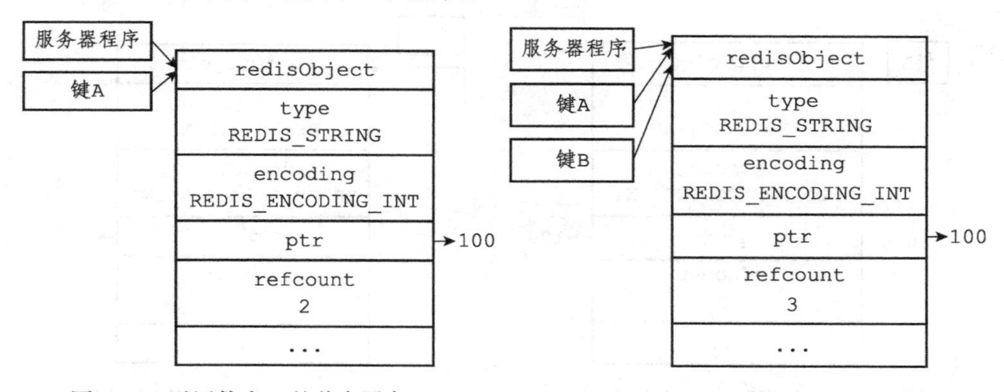

图 8-22 引用数为 2 的共享对象

图 8-23 引用数为 3 的共享对象

另外，这些共享对象不仅只有字符串键可以使用，那些在数据结构中嵌套了字符串对象的对象（linkedlist 编码的列表对象、hashtable 编码的哈希对象、hashtable 编码的集合对象，以及 zset 编码的有序集合对象）都可以使用这些共享对象。

为什么 Redis 不共享包含字符串的对象？

当服务器考虑将一个共享对象设置为键的值对象时，程序需要先检查给定的共享对象和键想创建的目标对象是否完全相同，只有在共享对象和目标对象完全相同的情况下，程序才会将共享对象用作键的值对象，而一个共享对象保存的值越复杂，验证共享对象和目标对象是否相同所需的复杂度就会越高，消耗的 CPU 时间也会越多：

- 如果共享对象是保存整数值的字符串对象，那么验证操作的复杂度为 $O(1)$；
- 如果共享对象是保存字符串值的字符串对象，那么验证操作的复杂度为 $O(N)$；
- 如果共享对象是包含了多个值（或者对象）的对象，比如列表对象或者哈希对象，那么验证操作的复杂度将会是 $O(N^2)$。

因此，尽管共享更复杂的对象可以节约更多的内存，但受到 CPU 时间的限制，Redis 只对包含整数值的字符串对象进行共享。

8.10 对象的空转时长

除了前面介绍过的 type、encoding、ptr 和 refcount 四个属性之外，redisObject 结构包含的最后一个属性为 lru 属性，该属性记录了对象最后一次被命令程序访问的时间：

```
typedef struct redisObject {

    // ...

    unsigned lru:22;

    // ...

} robj;
```

OBJECT IDLETIME 命令可以打印出给定键的空转时长，这一空转时长就是通过将当前时间减去键的值对象的 lru 时间计算得出的：

```
redis> SET msg "hello world"
OK

# 等待一小段时间
redis> OBJECT IDLETIME msg
(integer) 20

# 等待一阵子
redis> OBJECT IDLETIME msg
(integer) 180

# 访问msg键的值
redis> GET msg
```

```
"hello world"

# 键处于活跃状态，空转时长为 0
redis> OBJECT IDLETIME msg
(integer) 0
```

注意

OBJECT IDLETIME 命令的实现比较特殊，这个命令在访问键的值对象时，不会修改值对象的 `lru` 属性。

除了可以被 *OBJECT IDLETIME* 命令打印出来之外，键的空转时长还有另外一项作用：如果服务器打开了 `maxmemory` 选项，并且服务器用于回收内存的算法为 `volatile-lru` 或者 `allkeys-lru`，那么当服务器占用的内存数超过了 `maxmemory` 选项所设置的上限值时，空转时长较高的那部分键会优先被服务器释放，从而回收内存。

配置文件的 `maxmemory` 选项和 `maxmemory-policy` 选项的说明介绍了关于这方面的更多信息。

8.11 重点回顾

- Redis 数据库中的每个键值对的键和值都是一个对象。
- Redis 共有字符串、列表、哈希、集合、有序集合五种类型的对象，每种类型的对象至少都有两种或以上的编码方式，不同的编码可以在不同的使用场景上优化对象的使用效率。
- 服务器在执行某些命令之前，会先检查给定键的类型能否执行指定的命令，而检查一个键的类型就是检查键的值对象的类型。
- Redis 的对象系统带有引用计数实现的内存回收机制，当一个对象不再被使用时，该对象所占用的内存就会被自动释放。
- Redis 会共享值为 `0` 到 `9999` 的字符串对象。
- 对象会记录自己的最后一次被访问的时间，这个时间可以用于计算对象的空转时间。

第二部分

单机数据库的实现

第9章

数 据 库

本章将对 Redis 服务器的数据库实现进行详细介绍，说明服务器保存数据库的方法，客户端切换数据库的方法，数据库保存键值对的方法，以及针对数据库的添加、删除、查看、更新操作的实现方法等。除此之外，本章还会说明服务器保存键的过期时间的方法，以及服务器自动删除过期键的方法。最后，本章还会说明 Redis 2.8 新引入的数据库通知功能的实现方法。

9.1 服务器中的数据库

Redis 服务器将所有数据库都保存在服务器状态 `redis.h/redisServer` 结构的 `db` 数组中，`db` 数组的每个项都是一个 `redis.h/redisDb` 结构，每个 `redisDb` 结构代表一个数据库：

```
struct redisServer {

    // ...

    // 一个数组，保存着服务器中的所有数据库
    redisDb *db;

    // ...

};
```

在初始化服务器时，程序会根据服务器状态的 `dbnum` 属性来决定应该创建多少个数据库：

```
struct redisServer {

    // ...

    // 服务器的数据库数量
    int dbnum;

    // ...

};
```

dbnum 属性的值由服务器配置的 database 选项决定，默认情况下，该选项的值为 16，所以 Redis 服务器默认会创建 16 个数据库，如图 9-1 所示。

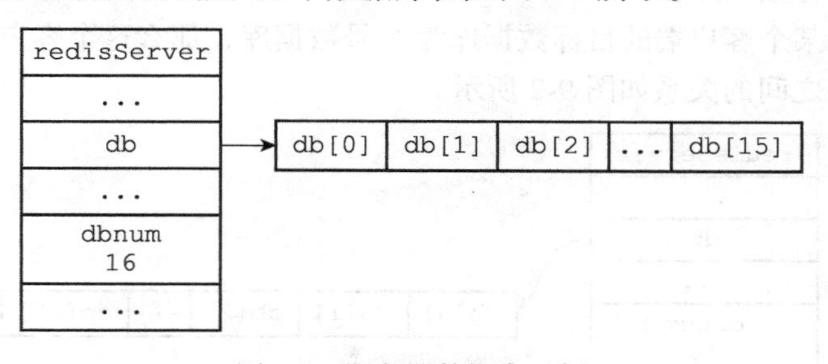

图 9-1　服务器数据库示例

9.2　切换数据库

每个 Redis 客户端都有自己的目标数据库，每当客户端执行数据库写命令或者数据库读命令的时候，目标数据库就会成为这些命令的操作对象。

默认情况下，Redis 客户端的目标数据库为 0 号数据库，但客户端可以通过执行 *SELECT* 命令来切换目标数据库。

以下代码示例演示了客户端在 0 号数据库设置并读取键 msg，之后切换到 2 号数据库并执行类似操作的过程：

```
redis> SET msg "hello world"
OK

redis> GET msg
"hello world"

redis> SELECT 2
OK

redis[2]> GET msg
(nil)

redis[2]> SET msg "another world"
OK

redis[2]> GET msg
"another world"
```

在服务器内部，客户端状态 redisClient 结构的 db 属性记录了客户端当前的目标数据库，这个属性是一个指向 redisDb 结构的指针：

```
typedef struct redisClient {

// ...
// 记录客户端当前正在使用的数据库
redisDb *db;

// ...

} redisClient;
```

redisClient.db 指针指向 redisServer.db 数组的其中一个元素，而被指向的元素就是客户端的目标数据库。

比如说，如果某个客户端的目标数据库为 1 号数据库，那么这个客户端所对应的客户端状态和服务器状态之间的关系如图 9-2 所示。

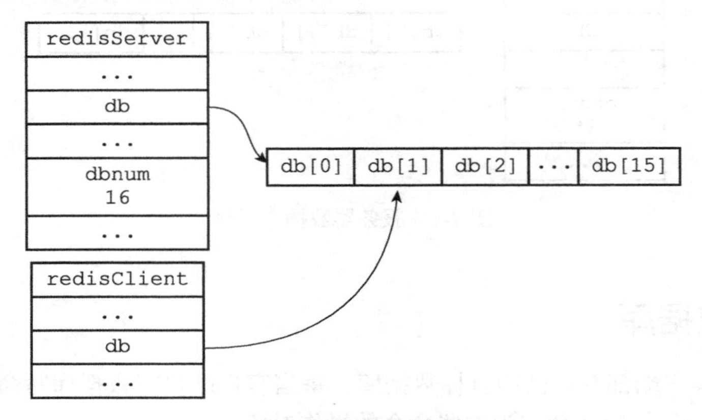

图 9-2 客户端的目标数据库为 1 号数据库

如果这时客户端执行命令 SELECT 2，将目标数据库改为 2 号数据库，那么客户端状态和服务器状态之间的关系将更新成图 9-3。

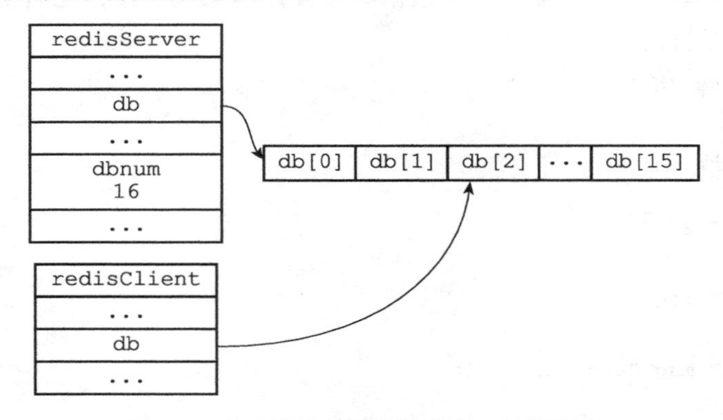

图 9-3 客户端的目标数据库为 2 号数据库

通过修改 redisClient.db 指针，让它指向服务器中的不同数据库，从而实现切换目标数据库的功能——这就是 *SELECT* 命令的实现原理。

谨慎处理多数据库程序

到目前为止，Redis 仍然没有可以返回客户端目标数据库的命令。虽然 redis-cli 客户端会在输入符旁边提示当前所使用的目标数据库：

```
redis> SELECT 1
OK

redis[1]> SELECT 2
OK

redis[2]>
```

但如果你在其他语言的客户端中执行 Redis 命令，并且该客户端没有像 redis-cli 那样一直显示目标数据库的号码，那么在数次切换数据库之后，你很可能会忘记自己当前正在使用的是哪个数据库。当出现这种情况时，为了避免对数据库进行误操作，在执行 Redis 命令，特别是像 *FLUSHDB* 这样的危险命令之前，最好先执行一个 *SELECT* 命令，显式地切换到指定的数据库，然后再执行别的命令。

9.3 数据库键空间

Redis 是一个键值对（key-value pair）数据库服务器，服务器中的每个数据库都由一个 redis.h/redisDb 结构表示，其中，redisDb 结构的 dict 字典保存了数据库中的所有键值对，我们将这个字典称为键空间（key space）：

```
typedef struct redisDb {

    // ...

    // 数据库键空间，保存着数据库中的所有键值对
    dict *dict;

    // ...

} redisDb;
```

键空间和用户所见的数据库是直接对应的：

- 键空间的键也就是数据库的键，每个键都是一个字符串对象。
- 键空间的值也就是数据库的值，每个值可以是字符串对象、列表对象、哈希表对象、集合对象和有序集合对象中的任意一种 Redis 对象。

举个例子，如果我们在空白的数据库中执行以下命令：

```
redis> SET message "hello world"
OK

redis> RPUSH alphabet "a" "b" "c"
(integer)3

redis> HSET book name "Redis in Action"
(integer) 1

redis> HSET book author "Josiah L. Carlson"
(integer) 1

redis> HSET book publisher "Manning"
(integer) 1
```

那么在这些命令执行之后，数据库的键空间将会是图 9-4 所展示的样子：

- alphabet 是一个列表键，键的名字是一个包含字符串 "alphabet" 的字符串对象，键的值则是一个包含三个元素的列表对象。
- book 是一个哈希表键，键的名字是一个包含字符串 "book" 的字符串对象，键的值则是一个包含三个键值对的哈希表对象。
- message 是一个字符串键，键的名字是一个包含字符串 "message" 的字符串对象，键的值则是一个包含字符串 "hello world" 的字符串对象。

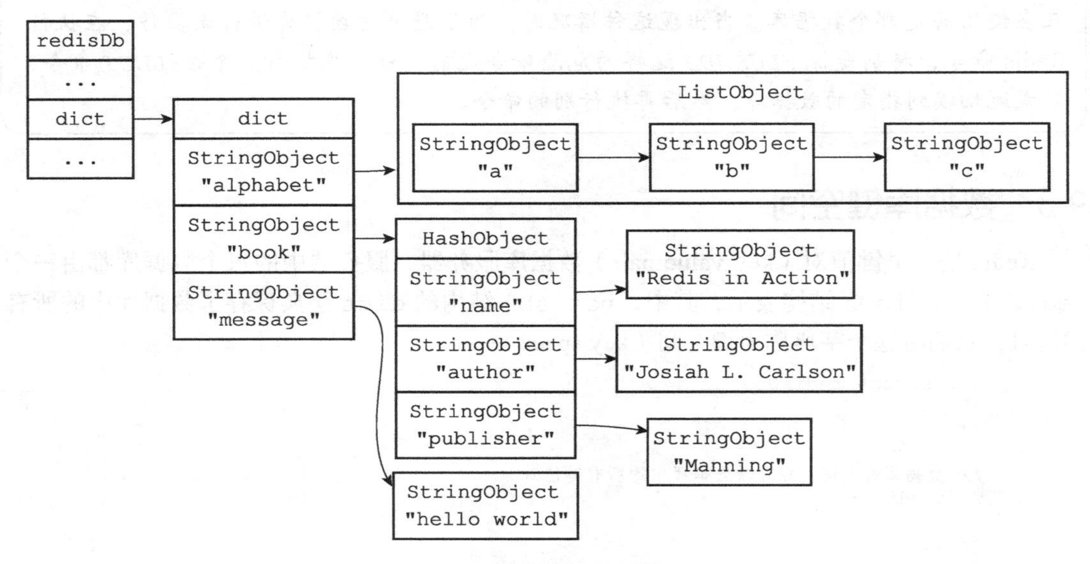

图 9-4 数据库键空间例子

因为数据库的键空间是一个字典，所以所有针对数据库的操作，比如添加一个键值对到数据库，或者从数据库中删除一个键值对，又或者在数据库中获取某个键值对等，实际上都是通过对键空间字典进行操作来实现的，以下几个小节将分别介绍数据库的添加、删除、更新、取值等操作的实现原理。

9.3.1 添加新键

添加一个新键值对到数据库，实际上就是将一个新键值对添加到键空间字典里面，其中键为字符串对象，而值则为任意一种类型的 Redis 对象。

举个例子，如果键空间当前的状态如图 9-4 所示，那么在执行以下命令之后：

```
redis> SET date "2013.12.1"
OK
```

键空间将添加一个新的键值对，这个新键值对的键是一个包含字符串 "date" 的字符串对象，而键值对的值则是一个包含字符串 "2013.12.1" 的字符串对象，如图 9-5 所示。

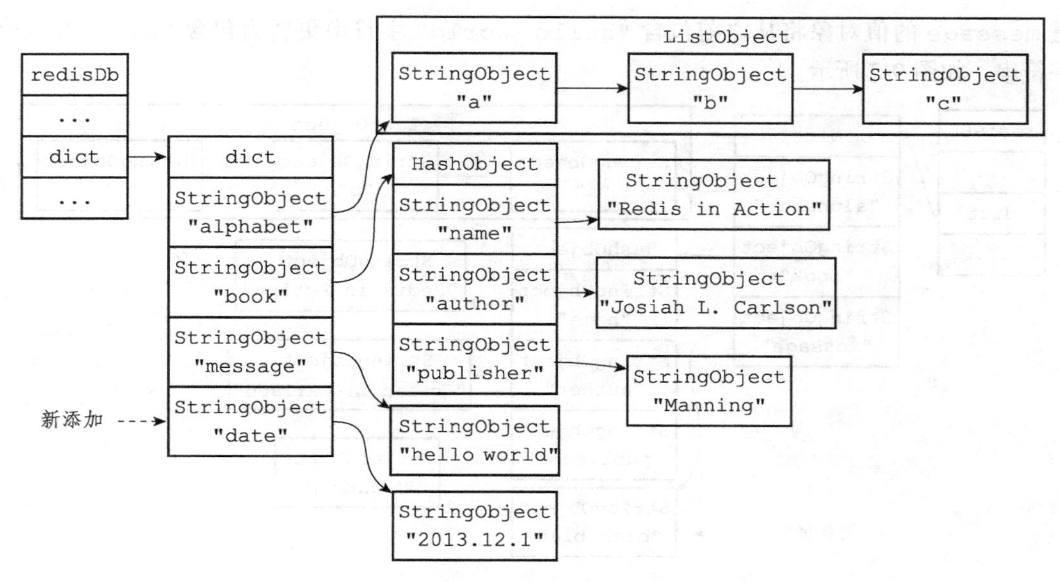

图 9-5 添加 date 键之后的键空间

9.3.2 删除键

删除数据库中的一个键，实际上就是在键空间里面删除键所对应的键值对对象。

举个例子，如果键空间当前的状态如图 9-4 所示，那么在执行以下命令之后：

```
redis> DEL book
(integer) 1
```

键 book 以及它的值将从键空间中被删除，如图 9-6 所示。

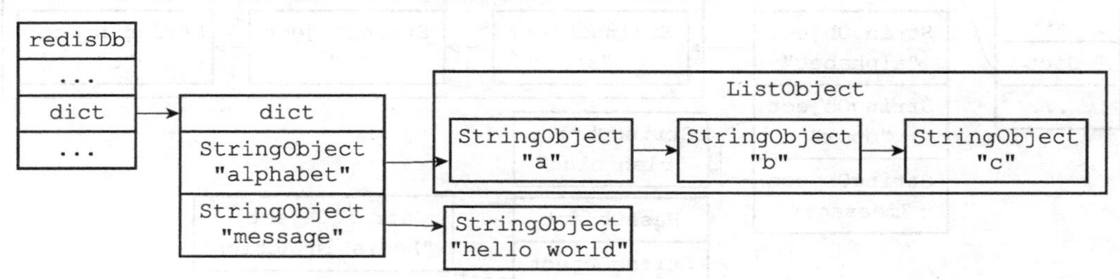

图 9-6 删除 book 键之后的键空间

9.3.3 更新键

对一个数据库键进行更新，实际上就是对键空间里面键所对应的值对象进行更新，根据值对象的类型不同，更新的具体方法也会有所不同。

举个例子，如果键空间当前的状态如图 9-4 所示，那么在执行以下命令之后：

```
redis> SET message "blah blah"
OK
```

键 message 的值对象将从之前包含 "hello world" 字符串更新为包含 "blah blah" 字符串，如图 9-7 所示。

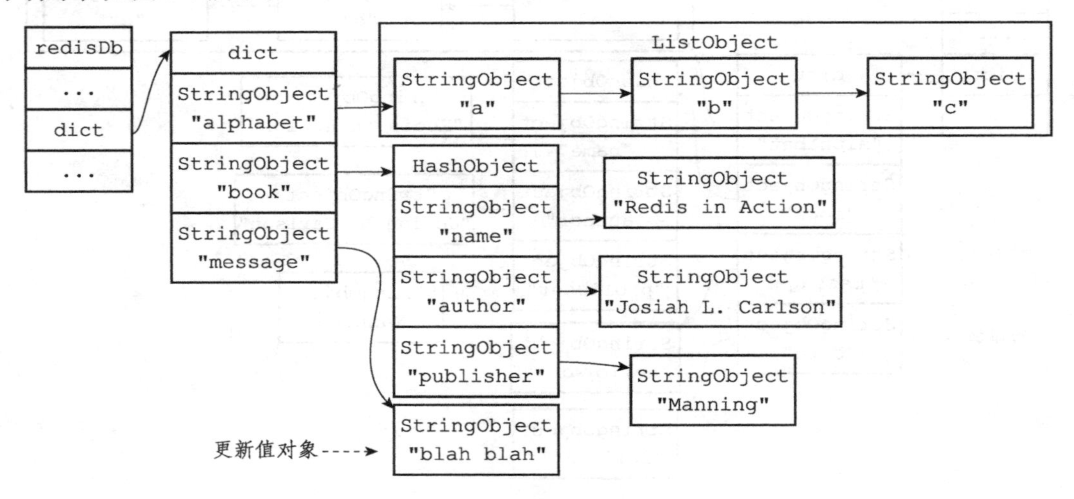

图 9-7 使用 SET 命令更新 message 键

再举个例子，如果我们继续执行以下命令：

```
redis> HSET book page 320
(integer) 1
```

那么键空间中 book 键的值对象（一个哈希对象）将被更新，新的键值对 page 和 320 会被添加到值对象里面，如图 9-8 所示。

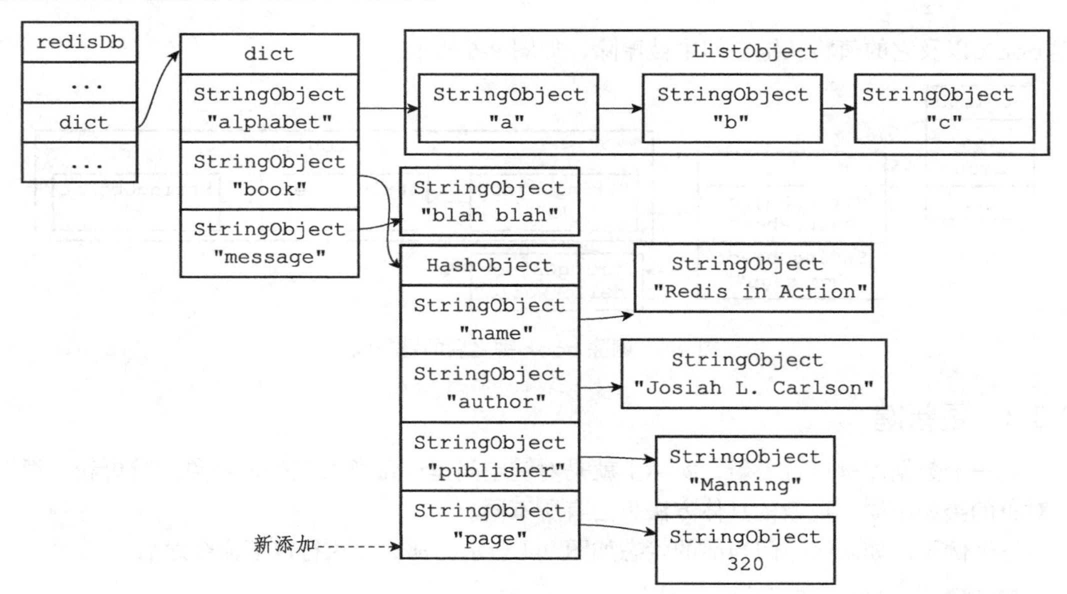

图 9-8 使用 HSET 更新 book 键

9.3.4 对键取值

对一个数据库键进行取值，实际上就是在键空间中取出键所对应的值对象，根据值对象的类型不同，具体的取值方法也会有所不同。

举个例子，如果键空间当前的状态如图 9-4 所示，那么当执行以下命令时：

```
redis> GET message
"hello world"
```

GET 命令将首先在键空间中查找键 `message`，找到键之后接着取得该键所对应的字符串对象值，之后再返回值对象所包含的字符串 `"hello world"`，取值过程如图 9-9 所示。

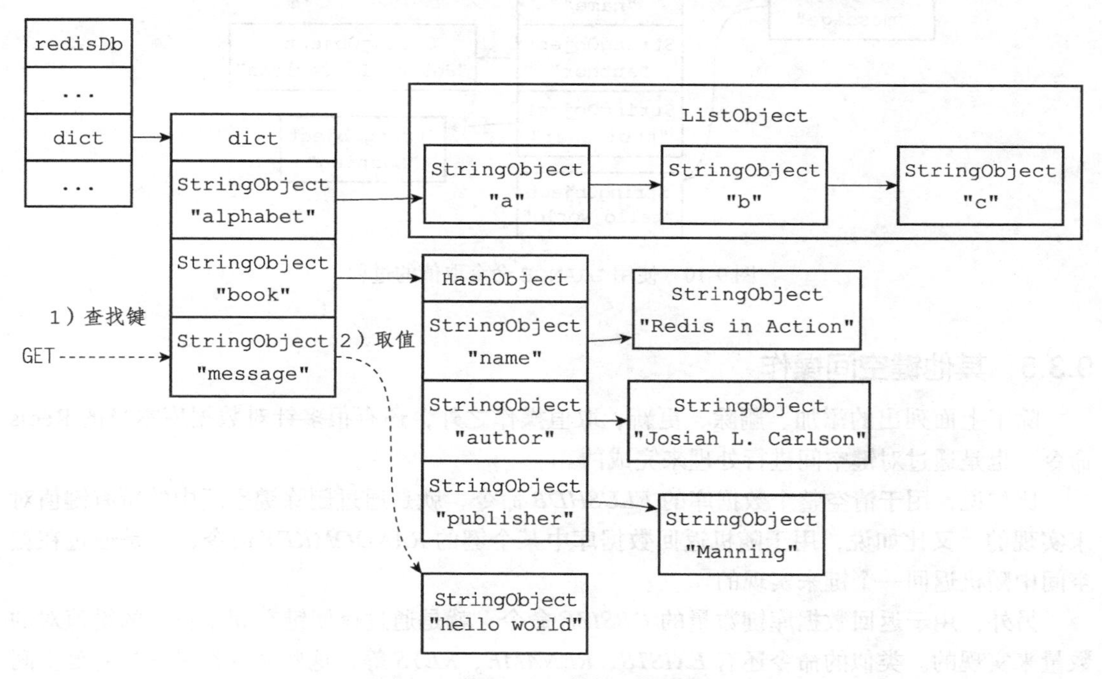

图 9-9 使用 GET 命令取值的过程

再举一个例子，当执行以下命令时：

```
redis> LRANGE alphabet 0 -1
1)"a"
2)"b"
3)"c"
```

LRANGE 命令将首先在键空间中查找键 `alphabet`，找到键之后接着取得该键所对应的列表对象值，之后再返回列表对象中包含的三个字符串对象的值，取值过程如图 9-10 所示。

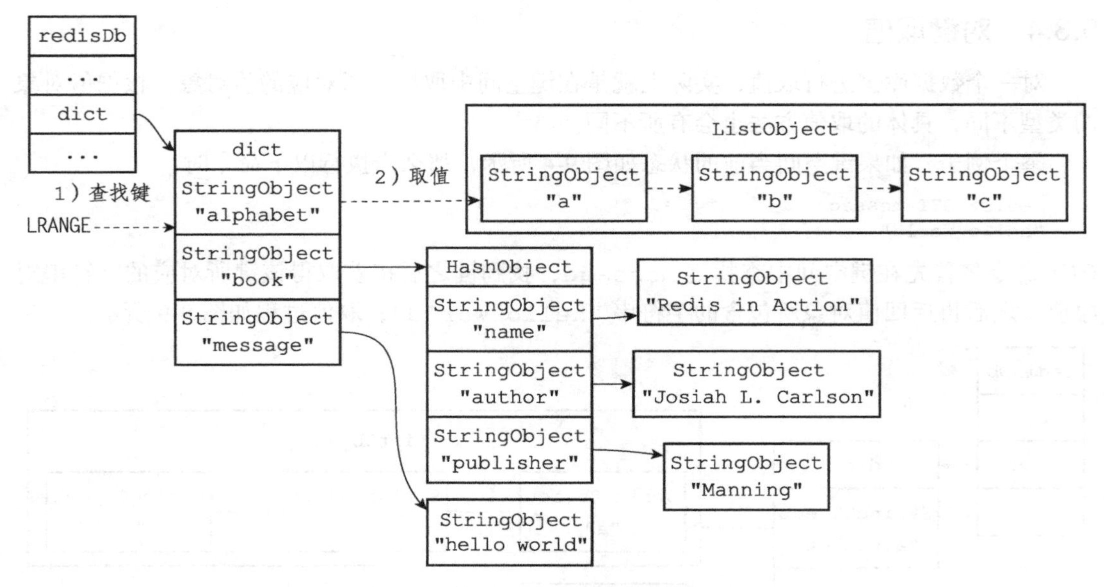

图 9-10 使用 LRANGE 命令取值的过程

9.3.5 其他键空间操作

除了上面列出的添加、删除、更新、取值操作之外，还有很多针对数据库本身的 Redis 命令，也是通过对键空间进行处理来完成的。

比如说，用于清空整个数据库的 *FLUSHDB* 命令，就是通过删除键空间中的所有键值对来实现的。又比如说，用于随机返回数据库中某个键的 *RANDOMKEY* 命令，就是通过在键空间中随机返回一个键来实现的。

另外，用于返回数据库键数量的 *DBSIZE* 命令，就是通过返回键空间中包含的键值对的数量来实现的。类似的命令还有 *EXISTS*、*RENAME*、*KEYS* 等，这些命令都是通过对键空间进行操作来实现的。

9.3.6 读写键空间时的维护操作

当使用 Redis 命令对数据库进行读写时，服务器不仅会对键空间执行指定的读写操作，还会执行一些额外的维护操作，其中包括：

- 在读取一个键之后（读操作和写操作都要对键进行读取），服务器会根据键是否存在来更新服务器的键空间命中（hit）次数或键空间不命中（miss）次数，这两个值可以在 *INFO stats* 命令的 `keyspace_hits` 属性和 `keyspace_misses` 属性中查看。
- 在读取一个键之后，服务器会更新键的 LRU（最后一次使用）时间，这个值可以用于计算键的闲置时间，使用 *OBJECT idletime <key>* 命令可以查看键 `key` 的闲置时间。
- 如果服务器在读取一个键时发现该键已经过期，那么服务器会先删除这个过期键，然后才执行余下的其他操作，本章稍后对过期键的讨论会详细说明这一点。

- 如果有客户端使用 *WATCH* 命令监视了某个键，那么服务器在对被监视的键进行修改之后，会将这个键标记为脏（dirty），从而让事务程序注意到这个键已经被修改过，第 19 章会详细说明这一点。
- 服务器每次修改一个键之后，都会对脏（dirty）键计数器的值增 1，这个计数器会触发服务器的持久化以及复制操作，第 10 章、第 11 章和第 15 章都会说到这一点。
- 如果服务器开启了数据库通知功能，那么在对键进行修改之后，服务器将按配置发送相应的数据库通知，本章稍后讨论数据库通知功能的实现时会详细说明这一点。

9.4 设置键的生存时间或过期时间

通过 *EXPIRE* 命令或者 *PEXPIRE* 命令，客户端可以以秒或者毫秒精度为数据库中的某个键设置生存时间（Time To Live，TTL），在经过指定的秒数或者毫秒数之后，服务器就会自动删除生存时间为 0 的键：

```
redis> SET key value
OK

redis> EXPIRE key 5
(integer) 1

redis> GET key  // 5秒之内
"value"

redis> GET key  // 5秒之后
(nil)
```

注意

SETEX 命令可以在设置一个字符串键的同时为键设置过期时间，因为这个命令是一个类型限定的命令（只能用于字符串键），所以本章不会对这个命令进行介绍，但 *SETEX* 命令设置过期时间的原理和本章介绍的 *EXPIRE* 命令设置过期时间的原理是完全一样的。

与 *EXPIRE* 命令和 *PEXPIRE* 命令类似，客户端可以通过 *EXPIREAT* 命令或 *PEXPIREAT* 命令，以秒或者毫秒精度给数据库中的某个键设置过期时间（expire time）。

过期时间是一个 UNIX 时间戳，当键的过期时间来临时，服务器就会自动从数据库中删除这个键：

```
redis> SET key value
OK

redis> EXPIREAT key 1377257300
(integer) 1

redis> TIME
```

```
1)"1377257296"
2)"296543"

redis> GET key    // 1377257300之前
"value"

redis> TIME
1)"1377257303"
2)"230656"

redis> GET key    // 1377257300之后
(nil)
```

TTL 命令和 *PTTL* 命令接受一个带有生存时间或者过期时间的键，返回这个键的剩余生存时间，也就是，返回距离这个键被服务器自动删除还有多长时间：

```
redis> SET key value
OK

redis> EXPIRE key 1000
(integer) 1

redis> TTL key
(integer) 997

redis> PTTL msg
(integer) 93633
```

在上一节我们讨论了数据库的底层实现，以及各种数据库操作的实现原理，但是，关于数据库如何保存键的生存时间和过期时间，以及服务器如何自动删除那些带有生存时间和过期时间的键这两个问题，我们还没有讨论。

本节将对服务器保存键的生存时间和过期时间的方法进行介绍，并在下一节介绍服务器自动删除过期键的方法。

9.4.1 设置过期时间

Redis 有四个不同的命令可以用于设置键的生存时间（键可以存在多久）或过期时间（键什么时候会被删除）：

- ❑ *EXPIRE <key> <ttl>* 命令用于将键 `key` 的生存时间设置为 `ttl` 秒。
- ❑ *PEXPIRE <key> <ttl>* 命令用于将键 `key` 的生存时间设置为 `ttl` 毫秒。
- ❑ *EXPIREAT <key> <timestamp>* 命令用于将键 `key` 的过期时间设置为 `timestamp` 所指定的秒数时间戳。
- ❑ *PEXPIREAT <key> <timestamp>* 命令用于将键 `key` 的过期时间设置为 `timestamp` 所指定的毫秒数时间戳。

虽然有多种不同单位和不同形式的设置命令，但实际上 *EXPIRE*、*PEXPIRE*、*EXPIREAT*

三个命令都是使用 *PEXPIREAT* 命令来实现的：无论客户端执行的是以上四个命令中的哪一个，经过转换之后，最终的执行效果都和执行 *PEXPIREAT* 命令一样。

首先，*EXPIRE* 命令可以转换成 *PEXPIRE* 命令：

```
def EXPIRE(key,ttl_in_sec):

    # 将 TTL 从秒转换成毫秒
    ttl_in_ms = sec_to_ms(ttl_in_sec)

    PEXPIRE(key, ttl_in_ms)
```

接着，*PEXPIRE* 命令又可以转换成 *PEXPIREAT* 命令：

```
def PEXPIRE(key,ttl_in_ms):

    # 获取以毫秒计算的当前 UNIX 时间戳
    now_ms = get_current_unix_timestamp_in_ms()

    # 当前时间加上 TTL，得出毫秒格式的键过期时间
    PEXPIREAT(key,now_ms+ttl_in_ms)
```

并且，*EXPIREAT* 命令也可以转换成 *PEXPIREAT* 命令：

```
def EXPIREAT(key,expire_time_in_sec):

    # 将过期时间从秒转换为毫秒
    expire_time_in_ms = sec_to_ms(expire_time_in_sec)

    PEXPIREAT(key, expire_time_in_ms)
```

最终，*EXPIRE*、*PEXPIRE* 和 *EXPIREAT* 三个命令都会转换成 *PEXPIREAT* 命令来执行，如图 9-11 所示。

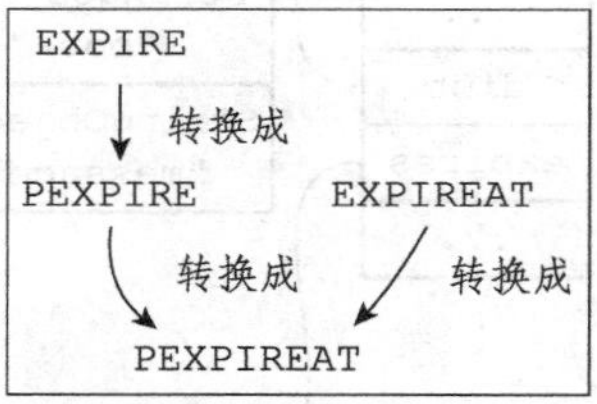

图 9-11 设置生存时间和设置过期时间的命令之间的转换

9.4.2 保存过期时间

redisDb 结构的 expires 字典保存了数据库中所有键的过期时间，我们称这个字典为过期字典：

- 过期字典的键是一个指针，这个指针指向键空间中的某个键对象（也即是某个数据库键）。
- 过期字典的值是一个 long long 类型的整数，这个整数保存了键所指向的数据库键的过期时间——一个毫秒精度的 UNIX 时间戳。

```
typedef struct redisDb {

    // ...

    // 过期字典，保存着键的过期时间
    dict *expires;
```

```
    // ...

} redisDb;
```

图 9-12 展示了一个带有过期字典的数据库例子，在这个例子中，键空间保存了数据库中的所有键值对，而过期字典则保存了数据库键的过期时间。

注意

为了展示方便，图 9-12 的键空间和过期字典中重复出现了两次 alphabet 键对象和 book 键对象。在实际中，键空间的键和过期字典的键都指向同一个键对象，所以不会出现任何重复对象，也不会浪费任何空间。

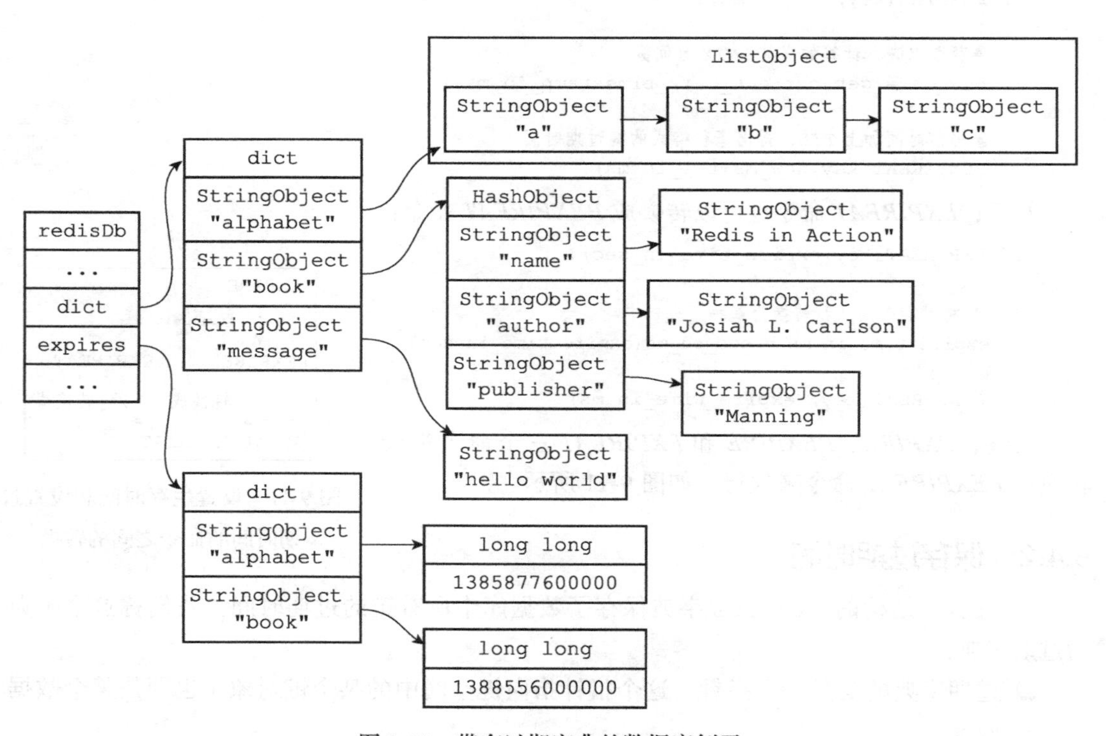

图 9-12 带有过期字典的数据库例子

图 9-12 中的过期字典保存了两个键值对：

- 第一个键值对的键为 alphabet 键对象，值为 1385877600000，这表示数据库键 alphabet 的过期时间为 1385877600000（2013 年 12 月 1 日零时）。
- 第二个键值对的键为 book 键对象，值为 1388556000000，这表示数据库键 book 的过期时间为 1388556000000（2014 年 1 月 1 日零时）。

当客户端执行 *PEXPIREAT* 命令（或者其他三个会转换成 *PEXPIREAT* 命令的命令）为

一个数据库键设置过期时间时，服务器会在数据库的过期字典中关联给定的数据库键和过期时间。

举个例子，如果数据库当前的状态如图 9-12 所示，那么在服务器执行以下命令之后：

```
redis> PEXPIREAT message 1391234400000
(integer) 1
```

过期字典将新增一个键值对，其中键为 message 键对象，而值则为 1391234400000（2014 年 2 月 1 日零时），如图 9-13 所示。

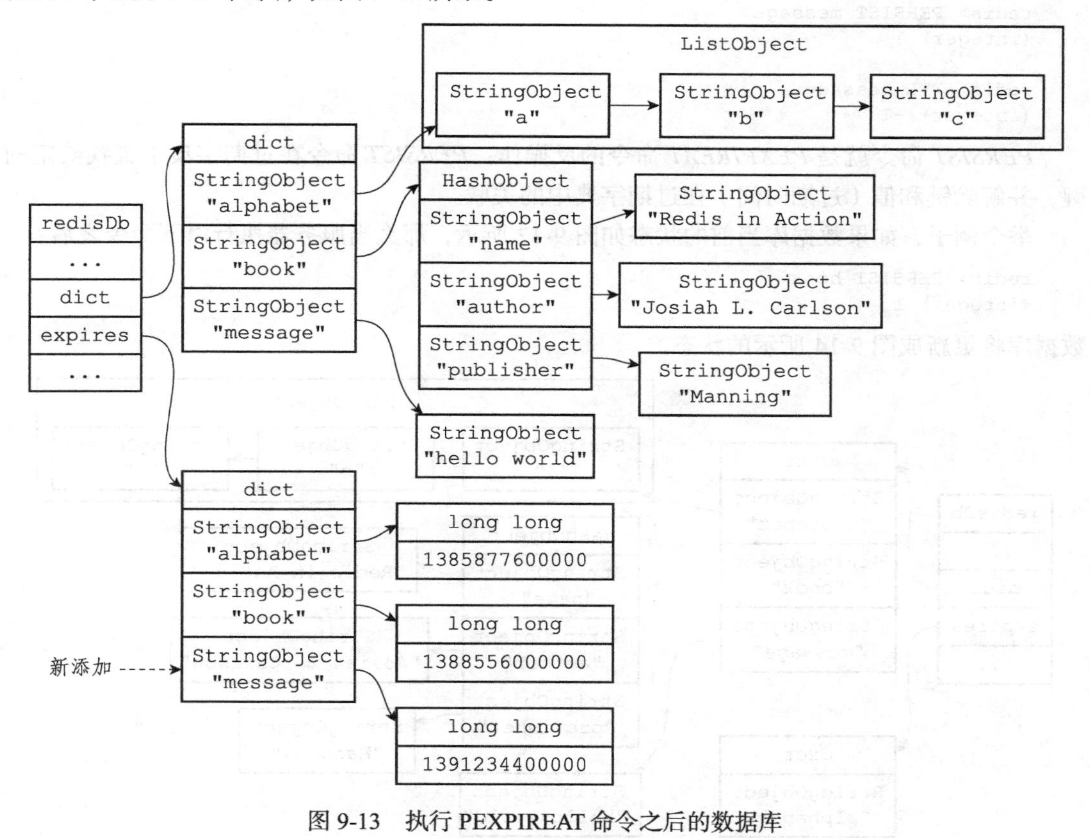

图 9-13　执行 PEXPIREAT 命令之后的数据库

以下是 *PEXPIREAT* 命令的伪代码定义：

```
def PEXPIREAT(key, expire_time_in_ms):

    # 如果给定的键不存在于键空间，那么不能设置过期时间
    if key not in redisDb.dict:
        return 0

    # 在过期字典中关联键和过期时间
    redisDb.expires[key] = expire_time_in_ms

    # 过期时间设置成功
    return 1
```

9.4.3 移除过期时间

PERSIST 命令可以移除一个键的过期时间：

```
redis> PEXPIREAT message 1391234400000
(integer) 1

redis> TTL message
(integer) 13893281

redis> PERSIST message
(integer) 1

redis> TTL message
(integer) -1
```

PERSIST 命令就是 *PEXPIREAT* 命令的反操作：*PERSIST* 命令在过期字典中查找给定的键，并解除键和值（过期时间）在过期字典中的关联。

举个例子，如果数据库当前的状态如图 9-12 所示，那么当服务器执行以下命令之后：

```
redis> PERSIST book
(integer) 1
```

数据库将更新成图 9-14 所示的状态。

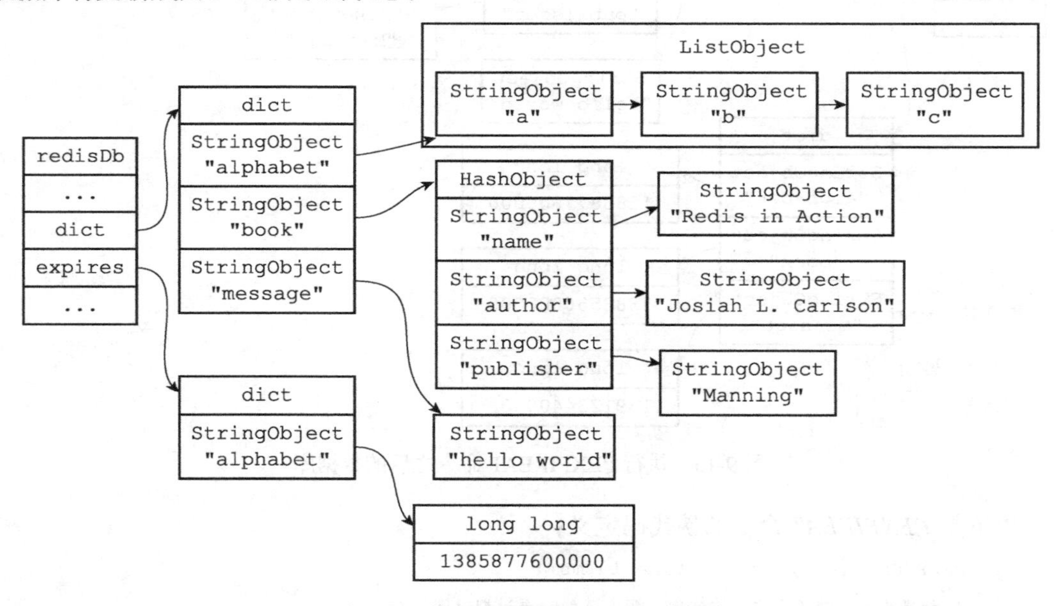

图 9-14 执行 PERSIST 之后的数据库

可以看到，当 *PERSIST* 命令执行之后，过期字典中原来的 book 键值对消失了，这代表数据库键 book 的过期时间已经被移除。

以下是 *PERSIST* 命令的伪代码定义：

```
def PERSIST(key):
```

```
    # 如果键不存在，或者键没有设置过期时间，那么直接返回
    if key not in redisDb.expires:
        return 0

    # 移除过期字典中给定键的键值对关联
    redisDb.expires.remove(key)

    # 键的过期时间移除成功
    return 1
```

9.4.4 计算并返回剩余生存时间

TTL 命令以秒为单位返回键的剩余生存时间，而 *PTTL* 命令则以毫秒为单位返回键的剩余生存时间：

```
redis> PEXPIREAT alphabet 1385877600000
(integer) 1

redis> TTL alphabet
(integer) 8549007

redis> PTTL alphabet
(integer) 8549001011
```

TTL 和 *PTTL* 两个命令都是通过计算键的过期时间和当前时间之间的差来实现的，以下是这两个命令的伪代码实现：

```
def PTTL(key):

    # 键不存在于数据库
    if key not in redisDb.dict:
        return -2

    # 尝试取得键的过期时间
    # 如果键没有设置过期时间，那么 expire_time_in_ms 将为 None
    expire_time_in_ms = redisDb.expires.get(key)

    # 键没有设置过期时间
    if expire_time_in_ms is None:
        return -1

    # 获得当前时间
    now_ms = get_current_unix_timestamp_in_ms()

    # 过期时间减去当前时间，得出的差就是键的剩余生存时间
    return (expire_time_in_ms - now_ms)

def TTL(key):

    # 获取以毫秒为单位的剩余生存时间
    ttl_in_ms = PTTL(key)

    if ttl_in_ms < 0:
        # 处理返回值为 -2 和 -1 的情况
```

```
        return ttl_in_ms
    else:
        # 将毫秒转换为秒
        return ms_to_sec(ttl_in_ms)
```

举个例子，对于一个过期时间为 1385877600000（2013 年 12 月 1 日零时）的键 alphabet 来说：

- 如果当前时间为 1383282000000（2013 年 11 月 1 日零时），那么对键 alphabet 执行 *PTTL* 命令将返回 2595600000，这个值是通过用 alphabet 键的过期时间减去当前时间计算得出的：1385877600000 - 1383282000000 = 2595600000。
- 另一方面，如果当前时间为 1383282000000（2013 年 11 月 1 日零时），那么对键 alphabet 执行 *TTL* 命令将返回 2595600，这个值是通过计算 alphabet 键的过期时间减去当前时间的差，然后将差值从毫秒转换为秒之后得出的。

9.4.5 过期键的判定

通过过期字典，程序可以用以下步骤检查一个给定键是否过期：

1）检查给定键是否存在于过期字典：如果存在，那么取得键的过期时间。

2）检查当前 UNIX 时间戳是否大于键的过期时间：如果是的话，那么键已经过期；否则的话，键未过期。

可以用伪代码来描述这一过程：

```
def is_expired(key):

    # 取得键的过期时间
    expire_time_in_ms = redisDb.expires.get(key)

    # 键没有设置过期时间
    if expire_time_in_ms is None:
        return False

    # 取得当前时间的 UNIX 时间戳
    now_ms = get_current_unix_timestamp_in_ms()

    # 检查当前时间是否大于键的过期时间
    if now_ms > expire_time_in_ms:
        # 是，键已经过期
        return True
    else:
        # 否，键未过期
        return False
```

举个例子，对于一个过期时间为 1385877600000（2013 年 12 月 1 日零时）的键 alphabet 来说：

- 如果当前时间为 1383282000000（2013 年 11 月 1 日零时），那么调用 is_expired(alphabet) 将返回 False，因为当前时间小于 alphabet 键的过期时间。
- 另一方面，如果当前时间为 1385964000000（2013 年 12 月 2 日零时），那么调用

is_expired(alphabet) 将返回 True，因为当前时间大于 alphabet 键的过期时间。

注意

实现过期键判定的另一种方法是使用 *TTL* 命令或者 *PTTL* 命令，比如说，如果对某个键执行 *TTL* 命令，并且命令返回的值大于等于 0，那么说明该键未过期。在实际中，Redis 检查键是否过期的方法和 is_expired 函数所描述的方法一致，因为直接访问字典比执行一个命令稍微快一些。

9.5 过期键删除策略

经过上一节的介绍，我们知道了数据库键的过期时间都保存在过期字典中，又知道了如何根据过期时间去判断一个键是否过期，现在剩下的问题是：如果一个键过期了，那么它什么时候会被删除呢？

这个问题有三种可能的答案，它们分别代表了三种不同的删除策略：

- 定时删除：在设置键的过期时间的同时，创建一个定时器（timer），让定时器在键的过期时间来临时，立即执行对键的删除操作。
- 惰性删除：放任键过期不管，但是每次从键空间中获取键时，都检查取得的键是否过期，如果过期的话，就删除该键；如果没有过期，就返回该键。
- 定期删除：每隔一段时间，程序就对数据库进行一次检查，删除里面的过期键。至于要删除多少过期键，以及要检查多少个数据库，则由算法决定。

在这三种策略中，第一种和第三种为主动删除策略，而第二种则为被动删除策略。

9.5.1 定时删除

定时删除策略对内存是最友好的：通过使用定时器，定时删除策略可以保证过期键会尽可能快地被删除，并释放过期键所占用的内存。

另一方面，定时删除策略的缺点是，它对 CPU 时间是最不友好的：在过期键比较多的情况下，删除过期键这一行为可能会占用相当一部分 CPU 时间，在内存不紧张但是 CPU 时间非常紧张的情况下，将 CPU 时间用在删除和当前任务无关的过期键上，无疑会对服务器的响应时间和吞吐量造成影响。

例如，如果正有大量的命令请求在等待服务器处理，并且服务器当前不缺少内存，那么服务器应该优先将 CPU 时间用在处理客户端的命令请求上面，而不是用在删除过期键上面。

除此之外，创建一个定时器需要用到 Redis 服务器中的时间事件，而当前时间事件的实现方式——无序链表，查找一个事件的时间复杂度为 $O(N)$——并不能高效地处理大量时间事件。

因此，要让服务器创建大量的定时器，从而实现定时删除策略，在现阶段来说并不现实。

9.5.2 惰性删除

惰性删除策略对 CPU 时间来说是最友好的：程序只会在取出键时才对键进行过期检查，这可以保证删除过期键的操作只会在非做不可的情况下进行，并且删除的目标仅限于当前处理的键，这个策略不会在删除其他无关的过期键上花费任何 CPU 时间。

惰性删除策略的缺点是，它对内存是最不友好的：如果一个键已经过期，而这个键又仍然保留在数据库中，那么只要这个过期键不被删除，它所占用的内存就不会释放。

在使用惰性删除策略时，如果数据库中有非常多的过期键，而这些过期键又恰好没有被访问到的话，那么它们也许永远也不会被删除（除非用户手动执行 *FLUSHDB*），我们甚至可以将这种情况看作是一种内存泄漏——无用的垃圾数据占用了大量的内存，而服务器却不会自己去释放它们，这对于运行状态非常依赖于内存的 Redis 服务器来说，肯定不是一个好消息。

举个例子，对于一些和时间有关的数据，比如日志（log），在某个时间点之后，对它们的访问就会大大减少，甚至不再访问，如果这类过期数据大量地积压在数据库中，用户以为服务器已经自动将它们删除了，但实际上这些键仍然存在，而且键所占用的内存也没有释放，那么造成的后果肯定是非常严重的。

9.5.3 定期删除

从上面对定时删除和惰性删除的讨论来看，这两种删除方式在单一使用时都有明显的缺陷：

- 定时删除占用太多 CPU 时间，影响服务器的响应时间和吞吐量。
- 惰性删除浪费太多内存，有内存泄漏的危险。

定期删除策略是前两种策略的一种整合和折中：

- 定期删除策略每隔一段时间执行一次删除过期键操作，并通过限制删除操作执行的时长和频率来减少删除操作对 CPU 时间的影响。
- 除此之外，通过定期删除过期键，定期删除策略有效地减少了因为过期键而带来的内存浪费。

定期删除策略的难点是确定删除操作执行的时长和频率：

- 如果删除操作执行得太频繁，或者执行的时间太长，定期删除策略就会退化成定时删除策略，以至于将 CPU 时间过多地消耗在删除过期键上面。
- 如果删除操作执行得太少，或者执行的时间太短，定期删除策略又会和惰性删除策略一样，出现浪费内存的情况。

因此，如果采用定期删除策略的话，服务器必须根据情况，合理地设置删除操作的执行时长和执行频率。

9.6 Redis 的过期键删除策略

在前一节，我们讨论了定时删除、惰性删除和定期删除三种过期键删除策略，Redis 服务器实际使用的是惰性删除和定期删除两种策略：通过配合使用这两种删除策略，服务器可以很好地在合理使用CPU时间和避免浪费内存空间之间取得平衡。

因为前一节已经介绍过惰性删除和定期删除两种策略的概念了，在接下来的两个小节中，我们将对Redis服务器中惰性删除和定期删除的具体实现进行说明。

9.6.1 惰性删除策略的实现

过期键的惰性删除策略由 `db.c/expireIfNeeded` 函数实现，所有读写数据库的Redis命令在执行之前都会调用 `expireIfNeeded` 函数对输入键进行检查：

- 如果输入键已经过期，那么 `expireIfNeeded` 函数将输入键从数据库中删除。
- 如果输入键未过期，那么 `expireIfNeeded` 函数不做动作。

命令调用 `expireIfNeeded` 函数的过程如图9-15所示。

`expireIfNeeded` 函数就像一个过滤器，它可以在命令真正执行之前，过滤掉过期的输入键，从而避免命令接触到过期键。

另外，因为每个被访问的键都可能因为过期而被 `expireIfNeeded` 函数删除，所以每个命令的实现函数都必须能同时处理键存在以及键不存在这两种情况：

- 当键存在时，命令按照键存在的情况执行。
- 当键不存在或者键因为过期而被 `expireIfNeeded` 函数删除时，命令按照键不存在的情况执行。

举个例子，图9-16展示了 *GET* 命令的执行过程，在这个执行过程中，命令需要判断键是否存在以及键是否过期，然后根据判断来执行合适的动作。

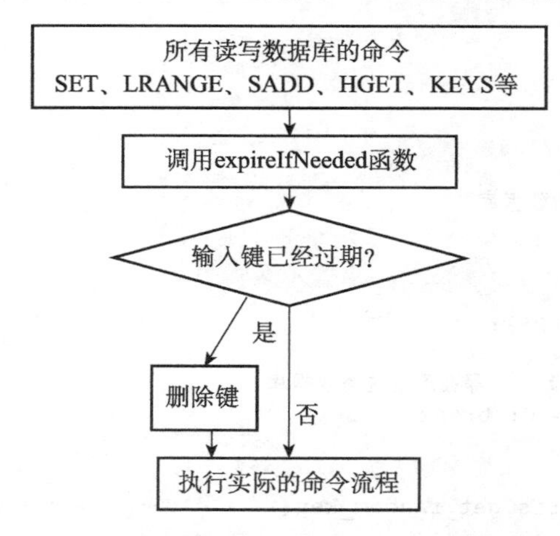

图9-15 命令调用 `expireIfNeeded` 来删除过期键

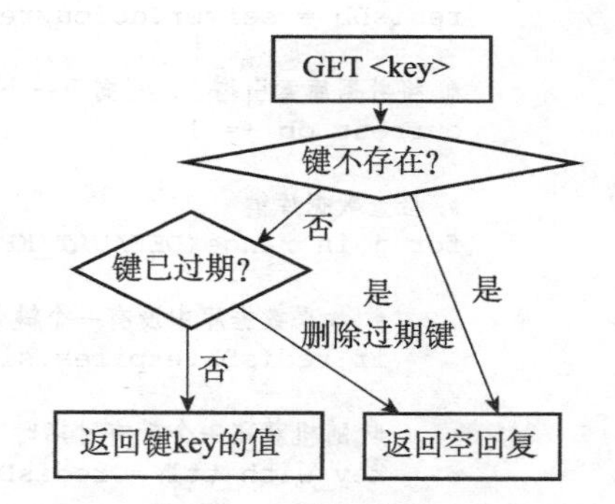

图9-16 GET命令的执行过程

9.6.2 定期删除策略的实现

过期键的定期删除策略由 `redis.c/activeExpireCycle` 函数实现，每当Redis的服务器周期性操作 `redis.c/serverCron` 函数执行时，`activeExpireCycle` 函数就会

被调用，它在规定的时间内，分多次遍历服务器中的各个数据库，从数据库的expires字典中随机检查一部分键的过期时间，并删除其中的过期键。

整个过程可以用伪代码描述如下：

```
# 默认每次检查的数据库数量
DEFAULT_DB_NUMBERS = 16

# 默认每个数据库检查的键数量
DEFAULT_KEY_NUMBERS = 20

# 全局变量，记录检查进度
current_db = 0

def activeExpireCycle():

    # 初始化要检查的数据库数量
    # 如果服务器的数据库数量比 DEFAULT_DB_NUMBERS 要小
    # 那么以服务器的数据库数量为准
    if server.dbnum < DEFAULT_DB_NUMBERS:
        db_numbers = server.dbnum
    else:
        db_numbers = DEFAULT_DB_NUMBERS

    # 遍历各个数据库
    for i in range(db_numbers):

        # 如果current_db 的值等于服务器的数据库数量
        # 这表示检查程序已经遍历了服务器的所有数据库一次
        # 将current_db 重置为0，开始新的一轮遍历
        if current_db == server.dbnum:
            current_db = 0

        # 获取当前要处理的数据库
        redisDb = server.db[current_db]

        # 将数据库索引增1，指向下一个要处理的数据库
        current_db += 1

        # 检查数据库键
        for j in range(DEFAULT_KEY_NUMBERS):

            # 如果数据库中没有一个键带有过期时间，那么跳过这个数据库
            if redisDb.expires.size() == 0: break

            # 随机获取一个带有过期时间的键
            key_with_ttl = redisDb.expires.get_random_key()

            # 检查键是否过期，如果过期就删除它
            if is_expired(key_with_ttl):
                delete_key(key_with_ttl)

            # 已达到时间上限，停止处理
            if reach_time_limit(): return
```

activeExpireCycle函数的工作模式可以总结如下：

- 函数每次运行时，都从一定数量的数据库中取出一定数量的随机键进行检查，并删除其中的过期键。
- 全局变量 current_db 会记录当前 activeExpireCycle 函数检查的进度，并在下一次 activeExpireCycle 函数调用时，接着上一次的进度进行处理。比如说，如果当前 activeExpireCycle 函数在遍历 10 号数据库时返回了，那么下次 activeExpireCycle 函数执行时，将从 11 号数据库开始查找并删除过期键。
- 随着 activeExpireCycle 函数的不断执行，服务器中的所有数据库都会被检查一遍，这时函数将 current_db 变量重置为 0，然后再次开始新一轮的检查工作。

9.7 AOF、RDB 和复制功能对过期键的处理

在这一节，我们将探讨过期键对 Redis 服务器中其他模块的影响，看看 RDB 持久化功能、AOF 持久化功能以及复制功能是如何处理数据库中的过期键的。

9.7.1 生成 RDB 文件

在执行 *SAVE* 命令或者 *BGSAVE* 命令创建一个新的 RDB 文件时，程序会对数据库中的键进行检查，已过期的键不会被保存到新创建的 RDB 文件中。

举个例子，如果数据库中包含三个键 k1、k2、k3，并且 k2 已经过期，那么当执行 *SAVE* 命令或者 *BGSAVE* 命令时，程序只会将 k1 和 k3 的数据保存到 RDB 文件中，而 k2 则会被忽略。

因此，数据库中包含过期键不会对生成新的 RDB 文件造成影响。

9.7.2 载入 RDB 文件

在启动 Redis 服务器时，如果服务器开启了 RDB 功能，那么服务器将对 RDB 文件进行载入：

- 如果服务器以主服务器模式运行，那么在载入 RDB 文件时，程序会对文件中保存的键进行检查，未过期的键会被载入到数据库中，而过期键则会被忽略，所以过期键对载入 RDB 文件的主服务器不会造成影响。
- 如果服务器以从服务器模式运行，那么在载入 RDB 文件时，文件中保存的所有键，不论是否过期，都会被载入到数据库中。不过，因为主从服务器在进行数据同步的时候，从服务器的数据库就会被清空，所以一般来讲，过期键对载入 RDB 文件的从服务器也不会造成影响。

举个例子，如果数据库中包含三个键 k1、k2、k3，并且 k2 已经过期，那么当服务器启动时：

- ❑ 如果服务器以主服务器模式运行，那么程序只会将 k1 和 k3 载入到数据库，k2 会被忽略。
- ❑ 如果服务器以从服务器模式运行，那么 k1、k2 和 k3 都会被载入到数据库。

9.7.3 AOF 文件写入

当服务器以 AOF 持久化模式运行时，如果数据库中的某个键已经过期，但它还没有被惰性删除或者定期删除，那么 AOF 文件不会因为这个过期键而产生任何影响。

当过期键被惰性删除或者定期删除之后，程序会向 AOF 文件追加（append）一条 DEL 命令，来显式地记录该键已被删除。

举个例子，如果客户端使用 GET message 命令，试图访问过期的 message 键，那么服务器将执行以下三个动作：

1）从数据库中删除 message 键。

2）追加一条 DEL message 命令到 AOF 文件。

3）向执行 *GET* 命令的客户端返回空回复。

9.7.4 AOF 重写

和生成 RDB 文件时类似，在执行 AOF 重写的过程中，程序会对数据库中的键进行检查，已过期的键不会被保存到重写后的 AOF 文件中。

举个例子，如果数据库中包含三个键 k1、k2、k3，并且 k2 已经过期，那么在进行重写工作时，程序只会对 k1 和 k3 进行重写，而 k2 则会被忽略。

因此，数据库中包含过期键不会对 AOF 重写造成影响。

9.7.5 复制

当服务器运行在复制模式下时，从服务器的过期键删除动作由主服务器控制：

- ❑ 主服务器在删除一个过期键之后，会显式地向所有从服务器发送一个 *DEL* 命令，告知从服务器删除这个过期键。
- ❑ 从服务器在执行客户端发送的读命令时，即使碰到过期键也不会将过期键删除，而是继续像处理未过期的键一样来处理过期键。
- ❑ 从服务器只有在接到主服务器发来的 *DEL* 命令之后，才会删除过期键。

通过由主服务器来控制从服务器统一地删除过期键，可以保证主从服务器数据的一致性，也正是因为这个原因，当一个过期键仍然存在于主服务器的数据库时，这个过期键在从服务器里的复制品也会继续存在。

举个例子，有一对主从服务器，它们的数据库中都保存着同样的三个键 message、xxx 和 yyy，其中 message 为过期键，如图 9-17 所示。

图 9-17 主从服务器删除过期键（1）

如果这时有客户端向从服务器发送命令 GET message，那么从服务器将发现 message 键已经过期，但从服务器并不会删除 message 键，而是继续将 message 键的值返回给客户端，就好像 message 键并没有过期一样，如图 9-18 所示。

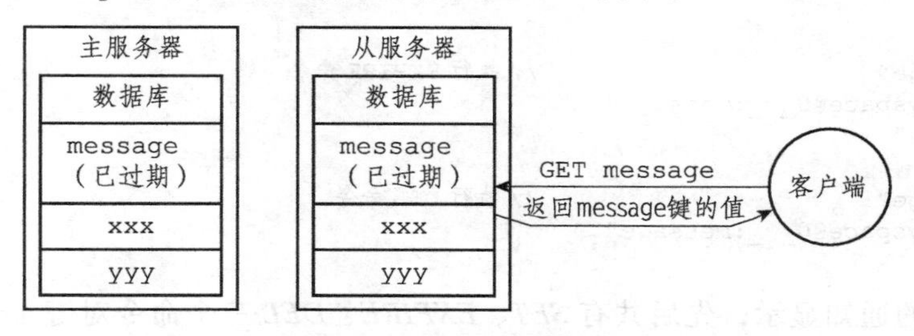

图 9-18 主从服务器删除过期键（2）

假设在此之后，有客户端向主服务器发送命令 GET message，那么主服务器将发现键 message 已经过期：主服务器会删除 message 键，向客户端返回空回复，并向从服务器发送 DEL message 命令，如图 9-19 所示。

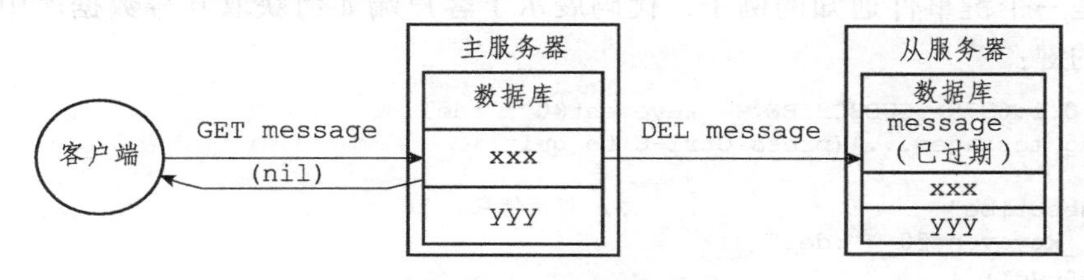

图 9-19 主从服务器删除过期键（3）

从服务器在接收到主服务器发来的 DEL message 命令之后，也会从数据库中删除 message 键，在这之后，主从服务器都不再保存过期键 message 了，如图 9-20 所示。

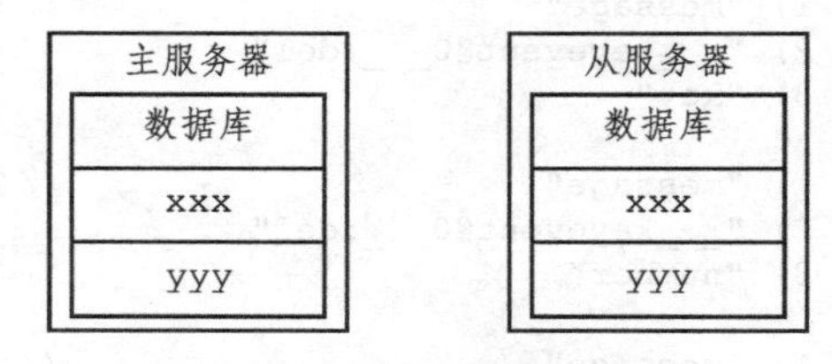

图 9-20 主从服务器删除过期键（4）

9.8 数据库通知

数据库通知是 Redis 2.8 版本新增加的功能，这个功能可以让客户端通过订阅给定的频道或者模式，来获知数据库中键的变化，以及数据库中命令的执行情况。

举个例子，以下代码展示了客户端如何获取 0 号数据库中针对 message 键执行的所有命令：

```
127.0.0.1:6379> SUBSCRIBE __keyspace@0__:message
Reading messages... (press Ctrl-C to quit)

1) "subscribe"                    // 订阅信息
2) "__keyspace@0__:message"
```

```
3) (integer) 1

1) "message"                          // 执行 SET 命令
2) "_ _keyspace@0_ _:message"
3) "set"

1) "message"                          // 执行 EXPIRE 命令
2) "_ _keyspace@0_ _:message"
3) "expire"

1) "message"                          // 执行 DEL 命令
2) "_ _keyspace@0_ _:message"
3) "del"
```

根据发回的通知显示，先后共有 *SET*、*EXPIRE*、*DEL* 三个命令对键 `message` 进行了操作。

这一类关注“某个键执行了什么命令”的通知称为键空间通知（key-space notification），除此之外，还有另一类称为键事件通知（key-event notification）的通知，它们关注的是“某个命令被什么键执行了”。

以下是一个键事件通知的例子，代码展示了客户端如何获取 0 号数据库中所有执行 *DEL* 命令的键：

```
127.0.0.1:6379> SUBSCRIBE _ _keyevent@0_ _:del
Reading messages... (press Ctrl-C to quit)

1) "subscribe"                        // 订阅信息
2) "_ _keyevent@0_ _:del"
3) (integer) 1

1) "message"                          // 键 key 执行了 DEL 命令
2) "_ _keyevent@0_ _:del"
3) "key"

1) "message"                          // 键 number 执行了 DEL 命令
2) "_ _keyevent@0_ _:del"
3) "number"

1) "message"                          // 键 message 执行了 DEL 命令
2) "_ _keyevent@0_ _:del"
3) "message"
```

根据发回的通知显示，`key`、`number`、`message` 三个键先后执行了 *DEL* 命令。

服务器配置的 `notify-keyspace-events` 选项决定了服务器所发送通知的类型：

- ❑ 想让服务器发送所有类型的键空间通知和键事件通知，可以将选项的值设置为 `AKE`。
- ❑ 想让服务器发送所有类型的键空间通知，可以将选项的值设置为 `AK`。
- ❑ 想让服务器发送所有类型的键事件通知，可以将选项的值设置为 `AE`。
- ❑ 想让服务器只发送和字符串键有关的键空间通知，可以将选项的值设置为 `K$`。
- ❑ 想让服务器只发送和列表键有关的键事件通知，可以将选项的值设置为 `El`。

关于数据库通知功能的详细用法，以及 `notify-keyspace-events` 选项的更多设置，Redis 的官方文档已经做了很详细的介绍，这里不再赘述。

在接下来的内容中，我们来看看数据库通知功能的实现原理。

9.8.1 发送通知

发送数据库通知的功能是由 notify.c/notifyKeyspaceEvent 函数实现的：

```
void notifyKeyspaceEvent(int type, char *event, robj *key, int dbid);
```

函数的 type 参数是当前想要发送的通知的类型，程序会根据这个值来判断通知是否就是服务器配置 notify-keyspace-events 选项所选定的通知类型，从而决定是否发送通知。

event、keys 和 dbid 分别是事件的名称、产生事件的键，以及产生事件的数据库号码，函数会根据 type 参数以及这三个参数来构建事件通知的内容，以及接收通知的频道名。

每当一个 Redis 命令需要发送数据库通知的时候，该命令的实现函数就会调用 notifyKeyspaceEvent 函数，并向函数传递传递该命令所引发的事件的相关信息。

例如，以下是 *SADD* 命令的实现函数 saddCommand 的其中一部分代码：

```
void saddCommand(redisClient *c){

    // ...

    // 如果至少有一个元素被成功添加，那么执行以下程序
    if (added) {

        // ...

        // 发送事件通知
        notifyKeyspaceEvent(REDIS_NOTIFY_SET,"sadd",c->argv[1],c->db->id);
    }

    // ...

}
```

当 *SADD* 命令至少成功地向集合添加了一个集合元素之后，命令就会发送通知，该通知的类型为 REDIS_NOTIFY_SET（表示这是一个集合键通知），名称为 sadd（表示这是执行 *SADD* 命令所产生的通知）。

以下是另一个例子，展示了 *DEL* 命令的实现函数 delCommand 的其中一部分代码：

```
voi delCommand(redisClient *c){
    int deleted=0,j;

    // 遍历所有输入键
    for (j=1; j<c->argc; j++){

        // 尝试删除键
        if (dbDelete(c->db,c->argv[j])){

            // ...

            // 删除键成功，发送通知
            notifyKeyspaceEvent(REDIS_NOTIFY_GENERIC,
```

```
                    "del",c->argv[j],c->db->id);

                // ...

            }
        }

        // ...
    }
```

在 delCommand 函数中，函数遍历所有输入键，并在删除键成功时，发送通知，通知的类型为 REDIS_NOTIFY_GENERIC（表示这是一个通用类型的通知），名称为 del（表示这是执行 *DEL* 命令所产生的通知）。

其他发送通知的函数调用 notifyKeyspaceEvent 函数的方式也和 saddCommand、delCommand 类似，只是给定的参数不同，接下来我们来看看 notifyKeyspaceEvent 函数的实现。

9.8.2 发送通知的实现

以下是 notifyKeyspaceEvent 函数的伪代码实现：

```
def notifyKeyspaceEvent(type, event, key, dbid):

    # 如果给定的通知不是服务器允许发送的通知，那么直接返回
    if not(server.notify_keyspace_events & type):
        return

    # 发送键空间通知
    if server.notify_keyspace_events & REDIS_NOTIFY_KEYSPACE:

        # 将通知发送给频道 __keyspace@<dbid>__:<key>
        # 内容为键所发生的事件 <event>

        # 构建频道名字
        chan = "__keyspace@{dbid}__:{key}".format(dbid=dbid, key=key)

        # 发送通知
        pubsubPublishMessage(chan, event)
    # 发送键事件通知
    if server.notify_keyspace_events & REDIS_NOTIFY_KEYEVENT:

        # 将通知发送给频道 __keyevent@<dbid>__:<event>
        # 内容为发生事件的键 <key>

        # 构建频道名字
        chan = "__keyevent@{dbid}__:{event}".format(dbid=dbid,event=event)

        # 发送通知
        pubsubPublishMessage(chan, key)
```

notifyKeyspaceEvent 函数执行以下操作：

1）server.notify_keyspace_events 属性就是服务器配置 notify-keyspace-events 选项所设置的值，如果给定的通知类型 type 不是服务器允许发送的通知类型，那么函数会直接返回，不做任何动作。

2）如果给定的通知是服务器允许发送的通知，那么下一步函数会检测服务器是否允许发送键空间通知，如果允许的话，程序就会构建并发送事件通知。

3）最后，函数检测服务器是否允许发送键事件通知，如果允许的话，程序就会构建并发送事件通知。

另外，pubsubPublishMessage 函数是 *PUBLISH* 命令的实现函数，执行这个函数等同于执行 *PUBLISH* 命令，订阅数据库通知的客户端收到的信息就是由这个函数发出的，pubsubPublishMessage 函数具体的实现细节可以参考第 18 章。

9.9 重点回顾

- Redis 服务器的所有数据库都保存在 redisServer.db 数组中，而数据库的数量则由 redisServer.dbnum 属性保存。
- 客户端通过修改目标数据库指针，让它指向 redisServer.db 数组中的不同元素来切换不同的数据库。
- 数据库主要由 dict 和 expires 两个字典构成，其中 dict 字典负责保存键值对，而 expires 字典则负责保存键的过期时间。
- 因为数据库由字典构成，所以对数据库的操作都是建立在字典操作之上的。
- 数据库的键总是一个字符串对象，而值则可以是任意一种 Redis 对象类型，包括字符串对象、哈希表对象、集合对象、列表对象和有序集合对象，分别对应字符串键、哈希表键、集合键、列表键和有序集合键。
- expires 字典的键指向数据库中的某个键，而值则记录了数据库键的过期时间，过期时间是一个以毫秒为单位的 UNIX 时间戳。
- Redis 使用惰性删除和定期删除两种策略来删除过期的键：惰性删除策略只在碰到过期键时才进行删除操作，定期删除策略则每隔一段时间主动查找并删除过期键。
- 执行 *SAVE* 命令或者 *BGSAVE* 命令所产生的新 RDB 文件不会包含已经过期的键。
- 执行 *BGREWRITEAOF* 命令所产生的重写 AOF 文件不会包含已经过期的键。
- 当一个过期键被删除之后，服务器会追加一条 *DEL* 命令到现有 AOF 文件的末尾，显式地删除过期键。
- 当主服务器删除一个过期键之后，它会向所有从服务器发送一条 *DEL* 命令，显式地删除过期键。
- 从服务器即使发现过期键也不会自作主张地删除它，而是等待主节点发来 *DEL* 命令，这种统一、中心化的过期键删除策略可以保证主从服务器数据的一致性。
- 当 Redis 命令对数据库进行修改之后，服务器会根据配置向客户端发送数据库通知。

第 10 章

RDB 持久化

Redis 是一个键值对数据库服务器，服务器中通常包含着任意个非空数据库，而每个非空数据库中又可以包含任意个键值对，为了方便起见，我们将服务器中的非空数据库以及它们的键值对统称为数据库状态。

举个例子，图 10-1 展示了一个包含三个非空数据库的 Redis 服务器，这三个数据库以及数据库中的键值对就是该服务器的数据库状态。

Redis服务器

数据库 0		数据库 1		数据库 2	
k1	v1	k1	v1	k1	v1
k2	v2	k2	v2	k2	v2
k3	v3	k3	v3	k3	v3

图 10-1　数据库状态示例

因为 Redis 是内存数据库，它将自己的数据库状态储存在内存里面，所以如果不想办法将储存在内存中的数据库状态保存到磁盘里面，那么一旦服务器进程退出，服务器中的数据库状态也会消失不见。

为了解决这个问题，Redis 提供了 RDB 持久化功能，这个功能可以将 Redis 在内存中的数据库状态保存到磁盘里面，避免数据意外丢失。

RDB 持久化既可以手动执行，也可以根据服务器配置选项定期执行，该功能可以将某个时间点上的数据库状态保存到一个 RDB 文件中，如图 10-2 所示。

RDB 持久化功能所生成的 RDB 文件是一个经过压缩的二进制文件，通过该文件可以还原生成 RDB 文件时的数据库状态，如图 10-3 所示。

图 10-2　将数据库状态保存为 RDB 文件　　图 10-3　用 RDB 文件来还原数据库状态

因为 RDB 文件是保存在硬盘里面的，所以即使 Redis 服务器进程退出，甚至运行 Redis 服务器的计算机停机，但只要 RDB 文件仍然存在，Redis 服务器就可以用它来还原数据库状态。

本章首先介绍 Redis 服务器保存和载入 RDB 文件的方法，重点说明 *SAVE* 命令和 *BGSAVE* 命令的实现方式。

之后，本章会继续介绍 Redis 服务器自动保存功能的实现原理。

在介绍完关于保存和载入 RDB 文件方面的内容之后，我们会详细分析 RDB 文件中的各个组成部分，并说明这些部分的结构和含义。

在本章的最后，我们将对实际的 RDB 文件进行分析和解读，将之前学到的关于 RDB 文件的知识投入到实际应用中。

10.1　RDB 文件的创建与载入

有两个 Redis 命令可以用于生成 RDB 文件，一个是 *SAVE*，另一个是 *BGSAVE*。

SAVE 命令会阻塞 Redis 服务器进程，直到 RDB 文件创建完毕为止，在服务器进程阻塞期间，服务器不能处理任何命令请求：

```
redis> SAVE        // 等待直到 RDB 文件创建完毕
OK
```

和 *SAVE* 命令直接阻塞服务器进程的做法不同，*BGSAVE* 命令会派生出一个子进程，然后由子进程负责创建 RDB 文件，服务器进程（父进程）继续处理命令请求：

```
redis> BGSAVE      // 派生子进程，并由子进程创建 RDB 文件
Background saving started
```

创建 RDB 文件的实际工作由 `rdb.c/rdbSave` 函数完成，*SAVE* 命令和 *BGSAVE* 命令会以不同的方式调用这个函数，通过以下伪代码可以明显地看出这两个命令之间的区别：

```
def SAVE():

    # 创建 RDB 文件
    rdbSave()

def BGSAVE():

    # 创建子进程
    pid = fork()

    if pid == 0:

        # 子进程负责创建 RDB 文件
        rdbSave()

        # 完成之后向父进程发送信号
        signal_parent()

    elif pid > 0:

        # 父进程继续处理命令请求，并通过轮询等待子进程的信号
        handle_request_and_wait_signal()

    else:
```

```
        # 处理出错情况
        handle_fork_error()
```

和使用 *SAVE* 命令或者 *BGSAVE* 命令创建 RDB 文件不同，RDB 文件的载入工作是在服务器启动时自动执行的，所以 Redis 并没有专门用于载入 RDB 文件的命令，只要 Redis 服务器在启动时检测到 RDB 文件存在，它就会自动载入 RDB 文件。

以下是 Redis 服务器启动时打印的日志记录，其中第二条日志 `DB loaded from disk:...` 就是服务器在成功载入 RDB 文件之后打印的：

```
$ redis-server
[7379] 30 Aug 21:07:01.270 # Server started, Redis version 2.9.11
[7379] 30 Aug 21:07:01.289 * DB loaded from disk: 0.018 seconds
[7379] 30 Aug 21:07:01.289 * The server is now ready to accept connections on port
       6379
```

另外值得一提的是，因为 AOF 文件的更新频率通常比 RDB 文件的更新频率高，所以：

- 如果服务器开启了 AOF 持久化功能，那么服务器会优先使用 AOF 文件来还原数据库状态。
- 只有在 AOF 持久化功能处于关闭状态时，服务器才会使用 RDB 文件来还原数据库状态。

服务器判断该用哪个文件来还原数据库状态的流程如图 10-4 所示。

载入 RDB 文件的实际工作由 `rdb.c/rdbLoad` 函数完成，这个函数和 `rdbSave` 函数之间的关系可以用图 10-5 表示。

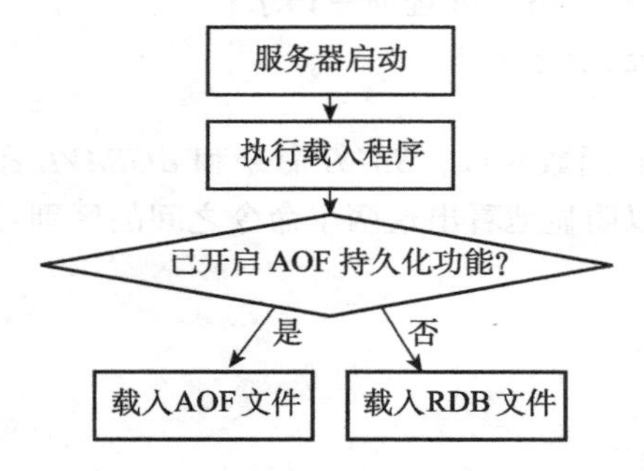

图 10-4 服务器载入文件时的判断流程

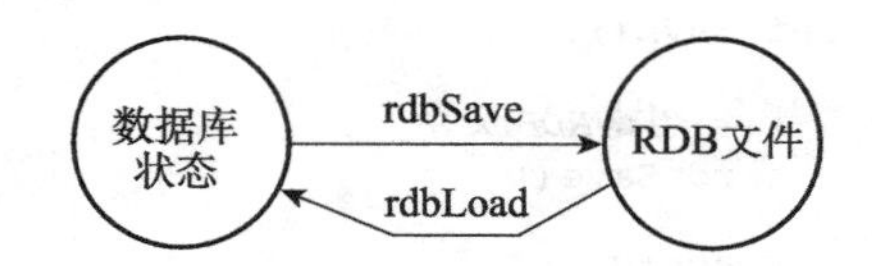

图 10-5 创建和载入 RDB 文件

10.1.1 SAVE 命令执行时的服务器状态

前面提到过，当 *SAVE* 命令执行时，Redis 服务器会被阻塞，所以当 *SAVE* 命令正在执行时，客户端发送的所有命令请求都会被阻塞。

只有在服务器执行完 *SAVE* 命令、重新开始接受命令请求之后，客户端发送的命令才会被处理。

10.1.2 BGSAVE 命令执行时的服务器状态

因为 *BGSAVE* 命令的保存工作是由子进程执行的，所以在子进程创建 RDB 文件的过程中，Redis 服务器仍然可以继续处理客户端的命令请求，但是，在 *BGSAVE* 命令执行期间，服务器处理 *SAVE*、*BGSAVE*、*BGREWRITEAOF* 三个命令的方式会和平时有所不同。

首先，在 *BGSAVE* 命令执行期间，客户端发送的 *SAVE* 命令会被服务器拒绝，服务器禁止 *SAVE* 命令和 *BGSAVE* 命令同时执行是为了避免父进程（服务器进程）和子进程同时执行两个 rdbSave 调用，防止产生竞争条件。

其次，在 *BGSAVE* 命令执行期间，客户端发送的 *BGSAVE* 命令会被服务器拒绝，因为同时执行两个 *BGSAVE* 命令也会产生竞争条件。

最后，*BGREWRITEAOF* 和 *BGSAVE* 两个命令不能同时执行：

- 如果 *BGSAVE* 命令正在执行，那么客户端发送的 *BGREWRITEAOF* 命令会被延迟到 *BGSAVE* 命令执行完毕之后执行。
- 如果 *BGREWRITEAOF* 命令正在执行，那么客户端发送的 *BGSAVE* 命令会被服务器拒绝。

因为 *BGREWRITEAOF* 和 *BGSAVE* 两个命令的实际工作都由子进程执行，所以这两个命令在操作方面并没有什么冲突的地方，不能同时执行它们只是一个性能方面的考虑——并发出两个子进程，并且这两个子进程都同时执行大量的磁盘写入操作，这怎么想都不会是一个好主意。

10.1.3 RDB 文件载入时的服务器状态

服务器在载入 RDB 文件期间，会一直处于阻塞状态，直到载入工作完成为止。

10.2 自动间隔性保存

在上一节，我们介绍了 *SAVE* 命令和 *BGSAVE* 的实现方法，并且说明了这两个命令在实现方面的主要区别：*SAVE* 命令由服务器进程执行保存工作，*BGSAVE* 命令则由子进程执行保存工作，所以 *SAVE* 命令会阻塞服务器，而 *BGSAVE* 命令则不会。

因为 *BGSAVE* 命令可以在不阻塞服务器进程的情况下执行，所以 Redis 允许用户通过设置服务器配置的 `save` 选项，让服务器每隔一段时间自动执行一次 *BGSAVE* 命令。

用户可以通过 `save` 选项设置多个保存条件，但只要其中任意一个条件被满足，服务器就会执行 *BGSAVE* 命令。

举个例子，如果我们向服务器提供以下配置：

```
save 900 1
save 300 10
save 60 10000
```

那么只要满足以下三个条件中的任意一个，*BGSAVE* 命令就会被执行：

- 服务器在 `900` 秒之内，对数据库进行了至少 `1` 次修改。
- 服务器在 `300` 秒之内，对数据库进行了至少 `10` 次修改。

❑ 服务器在 60 秒之内，对数据库进行了至少 10000 次修改。

举个例子，以下是 Redis 服务器在 60 秒之内，对数据库进行了至少 10000 次修改之后，服务器自动执行 *BGSAVE* 命令时打印出来的日志：

```
[5085] 03 Sep 17:09:49.463 * 10000 changes in 60 seconds. Saving...
[5085] 03 Sep 17:09:49.463 * Background saving started by pid 5189
[5189] 03 Sep 17:09:49.522 * DB saved on disk
[5189] 03 Sep 17:09:49.522 * RDB: 0 MB of memory used by copy-on-write
[5085] 03 Sep 17:09:49.563 * Background saving terminated with success
```

在本节接下来的内容中，我们将介绍 Redis 服务器是如何根据 save 选项设置的保存条件，自动执行 *BGSAVE* 命令的。

10.2.1 设置保存条件

当 Redis 服务器启动时，用户可以通过指定配置文件或者传入启动参数的方式设置 save 选项，如果用户没有主动设置 save 选项，那么服务器会为 save 选项设置默认条件：

```
save 900 1
save 300 10
save 60 10000
```

接着，服务器程序会根据 save 选项所设置的保存条件，设置服务器状态 redisServer 结构的 saveparams 属性：

```
struct redisServer {

    // ...

    // 记录了保存条件的数组
    struct saveparam *saveparams;

    // ...
};
```

saveparams 属性是一个数组，数组中的每个元素都是一个 saveparam 结构，每个 saveparam 结构都保存了一个 save 选项设置的保存条件：

```
struct saveparam {

    // 秒数
    time_t seconds;

    // 修改数
    int changes;
};
```

比如说，如果 save 选项的值为以下条件：

```
save 900 1
save 300 10
save 60 10000
```

那么服务器状态中的 saveparams 数组将会是图 10-6 所示的样子。

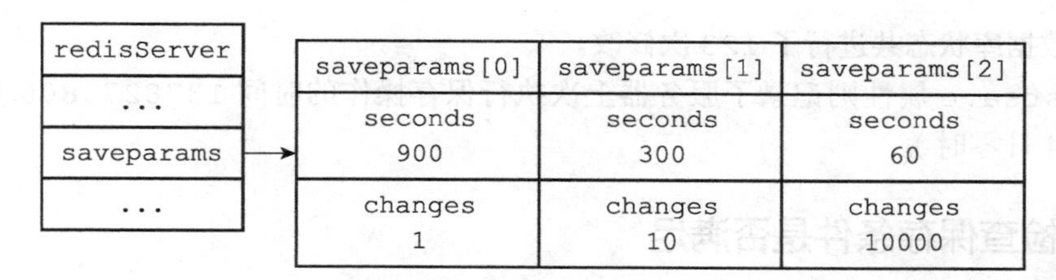

图 10-6 服务器状态中的保存条件

10.2.2 dirty 计数器和 lastsave 属性

除了 saveparams 数组之外，服务器状态还维持着一个 dirty 计数器，以及一个 lastsave 属性：

- dirty 计数器记录距离上一次成功执行 *SAVE* 命令或者 *BGSAVE* 命令之后，服务器对数据库状态（服务器中的所有数据库）进行了多少次修改（包括写入、删除、更新等操作）。
- lastsave 属性是一个 UNIX 时间戳，记录了服务器上一次成功执行 *SAVE* 命令或者 *BGSAVE* 命令的时间。

```
struct redisServer {

    // ...

    // 修改计数器
    long long dirty;

    // 上一次执行保存的时间
    time_t lastsave;

    // ...
};
```

当服务器成功执行一个数据库修改命令之后，程序就会对 dirty 计数器进行更新：命令修改了多少次数据库，dirty 计数器的值就增加多少。

例如，如果我们为一个字符串键设置值：

```
redis> SET message "hello"
OK
```

那么程序会将 dirty 计数器的值增加 1。

又例如，如果我们向一个集合键增加三个新元素：

```
redis> SADD database Redis MongoDB MariaDB
(integer) 3
```

那么程序会将 dirty 计数器的值增加 3。

redisServer
...
dirty 123
lastsave 1378270800
...

图 10-7 服务器状态示例

图 10-7 展示了服务器状态中包含的 dirty 计数器和 lastsave 属性，说明如下：

- dirty 计数器的值为 123，表示服务器在上次保存之后，对数据库状态共进行了 123 次修改。

- lastsave 属性则记录了服务器上次执行保存操作的时间 1378270800（2013 年 9 月 4 日零时）。

10.2.3 检查保存条件是否满足

Redis 的服务器周期性操作函数 serverCron 默认每隔 100 毫秒就会执行一次，该函数用于对正在运行的服务器进行维护，它的其中一项工作就是检查 save 选项所设置的保存条件是否已经满足，如果满足的话，就执行 *BGSAVE* 命令。

以下伪代码展示了 serverCron 函数检查保存条件的过程：

```
def serverCron():

    # ...

    # 遍历所有保存条件
    for saveparam in server.saveparams:

        # 计算距离上次执行保存操作有多少秒
        save_interval = unixtime_now() - server.lastsave

        # 如果数据库状态的修改次数超过条件所设置的次数
        # 并且距离上次保存的时间超过条件所设置的时间
        # 那么执行保存操作
        if server.dirty >= saveparam.changes and \
           save_interval > saveparam.seconds:

            BGSAVE()

    # ...
```

程序会遍历并检查 saveparams 数组中的所有保存条件，只要有任意一个条件被满足，那么服务器就会执行 *BGSAVE* 命令。

举个例子，如果 Redis 服务器的当前状态如图 10-8 所示。

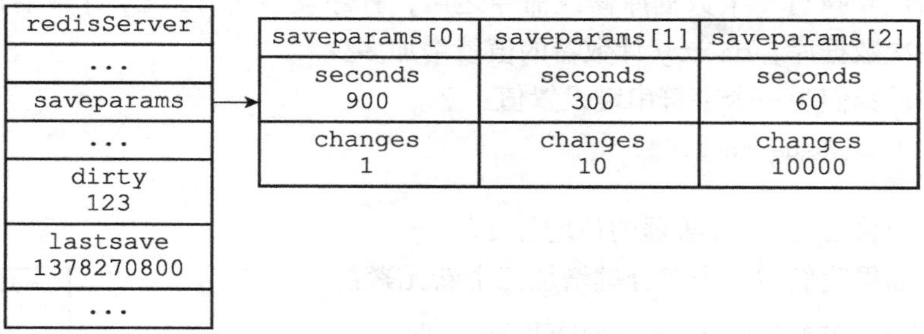

redisServer
...
saveparams
...
dirty 123
lastsave 1378270800
...

saveparams[0]	saveparams[1]	saveparams[2]
seconds 900	seconds 300	seconds 60
changes 1	changes 10	changes 10000

图 10-8 服务器状态

那么当时间来到 1378271101，也即是 1378270800 的 301 秒之后，服务器将自动执行一次 *BGSAVE* 命令，因为 saveparams 数组的第二个保存条件——300 秒之内有至少 10 次修改——已经被满足。

假设 *BGSAVE* 在执行 5 秒之后完成，那么图 10-8 所示的服务器状态将更新为图 10-9，其中 dirty 计数器已经被重置为 0，而 lastsave 属性也被更新为 1378271106。

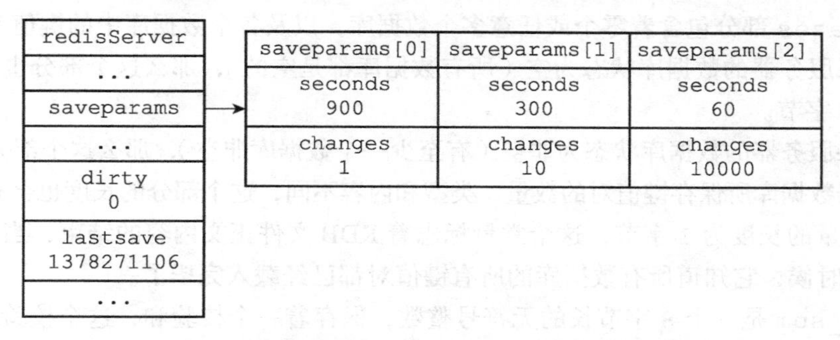

图 10-9 执行 BGSAVE 之后的服务器状态

以上就是 Redis 服务器根据 save 选项所设置的保存条件，自动执行 *BGSAVE* 命令，进行间隔性数据保存的实现原理。

10.3 RDB 文件结构

在本章之前的内容中，我们介绍了 Redis 服务器保存和载入 RDB 文件的方法，在这一节，我们将对 RDB 文件本身进行介绍，并详细说明文件各个部分的结构和意义。

图 10-10 展示了一个完整 RDB 文件所包含的各个部分。

REDIS	db_version	databases	EOF	check_sum

图 10-10 RDB 文件结构

注意

为了方便区分变量、数据、常量，图 10-10 中用全大写单词标示常量，用全小写单词标示变量和数据。本章展示的所有 RDB 文件结构图都遵循这一规则。

RDB 文件的最开头是 REDIS 部分，这个部分的长度为 5 字节，保存着 "REDIS" 五个字符。通过这五个字符，程序可以在载入文件时，快速检查所载入的文件是否 RDB 文件。

注意

因为 RDB 文件保存的是二进制数据，而不是 C 字符串，为了简便起见，我们用 "REDIS" 符号代表 'R'、'E'、'D'、'I'、'S' 五个字符，而不是带 '\0' 结尾符号的 C 字符串 'R'、'E'、'D'、'I'、'S'、'\0'。本章介绍的所有内容，以及展示的所有 RDB 文件结构图都遵循这一规则。

db_version 长度为 4 字节，它的值是一个字符串表示的整数，这个整数记录了 RDB

文件的版本号，比如"0006"就代表RDB文件的版本为第六版。本章只介绍第六版RDB文件的结构。

databases部分包含着零个或任意多个数据库，以及各个数据库中的键值对数据：

- 如果服务器的数据库状态为空（所有数据库都是空的），那么这个部分也为空，长度为0字节。
- 如果服务器的数据库状态为非空（有至少一个数据库非空），那么这个部分也为非空，根据数据库所保存键值对的数量、类型和内容不同，这个部分的长度也会有所不同。

EOF常量的长度为1字节，这个常量标志着RDB文件正文内容的结束，当读入程序遇到这个值的时候，它知道所有数据库的所有键值对都已经载入完毕了。

check_sum是一个8字节长的无符号整数，保存着一个校验和，这个校验和是程序通过对REDIS、db_version、databases、EOF四个部分的内容进行计算得出的。服务器在载入RDB文件时，会将载入数据所计算出的校验和与check_sum所记录的校验和进行对比，以此来检查RDB文件是否有出错或者损坏的情况出现。

作为例子，图10-11展示了一个databases部分为空的RDB文件：文件开头的"REDIS"表示这是一个RDB文件，之后的"0006"表示这是第六版的RDB文件，因为databases为空，所以版本号之后直接跟着EOF常量，最后的6265312314761917404是文件的校验和。

"REDIS"	"0006"	EOF	6265312314761917404

图10-11 databases部分为空的RDB文件

10.3.1 databases部分

一个RDB文件的databases部分可以保存任意多个非空数据库。

例如，如果服务器的0号数据库和3号数据库非空，那么服务器将创建一个如图10-12所示的RDB文件，图中的database 0代表0号数据库中的所有键值对数据，而database 3则代表3号数据库中的所有键值对数据。

REDIS	db_version	database 0	database 3	EOF	check_sum

图10-12 带有两个非空数据库的RDB文件示例

每个非空数据库在RDB文件中都可以保存为SELECTDB、db_number、key_value_pairs三个部分，如图10-13所示。

SELECTDB	db_number	key_value_pairs

图10-13 RDB文件中的数据库结构

SELECTDB常量的长度为1字节，当读入程序遇到这个值的时候，它知道接下来要读入的将是一个数据库号码。

db_number 保存着一个数据库号码，根据号码的大小不同，这个部分的长度可以是 1 字节、2 字节或者 5 字节。当程序读入 db_number 部分之后，服务器会调用 *SELECT* 命令，根据读入的数据库号码进行数据库切换，使得之后读入的键值对可以载入到正确的数据库中。

key_value_pairs 部分保存了数据库中的所有键值对数据，如果键值对带有过期时间，那么过期时间也会和键值对保存在一起。根据键值对的数量、类型、内容以及是否有过期时间等条件的不同，key_value_pairs 部分的长度也会有所不同。

作为例子，图 10-14 展示了 RDB 文件中，0 号数据库的结构。

SELECTDB	0	key_value_pairs

图 10-14 数据库结构示例

另外，图 10-15 则展示了一个完整的 RDB 文件，文件中包含了 0 号数据库和 3 号数据库。

REDIS	db_version	SELECTDB	0	pairs	SELECTDB	3	pairs	EOF	check_sum

图 10-15 RDB 文件中的数据库结构示例

10.3.2 key_value_pairs 部分

RDB 文件中的每个 key_value_pairs 部分都保存了一个或以上数量的键值对，如果键值对带有过期时间的话，那么键值对的过期时间也会被保存在内。

不带过期时间的键值对在 RDB 文件中由 TYPE、key、value 三部分组成，如图 10-16 所示。

TYPE	key	value

图 10-16 不带过期时间的键值对

TYPE 记录了 value 的类型，长度为 1 字节，值可以是以下常量的其中一个：

- REDIS_RDB_TYPE_STRING
- REDIS_RDB_TYPE_LIST
- REDIS_RDB_TYPE_SET
- REDIS_RDB_TYPE_ZSET
- REDIS_RDB_TYPE_HASH
- REDIS_RDB_TYPE_LIST_ZIPLIST
- REDIS_RDB_TYPE_SET_INTSET
- REDIS_RDB_TYPE_ZSET_ZIPLIST
- REDIS_RDB_TYPE_HASH_ZIPLIST

以上列出的每个 TYPE 常量都代表了一种对象类型或者底层编码，当服务器读入 RDB 文件中的键值对数据时，程序会根据 TYPE 的值来决定如何读入和解释 value 的数据。key 和 value 分别保存了键值对的键对象和值对象：

- 其中 key 总是一个字符串对象，它的编码方式和 REDIS_RDB_TYPE_STRING 类型的 value 一样。根据内容长度的不同，key 的长度也会有所不同。
- 根据 TYPE 类型的不同，以及保存内容长度的不同，保存 value 的结构和长度也会有所不同，本节稍后会详细说明每种 TYPE 类型的 value 结构保存方式。

带有过期时间的键值对在 RDB 文件中的结构如图 10-17 所示。

EXPIRETIME_MS	ms	TYPE	key	value

图 10-17 带有过期时间的键值对

带有过期时间的键值对中的 TYPE、key、value 三个部分的意义，和前面介绍的不带过期时间的键值对的 TYPE、key、value 三个部分的意义完全相同，至于新增的 EXPIRETIME_MS 和 ms，它们的意义如下：

- EXPIRETIME_MS 常量的长度为 1 字节，它告知读入程序，接下来要读入的将是一个以毫秒为单位的过期时间。
- ms 是一个 8 字节长的带符号整数，记录着一个以毫秒为单位的 UNIX 时间戳，这个时间戳就是键值对的过期时间。

作为例子，图 10-18 展示了一个没有过期时间的字符串键值对。

REDIS_RDB_TYPE_STRING	key	value

图 10-18 无过期时间的字符串键值对示例

图 10-19 展示了一个带有过期时间的集合键值对，其中键的过期时间为 1388556000000（2014 年 1 月 1 日零时）。

EXPIRETIME_MS	1388556000000	REDIS_RDB_TYPE_SET	key	value

图 10-19 带有过期时间的集合键值对示例

10.3.3 value 的编码

RDB 文件中的每个 value 部分都保存了一个值对象，每个值对象的类型都由与之对应的 TYPE 记录，根据类型的不同，value 部分的结构、长度也会有所不同。

在接下来的各个小节中，我们将分别介绍各种不同类型的值对象在 RDB 文件中的保存结构。

注意

本节接下来说到的各种 REDIS_ENCODING_* 编码曾经在第 8 章中介绍过，如果忘记了可以去回顾一下。

1. 字符串对象

如果 TYPE 的值为 REDIS_RDB_TYPE_STRING，那么 value 保存的就是一个字符串对象，字符串对象的编码可以是 REDIS_ENCODING_INT 或者 REDIS_ENCODING_RAW。

如果字符串对象的编码为 REDIS_ENCODING_INT，那么说明对象中保存的是长度不超过 32 位的整数，这种编码的对象将以图 10-20 所示的结构保存。

其中，ENCODING 的值可以是 REDIS_RDB_ENC_INT8、REDIS_RDB_ENC_INT16 或者 REDIS_RDB_ENC_INT32 三个常量的其中一个，它们分别代表 RDB 文件使用 8 位（bit）、16 位或者 32 位来保存整数值 integer。

举个例子，如果字符串对象中保存的是可以用 8 位来保存的整数 123，那么这个对象在 RDB 文件中保存的结构将如图 10-21 所示。

ENCODING	integer

图 10-20 INT 编码字符串对象的保存结构

REDIS_RDB_ENC_INT8	123

图 10-21 用 8 位来保存整数的例子

如果字符串对象的编码为 REDIS_ENCODING_RAW，那么说明对象所保存的是一个字符串值，根据字符串长度的不同，有压缩和不压缩两种方法来保存这个字符串：

- 如果字符串的长度小于等于 20 字节，那么这个字符串会直接被原样保存。
- 如果字符串的长度大于 20 字节，那么这个字符串会被压缩之后再保存。

注意

以上两个条件是在假设服务器打开了 RDB 文件压缩功能的情况下进行的，如果服务器关闭了 RDB 文件压缩功能，那么 RDB 程序总以无压缩的方式保存字符串值。

具体信息可以参考 redis.conf 文件中关于 rdbcompression 选项的说明。

对于没有被压缩的字符串，RDB 程序会以图 10-22 所示的结构来保存该字符串。

len	string

图 10-22 无压缩字符串的保存结构

其中，string 部分保存了字符串值本身，而 len 保存了字符串值的长度。对于压缩后的字符串，RDB 程序会以图 10-23 所示的结构来保存该字符串。

REDIS_RDB_ENC_LZF	compressed_len	origin_len	compressed_string

图 10-23 压缩后字符串的保存结构

其中，REDIS_RDB_ENC_LZF 常量标志着字符串已经被 LZF 算法（http://liblzf.plan9.de）压缩过了，读入程序在碰到这个常量时，会根据之后的 compressed_len、origin_len 和 compressed_string 三部分，对字符串进行解压缩：其中 compressed_len 记录的是字符串被压缩之后的长度，而 origin_len 记录的是字符串原来的长度，compressed_string 记录的则是被压缩之后的字符串。

图 10-24 展示了一个保存无压缩字符串的例子，其中字符串的长度为 5，字符串的值为 "hello"。

图 10-25 展示了一个压缩后的字符串示例，从图中可以看出，字符串原本的长度为 21，压缩之后的长度为 6，压缩之后的字符串内容为 "?aa???"，其中 ? 代表的是无法用字符串形式打印出来的字节。

5	"hello"

图 10-24 无压缩的字符串

REDIS_RDB_ENC_LZF	6	21	"?aa???"

图 10-25 压缩后的字符串

2. 列表对象

如果 TYPE 的值为 REDIS_RDB_TYPE_LIST，那么 value 保存的就是一个 REDIS_ENCODING_LINKEDLIST 编码的列表对象，RDB 文件保存这种对象的结构如图 10-26 所示。

list_length	item1	item2	...	itemN

图 10-26　LINKEDLIST 编码列表对象的保存结构

list_length 记录了列表的长度，它记录列表保存了多少个项（item），读入程序可以通过这个长度知道自己应该读入多少个列表项。

图中以 item 开头的部分代表列表的项，因为每个列表项都是一个字符串对象，所以程序会以处理字符串对象的方式来保存和读入列表项。

作为示例，图 10-27 展示了一个包含三个元素的列表。

3	5	"hello"	5	"world"	1	"!"

图 10-27　保存 LINKEDLIST 编码列表的例子

结构中的第一个数字 3 是列表的长度，之后跟着的分别是第一个列表项、第二个列表项和第三个列表项，其中：

- ❑ 第一个列表项的长度为 5，内容为字符串 "hello"。
- ❑ 第二个列表项的长度也为 5，内容为字符串 "world"。
- ❑ 第三个列表项的长度为 1，内容为字符串 "!"。

3. 集合对象

如果 TYPE 的值为 REDIS_RDB_TYPE_SET，那么 value 保存的就是一个 REDIS_ENCODING_HT 编码的集合对象，RDB 文件保存这种对象的结构如图 10-28 所示。

set_size	elem1	elem2	...	elemN

图 10-28　HT 编码集合对象的保存结构

其中，set_size 是集合的大小，它记录集合保存了多少个元素，读入程序可以通过这个大小知道自己应该读入多少个集合元素。

图中以 elem 开头的部分代表集合的元素，因为每个集合元素都是一个字符串对象，所以程序会以处理字符串对象的方式来保存和读入集合元素。

作为示例，图 10-29 展示了一个包含四个元素的集合。

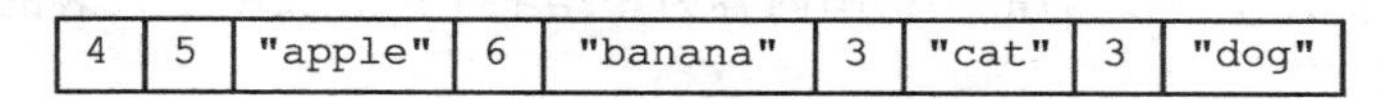

图 10-29　保存 HT 编码集合的例子

结构中的第一个数字 4 记录了集合的大小，之后跟着的是集合的四个元素：

- ❑ 第一个元素的长度为 5，值为 "apple"。

- 第二个元素的长度为 6，值为 "banana"。
- 第三个元素的长度为 3，值为 "cat"。
- 第四个元素的长度为 3，值为 "dog"。

4. 哈希表对象

如果 TYPE 的值为 REDIS_RDB_TYPE_HASH，那么 value 保存的就是一个 REDIS_ENCODING_HT 编码的集合对象，RDB 文件保存这种对象的结构如图 10-30 所示：

- hash_size 记录了哈希表的大小，也即是这个哈希表保存了多少键值对，读入程序可以通过这个大小知道自己应该读入多少个键值对。
- 以 key_value_pair 开头的部分代表哈希表中的键值对，键值对的键和值都是字符串对象，所以程序会以处理字符串对象的方式来保存和读入键值对。

hash_size	key_value_pair 1	key_value_pair 2	...	key_value_pair N

图 10-30　HT 编码哈希表对象的保存结构

结构中的每个键值对都以键紧挨着值的方式排列在一起，如图 10-31 所示。

key1	value1	key2	value2	key3	value3	...

图 10-31　键值对的保存结构

因此，从更详细的角度看，图 10-30 所展示的结构可以进一步修改为图 10-32。

hash_size	key1	value1	key2	value2	...	keyN	valueN

图 10-32　更详细的 HT 编码哈希表对象的保存结构

作为示例，图 10-33 展示了一个包含两个键值对的哈希表。

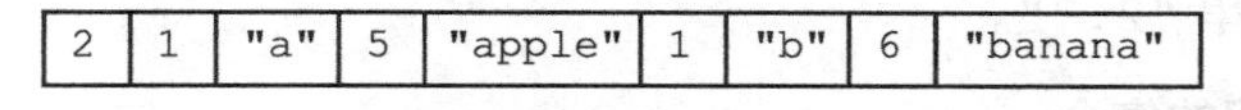

图 10-33　保存 HT 编码哈希表的例子

在这个示例结构中，第一个数字 2 记录了哈希表的键值对数量，之后跟着的是两个键值对：

- 第一个键值对的键是长度为 1 的字符串 "a"，值是长度为 5 的字符串 "apple"。
- 第二个键值对的键是长度为 1 的字符串 "b"，值是长度为 6 的字符串 "banana"。

5. 有序集合对象

如果 TYPE 的值为 REDIS_RDB_TYPE_ZSET，那么 value 保存的就是一个 REDIS_ENCODING_SKIPLIST 编码的有序集合对象，RDB 文件保存这种对象的结构如图 10-34 所示。

sorted_set_size	element1	element2	...	elementN

图 10-34　SKIPLIST 编码有序集合对象的保存结构

sorted_set_size 记录了有序集合的大小，也即是这个有序集合保存了多少元素，读入程序需要根据这个值来决定应该读入多少有序集合元素。

以 element 开头的部分代表有序集合中的元素，每个元素又分为成员（member）和分值（score）两部分，成员是一个字符串对象，分值则是一个 double 类型的浮点数，程序在保存 RDB 文件时会先将分值转换成字符串对象，然后再用保存字符串对象的方法将分值保存起来。

有序集合中的每个元素都以成员紧挨着分值的方式排列，如图 10-35 所示。

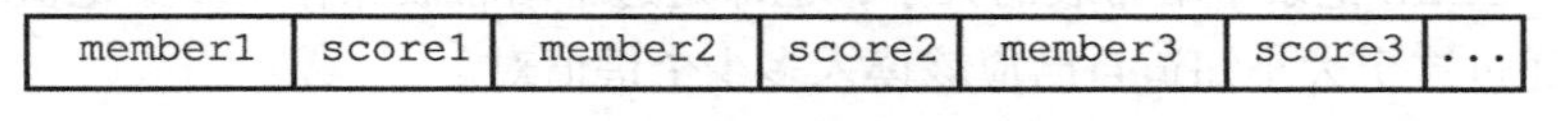

图 10-35 成员和分值的保存结构

因此，从更详细的角度看，图 10-34 所展示的结构可以进一步修改为图 10-36。

sorted_set_size	member1	score1	member2	score2	...	memberN	scoreN

图 10-36 更详细的 SKIPLIST 编码有序集合对象的保存结构

作为示例，图 10-37 展示了一个带有两个元素的有序集合。

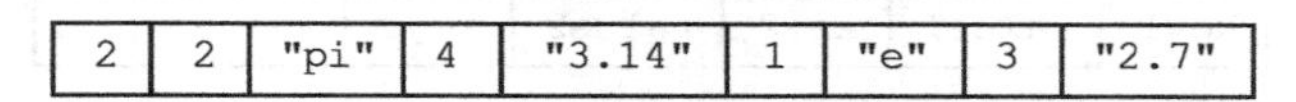

图 10-37 保存 SKIPLIST 编码有序集合的例子

在这个示例结构中，第一个数字 2 记录了有序集合的元素数量，之后跟着的是两个有序集合元素：

- 第一个元素的成员是长度为 2 的字符串 "pi"，分值被转换成字符串之后变成了长度为 4 的字符串 "3.14"。
- 第二个元素的成员是长度为 1 的字符串 "e"，分值被转换成字符串之后变成了长度为 3 的字符串 "2.7"。

6. INTSET 编码的集合

如果 TYPE 的值为 REDIS_RDB_TYPE_SET_INTSET，那么 value 保存的就是一个整数集合对象，RDB 文件保存这种对象的方法是，先将整数集合转换为字符串对象，然后将这个字符串对象保存到 RDB 文件里面。

如果程序在读入 RDB 文件的过程中，碰到由整数集合对象转换成的字符串对象，那么程序会根据 TYPE 值的指示，先读入字符串对象，再将这个字符串对象转换成原来的整数集合对象。

7. ZIPLIST 编码的列表、哈希表或者有序集合

如果 TYPE 的值为 REDIS_RDB_TYPE_LIST_ZIPLIST、REDIS_RDB_TYPE_HASH_ZIPLIST 或者 REDIS_RDB_TYPE_ZSET_ZIPLIST，那么 value 保存的就是一个压缩列表对象，RDB 文件保存这种对象的方法是：

1）将压缩列表转换成一个字符串对象。

2）将转换所得的字符串对象保存到 RDB 文件。

如果程序在读入 RDB 文件的过程中，碰到由压缩列表对象转换成的字符串对象，那么程序会根据 TYPE 值的指示，执行以下操作：

1）读入字符串对象，并将它转换成原来的压缩列表对象。

2）根据 TYPE 的值，设置压缩列表对象的类型：如果 TYPE 的值为 REDIS_RDB_TYPE_LIST_ZIPLIST，那么压缩列表对象的类型为列表；如果 TYPE 的值为 REDIS_RDB_TYPE_HASH_ZIPLIST，那么压缩列表对象的类型为哈希表；如果 TYPE 的值为 REDIS_RDB_TYPE_ZSET_ZIPLIST，那么压缩列表对象的类型为有序集合。

从步骤 2 可以看出，由于 TYPE 的存在，即使列表、哈希表和有序集合三种类型都使用压缩列表来保存，RDB 读入程序也总可以将读入并转换之后得出的压缩列表设置成原来的类型。

10.4 分析 RDB 文件

通过上一节对 RDB 文件的介绍，我们现在应该对 RDB 文件中的各种内容和结构有一定的了解了，是时候抛开单纯的图片示例，开始分析和观察一下实际的 RDB 文件了。

我们使用 od 命令来分析 Redis 服务器产生的 RDB 文件，该命令可以用给定的格式转存（dump）并打印输入文件。比如说，给定 -c 参数可以以 ASCII 编码的方式打印输入文件，给定 -x 参数可以以十六进制的方式打印输入文件，诸如此类，具体的信息可以参考 od 命令的文档。

10.4.1 不包含任何键值对的 RDB 文件

让我们首先从最简单的情况开始，执行以下命令，创建一个数据库状态为空的 RDB 文件：

```
redis> FLUSHALL
OK

redis> SAVE
OK
```

然后调用 od 命令，打印 RDB 文件：

```
$ od -c dump.rdb
0000000   R E D I S 0 0 0 6 377 334 263 C 360 Z 334
0000020 362 V
0000022
```

根据之前学习的 RDB 文件结构知识，当一个 RDB 文件没有包含任何数据库数据时，这个 RDB 文件将由以下四个部分组成：

- 五个字节的 "REDIS" 字符串。
- 四个字节的版本号（db_version）。

- 一个字节的 EOF 常量。
- 八个字节的校验和（check_sum）。

从 od 命令的输出中可以看到，最开头的是 "REDIS" 字符串，之后的 0006 是版本号，再之后的一个字节 377 代表 EOF 常量，最后的 334 263 C 360 Z 334 362 V 八个字节则代表 RDB 文件的校验和。

10.4.2 包含字符串键的 RDB 文件

这次我们来分析一个带有单个字符串键的数据库：

```
redis> FLUSHALL
OK

redis> SET MSG "HELLO"
OK

redis> SAVE
OK
```

再次执行 od 命令：

```
$ od -c dump.rdb
0000000   R   E   D   I   S   0   0   0   6 376  \0 \0 003   M   S   G
0000020 005   H   E   L   L   O 377 207   z   = 304   f   T   L 343
0000037
```

根据之前学习的数据库结构知识，当一个数据库被保存到 RDB 文件时，这个数据库将由以下三部分组成：

- 一个一字节长的特殊值 SELECTDB。
- 一个长度可能为一字节、两字节或者五字节的数据库号码（db_number）。
- 一个或以上数量的键值对（key_value_pairs）。

观察 od 命令打印的输出，RDB 文件的最开始仍然是 REDIS 和版本号 0006，之后出现的 376 代表 SELECTDB 常量，再之后的 \0 代表整数 0，表示被保存的数据库为 0 号数据库。

在数据库号码之后，直到代表 EOF 常量的 377 为止，RDB 文件包含有以下内容：

```
\0 003 M S G 005 H E L L O
```

根据之前学习的键值对结构知识，在 RDB 文件中，没有过期时间的键值对由类型（TYPE）、键（key）、值（value）三部分组成：其中类型的长度为一字节，键和值都是字符串对象，并且字符串在未被压缩前，都是以字符串长度为前缀，后跟字符串内容本身的方式来储存的。

根据这些特征，我们可以确定 \0 就是字符串类型的 TYPE 值 REDIS_RDB_TYPE_STRING（这个常量的实际值为整数 0），之后的 003 是键 MSG 的长度值，再之后的 005 则是值 HELLO 的长度。

10.4.3　包含带有过期时间的字符串键的 RDB 文件

现在，让我们来创建一个带有过期时间的字符串键：

```
redis> FLUSHALL
OK

redis> SETEX MSG 10086 "HELLO"
OK

redis> SAVE
OK
```

打印 RDB 文件：

```
$ od -c dump.rdb
0000000   R   E   D   I   S   0   0   0   6 376  \0 374   \   2 365 336
0000020   @ 001  \0  \0  \0 003   M   S   G 005   H   E   L   L   O 377
0000040 212 231   x 247 252   } 021 306
0000050
```

根据之前学习的键值对结构知识，一个带有过期时间的键值对将由以下部分组成：

- 一个一字节长的 EXPIRETIME_MS 特殊值。
- 一个八字节长的过期时间（ms）。
- 一个一字节长的类型（TYPE）。
- 一个键（key）和一个值（value）。

根据这些特征，可以得出 RDB 文件各个部分的意义：

- REDIS0006：RDB 文件标志和版本号。
- 376 \0：切换到 0 号数据库。
- 374：代表特殊值 EXPIRETIME_MS。
- \ 2 365 336 @ 001 \0 \0：代表八字节长的过期时间。
- \0 003 M S G：\0 表示这是一个字符串键，003 是键的长度，MSG 是键。
- 005 H E L L O：005 是值的长度，HELLO 是值。
- 377：代表 EOF 常量。
- 212 231 x 247 252 } 021 306：代表八字节长的校验和。

10.4.4　包含一个集合键的 RDB 文件

最后，让我们试试在 RDB 文件中包含集合键：

```
redis> FLUSHALL
OK

redis> SADD LANG "C" "JAVA" "RUBY"
(integer) 3

redis> SAVE
OK
```

打印输出如下：

```
$ od -c dump.rdb
0000000   R   E   D   I   S   0   0   0 6 376 \0 002 004 L   A   N
0000020   G 003 004   R   U   B   Y 004 J   A   V   A 001 C 377 202
0000040 312   r 352 346 305   * 023
0000047
```

以下是 RDB 文件各个部分的意义：

- REDIS0006 ：RDB 文件标志和版本号。
- 376 \0：切换到 0 号数据库。
- 002 004 L A N G：002 是常量 REDIS_RDB_TYPE_SET（这个常量的实际值为整数 2），表示这是一个哈希表编码的集合键，004 表示键的长度，LANG 是键的名字。
- 003 ：集合的大小，说明这个集合包含三个元素。
- 004 R U B Y ：集合的第一个元素。
- 004 J A V A ：集合的第二个元素。
- 001 C ：集合的第三个元素。
- 377 ：代表常量 EOF。
- 202 312 r 352 346 305 * 023 ：代表校验和。

10.4.5 关于分析 RDB 文件的说明

因为 Redis 本身带有 RDB 文件检查工具 redis-check-dump，网上也能找到很多处理 RDB 文件的工具，所以人工分析 RDB 文件的内容并不是学习 Redis 所必须掌握的技能。

不过从学习 RDB 文件的角度来看，人工分析 RDB 文件是一个不错的练习，这种练习可以帮助我们熟悉 RDB 文件的结构和格式，如果读者有兴趣的话，可以在理解本章的内容之后，适当地尝试一下。

最后要提醒的是，前面我们一直用 od 命令配合 -c 参数来打印 RDB 文件，因为使用 ASCII 编码打印 RDB 文件可以很容易地发现文件中的字符串内容。

但是，对于 RDB 文件中的数字值，比如校验和来说，通过 ASCII 编码来打印它并不容易看出它的真实值，更好的办法是使用 -cx 参数调用 od 命令，同时以 ASCII 编码和十六进制格式打印 RDB 文件：

```
$ od -cx dump.rdb
0000000   R E D I S 0 0  0  6 377  334 263  C 360  Z 334
          4552 4944 3053 3030   ff36     b3dc   f043   dc5a
0000020 362  V
          56f2
0000022
```

现在可以从输出中看出，RDB 文件的校验和为 0x 56f2 dc5a f043 b3dc（校验和以小端方式保存），这比用 ASCII 编码打印出来的 334 263 C360 Z 334 362 V 要清晰得多，后者看起来就像乱码一样。

10.5　重点回顾

- RDB 文件用于保存和还原 Redis 服务器所有数据库中的所有键值对数据。
- *SAVE* 命令由服务器进程直接执行保存操作，所以该命令会阻塞服务器。
- *BGSAVE* 令由子进程执行保存操作，所以该命令不会阻塞服务器。
- 服务器状态中会保存所有用 `save` 选项设置的保存条件，当任意一个保存条件被满足时，服务器会自动执行 *BGSAVE* 命令。
- RDB 文件是一个经过压缩的二进制文件，由多个部分组成。
- 对于不同类型的键值对，RDB 文件会使用不同的方式来保存它们。

10.6　参考资料

- Sripathi Krishnan 编写的《Redis RDB 文件格式》文档以文字的形式详细记录了 RDB 文件的格式，如果想深入理解 RDB 文件，或者为 RDB 文件编写分析 / 载入程序，那么这篇文档会是很好的参考资料：https://github.com/sripathikrishnan/redis-rdb-tools/wiki/Redis-RDB-Dump-File-Format。
- Sripathi Krishnan 编写的《Redis RDB 版本历史》也详细地记录了 RDB 文件在各个版本中的变化，因为本章只介绍了 Redis 2.6 或以上版本目前正在使用的第六版 RDB 文件，而没有对其他版本的 RDB 文件进行介绍，所以如果读者对 RDB 文件的演进历史感兴趣，或者要处理不同版本的 RDB 文件的话，那么这篇文档会是很好的资料：https://github.com/sripathikrishnan/redis-rdbtools/blob/master/docs/RDB_Version_History.textile。
- Redis 作者的博文《Redis persistence demystified 》很好地解释了 Redis 的持久化功能和其他常见数据库的持久化功能之间的异同，非常值得一读：http://oldblog.antirez.com/post/redispersistence-demystified.html，NoSQLFan 网站上有这篇文章的翻译版《解密 Redis 持久化》：http://blog.nosqlfan.com/html/3813.html。

第 11 章

AOF持久化

除了 RDB 持久化功能之外，Redis 还提供了 AOF（Append Only File）持久化功能。与 RDB 持久化通过保存数据库中的键值对来记录数据库状态不同，AOF 持久化是通过保存 Redis 服务器所执行的写命令来记录数据库状态的，如图 11-1 所示。

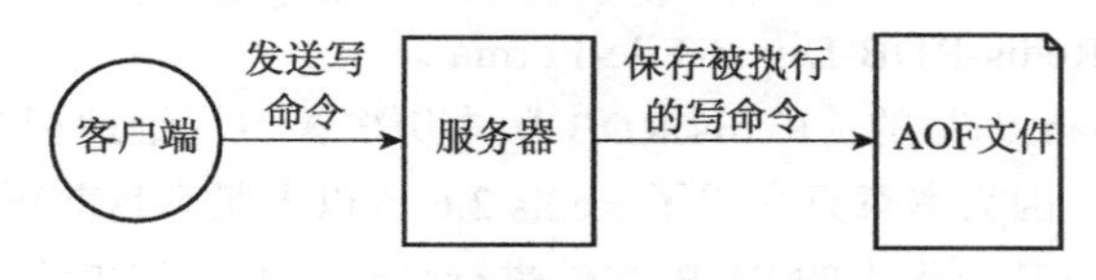

图 11-1　AOF 持久化

举个例子，如果我们对空白的数据库执行以下写命令，那么数据库中将包含三个键值对：

```
redis> SET msg "hello"
OK

redis> SADD fruits "apple" "banana" "cherry"
(integer) 3

redis> RPUSH numbers 128 256 512
(integer) 3
```

RDB 持久化保存数据库状态的方法是将 `msg`、`fruits`、`numbers` 三个键的键值对保存到 RDB 文件中，而 AOF 持久化保存数据库状态的方法则是将服务器执行的 *SET*、*SADD*、*RPUSH* 三个命令保存到 AOF 文件中。

被写入 AOF 文件的所有命令都是以 Redis 的命令请求协议格式保存的，因为 Redis 的命令请求协议是纯文本格式，所以我们可以直接打开一个 AOF 文件，观察里面的内容。

例如，对于之前执行的三个写命令来说，服务器将产生包含以下内容的 AOF 文件：

```
*2\r\n$6\r\nSELECT\r\n$1\r\n0\r\n
*3\r\n$3\r\nSET\r\n$3\r\nmsg\r\n$5\r\nhello\r\n
*5\r\n$4\r\nSADD\r\n$6\r\nfruits\r\n$5\r\napple\r\n$6\r\nbanana\r\n$6\r\ncherry\r\n
*5\r\n$5\r\nRPUSH\r\n$7\r\nnumbers\r\n$3\r\n128\r\n$3\r\n256\r\n$3\r\n512\r\n
```

在这个 AOF 文件里面，除了用于指定数据库的 *SELECT* 命令是服务器自动添加的之外，其他都是我们之前通过客户端发送的命令。

服务器在启动时，可以通过载入和执行 AOF 文件中保存的命令来还原服务器关闭之前的数据库状态，以下就是服务器载入 AOF 文件并还原数据库状态时打印的日志：

```
[8321] 05 Sep 11:58:50.448 # Server started, Redisversion 2.9.11
[8321] 05 Sep 11:58:50.449 * DB loaded from append only file: 0.000 seconds
[8321] 05 Sep 11:58:50.449 * The server is now ready to accept connections on port
       6379
```

在本章接下来的内容中，我们将对 AOF 持久化功能的实现进行介绍，说明 AOF 文件的写入、保存、载入等操作的实现原理。

之后我们还会介绍用于减少 AOF 文件体积的 AOF 重写功能，以及该功能的实现原理。

11.1　AOF 持久化的实现

AOF 持久化功能的实现可以分为命令追加（append）、文件写入、文件同步（sync）三个步骤。

11.1.1　命令追加

当 AOF 持久化功能处于打开状态时，服务器在执行完一个写命令之后，会以协议格式将被执行的写命令追加到服务器状态的 aof_buf 缓冲区的末尾：

```
struct redisServer {

    // ...

    // AOF 缓冲区
    sds aof_buf;

    // ...
};
```

举个例子，如果客户端向服务器发送以下命令：

```
redis> SET KEY VALUE
OK
```

那么服务器在执行这个 *SET* 命令之后，会将以下协议内容追加到 aof_buf 缓冲区的末尾：

```
*3\r\n$3\r\nSET\r\n$3\r\nKEY\r\n$5\r\nVALUE\r\n
```

又例如，如果客户端向服务器发送以下命令：

```
redis> RPUSH NUMBERS ONE TWO THREE
(integer) 3
```

那么服务器在执行这个 *RPUSH* 命令之后，会将以下协议内容追加到 aof_buf 缓冲区的末尾：

```
*5\r\n$5\r\nRPUSH\r\n$7\r\nNUMBERS\r\n$3\r\nONE\r\n$3\r\nTWO\r\n$5\r\nTHREE\r\n
```

以上就是 AOF 持久化的命令追加步骤的实现原理。

11.1.2 AOF 文件的写入与同步

Redis 的服务器进程就是一个事件循环（loop），这个循环中的文件事件负责接收客户端的命令请求，以及向客户端发送命令回复，而时间事件则负责执行像 serverCron 函数这样需要定时运行的函数。

因为服务器在处理文件事件时可能会执行写命令，使得一些内容被追加到 aof_buf 缓冲区里面，所以在服务器每次结束一个事件循环之前，它都会调用 flushAppendOnlyFile 函数，考虑是否需要将 aof_buf 缓冲区中的内容写入和保存到 AOF 文件里面，这个过程可以用以下伪代码表示：

```
def eventLoop():

    while True:

        # 处理文件事件，接收命令请求以及发送命令回复
        # 处理命令请求时可能会有新内容被追加到 aof_buf 缓冲区中
        processFileEvents()

        # 处理时间事件
        processTimeEvents()

        # 考虑是否要将 aof_buf 中的内容写入和保存到 AOF 文件里面
        flushAppendOnlyFile()
```

flushAppendOnlyFile 函数的行为由服务器配置的 appendfsync 选项的值来决定，各个不同值产生的行为如表 11-1 所示。

表 11-1 不同 appendfsync 值产生不同的持久化行为

appendfsync 选项的值	flushAppendOnlyFile 函数的行为
always	将 aof_buf 缓冲区中的所有内容写入并同步到 AOF 文件
everysec	将 aof_buf 缓冲区中的所有内容写入到 AOF 文件，如果上次同步 AOF 文件的时间距离现在超过一秒钟，那么再次对 AOF 文件进行同步，并且这个同步操作是由一个线程专门负责执行的
no	将 aof_buf 缓冲区中的所有内容写入到 AOF 文件，但并不对 AOF 文件进行同步，何时同步由操作系统来决定

如果用户没有主动为 appendfsync 选项设置值，那么 appendfsync 选项的默认值为 everysec，关于 appendfsync 选项的更多信息，请参考 Redis 项目附带的示例配置文件 redis.conf。

> **文件的写入和同步**
>
> 为了提高文件的写入效率，在现代操作系统中，当用户调用 write 函数，将一些数据写入到文件的时候，操作系统通常会将写入数据暂时保存在一个内存缓冲区里面，等到缓冲区的空间被填满、或者超过了指定的时限之后，才真正地将缓冲区中的数据写入到磁盘里面。
>
> 这种做法虽然提高了效率，但也为写入数据带来了安全问题，因为如果计算机发生停机，那么保存在内存缓冲区里面的写入数据将会丢失。
>
> 为此，系统提供了 fsync 和 fdatasync 两个同步函数，它们可以强制让操作系统立即将缓冲区中的数据写入到硬盘里面，从而确保写入数据的安全性。

举个例子，假设服务器在处理文件事件期间，执行了以下三个写入命令：

```
1) SADD databases "Redis" "MongoDB" "MariaDB"
2) SET date "2013-9-5"
3) INCR click_counter 10086
```

那么 aof_buf 缓冲区将包含这三个命令的协议内容：

```
*5\r\n$4\r\nSADD\r\n$9\r\ndatabases\r\n$5\r\nRedis\r\n$7\r\nMongoDB\r\n$7\r\
nMariaDB\r\n
*3\r\n$3\r\nSET\r\n$4\r\ndate\r\n$8\r\n2013-9-5\r\n
*3\r\n$4\r\nINCR\r\n$13\r\nclick_counter\r\n$5\r\n10086\r\n
```

如果这时 flushAppendOnlyFile 函数被调用，假设服务器当前 appendfsync 选项的值为 everysec，并且距离上次同步 AOF 文件已经超过一秒钟，那么服务器会先将 aof_buf 中的内容写入到 AOF 文件中，然后再对 AOF 文件进行同步。

以上就是对 AOF 持久化功能的文件写入和文件同步这两个步骤的介绍。

> **AOF 持久化的效率和安全性**
>
> 服务器配置 appendfsync 选项的值直接决定 AOF 持久化功能的效率和安全性。
>
> - 当 appendfsync 的值为 always 时，服务器在每个事件循环都要将 aof_buf 缓冲区中的所有内容写入到 AOF 文件，并且同步 AOF 文件，所以 always 的效率是 appendfsync 选项三个值当中最慢的一个，但从安全性来说，always 也是最安全的，因为即使出现故障停机，AOF 持久化也只会丢失一个事件循环中所产生的命令数据。
> - 当 appendfsync 的值为 everysec 时，服务器在每个事件循环都要将 aof_buf 缓冲区中的所有内容写入到 AOF 文件，并且每隔一秒就要在子线程中对 AOF 文件进行一次同步。从效率上来讲，everysec 模式足够快，并且就算出现故障停机，数据库也只丢失一秒钟的命令数据。
> - 当 appendfsync 的值为 no 时，服务器在每个事件循环都要将 aof_buf 缓冲区中的所有内容写入到 AOF 文件，至于何时对 AOF 文件进行同步，则由操作系统控

制。因为处于 no 模式下的 flushAppendOnlyFile 调用无须执行同步操作，所以该模式下的 AOF 文件写入速度总是最快的，不过因为这种模式会在系统缓存中积累一段时间的写入数据，所以该模式的单次同步时长通常是三种模式中时间最长的。从平摊操作的角度来看，no 模式和 everysec 模式的效率类似，当出现故障停机时，使用 no 模式的服务器将丢失上次同步 AOF 文件之后的所有写命令数据。

11.2 AOF 文件的载入与数据还原

因为 AOF 文件里面包含了重建数据库状态所需的所有写命令，所以服务器只要读入并重新执行一遍 AOF 文件里面保存的写命令，就可以还原服务器关闭之前的数据库状态。

Redis 读取 AOF 文件并还原数据库状态的详细步骤如下：

1）创建一个不带网络连接的伪客户端（fake client）：因为 Redis 的命令只能在客户端上下文中执行，而载入 AOF 文件时所使用的命令直接来源于 AOF 文件而不是网络连接，所以服务器使用了一个没有网络连接的伪客户端来执行 AOF 文件保存的写命令，伪客户端执行命令的效果和带网络连接的客户端执行命令的效果完全一样。

2）从 AOF 文件中分析并读取出一条写命令。

3）使用伪客户端执行被读出的写命令。

4）一直执行步骤 2 和步骤 3，直到 AOF 文件中的所有写命令都被处理完毕为止。

当完成以上步骤之后，AOF 文件所保存的数据库状态就会被完整地还原出来，整个过程如图 11-2 所示。

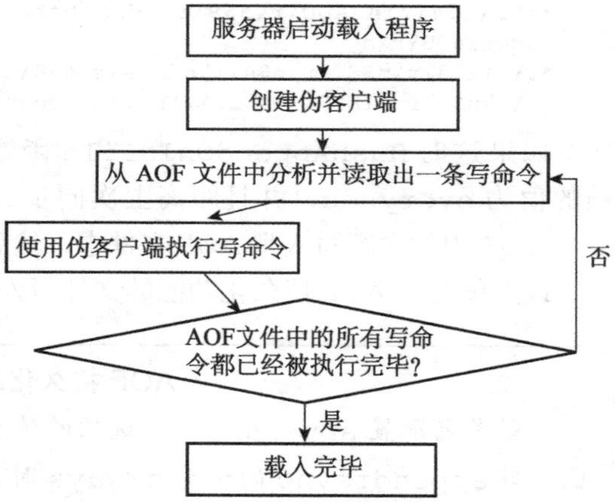

服务器启动载入程序
创建伪客户端
从 AOF 文件中分析并读取出一条写命令
使用伪客户端执行写命令
AOF文件中的所有写命令都已经被执行完毕?
否
是
载入完毕

图 11-2 AOF 文件载入过程

例如，对于以下 AOF 文件来说：

```
*2\r\n$6\r\nSELECT\r\n$1\r\n0\r\n
*3\r\n$3\r\nSET\r\n$3\r\nmsg\r\n$5\r\nhello\r\n
*5\r\n$4\r\nSADD\r\n$6\r\nfruits\r\n$5\r\napple\r\n$6\r\nbanana\r\n$6\r\ncherry\
r\n
*5\r\n$5\r\nRPUSH\r\n$7\r\nnumbers\r\n$3\r\n128\r\n$3\r\n256\r\n$3\r\n512\r\n
```

服务器首先读入并执行 SELECT 0 命令，之后是 SET msg hello 命令，再之后是 SADD fruits apple banana cherry 命令，最后是 RPUSH numbers 128 256 512 命令，当这些命令都执行完毕之后，服务器的数据库就被还原到之前的状态了。

以上就是服务器读入 AOF 文件，并根据文件内容来还原数据库状态的原理。

11.3　AOF 重写

因为 AOF 持久化是通过保存被执行的写命令来记录数据库状态的，所以随着服务器运行时间的流逝，AOF 文件中的内容会越来越多，文件的体积也会越来越大，如果不加以控制的话，体积过大的 AOF 文件很可能对 Redis 服务器、甚至整个宿主计算机造成影响，并且 AOF 文件的体积越大，使用 AOF 文件来进行数据还原所需的时间就越多。

举个例子，如果客户端执行了以下命令：

```
redis> RPUSH list "A" "B"         // ["A", "B"]
(integer) 2

redis> RPUSH list "C"             // ["A", "B", "C"]
(integer) 3

redis> RPUSH list "D" "E"         // ["A", "B", "C", "D", "E"]
(integer) 5

redis> LPOP list                  // ["B", "C", "D", "E"]
"A"

redis> LPOP list                  // ["C", "D", "E"]
"B"

redis> RPUSH list "F" "G"         // ["C", "D", "E", "F", "G"]
(integer) 5
```

那么光是为了记录这个 `list` 键的状态，AOF 文件就需要保存六条命令。

对于实际的应用程度来说，写命令执行的次数和频率会比上面的简单示例要高得多，所以造成的问题也会严重得多。

为了解决 AOF 文件体积膨胀的问题，Redis 提供了 AOF 文件重写（rewrite）功能。通过该功能，Redis 服务器可以创建一个新的 AOF 文件来替代现有的 AOF 文件，新旧两个 AOF 文件所保存的数据库状态相同，但新 AOF 文件不会包含任何浪费空间的冗余命令，所以新 AOF 文件的体积通常会比旧 AOF 文件的体积要小得多。

在接下来的内容中，我们将介绍 AOF 文件重写的实现原理，以及 *BGREWRITEAOF* 命令的实现原理。

11.3.1　AOF 文件重写的实现

虽然 Redis 将生成新 AOF 文件替换旧 AOF 文件的功能命名为“AOF 文件重写”，但实际上，AOF 文件重写并不需要对现有的 AOF 文件进行任何读取、分析或者写入操作，这个功能是通过读取服务器当前的数据库状态来实现的。

考虑这样一个情况，如果服务器对 `list` 键执行了以下命令：

```
redis> RPUSH list "A" "B"         // ["A", "B"]
(integer) 2
```

```
redis> RPUSH list "C"              // ["A", "B", "C"]
(integer) 3

redis> RPUSH list "D" "E"          // ["A", "B", "C", "D", "E"]
(integer) 5

redis> LPOP list                   // ["B", "C", "D", "E"]
"A"

redis> LPOP list                   // ["C", "D", "E"]
"B"

redis> RPUSH list "F" "G"          // ["C", "D", "E", "F", "G"]
(integer) 5
```

那么服务器为了保存当前 `list` 键的状态，必须在 AOF 文件中写入六条命令。

如果服务器想要用尽量少的命令来记录 `list` 键的状态，那么最简单高效的办法不是去读取和分析现有 AOF 文件的内容，而是直接从数据库中读取键 `list` 的值，然后用一条 `RPUSH list "C" "D" "E" "F" "G"` 命令来代替保存在 AOF 文件中的六条命令，这样就可以将保存 `list` 键所需的命令从六条减少为一条了。

再考虑这样一个例子，如果服务器对 `animals` 键执行了以下命令：

```
redis> SADD animals "Cat"                        // {"Cat"}
(integer) 1

redis> SADD animals "Dog" "Panda" "Tiger"        // {"Cat", "Dog", "Panda", "Tiger"}
(integer) 3

redis> SREM animals "Cat"                        // {"Dog", "Panda", "Tiger"}
(integer) 1

redis> SADD animals "Lion" "Cat"                 // {"Dog", "Panda", "Tiger",
(integer) 2                                      "Lion", "Cat"}
```

那么为了记录 `animals` 键的状态，AOF 文件必须保存上面列出的四条命令。

如果服务器想减少保存 `animals` 键所需命令的数量，那么服务器可以通过读取 animals 键的值，然后用一条 `SADD animals "Dog" "Panda" "Tiger" "Lion" "Cat"` 命令来代替上面的四条命令，这样就将保存 `animals` 键所需的命令从四条减少为一条了。

除了上面列举的列表键和集合键之外，其他所有类型的键都可以用同样的方法去减少 AOF 文件中的命令数量。首先从数据库中读取键现在的值，然后用一条命令去记录键值对，代替之前记录这个键值对的多条命令，这就是 AOF 重写功能的实现原理。

整个重写过程可以用以下伪代码表示：

```
def aof_rewrite(new_aof_file_name):

    # 创建新 AOF 文件
    f = create_file(new_aof_file_name)
```

```
    # 遍历数据库
    for db in redisServer.db:

        # 忽略空数据库
        if db.is_empty(): continue

        # 写入SELECT命令，指定数据库号码
        f.write_command("SELECT" + db.id)

        # 遍历数据库中的所有键
        for key in db:

            # 忽略已过期的键
            if key.is_expired(): continue
            # 根据键的类型对键进行重写
            if key.type == String:
                rewrite_string(key)
            elif key.type == List:
                rewrite_list(key)
            elif key.type == Hash:
                rewrite_hash(key)
            elif key.type == Set:
                rewrite_set(key)
            elif key.type == SortedSet:
                rewrite_sorted_set(key)

            # 如果键带有过期时间，那么过期时间也要被重写
            if key.have_expire_time():
                rewrite_expire_time(key)

    # 写入完毕，关闭文件
    f.close()

def rewrite_string(key):

    # 使用GET命令获取字符串键的值
    value = GET(key)

    # 使用SET命令重写字符串键
    f.write_command(SET, key, value)

def rewrite_list(key):

    # 使用LRANGE命令获取列表键包含的所有元素
    item1, item2, ..., itemN = LRANGE(key, 0, -1)

    # 使用RPUSH命令重写列表键
    f.write_command(RPUSH, key, item1, item2, ..., itemN)

def rewrite_hash(key):

    # 使用HGETALL命令获取哈希键包含的所有键值对
    field1, value1, field2, value2, ..., fieldN, valueN = HGETALL(key)

    # 使用HMSET命令重写哈希键
```

```
        f.write_command(HMSET, key, field1, value1, field2, value2, ..., fieldN,
              valueN)

    def rewrite_set(key);

        # 使用 SMEMBERS 命令获取集合键包含的所有元素
        elem1, elem2, ..., elemN = SMEMBERS(key)

        # 使用 SADD 命令重写集合键
        f.write_command(SADD, key, elem1, elem2, ..., elemN)

    def rewrite_sorted_set(key):

        # 使用 ZRANGE 命令获取有序集合键包含的所有元素
        member1, score1, member2, score2, ..., memberN, scoreN = ZRANGE(key, 0, -1,
        "WITHSCORES")

        # 使用 ZADD 命令重写有序集合键
        f.write_command(ZADD, key, score1, member1, score2, member2, ..., scoreN,
        memberN)

    def rewrite_expire_time(key):

        # 获取毫秒精度的键过期时间戳
        timestamp = get_expire_time_in_unixstamp(key)

        # 使用 PEXPIREAT 命令重写键的过期时间
        f.write_command(PEXPIREAT, key, timestamp)
```

因为 aof_rewrite 函数生成的新 AOF 文件只包含还原当前数据库状态所必须的命令，所以新 AOF 文件不会浪费任何硬盘空间。

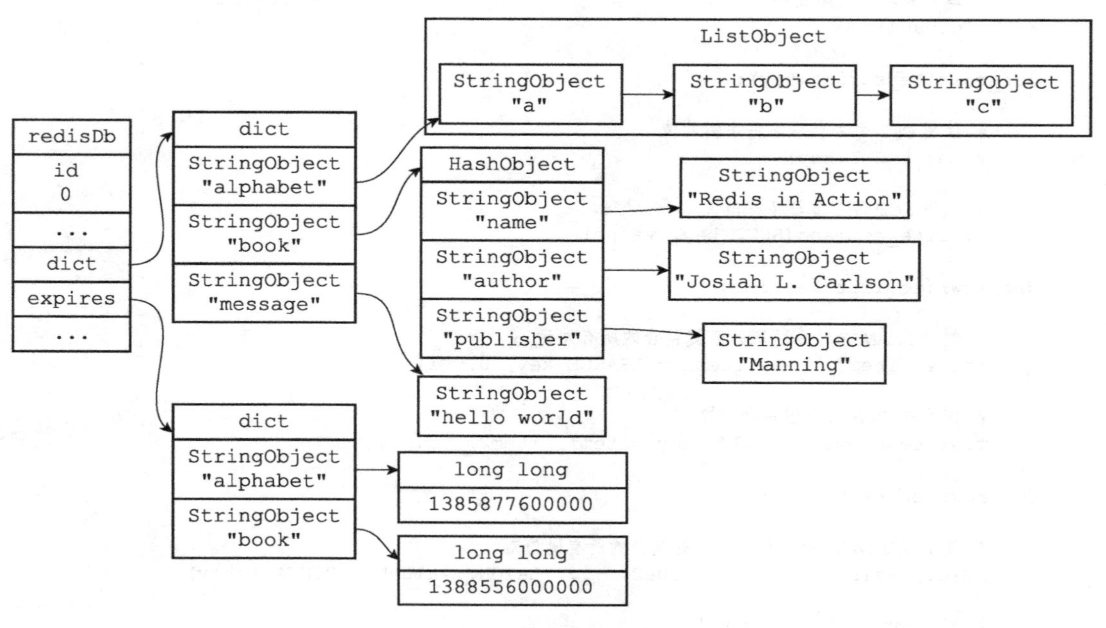

图 11-3 一个数据库

例如，对于图 11-3 所示的数据库，aof_rewrite 函数产生的新 AOF 文件将包含以下命令：

```
SELECT 0

RPUSH alphabet "a" "b" "c"

EXPIREAT alphabet 1385877600000

HMSET book "name" "Redisin Action"
           "author" "Josiah L. Carlson"
           "publisher" "Manning"

EXPIREAT book 1388556000000

SET message "hello world"
```

以上命令就是还原图 11-3 所示的数据库所必须的命令，它们没有一条是多余的。

注意

在实际中，为了避免在执行命令时造成客户端输入缓冲区溢出，重写程序在处理列表、哈希表、集合、有序集合这四种可能会带有多个元素的键时，会先检查键所包含的元素数量，如果元素的数量超过了 redis.h/REDIS_AOF_REWRITE_ITEMS_PER_CMD 常量的值，那么重写程序将使用多条命令来记录键的值，而不单单使用一条命令。

在目前版本中，REDIS_AOF_REWRITE_ITEMS_PER_CMD 常量的值为 64，这也就是说，如果一个集合键包含了超过 64 个元素，那么重写程序会用多条 *SADD* 命令来记录这个集合，并且每条命令设置的元素数量也为 64 个：

```
SADD <set-key> <elem1> <elem2> ... <elem64>
SADD <set-key> <elem65> <elem66> ... <elem128>
SADD <set-key> <elem129> <elem130> ... <elem192>
...
```

另一方面如果一个列表键包含了超过 64 个项，那么重写程序会用多条 *RPUSH* 命令来保存这个列表，并且每条命令设置的项数量也为 64 个：

```
RPUSH <list-key> <item1> <item2> ... <item64>
RPUSH <list-key> <item65> <item66> ... <item128>
RPUSH <list-key> <item129> <item130> ... <item192>
...
```

重写程序使用类似的方法处理包含多个元素的有序集合键，以及包含多个键值对的哈希表键。

11.3.2 AOF 后台重写

上面介绍的 AOF 重写程序 aof_rewrite 函数可以很好地完成创建一个新 AOF 文件的任务，但是，因为这个函数会进行大量的写入操作，所以调用这个函数的线程将被长时间阻塞，因为 Redis 服务器使用单个线程来处理命令请求，所以如果由服务器直接调用 aof_rewrite

函数的话，那么在重写 AOF 文件期间，服务期将无法处理客户端发来的命令请求。

很明显，作为一种辅佐性的维护手段，Redis 不希望 AOF 重写造成服务器无法处理请求，所以 Redis 决定将 AOF 重写程序放到子进程里执行，这样做可以同时达到两个目的：

- 子进程进行 AOF 重写期间，服务器进程（父进程）可以继续处理命令请求。
- 子进程带有服务器进程的数据副本，使用子进程而不是线程，可以在避免使用锁的情况下，保证数据的安全性。

不过，使用子进程也有一个问题需要解决，因为子进程在进行 AOF 重写期间，服务器进程还需要继续处理命令请求，而新的命令可能会对现有的数据库状态进行修改，从而使得服务器当前的数据库状态和重写后的 AOF 文件所保存的数据库状态不一致。

表 11-2 展示了一个 AOF 文件重写例子，当子进程开始进行文件重写时，数据库中只有 `k1` 一个键，但是当子进程完成 AOF 文件重写之后，服务器进程的数据库中已经新设置了 `k2`、`k3`、`k4` 三个键，因此，重写后的 AOF 文件和服务器当前的数据库状态并不一致，新的 AOF 文件只保存了 `k1` 一个键的数据，而服务器数据库现在却有 `k1`、`k2`、`k3`、`k4` 四个键。

表 11-2 AOF 文件重写时的服务器进程和子进程

时间	服务器进程	子进程
T1	执行命令 `SET k1 v1`	
T2	执行命令 `SET k1 v2`	
T3	执行命令 `SET k1 v3`	
T4	创建子进程，执行 AOF 文件重写	开始 AOF 文件重写
T5	执行命令 `SET k2 10086`	执行重写操作
T6	执行命令 `SET k3 12345`	执行重写操作
T7	执行命令 `SET k4 22222`	完成 AOF 文件重写

为了解决这种数据不一致问题，Redis 服务器设置了一个 AOF 重写缓冲区，这个缓冲区在服务器创建子进程之后开始使用，当 Redis 服务器执行完一个写命令之后，它会同时将这个写命令发送给 AOF 缓冲区和 AOF 重写缓冲区，如图 11-4 所示。

这也就是说，在子进程执行 AOF 重写期间，服务器进程需要执行以下三个工作：

1）执行客户端发来的命令。

2）将执行后的写命令追加到 AOF 缓冲区。

3）将执行后的写命令追加到 AOF 重写缓冲区。

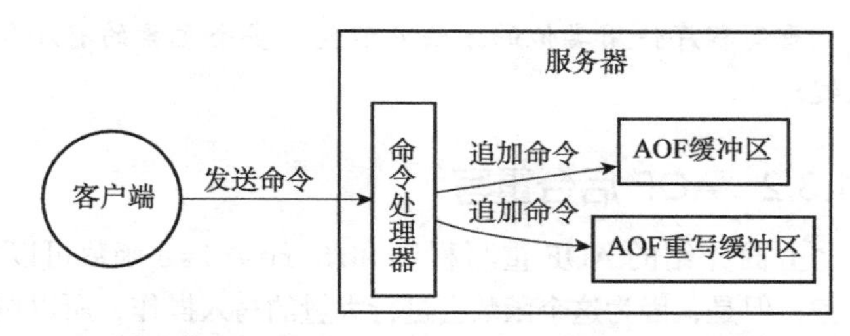

图 11-4 服务器同时将命令发送给 AOF 文件和 AOF 重写缓冲区

这样一来可以保证：

- AOF 缓冲区的内容会定期被写入和同步到 AOF 文件，对现有 AOF 文件的处理工作会如常进行。
- 从创建子进程开始，服务器执行的所有写命令都会被记录到 AOF 重写缓冲区里面。

当子进程完成 AOF 重写工作之后，它会向父进程发送一个信号，父进程在接到该信号之后，会调用一个信号处理函数，并执行以下工作：

1）将 AOF 重写缓冲区中的所有内容写入到新 AOF 文件中，这时新 AOF 文件所保存的数据库状态将和服务器当前的数据库状态一致。

2）对新的 AOF 文件进行改名，原子地（atomic）覆盖现有的 AOF 文件，完成新旧两个 AOF 文件的替换。

这个信号处理函数执行完毕之后，父进程就可以继续像往常一样接受命令请求了。

在整个 AOF 后台重写过程中，只有信号处理函数执行时会对服务器进程（父进程）造成阻塞，在其他时候，AOF 后台重写都不会阻塞父进程，这将 AOF 重写对服务器性能造成的影响降到了最低。

举个例子，表 11-3 展示了一个 AOF 文件后台重写的执行过程：

- 当子进程开始重写时，服务器进程（父进程）的数据库中只有 `k1` 一个键，当子进程完成 AOF 文件重写之后，服务器进程的数据库中已经多出了 `k2`、`k3`、`k4` 三个新键。
- 在子进程向服务器进程发送信号之后，服务器进程会将保存在 AOF 重写缓冲区里面记录的 `k2`、`k3`、`k4` 三个键的命令追加到新 AOF 文件的末尾，然后用新 AOF 文件替换旧 AOF 文件，完成 AOF 文件后台重写操作。

表 11-3 AOF 文件后台重写过程

时间	服务器进程（父进程）	子进程
T1	执行命令 `SET k1 v1`	
T2	执行命令 `SET k1 v2`	
T3	执行命令 `SET k1 v3`	
T4	创建子进程，执行 AOF 文件重写	开始 AOF 文件重写
T5	执行命令 `SET k2 10086`	执行重写操作
T6	执行命令 `SET k3 12345`	执行重写操作
T7	执行命令 `SET k4 22222`	完成 AOF 文件重写，向父进程发送信号
T8	接收到子进程发来的信号，将命令 `SET k2 10086`、`SET k3 12345`、`SET k4 22222` 追加到新 AOF 文件的末尾	
T9	用新 AOF 文件覆盖旧 AOF 文件	

以上就是 AOF 后台重写，也即是 *BGREWRITEAOF* 命令的实现原理。

11.4 重点回顾

- AOF 文件通过保存所有修改数据库的写命令请求来记录服务器的数据库状态。
- AOF 文件中的所有命令都以 Redis 命令请求协议的格式保存。
- 命令请求会先保存到 AOF 缓冲区里面，之后再定期写入并同步到 AOF 文件。
- `appendfsync` 选项的不同值对 AOF 持久化功能的安全性以及 Redis 服务器的性能有很大的影响。
- 服务器只要载入并重新执行保存在 AOF 文件中的命令，就可以还原数据库本来的状态。
- AOF 重写可以产生一个新的 AOF 文件，这个新的 AOF 文件和原有的 AOF 文件所保存的数据库状态一样，但体积更小。
- AOF 重写是一个有歧义的名字，该功能是通过读取数据库中的键值对来实现的，程序无须对现有 AOF 文件进行任何读入、分析或者写入操作。
- 在执行 *BGREWRITEAOF* 命令时，Redis 服务器会维护一个 AOF 重写缓冲区，该缓冲区会在子进程创建新 AOF 文件期间，记录服务器执行的所有写命令。当子进程完成创建新 AOF 文件的工作之后，服务器会将重写缓冲区中的所有内容追加到新 AOF 文件的末尾，使得新旧两个 AOF 文件所保存的数据库状态一致。最后，服务器用新的 AOF 文件替换旧的 AOF 文件，以此来完成 AOF 文件重写操作。

第 12 章

事　件

Redis 服务器是一个事件驱动程序，服务器需要处理以下两类事件：

- 文件事件（file event）：Redis 服务器通过套接字与客户端（或者其他 Redis 服务器）进行连接，而文件事件就是服务器对套接字操作的抽象。服务器与客户端（或者其他服务器）的通信会产生相应的文件事件，而服务器则通过监听并处理这些事件来完成一系列网络通信操作。
- 时间事件（time event）：Redis 服务器中的一些操作（比如 `serverCron` 函数）需要在给定的时间点执行，而时间事件就是服务器对这类定时操作的抽象。

本章将对文件事件和时间事件进行介绍，说明这两种事件在 Redis 服务器中的应用，它们的实现方法，以及处理这些事件的 API 等等。

本章最后将对服务器的事件调度方式进行介绍，说明 Redis 服务器是如何安排并执行文件事件和时间事件的。

12.1　文件事件

Redis 基于 Reactor 模式开发了自己的网络事件处理器：这个处理器被称为文件事件处理器（file event handler）：

- 文件事件处理器使用 I/O 多路复用（multiplexing）程序来同时监听多个套接字，并根据套接字目前执行的任务来为套接字关联不同的事件处理器。
- 当被监听的套接字准备好执行连接应答（accept）、读取（read）、写入（write）、关闭（close）等操作时，与操作相对应的文件事件就会产生，这时文件事件处理器就会调用套接字之前关联好的事件处理器来处理这些事件。

虽然文件事件处理器以单线程方式运行，但通过使用 I/O 多路复用程序来监听多个套接字，文件事件处理器既实现了高性能的网络通信模型，又可以很好地与 Redis 服务器中其他同样以单线程方式运行的模块进行对接，这保持了 Redis 内部单线程设计的简单性。

12.1.1 文件事件处理器的构成

图 12-1 展示了文件事件处理器的四个组成部分，它们分别是套接字、I/O 多路复用程序、文件事件分派器（dispatcher），以及事件处理器。

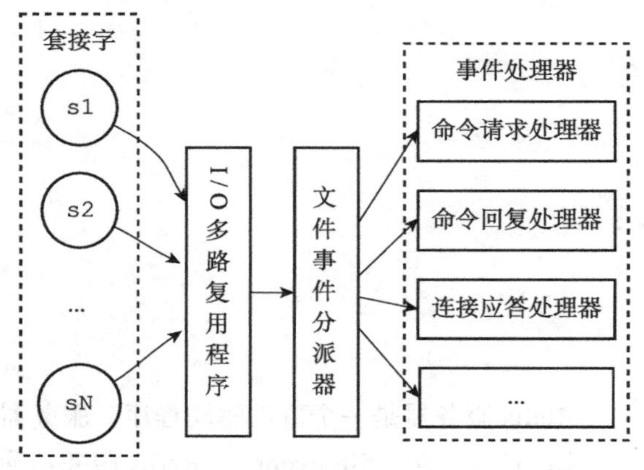

图 12-1 文件事件处理器的四个组成部分

文件事件是对套接字操作的抽象，每当一个套接字准备好执行连接应答（accept）、写入、读取、关闭等操作时，就会产生一个文件事件。因为一个服务器通常会连接多个套接字，所以多个文件事件有可能会并发地出现。

I/O 多路复用程序负责监听多个套接字，并向文件事件分派器传送那些产生了事件的套接字。

尽管多个文件事件可能会并发地出现，但 I/O 多路复用程序总是会将所有产生事件的套接字都放到一个队列里面，然后通过这个队列，以有序（sequentially）、同步（synchronously）、每次一个套接字的方式向文件事件分派器传送套接字。当上一个套接字产生的事件被处理完毕之后（该套接字为事件所关联的事件处理器执行完毕），I/O 多路复用程序才会继续向文件事件分派器传送下一个套接字，如图 12-2 所示。

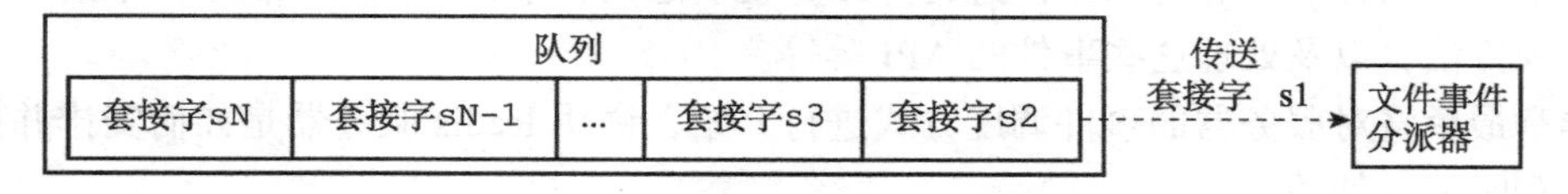

图 12-2 I/O 多路复用程序通过队列向文件事件分派器传送套接字

文件事件分派器接收 I/O 多路复用程序传来的套接字，并根据套接字产生的事件的类型，调用相应的事件处理器。

服务器会为执行不同任务的套接字关联不同的事件处理器，这些处理器是一个个函数，它们定义了某个事件发生时，服务器应该执行的动作。

12.1.2 I/O 多路复用程序的实现

Redis 的 I/O 多路复用程序的所有功能都是通过包装常见的 `select`、`epoll`、`evport` 和 `kqueue` 这些 I/O 多路复用函数库来实现的，每个 I/O 多路复用函数库在 Redis 源码中都对应一个单独的文件，比如 `ae_select.c`、`ae_epoll.c`、`ae_kqueue.c`，诸如此类。

因为 Redis 为每个 I/O 多路复用函数库都实现了相同的 API，所以 I/O 多路复用程序的底层实现是可以互换的，如图 12-3 所示。

Redis 在 I/O 多路复用程序的实现源码中用 `#include` 宏定义了相应的规则，程序会在编译时自动选择系统中性能最高的 I/O 多路复用函数库来作为 Redis 的 I/O 多路复用程序的底层实现：

```
/* Include the best multiplexing layer supported by this system.
 * The following should be ordered by performances, descending. */
# ifdef HAVE_EVPORT
# include "ae_evport.c"
# else
    # ifdef HAVE_EPOLL
    # include "ae_epoll.c"
    # else
        # ifdef HAVE_KQUEUE
        # include "ae_kqueue.c"
        # else
        # include "ae_select.c"
        # endif
    # endif
# endif
```

I/O多路复用程序
select
epoll
evport
kqueue
底层实现

图 12-3 Redis 的 I/O 多路复用程序有多个 I/O 多路复用库实现可选

12.1.3 事件的类型

I/O 多路复用程序可以监听多个套接字的 ae.h/AE_READABLE 事件和 ae.h/AE_WRITABLE 事件，这两类事件和套接字操作之间的对应关系如下：

- 当套接字变得可读时（客户端对套接字执行 write 操作，或者执行 close 操作），或者有新的可应答（acceptable）套接字出现时（客户端对服务器的监听套接字执行 connect 操作），套接字产生 AE_READABLE 事件。
- 当套接字变得可写时（客户端对套接字执行 read 操作），套接字产生 AE_WRITABLE 事件。

I/O 多路复用程序允许服务器同时监听套接字的 AE_READABLE 事件和 AE_WRITABLE 事件，如果一个套接字同时产生了这两种事件，那么文件事件分派器会优先处理 AE_READABLE 事件，等到 AE_READABLE 事件处理完之后，才处理 AE_WRITABLE 事件。

这也就是说，如果一个套接字又可读又可写的话，那么服务器将先读套接字，后写套接字。

12.1.4 API

ae.c/aeCreateFileEvent 函数接受一个套接字描述符、一个事件类型，以及一个事件处理器作为参数，将给定套接字的给定事件加入到 I/O 多路复用程序的监听范围之内，并对事件和事件处理器进行关联。

ae.c/aeDeleteFileEvent 函数接受一个套接字描述符和一个监听事件类型作为参数，让 I/O 多路复用程序取消对给定套接字的给定事件的监听，并取消事件和事件处理器之间的关联。

ae.c/aeGetFileEvents 函数接受一个套接字描述符，返回该套接字正在被监听的事件类型：

- 如果套接字没有任何事件被监听，那么函数返回 AE_NONE。
- 如果套接字的读事件正在被监听，那么函数返回 AE_READABLE。
- 如果套接字的写事件正在被监听，那么函数返回 AE_WRITABLE。
- 如果套接字的读事件和写事件正在被监听，那么函数返回 AE_READABLE | AE_WRITABLE。

ae.c/aeWait 函数接受一个套接字描述符、一个事件类型和一个毫秒数为参数，在给定的时间内阻塞并等待套接字的给定类型事件产生，当事件成功产生，或者等待超时之后，函数返回。

ae.c/aeApiPoll 函数接受一个 sys/time.h/struct timeval 结构为参数，并在指定的时间内，阻塞并等待所有被 aeCreateFileEvent 函数设置为监听状态的套接字产生文件事件，当有至少一个事件产生，或者等待超时后，函数返回。

ae.c/aeProcessEvents 函数是文件事件分派器，它先调用 aeApiPoll 函数来等待事件产生，然后遍历所有已产生的事件，并调用相应的事件处理器来处理这些事件。

ae.c/aeGetApiName 函数返回 I/O 多路复用程序底层所使用的 I/O 多路复用函数库的名称：返回 "epoll" 表示底层为 epoll 函数库，返回 "select" 表示底层为 select 函数库，诸如此类。

12.1.5 文件事件的处理器

Redis 为文件事件编写了多个处理器，这些事件处理器分别用于实现不同的网络通信需求，比如说：

- 为了对连接服务器的各个客户端进行应答，服务器要为监听套接字关联连接应答处理器。
- 为了接收客户端传来的命令请求，服务器要为客户端套接字关联命令请求处理器。
- 为了向客户端返回命令的执行结果，服务器要为客户端套接字关联命令回复处理器。
- 当主服务器和从服务器进行复制操作时，主从服务器都需要关联特别为复制功能编写的复制处理器。

在这些事件处理器里面，服务器最常用的要数与客户端进行通信的连接应答处理器、命令请求处理器和命令回复处理器。

1. 连接应答处理器

networking.c/acceptTcpHandler 函数是 Redis 的连接应答处理器，这个处理器用于对连接服务器监听套接字的客户端进行应答，具体实现为 sys/socket.h/accept 函数的包装。

当 Redis 服务器进行初始化的时候，程序会将这个连接应答处理器和服务器监听套接字的 AE_READABLE 事件关联起来，当有客户端用 sys/socket.h/connect 函数连接服务器监听套接字的时候，套接字就会产生 AE_READABLE 事件，引发连接应答处理器执行，并执行相应的套接字应答操作，如图 12-4 所示。

2. 命令请求处理器

networking.c/readQueryFromClient 函数是 Redis 的命令请求处理器，这个处理器负责从套接字中读入客户端发送的命令请求内容，具体实现为 unistd.h/read 函数的包装。

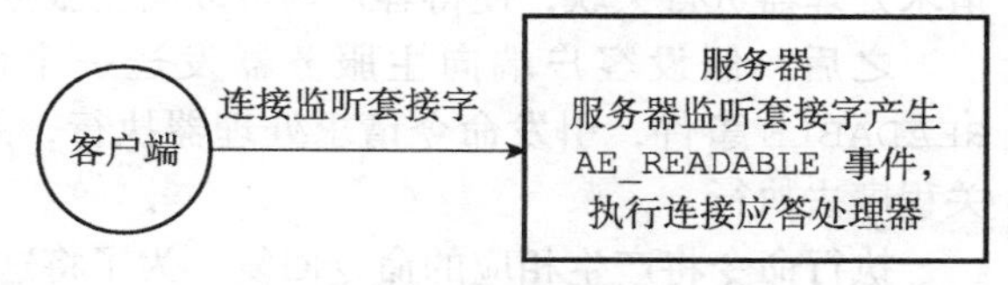

图 12-4　服务器对客户端的连接请求进行应答

当一个客户端通过连接应答处理器成功连接到服务器之后，服务器会将客户端套接字的 AE_READABLE 事件和命令请求处理器关联起来，当客户端向服务器发送命令请求的时候，套接字就会产生 AE_READABLE 事件，引发命令请求处理器执行，并执行相应的套接字读入操作，如图 12-5 所示。

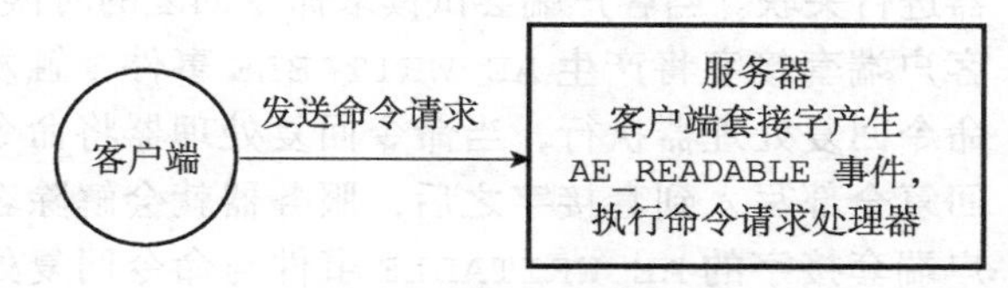

图 12-5　服务器接收客户端发来的命令请求

在客户端连接服务器的整个过程中，服务器都会一直为客户端套接字的 AE_READABLE 事件关联命令请求处理器。

3. 命令回复处理器

networking.c/sendReplyToClient 函数是 Redis 的命令回复处理器，这个处理器负责将服务器执行命令后得到的命令回复通过套接字返回给客户端，具体实现为 unistd.h/write 函数的包装。

当服务器有命令回复需要传送给客户端的时候，服务器会将客户端套接字的 AE_WRITABLE 事件和命令回复处理器关联起来，当客户端准备好接收服务器传回的命令回复时，就会产生 AE_WRITABLE 事件，引发命令回复处理器执行，并执行相应的套接字写入操作，如图 12-6 所示。

当命令回复发送完毕之后，服务器就会解除命令回复处理器与客户端套接字的 AE_WRITABLE 事件之间的关联。

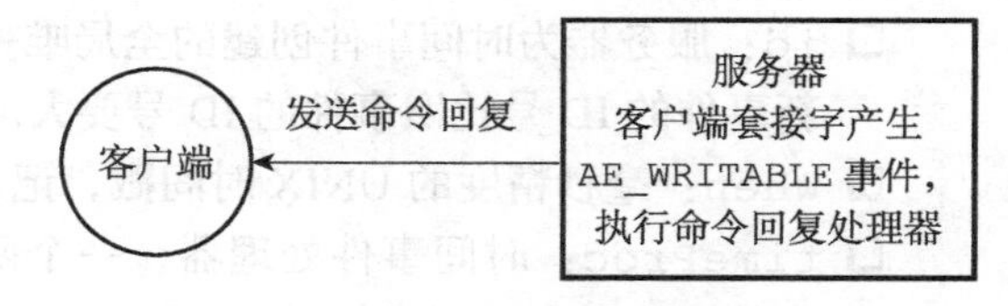

图 12-6　服务器向客户端发送命令回复

4. 一次完整的客户端与服务器连接事件示例

让我们来追踪一次 Redis 客户端与服务器进行连接并发送命令的整个过程，看看在过程中会产生什么事件，而这些事件又是如何被处理的。

假设一个 Redis 服务器正在运作，那么这个服务器的监听套接字的 AE_READABLE 事件应该正处于监听状态之下，而该事件所对应的处理器为连接应答处理器。

如果这时有一个 Redis 客户端向服务器发起连接，那么监听套接字将产生 AE_READABLE 事件，触发连接应答处理器执行。处理器会对客户端的连接请求进行应答，然后创建客户端套接字，以及客户端状态，并将客户端套接字的 AE_READABLE 事件与命令请求处理器进行关联，使得客户端可以向主服务器发送命令请求。

之后，假设客户端向主服务器发送一个命令请求，那么客户端套接字将产生 AE_READABLE 事件，引发命令请求处理器执行，处理器读取客户端的命令内容，然后传给相关程序去执行。

执行命令将产生相应的命令回复，为了将这些命令回复传送回客户端，服务器会将客户端套接字的 AE_WRITABLE 事件与命令回复处理器进行关联。当客户端尝试读取命令回复的时候，客户端套接字将产生 AE_WRITABLE 事件，触发命令回复处理器执行，当命令回复处理器将命令回复全部写入到套接字之后，服务器就会解除客户端套接字的 AE_WRITABLE 事件与命令回复处理器之间的关联。

图 12-7 总结了上面描述的整个通信过程，以及通信时用到的事件处理器。

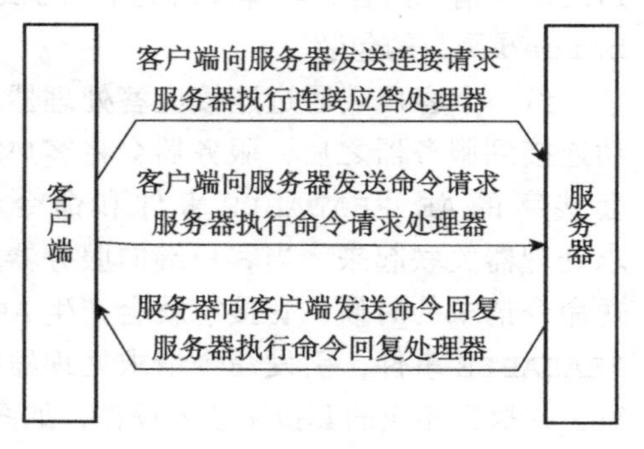

图 12-7 客户端和服务器的通信过程

12.2 时间事件

Redis 的时间事件分为以下两类：

- 定时事件：让一段程序在指定的时间之后执行一次。比如说，让程序 X 在当前时间的 30 毫秒之后执行一次。
- 周期性事件：让一段程序每隔指定时间就执行一次。比如说，让程序 Y 每隔 30 毫秒就执行一次。

一个时间事件主要由以下三个属性组成：

- id：服务器为时间事件创建的全局唯一 ID（标识号）。ID 号按从小到大的顺序递增，新事件的 ID 号比旧事件的 ID 号要大。
- when：毫秒精度的 UNIX 时间戳，记录了时间事件的到达（arrive）时间。
- timeProc：时间事件处理器，一个函数。当时间事件到达时，服务器就会调用相应的处理器来处理事件。

一个时间事件是定时事件还是周期性事件取决于时间事件处理器的返回值：

- 如果事件处理器返回 ae.h/AE_NOMORE，那么这个事件为定时事件：该事件在达到一次之后就会被删除，之后不再到达。
- 如果事件处理器返回一个非 AE_NOMORE 的整数值，那么这个事件为周期性时间：当一个时间事件到达之后，服务器会根据事件处理器返回的值，对时间事件的 when 属性进行更新，让这个事件在一段时间之后再次到达，并以这种方式一直更新并运行下去。比如说，如果一个时间事件的处理器返回整数值 30，那么服务器应该对这个时间事件进行更新，让这个事件在 30 毫秒之后再次到达。

目前版本的 Redis 只使用周期性事件，而没有使用定时事件。

12.2.1　实现

服务器将所有时间事件都放在一个无序链表中，每当时间事件执行器运行时，它就遍历整个链表，查找所有已到达的时间事件，并调用相应的事件处理器。

图 12-8 展示了一个保存时间事件的链表的例子，链表中包含了三个不同的时间事件：因为新的时间事件总是插入到链表的表头，所以三个时间事件分别按 ID 逆序排序，表头事件的 ID 为 3，中间事件的 ID 为 2，表尾事件的 ID 为 1。

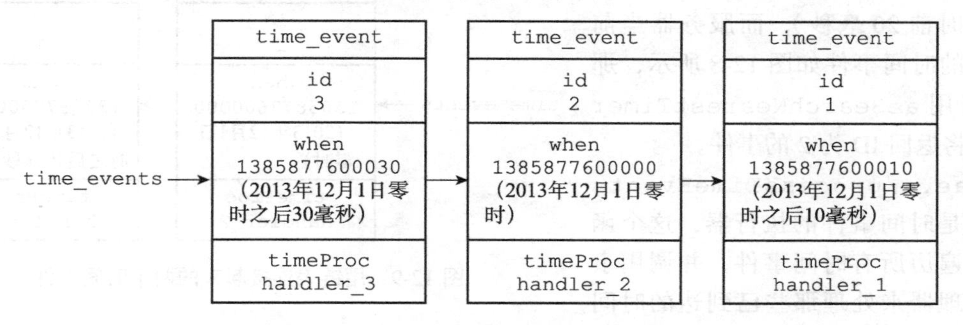

图 12-8　用链表连接起来的三个时间事件

注意，我们说保存时间事件的链表为无序链表，指的不是链表不按 ID 排序，而是说，该链表不按 `when` 属性的大小排序。正因为链表没有按 `when` 属性进行排序，所以当时间事件执行器运行的时候，它必须遍历链表中的所有时间事件，这样才能确保服务器中所有已到达的时间事件都会被处理。

> **无序链表并不影响时间事件处理器的性能**
>
> 在目前版本中，正常模式下的 Redis 服务器只使用 `serverCron` 一个时间事件，而在 `benchmark` 模式下，服务器也只使用两个时间事件。在这种情况下，服务器几乎是将无序链表退化成一个指针来使用，所以使用无序链表来保存时间事件，并不影响事件执行的性能。

12.2.2　API

`ae.c/aeCreateTimeEvent` 函数接受一个毫秒数 `milliseconds` 和一个时间事件处理器 `proc` 作为参数，将一个新的时间事件添加到服务器，这个新的时间事件将在当前时间的 `milliseconds` 毫秒之后到达，而事件的处理器为 `proc`。

例如，如果服务器当前所保存的时间事件如图 12-9 所示。

那么当程序以 `50` 毫秒和 `handler_3` 处理器为参数，在时间 `1385877599980`（2013 年 12 月 1 日零时前 20 毫秒）时调用 `aeCreateTimeEvent` 函数，服务器将创建 ID 为 3

的时间事件，这时服务器所保存的时间事件将如图 12-8 所示。

ae.c/aeDeleteFileEvent 函数接受一个时间事件 ID 作为参数，然后从服务器中删除该 ID 所对应的时间事件。

举个例子，如果服务器当前保存的时间事件如图 12-8 所示，那么当程序调用 aeDeleteFileEvent(3) 之后，服务器保存的时间事件将变成图 12-9 所示的样子。

ae.c/aeSearchNearestTimer 函数返回到达时间距离当前时间最接近的那个时间事件。

举个例子，如果当前时间为 1385877599980（2013 年 12 月 1 日零时前 20 毫秒），而服务器当前保存的时间事件如图 12-8 所示，那么调用 aeSearchNearestTimer 函数将返回 ID 为 2 的事件。

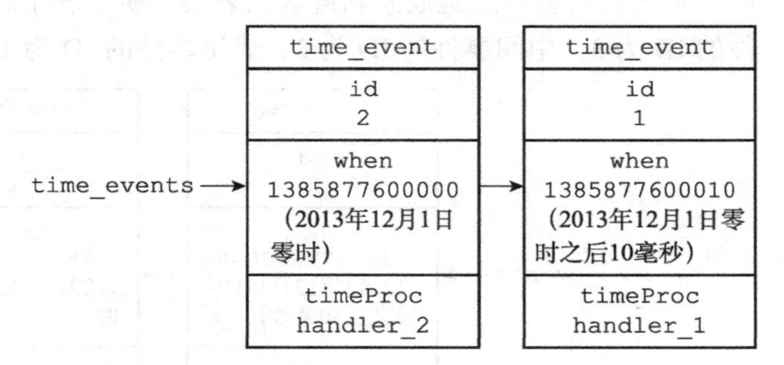

图 12-9 用链表连接起来的两个时间事件

ae.c/processTimeEvents 函数是时间事件的执行器，这个函数会遍历所有时间事件，并调用事件处理器来处理那些已到达的时间事件。已到达指的是，时间事件的 when 属性记录的 UNIX 时间戳等于或小于当前时间的 UNIX 时间戳。

举个例子，如果服务器保存的时间事件如图 12-8 所示，并且当前时间为 1385877600010（2013 年 12 月 1 日零时之后 10 毫秒），那么 processTimeEvents 函数将处理图中 ID 为 2 和 1 的时间事件，因为这两个事件的到达时间都大于等于 1385877600010。

processTimeEvents 函数的定义可以用以下伪代码来描述：

```
def processTimeEvents():

    # 遍历服务器中的所有时间事件
    for time_event in all_time_event():

        # 检查事件是否已经到达
        if time_event.when <= unix_ts_now():

            # 事件已到达
            # 执行事件处理器，并获取返回值
            retval = time_event.timeProc()

            # 如果这是一个定时事件
            if retval == AE_NOMORE:

                # 那么将该事件从服务器中删除
                delete_time_event_from_server(time_event)

            # 如果这是一个周期性事件
            else:

            # 那么按照事件处理器的返回值更新时间事件的 when 属性
            # 让这个事件在指定的时间之后再次到达
            update_when(time_event, retval)
```

12.2.3 时间事件应用实例：serverCron 函数

持续运行的 Redis 服务器需要定期对自身的资源和状态进行检查和调整，从而确保服务器可以长期、稳定地运行，这些定期操作由 redis.c/serverCron 函数负责执行，它的主要工作包括：

- 更新服务器的各类统计信息，比如时间、内存占用、数据库占用情况等。
- 清理数据库中的过期键值对。
- 关闭和清理连接失效的客户端。
- 尝试进行 AOF 或 RDB 持久化操作。
- 如果服务器是主服务器，那么对从服务器进行定期同步。
- 如果处于集群模式，对集群进行定期同步和连接测试。

Redis 服务器以周期性事件的方式来运行 serverCron 函数，在服务器运行期间，每隔一段时间，serverCron 就会执行一次，直到服务器关闭为止。

在 Redis2.6 版本，服务器默认规定 serverCron 每秒运行 10 次，平均每间隔 100 毫秒运行一次。

从 Redis2.8 开始，用户可以通过修改 hz 选项来调整 serverCron 的每秒执行次数，具体信息请参考示例配置文件 redis.conf 关于 hz 选项的说明。

12.3 事件的调度与执行

因为服务器中同时存在文件事件和时间事件两种事件类型，所以服务器必须对这两种事件进行调度，决定何时应该处理文件事件，何时又应该处理时间事件，以及花多少时间来处理它们等等。

事件的调度和执行由 ae.c/aeProcessEvents 函数负责，以下是该函数的伪代码表示：

```
def aeProcessEvents():

    # 获取到达时间离当前时间最接近的时间事件
    time_event = aeSearchNearestTimer()

    # 计算最接近的时间事件距离到达还有多少毫秒
    remaind_ms = time_event.when - unix_ts_now()

    # 如果事件已到达，那么 remaind_ms 的值可能为负数，将它设定为 0
    if remaind_ms < 0:
        remaind_ms = 0

    # 根据 remaind_ms 的值，创建 timeval 结构
    timeval = create_timeval_with_ms(remaind_ms)

    # 阻塞并等待文件事件产生，最大阻塞时间由传入的 timeval 结构决定
    # 如果 remaind_ms 的值为 0，那么 aeApiPoll 调用之后马上返回，不阻塞
    aeApiPoll(timeval)
```

```
        # 处理所有已产生的文件事件
        processFileEvents()

        # 处理所有已到达的时间事件
        processTimeEvents()
```

注意

前面的12.1节在介绍文件事件API的时候，并没有讲到processFileEvents这个函数，因为它并不存在，在实际中，处理已产生文件事件的代码是直接写在aeProcessEvents函数里面的，这里为了方便讲述，才虚构了processFileEvents函数。

将aeProcessEvents函数置于一个循环里面，加上初始化和清理函数，这就构成了Redis服务器的主函数，以下是该函数的伪代码表示：

```
def main():

    # 初始化服务器
    init_server()

    # 一直处理事件，直到服务器关闭为止
    while server_is_not_shutdown():
        aeProcessEvents()

    # 服务器关闭，执行清理操作
    clean_server()
```

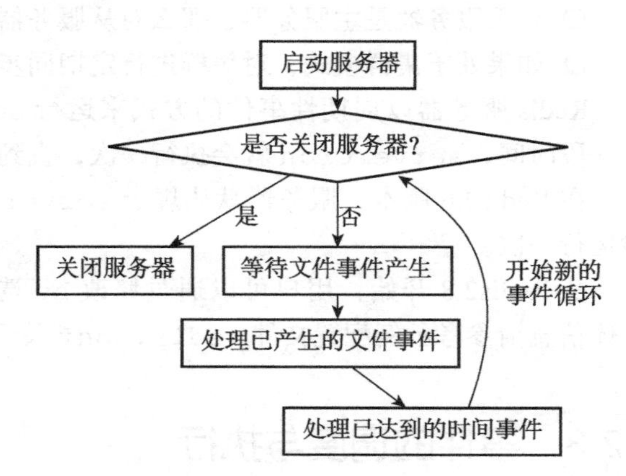

图12-10 事件处理角度下的服务器运行流程

从事件处理的角度来看，Redis服务器的运行流程可以用流程图12-10来概括。

以下是事件的调度和执行规则：

1）aeApiPoll函数的最大阻塞时间由到达时间最接近当前时间的时间事件决定，这个方法既可以避免服务器对时间事件进行频繁的轮询（忙等待），也可以确保aeApiPoll函数不会阻塞过长时间。

2）因为文件事件是随机出现的，如果等待并处理完一次文件事件之后，仍未有任何时间事件到达，那么服务器将再次等待并处理文件事件。随着文件事件的不断执行，时间会逐渐向时间事件所设置的到达时间逼近，并最终来到到达时间，这时服务器就可以开始处理到达的时间事件了。

3）对文件事件和时间事件的处理都是同步、有序、原子地执行的，服务器不会中途中断事件处理，也不会对事件进行抢占，因此，不管是文件事件的处理器，还是时间事件的处理器，它们都会尽可地减少程序的阻塞时间，并在有需要时主动让出执行权，从而降低造成事件饥饿的可能性。比如说，在命令回复处理器将一个命令回复写入到客户端套接字时，如果写入字节数超过了一个预设常量的话，命令回复处理器就会主动用break跳出写入循环，将余下的数据留到下次再写；另外，时间事件也会将非常耗时的持久化操作放到子线程或者子进程执行。

4）因为时间事件在文件事件之后执行，并且事件之间不会出现抢占，所以时间事件的实际处理时间，通常会比时间事件设定的到达时间稍晚一些。

表 12-1 记录了一次完整的事件调度和执行过程。

表 12-1　一次完整的事件调度和执行过程

开始时间	结束时间	动作
0	10	创建一个在 100 毫秒到达的时间事件
11	30	等待文件事件
31	50	处理文件事件
51	85	等待文件事件
85	130	处理文件事件
131	150	执行时间事件

表 12-1 记录的事件执行过程凸显了上面列举的事件调度规则中的规则 2、3、4：

- 因为时间事件尚未到达，所以在处理时间事件之前，服务器已经等待并处理了两次文件事件。
- 因为处理事件的过程中不会出现抢占，所以实际处理时间事件的时间比预定的 100 毫秒慢了 30 毫秒。

12.4　重点回顾

- Redis 服务器是一个事件驱动程序，服务器处理的事件分为时间事件和文件事件两类。
- 文件事件处理器是基于 Reactor 模式实现的网络通信程序。
- 文件事件是对套接字操作的抽象：每次套接字变为可应答（acceptable）、可写（writable）或者可读（readable）时，相应的文件事件就会产生。
- 文件事件分为 `AE_READABLE` 事件（读事件）和 `AE_WRITABLE` 事件（写事件）两类。
- 时间事件分为定时事件和周期性事件：定时事件只在指定的时间到达一次，而周期性事件则每隔一段时间到达一次。
- 服务器在一般情况下只执行 `serverCron` 函数一个时间事件，并且这个事件是周期性事件。
- 文件事件和时间事件之间是合作关系，服务器会轮流处理这两种事件，并且处理事件的过程中也不会进行抢占。
- 时间事件的实际处理时间通常会比设定的到达时间晚一些。

12.5　参考资料

- 《Pattern-Oriented Software Architecture, Volume 4: A Pattern Language for Distributed Computing》第 11 章中的《Reactor》一节介绍了 Reactor 模型的定义、实现方法和作用。
- 《Linux System Programming, Second Edition》第 2 章的《Multiplexed I/O》小节和第 4 章的《Event Poll》小节，以及《Unix 环境高级编程，第 2 版》的 14.5 节，都对 I/O 多路复用及其相关函数进行了介绍。

第13章 客户端

Redis 服务器是典型的一对多服务器程序：一个服务器可以与多个客户端建立网络连接，每个客户端可以向服务器发送命令请求，而服务器则接收并处理客户端发送的命令请求，并向客户端返回命令回复。

通过使用由 I/O 多路复用技术实现的文件事件处理器，Redis 服务器使用单线程单进程的方式来处理命令请求，并与多个客户端进行网络通信。

对于每个与服务器进行连接的客户端，服务器都为这些客户端建立了相应的 `redis.h/redisClient` 结构（客户端状态），这个结构保存了客户端当前的状态信息，以及执行相关功能时需要用到的数据结构，其中包括：

- 客户端的套接字描述符。
- 客户端的名字。
- 客户端的标志值（flag）。
- 指向客户端正在使用的数据库的指针，以及该数据库的号码。
- 客户端当前要执行的命令、命令的参数、命令参数的个数，以及指向命令实现函数的指针。
- 客户端的输入缓冲区和输出缓冲区。
- 客户端的复制状态信息，以及进行复制所需的数据结构。
- 客户端执行 *BRPOP*、*BLPOP* 等列表阻塞命令时使用的数据结构。
- 客户端的事务状态，以及执行 *WATCH* 命令时用到的数据结构。
- 客户端执行发布与订阅功能时用到的数据结构。
- 客户端的身份验证标志。
- 客户端的创建时间，客户端和服务器最后一次通信的时间，以及客户端的输出缓冲区大小超出软性限制（soft limit）的时间。

Redis 服务器状态结构的 `clients` 属性是一个链表，这个链表保存了所有与服务器连接的客户端的状态结构，对客户端执行批量操作，或者查找某个指定的客户端，都可以通过遍历 clients 链表来完成：

```
struct redisServer {

    // ...

    // 一个链表，保存了所有客户端状态
    list *clients;

    // ...

};
```

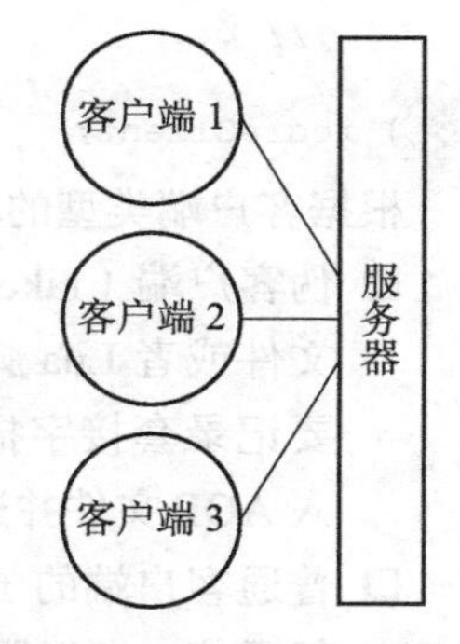

图 13-1　客户端与服务器

作为例子，图 13-1 展示了一个与三个客户端进行连接的服务器，而图 13-2 则展示了这个服务器的 clients 链表的样子。

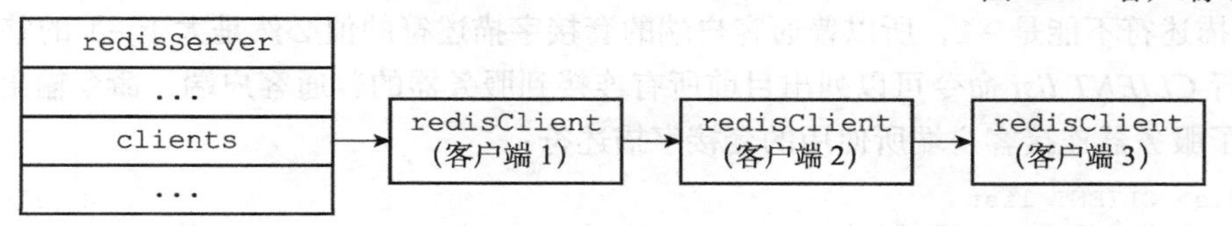

图 13-2　clients 链表

本章将对客户端状态的各个属性进行介绍，并讲述服务器创建并关闭各种不同类型的客户端的方法。

13.1　客户端属性

客户端状态包含的属性可以分为两类：

- 一类是比较通用的属性，这些属性很少与特定功能相关，无论客户端执行的是什么工作，它们都要用到这些属性。
- 另外一类是和特定功能相关的属性，比如操作数据库时需要用到的 db 属性和 dictid 属性，执行事务时需要用到的 mstate 属性，以及执行 *WATCH* 命令时需要用到的 watched_keys 属性等等。

本章将对客户端状态中比较通用的那部分属性进行介绍，至于那些和特定功能相关的属性，则会在相应的章节进行介绍。

13.1.1　套接字描述符

客户端状态的 fd 属性记录了客户端正在使用的套接字描述符：

```
typedef struct redisClient {

    // ...

    int fd;
```

```
    // ...

} redisClient;
```

根据客户端类型的不同，fd 属性的值可以是 -1 或者是大于 -1 的整数：

- 伪客户端（fake client）的 fd 属性的值为 -1：伪客户端处理的命令请求来源于 AOF 文件或者 Lua 脚本，而不是网络，所以这种客户端不需要套接字连接，自然也不需要记录套接字描述符。目前 Redis 服务器会在两个地方用到伪客户端，一个用于载入 AOF 文件并还原数据库状态，而另一个则用于执行 Lua 脚本中包含的 Redis 命令。
- 普通客户端的 fd 属性的值为大于 -1 的整数：普通客户端使用套接字来与服务器进行通信，所以服务器会用 fd 属性来记录客户端套接字的描述符。因为合法的套接字描述符不能是 -1，所以普通客户端的套接字描述符的值必然是大于 -1 的整数。

执行 *CLIENT list* 命令可以列出目前所有连接到服务器的普通客户端，命令输出中的 fd 域显示了服务器连接客户端所使用的套接字描述符：

```
redis> CLIENT list
addr=127.0.0.1:53428 fd=6 name= age=1242 idle=0 ...
addr=127.0.0.1:53469 fd=7 name= age=4 idle=4 ...
```

13.1.2 名字

在默认情况下，一个连接到服务器的客户端是没有名字的。

比如在下面展示的 *CLIENT list* 命令示例中，两个客户端的 name 域都是空白的：

```
redis> CLIENT list
addr=127.0.0.1:53428 fd=6 name= age=1242 idle=0 ...
addr=127.0.0.1:53469 fd=7 name= age=4 idle=4 ...
```

使用 *CLIENT setname* 命令可以为客户端设置一个名字，让客户端的身份变得更清晰。

以下展示的是客户端执行 *CLIENT setname* 命令之后的客户端列表：

```
redis> CLIENT list
addr=127.0.0.1:53428 fd=6 name=message_queue age=2093 idle=0 ...
addr=127.0.0.1:53469 fd=7 name=user_relationship age=855 idle=2 ...
```

其中，第一个客户端的名字是 message_queue，我们可以猜测它是负责处理消息队列的客户端；第二个客户端的名字是 user_relationship，我们可以猜测它为负责处理用户关系的客户端。

客户端的名字记录在客户端状态的 name 属性里面：

```
typedef struct redisClient {

    // ...

    robj *name;

    // ...
```

```
} redisClient;
```

如果客户端没有为自己设置名字，那么相应客户端状态的 name 属性指向 NULL 指针；相反地，如果客户端为自己设置了名字，那么 name 属性将指向一个字符串对象，而该对象就保存着客户端的名字。

图 13-3 展示了一个客户端状态示例，根据 name 属性显示，客户端的名字为 "message_queue"。

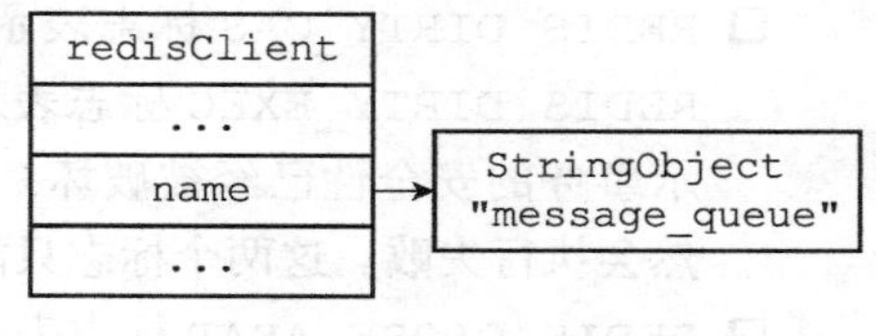

图 13-3 name 属性示例

13.1.3 标志

客户端的标志属性 flags 记录了客户端的角色（role），以及客户端目前所处的状态：

```
typedef struct redisClient {

    // ...

    int flags;

    // ...

} redisClient;
```

flags 属性的值可以是单个标志：

```
flags = <flag>
```

也可以是多个标志的二进制或，比如：

```
flags = <flag1> | <flag2> | ...
```

每个标志使用一个常量表示，一部分标志记录了客户端的角色：

- 在主从服务器进行复制操作时，主服务器会成为从服务器的客户端，而从服务器也会成为主服务器的客户端。REDIS_MASTER 标志表示客户端代表的是一个主服务器，REDIS_SLAVE 标志表示客户端代表的是一个从服务器。
- REDIS_PRE_PSYNC 标志表示客户端代表的是一个版本低于 Redis2.8 的从服务器，主服务器不能使用 *PSYNC* 命令与这个从服务器进行同步。这个标志只能在 REDIS_SLAVE 标志处于打开状态时使用。
- REDIS_LUA_CLIENT 标识表示客户端是专门用于处理 Lua 脚本里面包含的 Redis 命令的伪客户端。

而另外一部分标志则记录了客户端目前所处的状态：

- REDIS_MONITOR 标志表示客户端正在执行 *MONITOR* 命令。
- REDIS_UNIX_SOCKET 标志表示服务器使用 UNIX 套接字来连接客户端。
- REDIS_BLOCKED 标志表示客户端正在被 *BRPOP*、*BLPOP* 等命令阻塞。
- REDIS_UNBLOCKED 标志表示客户端已经从 REDIS_BLOCKED 标志所表示的阻塞状

态中脱离出来，不再阻塞。REDIS_UNBLOCKED 标志只能在 REDIS_BLOCKED 标志已经打开的情况下使用。

- REDIS_MULTI 标志表示客户端正在执行事务。
- REDIS_DIRTY_CAS 标志表示事务使用 *WATCH* 命令监视的数据库键已经被修改，REDIS_DIRTY_EXEC 标志表示事务在命令入队时出现了错误，以上两个标志都表示事务的安全性已经被破坏，只要这两个标记中的任意一个被打开，*EXEC* 命令必然会执行失败。这两个标志只能在客户端打开了 REDIS_MULTI 标志的情况下使用。
- REDIS_CLOSE_ASAP 标志表示客户端的输出缓冲区大小超出了服务器允许的范围，服务器会在下一次执行 serverCron 函数时关闭这个客户端，以免服务器的稳定性受到这个客户端影响。积存在输出缓冲区中的所有内容会直接被释放，不会返回给客户端。
- REDIS_CLOSE_AFTER_REPLY 标志表示有用户对这个客户端执行了 *CLIENT KILL* 命令，或者客户端发送给服务器的命令请求中包含了错误的协议内容。服务器会将客户端积存在输出缓冲区中的所有内容发送给客户端，然后关闭客户端。
- REDIS_ASKING 标志表示客户端向集群节点（运行在集群模式下的服务器）发送了 *ASKING* 命令。
- REDIS_FORCE_AOF 标志强制服务器将当前执行的命令写入到 AOF 文件里面，REDIS_FORCE_REPL 标志强制主服务器将当前执行的命令复制给所有从服务器。执行 *PUBSUB* 命令会使客户端打开 REDIS_FORCE_AOF 标志，执行 *SCRIPT LOAD* 命令会使客户端打开 REDIS_FORCE_AOF 标志和 REDIS_FORCE_REPL 标志。
- 在主从服务器进行命令传播期间，从服务器需要向主服务器发送 *REPLICATION ACK* 命令，在发送这个命令之前，从服务器必须打开主服务器对应的客户端的 REDIS_MASTER_FORCE_REPLY 标志，否则发送操作会被拒绝执行。

以上提到的所有标志都定义在 redis.h 文件里面。

PUBSUB 命令和 SCRIPT LOAD 命令的特殊性

通常情况下，Redis 只会将那些对数据库进行了修改的命令写入到 AOF 文件，并复制到各个从服务器。如果一个命令没有对数据库进行任何修改，那么它就会被认为是只读命令，这个命令不会被写入到 AOF 文件，也不会被复制到从服务器。

以上规则适用于绝大部分 Redis 命令，但 *PUBSUB* 命令和 *SCRIPT LOAD* 命令是其中的例外。*PUBSUB* 命令虽然没有修改数据库，但 *PUBSUB* 命令向频道的所有订阅者发送消息这一行为带有副作用，接收到消息的所有客户端的状态都会因为这个命令而改变。因此，服务器需要使用 REDIS_FORCE_AOF 标志，强制将这个命令写入 AOF 文件，这样在将来载入 AOF 文件时，服务器就可以再次执行相同的 *PUBSUB* 命令，并产生相同的副作用。*SCRIPT LOAD* 命令的情况与 *PUBSUB* 命令类似：虽然 *SCRIPT LOAD* 命令没有修改数据库，但它修改了服务器状态，所以它是一个带有副作用的命令，服务器需要使用 REDIS_FORCE_AOF 标志，强制将这个命令写入 AOF 文件，使得将来在载入 AOF 文件时，服务器可以产生相同的副作用。

另外，为了让主服务器和从服务器都可以正确地载入 *SCRIPT LOAD* 命令指定的脚本，服务器需要使用 REDIS_FORCE_REPL 标志，强制将 *SCRIPT LOAD* 命令复制给所有从服务器。

以下是一些 flags 属性的例子：

```
# 客户端是一个主服务器
REDIS_MASTER

# 客户端正在被列表命令阻塞
REDIS_BLOCKED

# 客户端正在执行事务，但事务的安全性已被破坏
REDIS_MULTI | REDIS_DIRTY_CAS

# 客户端是一个从服务器，并且版本低于Redis 2.8
REDIS_SLAVE | REDIS_PRE_PSYNC

# 这是专门用于执行Lua 脚本包含的Redis 命令的伪客户端
# 它强制服务器将当前执行的命令写入AOF 文件，并复制给从服务器
REDIS_LUA_CLIENT | REDIS_FORCE_AOF| REDIS_FORCE_REPL
```

13.1.4 输入缓冲区

客户端状态的输入缓冲区用于保存客户端发送的命令请求：

```
typedef struct redisClient {

    // ...

    sds querybuf;

    // ...

} redisClient;
```

举个例子，如果客户端向服务器发送了以下命令请求：

```
SET key value
```

那么客户端状态的 querybuf 属性将是一个包含以下内容的 SDS 值：

```
*3\r\n$3\r\nSET\r\n$3\r\nkey\r\n$5\r\nvalue\r\n
```

图 13-4 展示了这个 SDS 值以及 querybuf 属性的样子。

输入缓冲区的大小会根据输入内容动态地缩小或者扩大，但它的最大大小不能超过 1GB，否则服务器将关闭这个客户端。

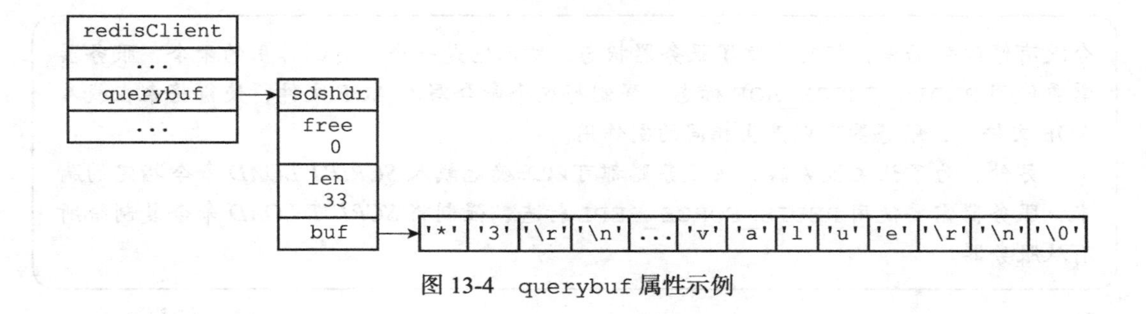

图 13-4 querybuf 属性示例

13.1.5 命令与命令参数

在服务器将客户端发送的命令请求保存到客户端状态的 querybuf 属性之后，服务器将对命令请求的内容进行分析，并将得出的命令参数以及命令参数的个数分别保存到客户端状态的 argv 属性和 argc 属性：

```
typedef struct redisClient {

    // ...

    robj **argv;

    int argc;

    // ...

} redisClient;
```

argv 属性是一个数组，数组中的每个项都是一个字符串对象，其中 argv[0] 是要执行的命令，而之后的其他项则是传给命令的参数。

argc 属性则负责记录 argv 数组的长度。

举个例子，对于图 13-4 所示的 querybuf 属性来说，服务器将分析并创建图 13-5 所示的 argv 属性和 argc 属性。

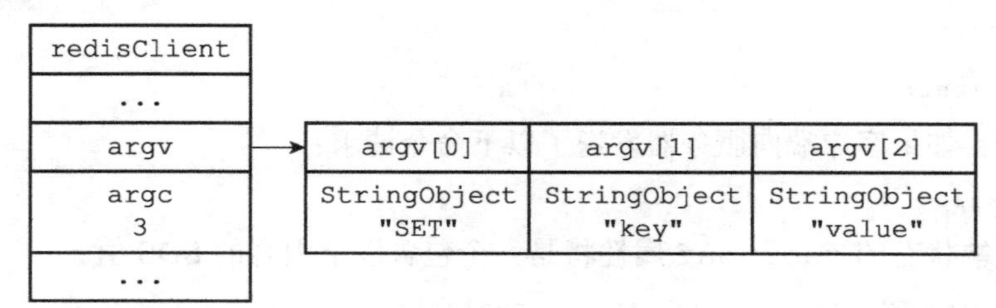

图 13-5 argv 属性和 argc 属性示例

注意，在图 13-5 展示的客户端状态中，argc 属性的值为 3，而不是 2，因为命令的名字 "SET" 本身也是一个参数。

13.1.6　命令的实现函数

当服务器从协议内容中分析并得出 argv 属性和 argc 属性的值之后，服务器将根据项 argv[0] 的值，在命令表中查找命令所对应的命令实现函数。

图 13-6 展示了一个命令表示例，该表是一个字典，字典的键是一个 SDS 结构，保存了命令的名字，字典的值是命令所对应的 redisCommand 结构，这个结构保存了命令的实现函数、命令的标志、命令应该给定的参数个数、命令的总执行次数和总消耗时长等统计信息。

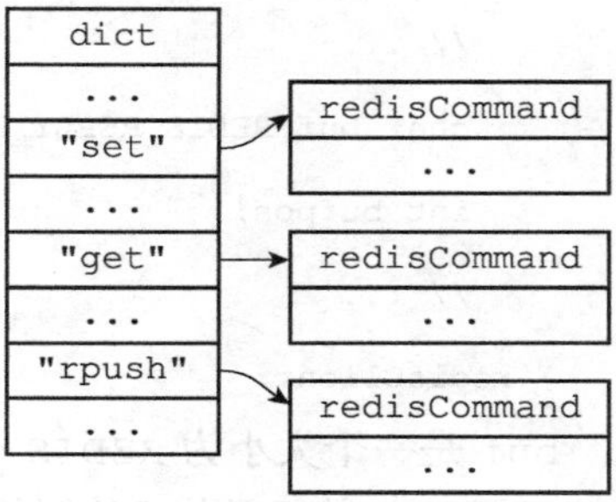

当程序在命令表中成功找到 argv[0] 所对应的 redisCommand 结构时，它会将客户端状态的 cmd 指针指向这个结构：

```
typedef struct redisClient {

    // ...

    struct redisCommand *cmd;

    // ...

} redisClient;
```

图 13-6　命令表

之后，服务器就可以使用 cmd 属性所指向的 redisCommand 结构，以及 argv、argc 属性中保存的命令参数信息，调用命令实现函数，执行客户端指定的命令。

图 13-7 演示了服务器在 argv[0] 为 "SET" 时，查找命令表并将客户端状态的 cmd 指针指向目标 redisCommand 结构的整个过程。

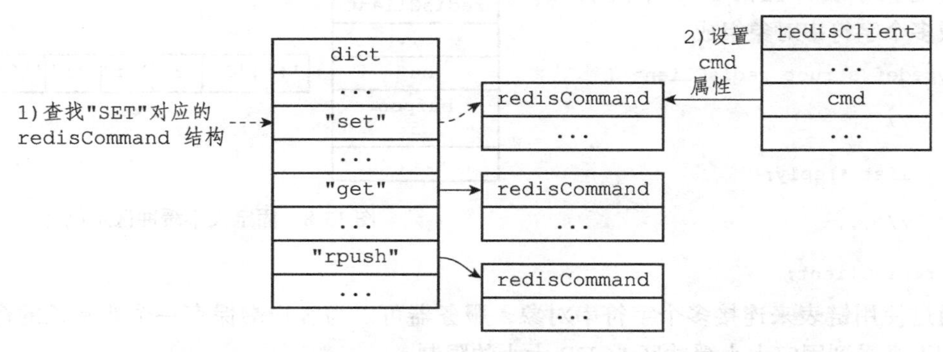

图 13-7　查找命令并设置 cmd 属性

针对命令表的查找操作不区分输入字母的大小写，所以无论 argv[0] 是 "SET"、"set"、或者 "SeT" 等等，查找的结果都是相同的。

13.1.7　输出缓冲区

执行命令所得的命令回复会被保存在客户端状态的输出缓冲区里面，每个客户端都有两个输出缓冲区可用，一个缓冲区的大小是固定的，另一个缓冲区的大小是可变的：

- 固定大小的缓冲区用于保存那些长度比较小的回复，比如 OK、简短的字符串值、整数值、错误回复等等。
- 可变大小的缓冲区用于保存那些长度比较大的回复，比如一个非常长的字符串值，一个由很多项组成的列表，一个包含了很多元素的集合等等。

客户端的固定大小缓冲区由 buf 和 bufpos 两个属性组成：

```
typedef struct redisClient {

    // ...

    char buf[REDIS_REPLY_CHUNK_BYTES];

    int bufpos;

    // ...

} redisClient;
```

buf 是一个大小为 REDIS_REPLY_CHUNK_BYTES 字节的字节数组，而 bufpos 属性则记录了 buf 数组目前已使用的字节数量。

REDIS_REPLY_CHUNK_BYTES 常量目前的默认值为 16*1024，也即是说，buf 数组的默认大小为 16KB。

图 13-8 展示了一个使用固定大小缓冲区来保存返回值 +OK\r\n 的例子。

当 buf 数组的空间已经用完，或者回复因为太大而没办法放进 buf 数组里面时，服务器就会开始使用可变大小缓冲区。

可变大小缓冲区由 reply 链表和一个或多个字符串对象组成：

```
typedef struct redisClient {

    // ...

    list *reply;

    // ...

} redisClient;
```

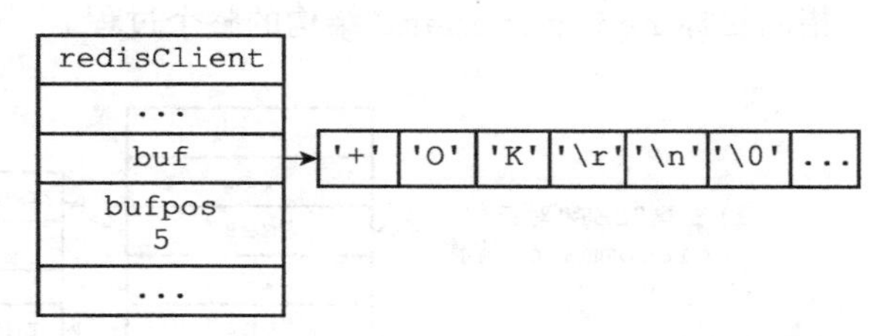

图 13-8 固定大小缓冲区示例

通过使用链表来连接多个字符串对象，服务器可以为客户端保存一个非常长的命令回复，而不必受到固定大小缓冲区 16 KB 大小的限制。

图 13-9 展示了一个包含三个字符串对象的 reply 链表。

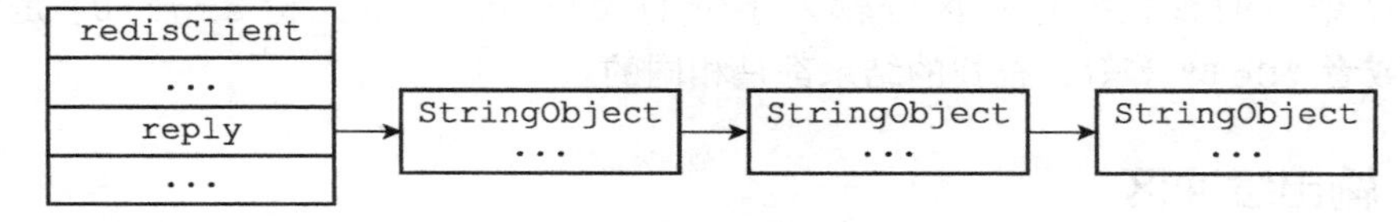

图 13-9 可变大小缓冲区示例

13.1.8 身份验证

客户端状态的 authenticated 属性用于记录客户端是否通过了身份验证：

```
typedef struct redisClient {

    // ...

    int authenticated;

    // ...

} redisClient;
```

如果 authenticated 的值为 0，那么表示客户端未通过身份验证；如果 authenticated 的值为 1，那么表示客户端已经通过了身份验证。

举个例子，对于一个尚未进行身份验证的客户端来说，客户端状态的 authenticated 属性将如图 13-10 所示。

redisClient
...
authenticated
0
...

图 13-10 未验证身份时的客户端状态

当客户端 authenticated 属性的值为 0 时，除了 *AUTH* 命令之外，客户端发送的所有其他命令都会被服务器拒绝执行：

```
redis> PING
(error) NOAUTH Authentication required.

redis> SET msg "hello world"
(error) NOAUTH Authentication required.
```

当客户端通过 *AUTH* 命令成功进行身份验证之后，客户端状态 authenticated 属性的值就会从 0 变为 1，如图 13-11 所示，这时客户端就可以像往常一样向服务器发送命令请求了：

```
# authenticated 属性的值从 0 变为 1
redis> AUTH 123321
OK

redis> PING
PONG

redis> SET msg "hello world"
OK
```

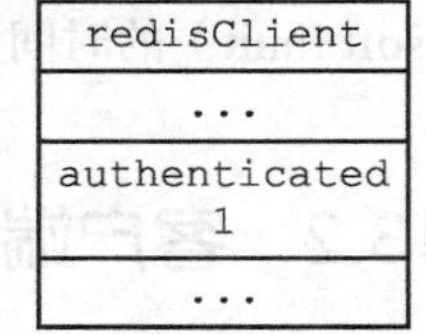

图 13-11 已经通过身份验证的客户端状态

authenticated 属性仅在服务器启用了身份验证功能时使用。如果服务器没有启用身份验证功能的话，那么即使 authenticated 属性的值为 0（这是默认值），服务器也不会拒绝执行客户端发送的命令请求。

关于服务器身份验证的更多信息可以参考示例配置文件对 requirepass 选项的相关说明。

13.1.9 时间

最后，客户端还有几个和时间有关的属性：

```
typedef struct redisClient {

    // ...

    time_t ctime;

    time_t lastinteraction;

    time_t obuf_soft_limit_reached_time;

    // ...

} redisClient;
```

ctime 属性记录了创建客户端的时间，这个时间可以用来计算客户端与服务器已经连接了多少秒，*CLIENT list* 命令的 age 域记录了这个秒数：

```
redis> CLIENT list
addr=127.0.0.1:53428 ... age=1242 ...
```

lastinteraction 属性记录了客户端与服务器最后一次进行互动（interaction）的时间，这里的互动可以是客户端向服务器发送命令请求，也可以是服务器向客户端发送命令回复。

lastinteraction 属性可以用来计算客户端的空转（idle）时间，也即是，距离客户端与服务器最后一次进行互动以来，已经过去了多少秒，*CLIENT list* 命令的 idle 域记录了这个秒数：

```
redis> CLIENT list
addr=127.0.0.1:53428 ... idle=12 ...
```

obuf_soft_limit_reached_time 属性记录了输出缓冲区第一次到达软性限制（soft limit）的时间，稍后介绍输出缓冲区大小限制的时候会详细说明这个属性的作用。

13.2 客户端的创建与关闭

服务器使用不同的方式来创建和关闭不同类型的客户端，本节将介绍服务器创建和关闭客户端的方法。

13.2.1 创建普通客户端

如果客户端是通过网络连接与服务器进行连接的普通客户端，那么在客户端使用 connect 函数连接到服务器时，服务器就会调用连接事件处理器（在第 12 章有介绍），为客户端创建相应的客户端状态，并将这个新的客户端状态添加到服务器状态结构 clients 链表的末尾。

举个例子，假设当前有 c1 和 c2 两个普通客户端正在连接服务器，那么当一个新的普通客户端 c3 连接到服务器之后，服务器会将 c3 所对应的客户端状态添加到 clients 链表的末尾，如图 13-12 所示，其中用虚线包围的就是服务器为 c3 新创建的客户端状态。

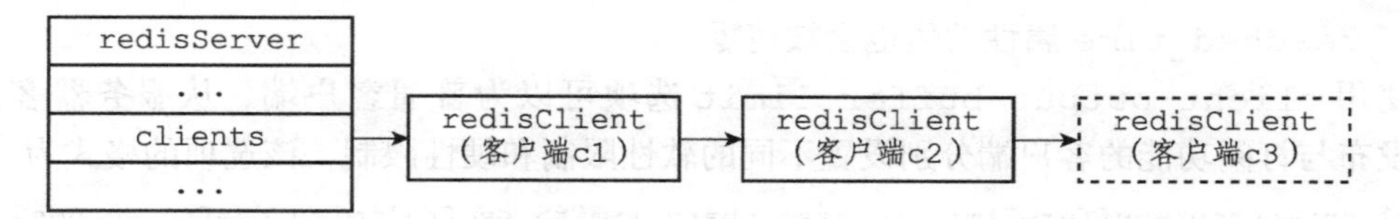

图 13-12 服务器状态结构的 clients 链表

13.2.2 关闭普通客户端

一个普通客户端可以因为多种原因而被关闭：

- 如果客户端进程退出或者被杀死，那么客户端与服务器之间的网络连接将被关闭，从而造成客户端被关闭。
- 如果客户端向服务器发送了带有不符合协议格式的命令请求，那么这个客户端也会被服务器关闭。
- 如果客户端成为了 *CLIENT KILL* 命令的目标，那么它也会被关闭。
- 如果用户为服务器设置了 timeout 配置选项，那么当客户端的空转时间超过 timeout 选项设置的值时，客户端将被关闭。不过 timeout 选项有一些例外情况：如果客户端是主服务器（打开了 REDIS_MASTER 标志），从服务器（打开了 REDIS_SLAVE 标志），正在被 *BLPOP* 等命令阻塞（打开了 REDIS_BLOCKED 标志），或者正在执行 *SUBSCRIBE*、*PSUBSCRIBE* 等订阅命令，那么即使客户端的空转时间超过了 timeout 选项的值，客户端也不会被服务器关闭。
- 如果客户端发送的命令请求的大小超过了输入缓冲区的限制大小（默认为 1 GB），那么这个客户端会被服务器关闭。
- 如果要发送给客户端的命令回复的大小超过了输出缓冲区的限制大小，那么这个客户端会被服务器关闭。

前面介绍输出缓冲区的时候提到过，可变大小缓冲区由一个链表和任意多个字符串对象组成，理论上来说，这个缓冲区可以保存任意长的命令回复。

但是，为了避免客户端的回复过大，占用过多的服务器资源，服务器会时刻检查客户端的输出缓冲区的大小，并在缓冲区的大小超出范围时，执行相应的限制操作。

服务器使用两种模式来限制客户端输出缓冲区的大小：

- 硬性限制（hard limit）：如果输出缓冲区的大小超过了硬性限制所设置的大小，那么服务器立即关闭客户端。
- 软性限制（soft limit）：如果输出缓冲区的大小超过了软性限制所设置的大小，但还没超过硬性限制，那么服务器将使用客户端状态结构的 obuf_soft_limit_reached_time 属性记录下客户端到达软性限制的起始时间；之后服务器会继续监视客户端，如果输出缓冲区的大小一直超出软性限制，并且持续时间超过服务器设定的时长，那么服务器将关闭客户端；相反地，如果输出缓冲区的大小在指定时间之内，不再超出软性限制，那么客户端就不会被关闭，并且 obuf_soft_limit_

reached_time 属性的值也会被清零。

使用 client-output-buffer-limit 选项可以为普通客户端、从服务器客户端、执行发布与订阅功能的客户端分别设置不同的软性限制和硬性限制，该选项的格式为：

```
client-output-buffer-limit <class> <hard limit> <soft limit> <soft seconds>
```

以下是三个设置示例：

```
client-output-buffer-limit normal 0 0 0
client-output-buffer-limit slave 256mb 64mb 60
client-output-buffer-limit pubsub 32mb 8mb 60
```

第一行设置将普通客户端的硬性限制和软性限制都设置为 0，表示不限制客户端的输出缓冲区大小。

第二行设置将从服务器客户端的硬性限制设置为 256 MB，而软性限制设置为 64 MB，软性限制的时长为 60 秒。

第三行设置将执行发布与订阅功能的客户端的硬性限制设置为 32 MB，软性限制设置为 8 MB，软性限制的时长为 60 秒。

关于 client-output-buffer-limit 选项的更多用法，可以参考示例配置文件 redis.conf。

13.2.3 Lua 脚本的伪客户端

服务器会在初始化时创建负责执行 Lua 脚本中包含的 Redis 命令的伪客户端，并将这个伪客户端关联在服务器状态结构的 lua_client 属性中：

```
struct redisServer {

    // ...

    redisClient *lua_client;

    // ...

};
```

lua_client 伪客户端在服务器运行的整个生命期中会一直存在，只有服务器被关闭时，这个客户端才会被关闭。

13.2.4 AOF 文件的伪客户端

服务器在载入 AOF 文件时，会创建用于执行 AOF 文件包含的 Redis 命令的伪客户端，并在载入完成之后，关闭这个伪客户端。

13.3 重点回顾

- 服务器状态结构使用 clients 链表连接起多个客户端状态，新添加的客户端状态会被放到链表的末尾。

- 客户端状态的 flags 属性使用不同标志来表示客户端的角色，以及客户端当前所处的状态。
- 输入缓冲区记录了客户端发送的命令请求，这个缓冲区的大小不能超过 1 GB。
- 命令的参数和参数个数会被记录在客户端状态的 argv 和 argc 属性里面，而 cmd 属性则记录了客户端要执行命令的实现函数。
- 客户端有固定大小缓冲区和可变大小缓冲区两种缓冲区可用，其中固定大小缓冲区的最大大小为 16 KB，而可变大小缓冲区的最大大小不能超过服务器设置的硬性限制值。
- 输出缓冲区限制值有两种，如果输出缓冲区的大小超过了服务器设置的硬性限制，那么客户端会被立即关闭；除此之外，如果客户端在一定时间内，一直超过服务器设置的软性限制，那么客户端也会被关闭。
- 当一个客户端通过网络连接连上服务器时，服务器会为这个客户端创建相应的客户端状态。网络连接关闭、发送了不合协议格式的命令请求、成为 *CLIENT KILL* 命令的目标、空转时间超时、输出缓冲区的大小超出限制，以上这些原因都会造成客户端被关闭。
- 处理 Lua 脚本的伪客户端在服务器初始化时创建，这个客户端会一直存在，直到服务器关闭。
- 载入 AOF 文件时使用的伪客户端在载入工作开始时动态创建，载入工作完毕之后关闭。

第 14 章

服　务　器

Redis 服务器负责与多个客户端建立网络连接，处理客户端发送的命令请求，在数据库中保存客户端执行命令所产生的数据，并通过资源管理来维持服务器自身的运转。

本章的第一节将以服务器执行 *SET* 命令的过程作为例子，展示服务器处理命令请求的整个过程，说明在执行命令的过程中，服务器和客户端进行了什么交互，服务器中的各个不同组件又是如何协作的，等等。

本章的第二节将对 serverCron 函数进行介绍，详细列举这个函数执行的操作，并说明这些操作对于服务器维持正常运行有何帮助。

本章的最后一节将对服务器的启动过程进行介绍，通过了解 Redis 服务器的启动过程可以知道，在启动服务器程序、直到服务器可以接受客户端命令请求的这段时间里，服务器都做了些什么准备工作。

14.1　命令请求的执行过程

一个命令请求从发送到获得回复的过程中，客户端和服务器需要完成一系列操作。举个例子，如果我们使用客户端执行以下命令：

```
redis> SET KEY VALUE
OK
```

那么从客户端发送 SET KEY VALUE 命令到获得回复 OK 期间，客户端和服务器共需要执行以下操作：

1）客户端向服务器发送命令请求 SET KEY VALUE。

2）服务器接收并处理客户端发来的命令请求 SET KEY VALUE，在数据库中进行设置操作，并产生命令回复 OK。

3）服务器将命令回复 OK 发送给客户端。

4）客户端接收服务器返回的命令回复 OK，并将这个回复打印给用户观看。

本节接下来的内容将对这些操作的执行细节进行补充，详细地说明客户端和服务器在执行命令请求时所做的各种工作。

14.1.1 发送命令请求

Redis 服务器的命令请求来自 Redis 客户端，当用户在客户端中键入一个命令请求时，客户端会将这个命令请求转换成协议格式，然后通过连接到服务器的套接字，将协议格式的命令请求发送给服务器，如图 14-1 所示。

图 14-1　客户端接收并发送命令请求的过程

举个例子，假设用户在客户端键入了命令：

```
SET KEY VALUE
```

那么客户端会将这个命令转换成协议：

```
*3\r\n$3\r\nSET\r\n$3\r\nKEY\r\n$5\r\nVALUE\r\n
```

然后将这段协议内容发送给服务器。

14.1.2 读取命令请求

当客户端与服务器之间的连接套接字因为客户端的写入而变得可读时，服务器将调用命令请求处理器来执行以下操作：

1）读取套接字中协议格式的命令请求，并将其保存到客户端状态的输入缓冲区里面。

2）对输入缓冲区中的命令请求进行分析，提取出命令请求中包含的命令参数，以及命令参数的个数，然后分别将参数和参数个数保存到客户端状态的 argv 属性和 argc 属性里面。

3）调用命令执行器，执行客户端指定的命令。

继续用上一个小节的 *SET* 命令为例子，图 14-2 展示了程序将命令请求保存到客户端状态的输入缓冲区之后，客户端状态的样子。

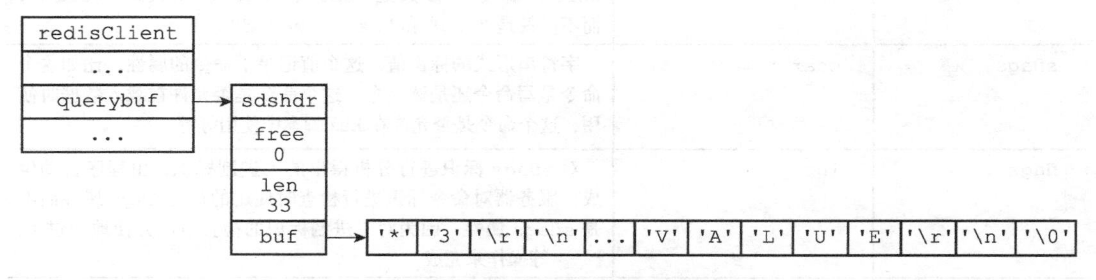

图 14-2　客户端状态中的命令请求

之后，分析程序将对输入缓冲区中的协议进行分析：

```
*3\r\n$3\r\nSET\r\n$3\r\nKEY\r\n$5\r\nVALUE\r\n
```

并将得出的分析结果保存到客户端状态的 argv 属性和 argc 属性里面，如图 14-3 所示。

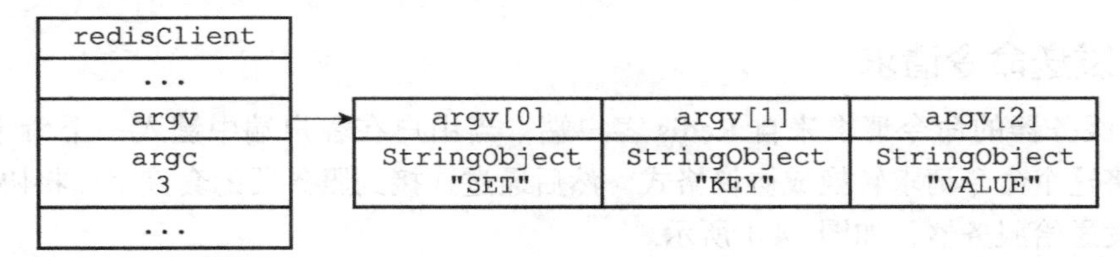

图 14-3 客户端状态的 argv 属性和 argc 属性

之后，服务器将通过调用命令执行器来完成执行命令所需的余下步骤，以下几个小节将分别介绍命令执行器所执行的工作。

14.1.3 命令执行器（1）：查找命令实现

命令执行器要做的第一件事就是根据客户端状态的 argv[0] 参数，在命令表（command table）中查找参数所指定的命令，并将找到的命令保存到客户端状态的 cmd 属性里面。

命令表是一个字典，字典的键是一个个命令名字，比如 "set"、"get"、"del" 等等；而字典的值则是一个个 redisCommand 结构，每个 redisCommand 结构记录了一个 Redis 命令的实现信息，表 14-1 记录了这个结构的各个主要属性的类型和作用。

表 14-1 redisCommand 结构的主要属性

属性名	类型	作用
name	char *	命令的名字，比如 "set"
proc	redisCommandProc *	函数指针，指向命令的实现函数，比如 setCommand。redisCommandProc 类型的定义为 typedef void redisCommandProc(redisClient *c);
arity	int	命令参数的个数，用于检查命令请求的格式是否正确。如果这个值为负数 -N，那么表示参数的数量大于等于 N。注意命令的名字本身也是一个参数，比如说 SET msg "hello world" 命令的参数是 "SET"、"msg"、"hello world"，而不仅仅是 "msg" 和 "hello world"
sflags	char *	字符串形式的标识值，这个值记录了命令的属性，比如这个命令是写命令还是读命令，这个命令是否允许在载入数据时使用，这个命令是否允许在 Lua 脚本中使用等等
flags	int	对 sflags 标识进行分析得出的二进制标识，由程序自动生成。服务器对命令标识进行检查时使用的都是 flags 属性而不是 sflags 属性，因为对二进制标识的检查可以方便地通过 &、^、~ 等操作来完成
calls	long long	服务器总共执行了多少次这个命令
milliseconds	long long	服务器执行这个命令所耗费的总时长

表 14-2 列出了 sflags 属性可以使用的标识值，以及这些标识的意义。

表 14-2 sflags 属性的标识

标识	意义	带有这个标识的命令
w	这是一个写入命令，可能会修改数据库	*SET*、*RPUSH*、*DEL* 等等
r	这是一个只读命令，不会修改数据库	*GET*、*STRLEN*、*EXISTS* 等等
m	这个命令可能会占用大量内存，执行之前需要先检查服务器的内存使用情况，如果内存紧缺的话就禁止执行这个命令	*SET*、*APPEND*、*RPUSH*、*LPUSH*、*SADD*、*SINTERSTORE* 等等
a	这是一个管理命令	*SAVE*、*BGSAVE*、*SHUTDOWN* 等等
p	这是一个发布与订阅功能方面的命令	*PUBLISH*、*SUBSCRIBE*、*PUBSUB* 等等
s	这个命令不可以在 Lua 脚本中使用	*BRPOP*、*BLPOP*、*BRPOPLPUSH*、*SPOP* 等等
R	这是一个随机命令，对于相同的数据集和相同的参数，命令返回的结果可能不同	*SPOP*、*SRANDMEMBER*、*SSCAN*、*RANDOMKEY* 等等
S	当在 Lua 脚本中使用这个命令时，对这个命令的输出结果进行一次排序，使得命令的结果有序	*SINTER*、*SUNION*、*SDIFF*、*SMEMBERS*、*KEYS* 等等
l	这个命令可以在服务器载入数据的过程中使用	*INFO*、*SHUTDOWN*、*PUBLISH* 等等
t	这是一个允许从服务器在带有过期数据时使用的命令	*SLAVEOF*、*PING*、*INFO* 等等
M	这个命令在监视器（monitor）模式下不会自动被传播（propagate）	*EXEC*

图 14-4 展示了命令表的样子，并且以 *SET* 命令和 *GET* 命令作为例子，展示了 redisCommand 结构：

- *SET* 命令的名字为 "set"，实现函数为 setCommand；命令的参数个数为 -3，表示命令接受三个或以上数量的参数；命令的标识为 "wm"，表示 *SET* 命令是一个写入命令，并且在执行这个命令之前，服务器应该对占用内存状况进行检查，因为这个命令可能会占用大量内存。
- *GET* 命令的名字为 "get"，实现函数为 getCommand 函数；命令的参数个数为 2，表示命令只接受两个参数；命令的标识为 "r"，表示这是一个只读命令。

继续之前 *SET* 命令的例子，当程序以图 14-3 中的 argv[0] 作为输入，在命令表中进行查找时，命令表将返回 "set" 键所对应的 redisCommand 结构，客户端状态的 cmd 指针会指向这个 redisCommand 结构，如图 14-5 所示。

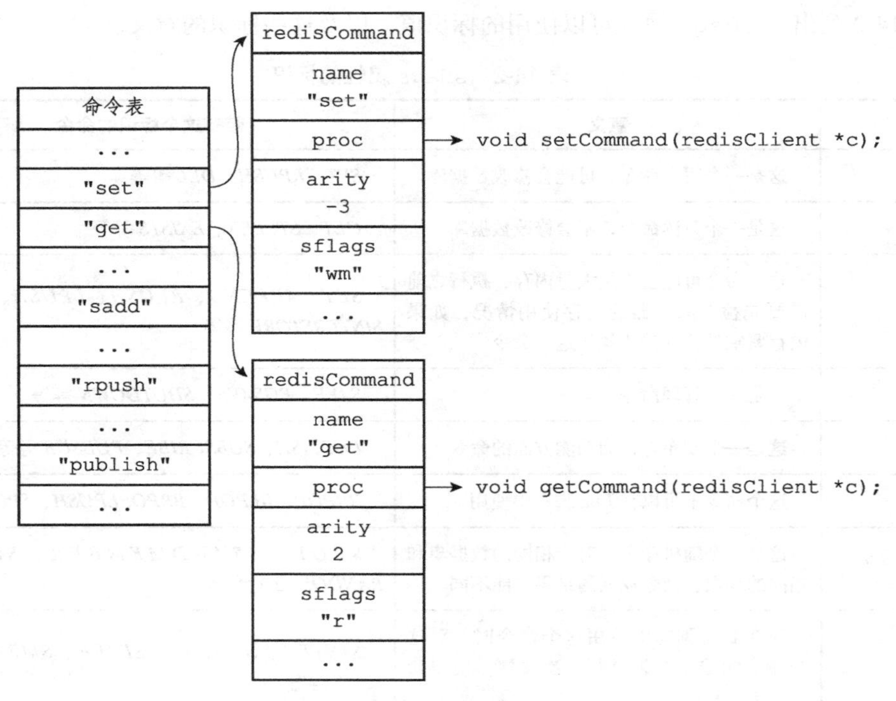

图 14-4 命令表

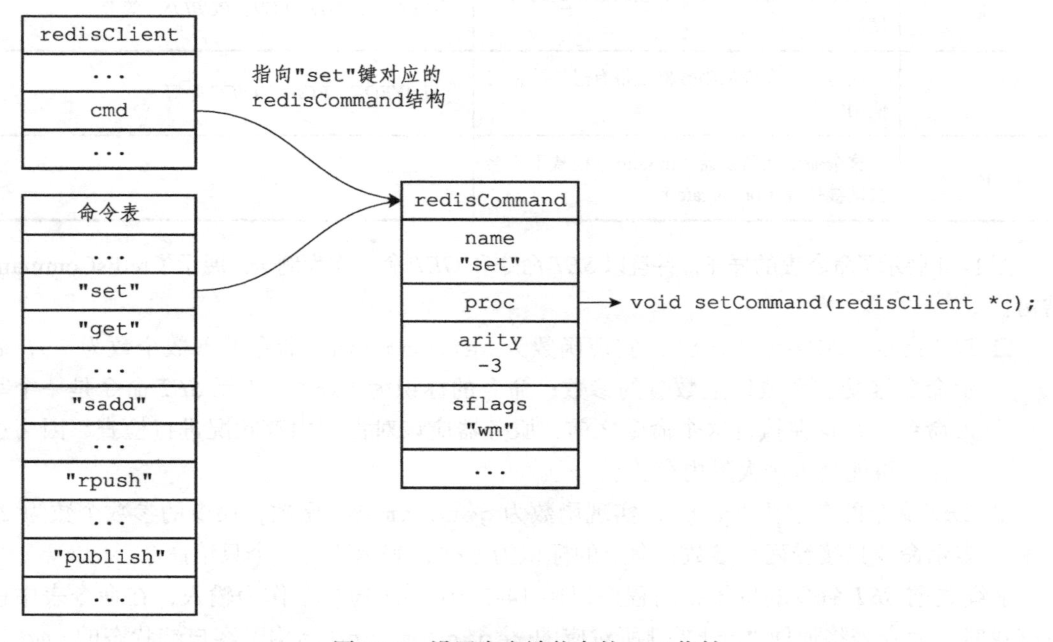

图 14-5 设置客户端状态的 cmd 指针

命令名字的大小写不影响命令表的查找结果

因为命令表使用的是大小写无关的查找算法，无论输入的命令名字是大写、小写或者混合大小写，只要命令的名字是正确的，就能找到相应的 redisCommand 结构。比如说，无论用户输入的命令名字是 "SET"、"set"、"SeT" 又或者 "sEt"，命令表返回的都是同一个 redisCommand 结构。这也是 Redis 客户端可以发送不同大小写的命令，并且获得相同执行结果的原因：

```
# 以下四个命令的执行效果完全一样

redis> SET msg "hello world"
OK

redis> set msg "hello world"
OK

redis> SeT msg "hello world"
OK

redis> sEt msg "hello world"
OK
```

14.1.4 命令执行器（2）：执行预备操作

到目前为止，服务器已经将执行命令所需的命令实现函数（保存在客户端状态的 cmd 属性）、参数（保存在客户端状态的 argv 属性）、参数个数（保存在客户端状态的 argc 属性）都收集齐了，但是在真正执行命令之前，程序还需要进行一些预备操作，从而确保命令可以正确、顺利地被执行，这些操作包括：

- 检查客户端状态的 cmd 指针是否指向 NULL，如果是的话，那么说明用户输入的命令名字找不到相应的命令实现，服务器不再执行后续步骤，并向客户端返回一个错误。
- 根据客户端 cmd 属性指向的 redisCommand 结构的 arity 属性，检查命令请求所给定的参数个数是否正确，当参数个数不正确时，不再执行后续步骤，直接向客户端返回一个错误。比如说，如果 redisCommand 结构的 arity 属性的值为 -3，那么用户输入的命令参数个数必须大于等于 3 个才行。
- 检查客户端是否已经通过了身份验证，未通过身份验证的客户端只能执行 *AUTH* 命令，如果未通过身份验证的客户端试图执行除 *AUTH* 命令之外的其他命令，那么服务器将向客户端返回一个错误。
- 如果服务器打开了 maxmemory 功能，那么在执行命令之前，先检查服务器的内存占用情况，并在有需要时进行内存回收，从而使得接下来的命令可以顺利执行。如果内存回收失败，那么不再执行后续步骤，向客户端返回一个错误。

- 如果服务器上一次执行 *BGSAVE* 命令时出错，并且服务器打开了 `stop-writes-on-bgsave-error` 功能，而且服务器即将要执行的命令是一个写命令，那么服务器将拒绝执行这个命令，并向客户端返回一个错误。
- 如果客户端当前正在用 *SUBSCRIBE* 命令订阅频道，或者正在用 *PSUBSCRIBE* 命令订阅模式，那么服务器只会执行客户端发来的 *SUBSCRIBE*、*PSUBSCRIBE*、*UNSUBSCRIBE*、*PUNSUBSCRIBE* 四个命令，其他命令都会被服务器拒绝。
- 如果服务器正在进行数据载入，那么客户端发送的命令必须带有 `l` 标识（比如 *INFO*、*SHUTDOWN*、*PUBLISH* 等等）才会被服务器执行，其他命令都会被服务器拒绝。
- 如果服务器因为执行 Lua 脚本而超时并进入阻塞状态，那么服务器只会执行客户端发来的 *SHUTDOWN nosave* 命令和 *SCRIPT KILL* 命令，其他命令都会被服务器拒绝。
- 如果客户端正在执行事务，那么服务器只会执行客户端发来的 *EXEC*、*DISCARD*、*MULTI*、*WATCH* 四个命令，其他命令都会被放进事务队列中。
- 如果服务器打开了监视器功能，那么服务器会将要执行的命令和参数等信息发送给监视器。

当完成了以上预备操作之后，服务器就可以开始真正执行命令了。

注意

以上只列出了服务器在单机模式下执行命令时的检查操作，当服务器在复制或者集群模式下执行命令时，预备操作还会更多一些。

14.1.5 命令执行器（3）：调用命令的实现函数

在前面的操作中，服务器已经将要执行命令的实现保存到了客户端状态的 `cmd` 属性里面，并将命令的参数和参数个数分别保存到了客户端状态的 `argv` 属性和 `argc` 属性里面，当服务器决定要执行命令时，它只要执行以下语句就可以了：

```
// client 是指向客户端状态的指针
client->cmd->proc(client);
```

因为执行命令所需的实际参数都已经保存到客户端状态的 `argv` 属性里面了，所以命令的实现函数只需要一个指向客户端状态的指针作为参数即可。

继续以之前的 *SET* 命令为例子，图 14-6 展示了客户端包含了命令实现、参数和参数个数的样子。

对于这个例子来说，执行语句：

```
client->cmd->proc(client);
```

等于执行语句：

```
setCommand(client);
```

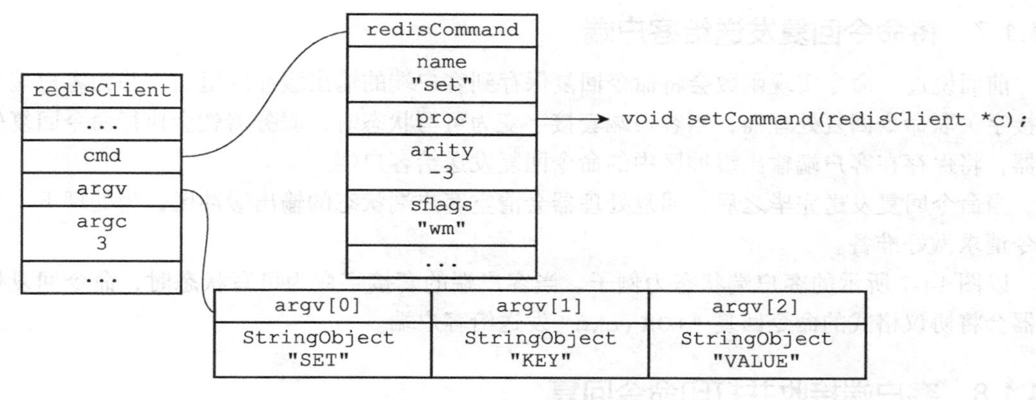

图 14-6 客户端状态

被调用的命令实现函数会执行指定的操作，并产生相应的命令回复，这些回复会被保存在客户端状态的输出缓冲区里面（`buf` 属性和 `reply` 属性），之后实现函数还会为客户端的套接字关联命令回复处理器，这个处理器负责将命令回复返回给客户端。

对于前面 *SET* 命令的例子来说，函数调用 `setCommand(client)` 将产生一个 `"+OK\r\n"` 回复，这个回复会被保存到客户端状态的 `buf` 属性里面，如图 14-7 所示。

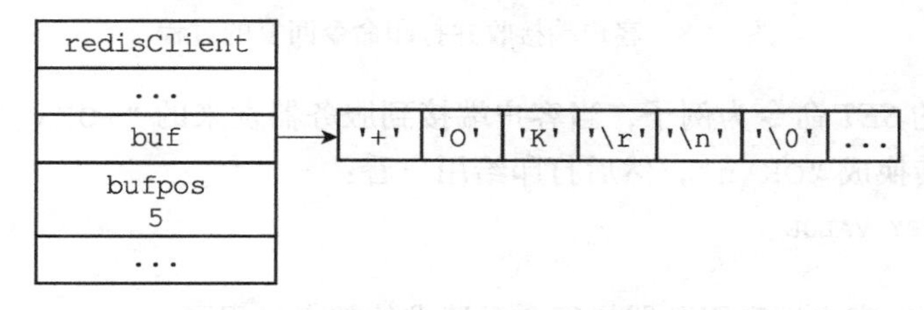

图 14-7 保存了命令回复的客户端状态

14.1.6 命令执行器（4）：执行后续工作

在执行完实现函数之后，服务器还需要执行一些后续工作：

- 如果服务器开启了慢查询日志功能，那么慢查询日志模块会检查是否需要为刚刚执行完的命令请求添加一条新的慢查询日志。
- 根据刚刚执行命令所耗费的时长，更新被执行命令的 `redisCommand` 结构的 `milliseconds` 属性，并将命令的 `redisCommand` 结构的 `calls` 计数器的值增一。
- 如果服务器开启了 AOF 持久化功能，那么 AOF 持久化模块会将刚刚执行的命令请求写入到 AOF 缓冲区里面。
- 如果有其他从服务器正在复制当前这个服务器，那么服务器会将刚刚执行的命令传播给所有从服务器。

当以上操作都执行完了之后，服务器对于当前命令的执行到此就告一段落了，之后服务器就可以继续从文件事件处理器中取出并处理下一个命令请求了。

14.1.7 将命令回复发送给客户端

前面说过，命令实现函数会将命令回复保存到客户端的输出缓冲区里面，并为客户端的套接字关联命令回复处理器，当客户端套接字变为可写状态时，服务器就会执行命令回复处理器，将保存在客户端输出缓冲区中的命令回复发送给客户端。

当命令回复发送完毕之后，回复处理器会清空客户端状态的输出缓冲区，为处理下一个命令请求做好准备。

以图 14-7 所示的客户端状态为例子，当客户端的套接字变为可写状态时，命令回复处理器会将协议格式的命令回复 `"+OK\r\n"` 发送给客户端。

14.1.8 客户端接收并打印命令回复

当客户端接收到协议格式的命令回复之后，它会将这些回复转换成人类可读的格式，并打印给用户观看（假设我们使用的是 Redis 自带的 `redis-cli` 客户端），如图 14-8 所示。

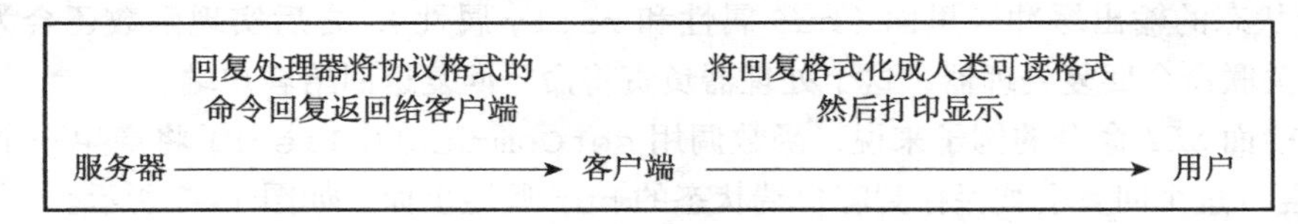

图 14-8 客户端接收并打印命令回复的过程

继续以之前的 *SET* 命令为例子，当客户端接到服务器发来的 `"+OK\r\n"` 协议回复时，它会将这个回复转换成 `"OK\n"`，然后打印给用户看：

```
redis> SET KEY VALUE
OK
```

以上就是 Redis 客户端和服务器执行命令请求的整个过程了。

14.2 serverCron 函数

Redis 服务器中的 `serverCron` 函数默认每隔 100 毫秒执行一次，这个函数负责管理服务器的资源，并保持服务器自身的良好运转。

本节接下来的内容将对 `serverCron` 函数执行的操作进行完整介绍，并介绍 `redisServer` 结构（服务器状态）中和 `serverCron` 函数有关的属性。

14.2.1 更新服务器时间缓存

Redis 服务器中有不少功能需要获取系统的当前时间，而每次获取系统的当前时间都需要执行一次系统调用，为了减少系统调用的执行次数，服务器状态中的 `unixtime` 属性和 `mstime` 属性被用作当前时间的缓存：

```
struct redisServer {
```

```
    // ...

    // 保存了秒级精度的系统当前UNIX时间戳
    time_t unixtime;

    // 保存了毫秒级精度的系统当前UNIX时间戳
    long long mstime;

    // ...

};
```

因为 serverCron 函数默认会以每 100 毫秒一次的频率更新 unixtime 属性和 mstime 属性，所以这两个属性记录的时间的精确度并不高：

- 服务器只会在打印日志、更新服务器的 LRU 时钟、决定是否执行持久化任务、计算服务器上线时间（uptime）这类对时间精确度要求不高的功能上“使用 unixtime 属性和 mstime 属性”。
- 对于为键设置过期时间、添加慢查询日志这种需要高精确度时间的功能来说，服务器还是会再次执行系统调用，从而获得最准确的系统当前时间。

14.2.2 更新 LRU 时钟

服务器状态中的 lruclock 属性保存了服务器的 LRU 时钟，这个属性和上面介绍的 unixtime 属性、mstime 属性一样，都是服务器时间缓存的一种：

```
struct redisServer {

    // ...
    // 默认每10秒更新一次的时钟缓存，
    // 用于计算键的空转（idle）时长。
    unsigned lruclock:22;
    // ...
};
```

每个 Redis 对象都会有一个 lru 属性，这个 lru 属性保存了对象最后一次被命令访问的时间：

```
typedef struct redisObject {

    // ...

    unsigned lru:22;

    // ...

} robj;
```

当服务器要计算一个数据库键的空转时间（也即是数据库键对应的值对象的空转时间），程序会用服务器的 lruclock 属性记录的时间减去对象的 lru 属性记录的时间，得出的计算结果就是这个对象的空转时间：

```
redis> SET msg "hello world"
OK

# 等待一小段时间
redis> OBJECT IDLETIME msg
(integer)20

# 等待一阵子
redis> OBJECT IDLETIME msg
(integer)180

# 访问msg键的值
redis> GET msg
"hello world"

# 键处于活跃状态，空转时长为0
redis> OBJECT IDLETIME msg
(integer)0
```

serverCron 函数默认会以每 10 秒一次的频率更新 lruclock 属性的值，因为这个时钟不是实时的，所以根据这个属性计算出来的 LRU 时间实际上只是一个模糊的估算值。

lruclock 时钟的当前值可以通过 *INFO server* 命令的 lru_clock 域查看：

```
redis> INFO server
# Server
...
lru_clock:55923
...
```

14.2.3 更新服务器每秒执行命令次数

serverCron 函数中的 trackOperationsPerSecond 函数会以每 100 毫秒一次的频率执行，这个函数的功能是以抽样计算的方式，估算并记录服务器在最近一秒钟处理的命令请求数量，这个值可以通过 *INFO status* 命令的 instantaneous_ops_per_sec 域查看：

```
redis> INFO stats
# Stats
...
instantaneous_ops_per_sec:6
...
```

上面的命令结果显示，在最近的一秒钟内，服务器处理了大概六个命令。

trackOperationsPerSecond 函数和服务器状态中四个 ops_sec_ 开头的属性有关：

```
struct redisServer {

    // ...

    // 上一次进行抽样的时间
    long long ops_sec_last_sample_time;
```

```
    // 上一次抽样时，服务器已执行命令的数量
    long long ops_sec_last_sample_ops;

    // REDIS_OPS_SEC_SAMPLES 大小（默认值为 16）的环形数组，
    // 数组中的每个项都记录了一次抽样结果。
    long long ops_sec_samples[REDIS_OPS_SEC_SAMPLES];

    // ops_sec_samples 数组的索引值，
    // 每次抽样后将值自增一，
    // 在值等于 16 时重置为 0，
    // 让 ops_sec_samples 数组构成一个环形数组。
    int ops_sec_idx;

    // ...

};
```

trackOperationsPerSecond 函数每次运行，都会根据 ops_sec_last_sample_time 记录的上一次抽样时间和服务器的当前时间，以及 ops_sec_last_sample_ops 记录的上一次抽样的已执行命令数量和服务器当前的已执行命令数量，计算出两次 trackOperationsPerSecond 调用之间，服务器平均每一毫秒处理了多少个命令请求，然后将这个平均值乘以 1000，这就得到了服务器在一秒钟内能处理多少个命令请求的估计值，这个估计值会被作为一个新的数组项被放进 ops_sec_samples 环形数组里面。

当客户端执行 *INFO* 命令时，服务器就会调用 getOperationsPerSecond 函数，根据 ops_sec_samples 环形数组中的抽样结果，计算出 instantaneous_ops_per_sec 属性的值，以下是 getOperationsPerSecond 函数的实现代码：

```
long long getOperationsPerSecond(void){
    int j;
    long long sum = 0;

    // 计算所有取样值的总和
    for (j = 0; j < REDIS_OPS_SEC_SAMPLES; j++)
        sum += server.ops_sec_samples[j];

    // 计算取样的平均值
    return sum / REDIS_OPS_SEC_SAMPLES;
}
```

根据 getOperationsPerSecond 函数的定义可以看出，instantaneous_ops_per_sec 属性的值是通过计算最近 REDIS_OPS_SEC_SAMPLES 次取样的平均值来计算得出的，它只是一个估算值。

14.2.4 更新服务器内存峰值记录

服务器状态中的 stat_peak_memory 属性记录了服务器的内存峰值大小：

```
struct redisServer {
```

```
    // ...

    // 已使用内存峰值
    size_t stat_peak_memory;

    // ...

};
```

每次 serverCron 函数执行时，程序都会查看服务器当前使用的内存数量，并与 stat_peak_memory 保存的数值进行比较，如果当前使用的内存数量比 stat_peak_memory 属性记录的值要大，那么程序就将当前使用的内存数量记录到 stat_peak_memory 属性里面。

INFO memory 命令的 used_memory_peak 和 used_memory_peak_human 两个域分别以两种格式记录了服务器的内存峰值：

```
redis> INFO memory
# Memory
...
used_memory_peak:501824
used_memory_peak_human:490.06K
...
```

14.2.5 处理 SIGTERM 信号

在启动服务器时，Redis 会为服务器进程的 SIGTERM 信号关联处理器 sigtermHandler 函数，这个信号处理器负责在服务器接到 SIGTERM 信号时，打开服务器状态的 shutdown_asap 标识：

```
// SIGTERM 信号的处理器
static void sigtermHandler(int sig) {

    // 打印日志
    redisLogFromHandler(REDIS_WARNING,"Received SIGTERM, scheduling shutdown...");

    // 打开关闭标识
    server.shutdown_asap = 1;

}
```

每次 serverCron 函数运行时，程序都会对服务器状态的 shutdown_asap 属性进行检查，并根据属性的值决定是否关闭服务器：

```
struct redisServer {

    // ...

    // 关闭服务器的标识：
    // 值为 1 时，关闭服务器，
    // 值为 0 时，不做动作。
    int shutdown_asap;
```

```
    // ...

};
```

以下代码展示了服务器在接到SIGTERM信号之后，关闭服务器并打印相关日志的过程：

```
[6794 | signal handler] (1384435690) Received SIGTERM, scheduling shutdown...
[6794] 14 Nov 21:28:10.108 # User requested shutdown...
[6794] 14 Nov 21:28:10.108 * Saving the final RDB snapshot before exiting.
[6794] 14 Nov 21:28:10.161 * DB saved on disk
[6794] 14 Nov 21:28:10.161 # Redisis now ready to exit, bye bye...
```

从日志里面可以看到，服务器在关闭自身之前会进行RDB持久化操作，这也是服务器拦截SIGTERM信号的原因，如果服务器一接到SIGTERM信号就立即关闭，那么它就没办法执行持久化操作了。

14.2.6 管理客户端资源

serverCron函数每次执行都会调用clientsCron函数，clientsCron函数会对一定数量的客户端进行以下两个检查：

- 如果客户端与服务器之间的连接已经超时（很长一段时间里客户端和服务器都没有互动），那么程序释放这个客户端。
- 如果客户端在上一次执行命令请求之后，输入缓冲区的大小超过了一定的长度，那么程序会释放客户端当前的输入缓冲区，并重新创建一个默认大小的输入缓冲区，从而防止客户端的输入缓冲区耗费了过多的内存。

14.2.7 管理数据库资源

serverCron函数每次执行都会调用databasesCron函数，这个函数会对服务器中的一部分数据库进行检查，删除其中的过期键，并在有需要时，对字典进行收缩操作，第9章已经对这些操作进行了详细的说明。

14.2.8 执行被延迟的BGREWRITEAOF

在服务器执行*BGSAVE*命令的期间，如果客户端向服务器发来*BGREWRITEAOF*命令，那么服务器会将*BGREWRITEAOF*命令的执行时间延迟到*BGSAVE*命令执行完毕之后。

服务器的aof_rewrite_scheduled标识记录了服务器是否延迟了*BGREWRITEAOF*命令：

```
struct redisServer {

    // ...

    // 如果值为1，那么表示有 BGREWRITEAOF 命令被延迟了。
    int aof_rewrite_scheduled;

    // ...
```

```
};
```

每次 serverCron 函数执行时，函数都会检查 *BGSAVE* 命令或者 *BGREWRITEAOF* 命令是否正在执行，如果这两个命令都没在执行，并且 aof_rewrite_scheduled 属性的值为 1，那么服务器就会执行之前被推延的 *BGREWRITEAOF* 命令。

14.2.9 检查持久化操作的运行状态

服务器状态使用 rdb_child_pid 属性和 aof_child_pid 属性记录执行 *BGSAVE* 命令和 *BGREWRITEAOF* 命令的子进程的 ID，这两个属性也可以用于检查 *BGSAVE* 命令或者 *BGREWRITEAOF* 命令是否正在执行：

```
struct redisServer {

    // ...

    // 记录执行BGSAVE 命令的子进程的 ID:
    // 如果服务器没有在执行BGSAVE,
    // 那么这个属性的值为 -1。
    pid_t rdb_child_pid;          /* PID of RDB saving child */

    // 记录执行BGREWRITEAOF 命令的子进程的 ID:
    // 如果服务器没有在执行BGREWRITEAOF,
    // 那么这个属性的值为 -1。
    pid_t aof_child_pid;          /* PID if rewriting process */

    // ...

};
```

每次 serverCron 函数执行时，程序都会检查 rdb_child_pid 和 aof_child_pid 两个属性的值，只要其中一个属性的值不为 -1，程序就会执行一次 wait3 函数，检查子进程是否有信号发来服务器进程：

- 如果有信号到达，那么表示新的 RDB 文件已经生成完毕（对于 *BGSAVE* 命令来说），或者 AOF 文件已经重写完毕（对于 *BGREWRITEAOF* 命令来说），服务器需要进行相应命令的后续操作，比如用新的 RDB 文件替换现有的 RDB 文件，或者用重写后的 AOF 文件替换现有的 AOF 文件。
- 如果没有信号到达，那么表示持久化操作未完成，程序不做动作。

另一方面，如果 rdb_child_pid 和 aof_child_pid 两个属性的值都为 -1，那么表示服务器没有在进行持久化操作，在这种情况下，程序执行以下三个检查：

1）查看是否有 *BGREWRITEAOF* 被延迟了，如果有的话，那么开始一次新的 *BGREWRITEAOF* 操作（这就是上一个小节我们说到的检查）。

2）检查服务器的自动保存条件是否已经被满足，如果条件满足，并且服务器没有在执行其他持久化操作，那么服务器开始一次新的 *BGSAVE* 操作（因为条件 1 可能会引发一次 *BGREWRITEAOF*，所以在这个检查中，程序会再次确认服务器是否已经在执行持久化操作了）。

3）检查服务器设置的 AOF 重写条件是否满足，如果条件满足，并且服务器没有在执行其他持久化操作，那么服务器将开始一次新的 *BGREWRITEAOF* 操作（因为条件 1 和条件 2 都可能会引起新的持久化操作，所以在这个检查中，我们要再次确认服务器是否已经在执行持久化操作了）。

图 14-9 以流程图的方式展示了这个检查过程。

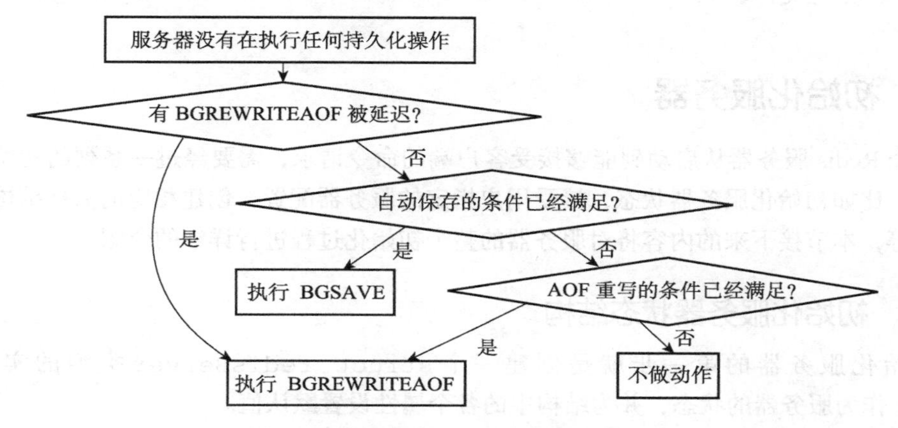

图 14-9 判断是否需要执行持久化操作

14.2.10 将 AOF 缓冲区中的内容写入 AOF 文件

如果服务器开启了 AOF 持久化功能，并且 AOF 缓冲区里面还有待写入的数据，那么 serverCron 函数会调用相应的程序，将 AOF 缓冲区中的内容写入到 AOF 文件里面，第 11 章对此有详细的说明。

14.2.11 关闭异步客户端

在这一步，服务器会关闭那些输出缓冲区大小超出限制的客户端，第 13 章对此有详细的说明。

14.2.12 增加 cronloops 计数器的值

服务器状态的 cronloops 属性记录了 serverCron 函数执行的次数：

```
struct redisServer {

    // ...

    // serverCron 函数的运行次数计数器
    // serverCron 函数每执行一次，这个属性的值就增一。
    int cronloops;

    // ...

};
```

cronloops 属性目前在服务器中的唯一作用，就是在复制模块中实现“每执行 serverCron 函数 N 次就执行一次指定代码”的功能，方法如以下伪代码所示：

```
if cronloops % N == 0:

    # 执行指定代码 ...
```

14.3 初始化服务器

一个 Redis 服务器从启动到能够接受客户端的命令请求，需要经过一系列的初始化和设置过程，比如初始化服务器状态，接受用户指定的服务器配置，创建相应的数据结构和网络连接等等，本节接下来的内容将对服务器的整个初始化过程进行详细的介绍。

14.3.1 初始化服务器状态结构

初始化服务器的第一步就是创建一个 struct redisServer 类型的实例变量 server 作为服务器的状态，并为结构中的各个属性设置默认值。

初始化 server 变量的工作由 redis.c/initServerConfig 函数完成，以下是这个函数最开头的一部分代码：

```
void initServerConfig(void){

    // 设置服务器的运行 id
    getRandomHexChars(server.runid,REDIS_RUN_ID_SIZE);

    // 为运行 id 加上结尾字符
    server.runid[REDIS_RUN_ID_SIZE] = '\0';

    // 设置默认配置文件路径
    server.configfile = NULL;

    // 设置默认服务器频率
    server.hz = REDIS_DEFAULT_HZ;

    // 设置服务器的运行架构
    server.arch_bits = (sizeof(long) == 8) ? 64 : 32;

    // 设置默认服务器端口号
    server.port = REDIS_SERVERPORT;

    // ...

}
```

以下是 initServerConfig 函数完成的主要工作：

- 设置服务器的运行 ID。
- 设置服务器的默认运行频率。
- 设置服务器的默认配置文件路径。

❑ 设置服务器的运行架构。
❑ 设置服务器的默认端口号。
❑ 设置服务器的默认 RDB 持久化条件和 AOF 持久化条件。
❑ 初始化服务器的 LRU 时钟。
❑ 创建命令表。

initServerConfig 函数设置的服务器状态属性基本都是一些整数、浮点数、或者字符串属性，除了命令表之外，initServerConfig 函数没有创建服务器状态的其他数据结构，数据库、慢查询日志、Lua 环境、共享对象这些数据结构在之后的步骤才会被创建出来。

当 initServerConfig 函数执行完毕之后，服务器就可以进入初始化的第二个阶段——载入配置选项。

14.3.2 载入配置选项

在启动服务器时，用户可以通过给定配置参数或者指定配置文件来修改服务器的默认配置。举个例子，如果我们在终端中输入：

```
$ redis-server --port 10086
```

那么我们就通过给定配置参数的方式，修改了服务器的运行端口号。另外，如果我们在终端中输入：

```
$ redis-server redis.conf
```

并且 redis.conf 文件中包含以下内容：

```
# 将服务器的数据库数量设置为 32 个
databases 32

# 关闭 RDB 文件的压缩功能
rdbcompression no
```

那么我们就通过指定配置文件的方式修改了服务器的数据库数量，以及 RDB 持久化模块的压缩功能。

服务器在用 initServerConfig 函数初始化完 server 变量之后，就会开始载入用户给定的配置参数和配置文件，并根据用户设定的配置，对 server 变量相关属性的值进行修改。

例如，在初始化 server 变量时，程序会为决定服务器端口号的 port 属性设置默认值：

```
void initServerConfig(void){

    // ...

    // 默认值为 6379
    server.port = REDIS_SERVERPORT;

    // ...

}
```

不过，如果用户在启动服务器时为配置选项 port 指定了新值 10086，那么 server.port 属性的值就会被更新为 10086，这将使得服务器的端口号从默认的 6379 变为用户指定的 10086。

例如，在初始化 server 变量时，程序会为决定数据库数量的 dbnum 属性设置默认值：

```
void initServerConfig(void){

    // ...

    // 默认值为16
    server.dbnum = REDIS_DEFAULT_DBNUM;

    // ...

}
```

不过，如果用户在启动服务器时为选项 databases 设置了值 32，那么 server.dbnum 属性的值就会被更新为 32，这将使得服务器的数据库数量从默认的 16 个变为用户指定的 32 个。

其他配置选项相关的服务器状态属性的情况与上面列举的 port 属性和 dbnum 属性一样：

- 如果用户为这些属性的相应选项指定了新的值，那么服务器就使用用户指定的值来更新相应的属性。
- 如果用户没有为属性的相应选项设置新的值，那么服务器就沿用之前 initServerConfig 函数为属性设置的默认值。

服务器在载入用户指定的配置选项，并对 server 状态进行更新之后，服务器就可以进入初始化的第三个阶段——初始化服务器数据结构。

14.3.3 初始化服务器数据结构

在之前执行 initServerConfig 函数初始化 server 状态时，程序只创建了命令表一个数据结构，不过除了命令表之外，服务器状态还包含其他数据结构，比如：

- server.clients 链表，这个链表记录了所有与服务器相连的客户端的状态结构，链表的每个节点都包含了一个 redisClient 结构实例。
- server.db 数组，数组中包含了服务器的所有数据库。
- 用于保存频道订阅信息的 server.pubsub_channels 字典，以及用于保存模式订阅信息的 server.pubsub_patterns 链表。
- 用于执行 Lua 脚本的 Lua 环境 server.lua。
- 用于保存慢查询日志的 server.slowlog 属性。

当初始化服务器进行到这一步，服务器将调用 initServer 函数，为以上提到的数据结构分配内存，并在有需要时，为这些数据结构设置或者关联初始化值。

服务器到现在才初始化数据结构的原因在于，服务器必须先载入用户指定的配置选项，然后才能正确地对数据结构进行初始化。如果在执行 initServerConfig 函数时就对数据结构进行初始化，那么一旦用户通过配置选项修改了和数据结构有关的服务器状态属性，服务器就要重新调整和修改已创建的数据结构。为了避免出现这种麻烦的情况，服务器选择了将 server 状态的初始化分为两步进行，initServerConfig 函数主要负责初始化一般属性，而 initServer 函数主要负责初始化数据结构。

除了初始化数据结构之外，initServer 还进行了一些非常重要的设置操作，其中包括：

- 为服务器设置进程信号处理器。
- 创建共享对象：这些对象包含 Redis 服务器经常用到的一些值，比如包含 "OK" 回复的字符串对象，包含 "ERR" 回复的字符串对象，包含整数 1 到 10000 的字符串对象等等，服务器通过重用这些共享对象来避免反复创建相同的对象。
- 打开服务器的监听端口，并为监听套接字关联连接应答事件处理器，等待服务器正式运行时接受客户端的连接。
- 为 serverCron 函数创建时间事件，等待服务器正式运行时执行 serverCron 函数。
- 如果 AOF 持久化功能已经打开，那么打开现有的 AOF 文件，如果 AOF 文件不存在，那么创建并打开一个新的 AOF 文件，为 AOF 写入做好准备。
- 初始化服务器的后台 I/O 模块（bio），为将来的 I/O 操作做好准备。

当 initServer 函数执行完毕之后，服务器将用 ASCII 字符在日志中打印出 Redis 的图标，以及 Redis 的版本号信息：

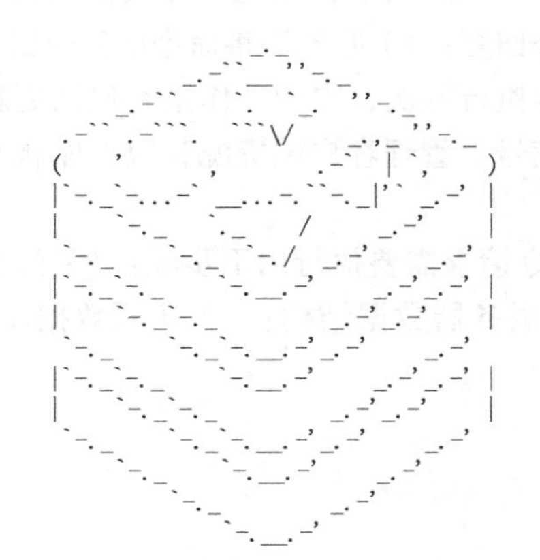

```
Redis 2.9.11 (b139a2ac/0) 64 bit

Running in stand alone mode
Port: 6379
PID: 5244

    http://redis.io

[5244] 21 Nov 22:43:49.084 # Server started, Redis version 2.9.11
```

14.3.4　还原数据库状态

在完成了对服务器状态 server 变量的初始化之后，服务器需要载入 RDB 文件或者 AOF 文件，并根据文件记录的内容来还原服务器的数据库状态。

根据服务器是否启用了 AOF 持久化功能，服务器载入数据时所使用的目标文件会有所不同：

- 如果服务器启用了 AOF 持久化功能，那么服务器使用 AOF 文件来还原数据库状态。

- 相反地，如果服务器没有启用 AOF 持久化功能，那么服务器使用 RDB 文件来还原数据库状态。

当服务器完成数据库状态还原工作之后，服务器将在日志中打印出载入文件并还原数据库状态所耗费的时长：

```
[5244] 21 Nov 22:43:49.084 * DB loaded from disk: 0.068 seconds
```

14.3.5 执行事件循环

在初始化的最后一步，服务器将打印出以下日志：

```
[5244] 21 Nov 22:43:49.084 * The server is now ready to accept connections on port 6379
```

并开始执行服务器的事件循环（loop）。

至此，服务器的初始化工作圆满完成，服务器现在开始可以接受客户端的连接请求，并处理客户端发来的命令请求了。

14.4 重点回顾

- 一个命令请求从发送到完成主要包括以下步骤：1）客户端将命令请求发送给服务器；2）服务器读取命令请求，并分析出命令参数；3）命令执行器根据参数查找命令的实现函数，然后执行实现函数并得出命令回复；4）服务器将命令回复返回给客户端。
- `serverCron` 函数默认每隔 `100` 毫秒执行一次，它的工作主要包括更新服务器状态信息，处理服务器接收的 `SIGTERM` 信号，管理客户端资源和数据库状态，检查并执行持久化操作等等。
- 服务器从启动到能够处理客户端的命令请求需要执行以下步骤：1）初始化服务器状态；2）载入服务器配置；3）初始化服务器数据结构；4）还原数据库状态；5）执行事件循环。

第三部分

多机数据库的实现

第 15 章

复　　制

在 Redis 中，用户可以通过执行 *SLAVEOF* 命令或者设置 `slaveof` 选项，让一个服务器去复制（replicate）另一个服务器，我们称呼被复制的服务器为主服务器（master），而对主服务器进行复制的服务器则被称为从服务器（slave），如图 15-1 所示。

主服务器 ←复制— 从服务器

图 15-1　主服务器和从服务器

假设现在有两个 Redis 服务器，地址分别为 `127.0.0.1:6379` 和 `127.0.0.1:12345`，如果我们向服务器 `127.0.0.1:12345` 发送以下命令：

```
127.0.0.1:12345> SLAVEOF 127.0.0.1 6379
OK
```

那么服务器 `127.0.0.1:12345` 将成为 `127.0.0.1:6379` 的从服务器，而服务器 `127.0.0.1:6379` 则会成为 `127.0.0.1:12345` 的主服务器。

进行复制中的主从服务器双方的数据库将保存相同的数据，概念上将这种现象称作“数据库状态一致”，或者简称“一致”。

比如说，如果我们在主服务器上执行以下命令：

```
127.0.0.1:6379> SET msg "hello world"
OK
```

那么我们应该既可以在主服务器上获取 `msg` 键的值：

```
127.0.0.1:6379> GET msg
"hello world"
```

又可以在从服务器上获取 `msg` 键的值：

```
127.0.0.1:12345> GET msg
"hello world"
```

另一方面，如果我们在主服务器中删除了键 `msg`：

```
127.0.0.1:6379> DEL msg
(integer) 1
```

那么不仅主服务器上的 `msg` 键会被删除：

```
127.0.0.1:6379> EXISTS msg
(integer) 0
```

从服务器上的 msg 键也应该会被删除：

```
127.0.0.1:12345> EXISTS msg
(integer) 0
```

关于复制的特性和用法还有很多，Redis 官方网站上的《复制》文档（http://redis.io/topics/replication）已经做了很详细的介绍，这里不再赘述。

本章首先介绍 Redis 在 2.8 版本以前使用的旧版复制功能的实现原理，并说明旧版复制功能在处理断线后重新连接的从服务器时，会遇上怎样的低效情况。

接着，本章将介绍 Redis 从 2.8 版本开始使用的新版复制功能是如何通过部分重同步来解决旧版复制功能的低效问题的，并说明部分重同步的实现原理。

在此之后，本章将列举 *SLAVEOF* 命令的具体实现步骤，并在本章最后，说明主从服务器心跳检测机制的实现原理，并对基于心跳检测实现的几个功能进行介绍。

15.1　旧版复制功能的实现

Redis 的复制功能分为同步（sync）和命令传播（command propagate）两个操作：

- 同步操作用于将从服务器的数据库状态更新至主服务器当前所处的数据库状态。
- 命令传播操作则用于在主服务器的数据库状态被修改，导致主从服务器的数据库状态出现不一致时，让主从服务器的数据库重新回到一致状态。

本节接下来将对同步和命令传播两个操作进行详细的介绍。

15.1.1　同步

当客户端向从服务器发送 *SLAVEOF* 命令，要求从服务器复制主服务器时，从服务器首先需要执行同步操作，也即是，将从服务器的数据库状态更新至主服务器当前所处的数据库状态。

从服务器对主服务器的同步操作需要通过向主服务器发送 *SYNC* 命令来完成，以下是 *SYNC* 命令的执行步骤：

1）从服务器向主服务器发送 *SYNC* 命令。

2）收到 *SYNC* 命令的主服务器执行 *BGSAVE* 命令，在后台生成一个 RDB 文件，并使用一个缓冲区记录从现在开始执行的所有写命令。

3）当主服务器的 *BGSAVE* 命令执行完毕时，主服务器会将 *BGSAVE* 命令生成的 RDB 文件发送给从服务器，从服务器接收并载入这个 RDB 文件，将自己的数据库状态更新至主服务器执行 *BGSAVE* 命令时的数据库状态。

4）主服务器将记录在缓冲区里面的所有写命令发送给从服务器，从服务器执行这些写命令，将自己的数据库状态更新至主服务器数据库当前所处的状态。

图 15-2 展示了 *SYNC* 命令执行期间，主从服务器的通信过程。

图 15-2 主从服务器在执行 SYNC 命令期间的通信过程

表 15-1 展示了一个主从服务器进行同步的例子。

表 15-1 主从服务器的同步过程

时间	主服务器	从服务器
T0	服务器启动	服务器启动
T1	执行 SET k1 v1	
T2	执行 SET k2 v2	
T3	执行 SET k3 v3	
T4		向主服务器发送 *SYNC* 命令
T5	接收到从服务器发来的 *SYNC* 命令，执行 *BGSAVE* 命令，创建包含键 k1、k2、k3 的 RDB 文件，并使用缓冲区记录接下来执行的所有写命令	
T6	执行 SET k4 v4，并将这个命令记录到缓冲区里面	
T7	执行 SET k5 v5，并将这个命令记录到缓冲区里面	
T8	*BGSAVE* 命令执行完毕，向从服务器发送 RDB 文件	
T9		接收并载入主服务器发来的 RDB 文件，获得 k1、k2、k3 三个键
T10	向从服务器发送缓冲区中保存的写命令 SET k4 v4 和 SET k5 v5	
T11		接收并执行主服务器发来的两个 *SET* 命令，得到 k4 和 k5 两个键
T12	同步完成，现在主从服务器两者的数据库都包含了键 k1、k2、k3、k4 和 k5	同步完成，现在主从服务器两者的数据库都包含了键 k1、k2、k3、k4 和 k5

15.1.2 命令传播

在同步操作执行完毕之后，主从服务器两者的数据库将达到一致状态，但这种一致并不是一成不变的，每当主服务器执行客户端发送的写命令时，主服务器的数据库就有可能会被修改，并导致主从服务器状态不再一致。

举个例子，假设一个主服务器和一个从服务器刚刚完成同步操作，它们的数据库都保存了相同的五个键 k1 至 k5，如图 15-3 所示。

如果这时，客户端向主服务器发送命令 DEL k3，那么主服务器在执行完这个 *DEL* 命令之后，主从服务器的数据库将出现不一致：主服务器的数据库已经不再包含键 k3，但这个键却仍然包含在从服务器的数据库里面，如图 15-4 所示。

图 15-3　处于一致状态的主从服务器　　图 15-4　处于不一致状态的主从服务器

为了让主从服务器再次回到一致状态，主服务器需要对从服务器执行命令传播操作：主服务器会将自己执行的写命令，也即是造成主从服务器不一致的那条写命令，发送给从服务器执行，当从服务器执行了相同的写命令之后，主从服务器将再次回到一致状态。

在上面的例子中，主服务器因为执行了命令 DEL k3 而导致主从服务器不一致，所以主服务器将向从服务器发送相同的命令 DEL k3。当从服务器执行完这个命令之后，主从服务器将再次回到一致状态，现在主从服务器两者的数据库都不再包含键 k3 了，如图 15-5 所示。

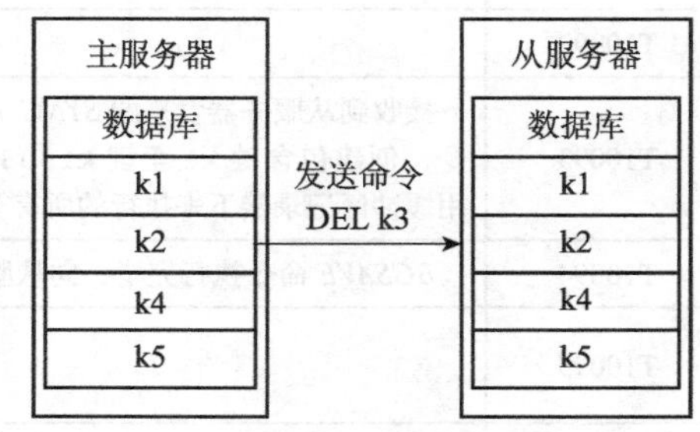

图 15-5　主服务器向从服务器发送命令

15.2　旧版复制功能的缺陷

在 Redis 2.8 以前，从服务器对主服务器的复制可以分为以下两种情况：

- 初次复制：从服务器以前没有复制过任何主服务器，或者从服务器当前要复制的主服务器和上一次复制的主服务器不同。
- 断线后重复制：处于命令传播阶段的主从服务器因为网络原因而中断了复制，但从服务器通过自动重连接重新连上了主服务器，并继续复制主服务器。

对于初次复制来说，旧版复制功能能够很好地完成任务，但对于断线后重复制来说，旧版复制功能虽然也能让主从服务器重新回到一致状态，但效率却非常低。

要理解这一情况，请看表 15-2 展示的断线后重复制例子。

表 15-2 从服务器在断线之后重新复制主服务器的例子

时间	主服务器	从服务器
T0	主从服务器完成同步	主从服务器完成同步
T1	执行并传播 SET k1 v1	执行主服务器传来的 SET k1 v1
T2	执行并传播 SET k2 v2	执行主服务器传来的 SET k2 v2
...	...	...
T10085	执行并传播 SET k10085 v10085	执行主服务器传来的 SET k10085 v10085
T10086	执行并传播 SET k10086 v10086	执行主服务器传来的 SET k10086 v10086
T10087	主从服务器连接断开	主从服务器连接断开
T10088	执行 SET k10087 v10087	断线中，尝试重新连接主服务器
T10089	执行 SET k10088 v10088	断线中，尝试重新连接主服务器
T10090	执行 SET k10089 v10089	断线中，尝试重新连接主服务器
T10091	主从服务器重新连接	主从服务器重新连接
T10092		向主服务器发送 *SYNC* 命令
T10093	接收到从服务器发来的 *SYNC* 命令，执行 *BGSAVE* 命令，创建包含键 k1 至键 k10089 的 RDB 文件，并使用缓冲区记录接下来执行的所有写命令	
T10094	*BGSAVE* 命令执行完毕，向从服务器发送 RDB 文件	
T10095		接收并载入主服务器发来的 RDB 文件，获得键 k1 至键 k10089
T10096	因为在 *BGSAVE* 命令执行期间，主服务器没有执行任何写命令，所以跳过发送缓冲区包含的写命令这一步	
T10097	主从服务器再次完成同步	主从服务器再次完成同步

在时间 T10091，从服务器终于重新连接上主服务器，因为这时主从服务器的状态已经不再一致，所以从服务器将向主服务器发送 *SYNC* 命令，而主服务器会将包含键 k1 至键 k10089 的 RDB 文件发送给从服务器，从服务器通过接收和载入这个 RDB 文件来将自己的数据库更新至主服务器数据库当前所处的状态。

虽然再次发送 *SYNC* 命令可以让主从服务器重新回到一致状态，但如果我们仔细研究这个断线重复制过程，就会发现传送 RDB 文件这一步实际上并不是非做不可的：

- 主从服务器在时间 T0 至时间 T10086 中一直处于一致状态，这两个服务器保存的数据大部分都是相同的。
- 从服务器想要将自己更新至主服务器当前所处的状态，真正需要的是主从服务器连接中断期间，主服务器新添加的 k10087、k10088、k10089 三个键的数据。

- 可惜的是，旧版复制功能并没有利用以上列举的两点条件，而是继续让主服务器生成并向从服务器发送包含键 `k1` 至键 `k10089` 的 RDB 文件，但实际上 RDB 文件包含的键 `k1` 至键 `k10086` 的数据对于从服务器来说都是不必要的。

上面给出的例子可能有一点理想化，因为在主从服务器断线期间，主服务器执行的写命令可能会有成百上千个之多，而不仅仅是两三个写命令。但总的来说，主从服务器断开的时间越短，主服务器在断线期间执行的写命令就越少，而执行少量写命令所产生的数据量通常比整个数据库的数据量要少得多，在这种情况下，为了让从服务器补足一小部分缺失的数据，却要让主从服务器重新执行一次 *SYNC* 命令，这种做法无疑是非常低效的。

SYNC 命令是一个非常耗费资源的操作

每次执行 *SYNC* 命令，主从服务器需要执行以下动作：

1）主服务器需要执行 *BGSAVE* 命令来生成 RDB 文件，这个生成操作会耗费主服务器大量的 CPU、内存和磁盘 I/O 资源。

2）主服务器需要将自己生成的 RDB 文件发送给从服务器，这个发送操作会耗费主从服务器大量的网络资源（带宽和流量），并对主服务器响应命令请求的时间产生影响。

3）接收到 RDB 文件的从服务器需要载入主服务器发来的 RDB 文件，并且在载入期间，从服务器会因为阻塞而没办法处理命令请求。

因为 *SYNC* 命令是一个如此耗费资源的操作，所以 Redis 有必要保证在真正有需要时才执行 *SYNC* 命令。

15.3 新版复制功能的实现

为了解决旧版复制功能在处理断线重复制情况时的低效问题，Redis 从 2.8 版本开始，使用 *PSYNC* 命令代替 *SYNC* 命令来执行复制时的同步操作。

PSYNC 命令具有完整重同步（full resynchronization）和部分重同步（partial resynchronization）两种模式：

- 其中完整重同步用于处理初次复制情况：完整重同步的执行步骤和 *SYNC* 命令的执行步骤基本一样，它们都是通过让主服务器创建并发送 RDB 文件，以及向从服务器发送保存在缓冲区里面的写命令来进行同步。
- 而部分重同步则用于处理断线后重复制情况：当从服务器在断线后重新连接主服务器时，如果条件允许，主服务器可以将主从服务器连接断开期间执行的写命令发送给从服务器，从服务器只要接收并执行这些写命令，就可以将数据库更新至主服务器当前所处的状态。

PSYNC 命令的部分重同步模式解决了旧版复制功能在处理断线后重复制时出现的低效情况，表 15-3 展示了如何使用 *PSYNC* 命令高效地处理上一节展示的断线后复制情况。

表 15-3 使用 *PSYNC* 命令来进行断线后重复制

时间	主服务器	从服务器
T0	主从服务器完成同步	主从服务器完成同步
T1	执行并传播 `SET k1 v1`	执行主服务器传来的 `SET k1 v1`
T2	执行并传播 `SET k2 v2`	执行主服务器传来的 `SET k2 v2`
...	...	...
T10085	执行并传播 `SET k10085 v10085`	执行主服务器传来的 `SET k10085 v10085`
T10086	执行并传播 `SET k10086 v10086`	执行主服务器传来的 `SET k10086 v10086`
T10087	主从服务器连接断开	主从服务器连接断开
T10088	执行 `SET k10087 v10087`	断线中，尝试重新连接主服务器
T10089	执行 `SET k10088 v10088`	断线中，尝试重新连接主服务器
T10090	执行 `SET k10089 v10089`	断线中，尝试重新连接主服务器
T10091	主从服务器重新连接	主从服务器重新连接
T10092		向主服务器发送 PSYNC 命令
T10093	向从服务器返回 `+CONTINUE` 回复，表示执行部分重同步	
T10094		接收 `+CONTINUE` 回复，准备执行部分重同步
T10095	向从服务器发送 `SET k10087 v10087`、`SET k10088 v10088`、`SET k10089 v10089` 三个命令	
T10096		接收并执行主服务器传来的三个 *SET* 命令
T10097	主从服务器再次完成同步	主从服务器再次完成同步

对比一下 *SYNC* 命令和 *PSYNC* 命令处理断线重复制的方法，不难看出，虽然 *SYNC* 命令和 *PSYNC* 命令都可以让断线的主从服务器重新回到一致状态，但执行部分重同步所需的资源比起执行 *SYNC* 命令所需的资源要少得多，完成同步的速度也快得多。执行 *SYNC* 命令需要生成、传送和载入整个 RDB 文件，而部分重同步只需要将从服务器缺少的写命令发送给从服务器执行就可以了。

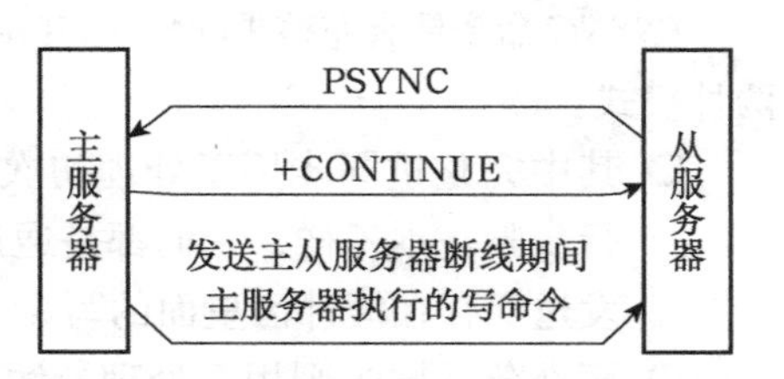

图 15-6 主从服务器执行部分重同步的过程

图 15-6 展示了主从服务器在执行部分重同步时的通信过程。

15.4 部分重同步的实现

在了解了 *PSYNC* 命令的由来，以及部分重同步的工作方式之后，是时候来介绍一下部分重同步的实现细节了。

部分重同步功能由以下三个部分构成：

- ❑ 主服务器的复制偏移量（replication offset）和从服务器的复制偏移量。
- ❑ 主服务器的复制积压缓冲区（replication backlog）。
- ❑ 服务器的运行 ID（run ID）。

以下三个小节将分别介绍这三个部分。

15.4.1 复制偏移量

执行复制的双方——主服务器和从服务器会分别维护一个复制偏移量：

- ❑ 主服务器每次向从服务器传播 N 个字节的数据时，就将自己的复制偏移量的值加上 N。
- ❑ 从服务器每次收到主服务器传播来的 N 个字节的数据时，就将自己的复制偏移量的值加上 N。

在图 15-7 所示的例子中，主从服务器的复制偏移量的值都为 10086。

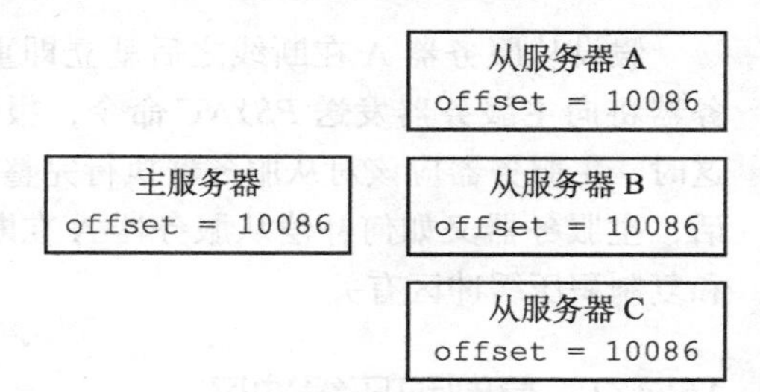

图 15-7 拥有相同偏移量的主服务器和它的三个从服务器

如果这时主服务器向三个从服务器传播长度为 33 字节的数据，那么主服务器的复制偏移量将更新为 10086+33=10119，而三个从服务器在接收到主服务器传播的数据之后，也会将复制偏移量更新为 10119，如图 15-8 所示。

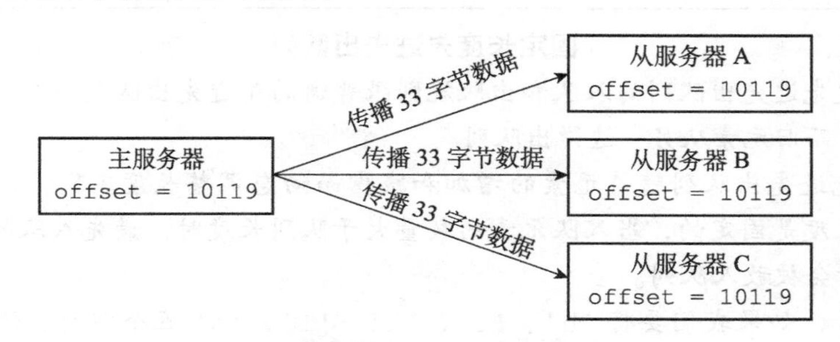

图 15-8 更新偏移量之后的主从服务器

通过对比主从服务器的复制偏移量，程序可以很容易地知道主从服务器是否处于一致状态：

- ❑ 如果主从服务器处于一致状态，那么主从服务器两者的偏移量总是相同的。
- ❑ 相反，如果主从服务器两者的偏移量并不相同，那么说明主从服务器并未处于一致状态。

考虑以下这个例子：假设如图 15-7 所示，主从服务器当前的复制偏移量都为 10086，但是就在主服务器要向从服务器传播长度为 33 字节的数据之前，从服务器 A 断线了，那么主服务器传播的数据将只有从服务器 B 和从服务器 C 能收到，在这之后，主服务器、从服务器 B 和从服务器 C 三个服务器的复制偏移量都将更新为 10119，而断线的从服务器 A 的复制偏移量仍然停留在 10086，这说明从服务器 A 与主服务器并不一致，如图 15-9 所示。

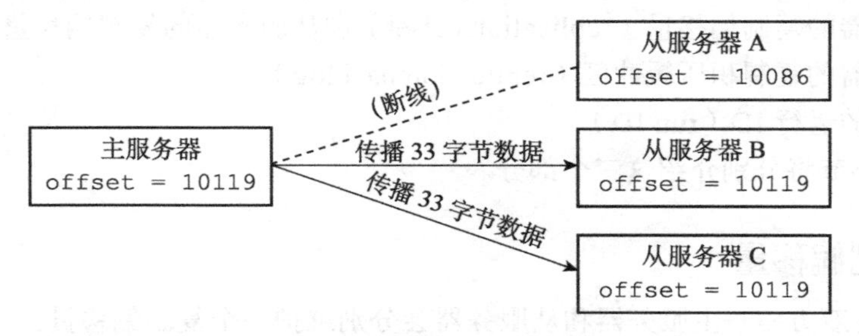

图 15-9 因为断线而处于不一致状态的从服务器 A

假设从服务器 A 在断线之后就立即重新连接主服务器，并且成功，那么接下来，从服务器将向主服务器发送 *PSYNC* 命令，报告从服务器 A 当前的复制偏移量为 10086，那么这时，主服务器应该对从服务器执行完整重同步还是部分重同步呢？如果执行部分重同步的话，主服务器又如何补偿从服务器 A 在断线期间丢失的那部分数据呢？以上问题的答案都和复制积压缓冲区有关。

15.4.2 复制积压缓冲区

复制积压缓冲区是由主服务器维护的一个固定长度（fixed-size）先进先出（FIFO）队列，默认大小为 1MB。

固定长度先进先出队列

固定长度先进先出队列的入队和出队规则跟普通的先进先出队列一样：新元素从一边进入队列，而旧元素从另一边弹出队列。

和普通先进先出队列随着元素的增加和减少而动态调整长度不同，固定长度先进先出队列的长度是固定的，当入队元素的数量大于队列长度时，最先入队的元素会被弹出，而新元素会被放入队列。

举个例子，如果我们要将 'h'、'e'、'l'、'l'、'o' 五个字符放进一个长度为 3 的固定长度先进先出队列里面，那么 'h'、'e'、'l' 三个字符将首先被放入队列：

```
['h', 'e', 'l']
```

但是当后一个 'l' 字符要进入队列时，队首的 'h' 字符将被弹出，队列变成：

```
['e', 'l', 'l']
```

接着，'o' 的入队会引起 'e' 的出队，队列变成：

```
['l', 'l', 'o']
```

以上就是固定长度先进先出队列的运作方式。

当主服务器进行命令传播时，它不仅会将写命令发送给所有从服务器，还会将写命令入队到复制积压缓冲区里面，如图 15-10 所示。

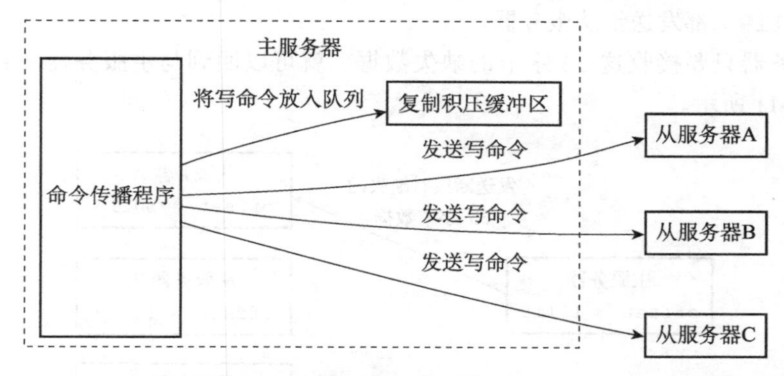

图 15-10　主服务器向复制积压缓冲区和所有从服务器传播写命令数据

因此，主服务器的复制积压缓冲区里面会保存着一部分最近传播的写命令，并且复制积压缓冲区会为队列中的每个字节记录相应的复制偏移量，就像表 15-4 展示的那样。

表 15-4　复制积压缓冲区的构造

偏移量	…	10087	10088	10089	10090	10091	10092	10093	10094	10095	10096	10097	…
字节值	…	'*'	3	'\r'	'\n'	'$'	3	'\r'	'\n'	'S'	'E'	'T'	…

当从服务器重新连上主服务器时，从服务器会通过 *PSYNC* 命令将自己的复制偏移量 offset 发送给主服务器，主服务器会根据这个复制偏移量来决定对从服务器执行何种同步操作：

- 如果 offset 偏移量之后的数据（也即是偏移量 offset+1 开始的数据）仍然存在于复制积压缓冲区里面，那么主服务器将对从服务器执行部分重同步操作。
- 相反，如果 offset 偏移量之后的数据已经不存在于复制积压缓冲区，那么主服务器将对从服务器执行完整重同步操作。

回到之前图 15-9 展示的断线后重连接例子：

- 当从服务器 A 断线之后，它立即重新连接主服务器，并向主服务器发送 *PSYNC* 命令，报告自己的复制偏移量为 10086。
- 主服务器收到从服务器发来的 *PSYNC* 命令以及偏移量 10086 之后，主服务器将检查偏移量 10086 之后的数据是否存在于复制积压缓冲区里面，结果发现这些数据仍然存在，于是主服务器向从服务器发送 +CONTINUE 回复，表示数据同步将以部分重同步模式来进行。

- 接着主服务器会将复制积压缓冲区 10086 偏移量之后的所有数据（偏移量为 10087 至 10119）都发送给从服务器。
- 从服务器只要接收这 33 字节的缺失数据，就可以回到与主服务器一致的状态，如图 15-11 所示。

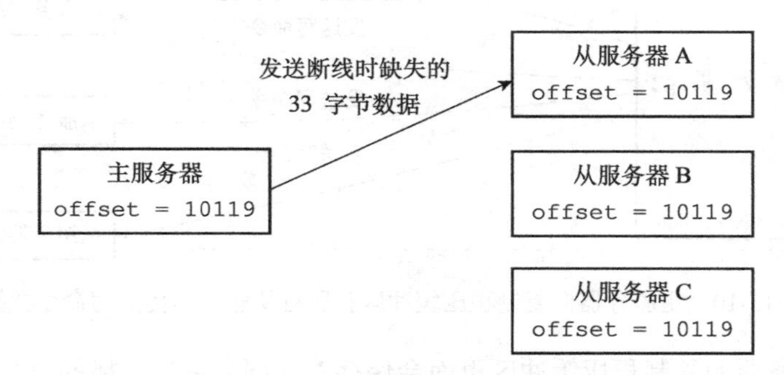

图 15-11 主服务器向从服务器发送缺失的数据

根据需要调整复制积压缓冲区的大小

Redis 为复制积压缓冲区设置的默认大小为 1 MB，如果主服务器需要执行大量写命令，又或者主从服务器断线后重连接所需的时间比较长，那么这个大小也许并不合适。如果复制积压缓冲区的大小设置得不恰当，那么 *PSYNC* 命令的复制重同步模式就不能正常发挥作用，因此，正确估算和设置复制积压缓冲区的大小非常重要。

复制积压缓冲区的最小大小可以根据公式 second * write_size_per_second 来估算：

- 其中 second 为从服务器断线后重新连接上主服务器所需的平均时间（以秒计算）。
- 而 write_size_per_second 则是主服务器平均每秒产生的写命令数据量（协议格式的写命令的长度总和）。

例如，如果主服务器平均每秒产生 1 MB 的写数据，而从服务器断线之后平均要 5 秒才能重新连接上主服务器，那么复制积压缓冲区的大小就不能低于 5 MB。

为了安全起见，可以将复制积压缓冲区的大小设为 2 * second * write_size_per_second，这样可以保证绝大部分断线情况都能用部分重同步来处理。

至于复制积压缓冲区大小的修改方法，可以参考配置文件中关于 repl-backlog-size 选项的说明。

15.4.3 服务器运行 ID

除了复制偏移量和复制积压缓冲区之外，实现部分重同步还需要用到服务器运行 ID（run ID）：

- 每个 Redis 服务器，不论主服务器还是从服务，都会有自己的运行 ID。
- 运行 ID 在服务器启动时自动生成，由 40 个随机的十六进制字符组成，例如 `53b9b28df8042fdc9ab5e3fcbbbabff1d5dce2b3`。

当从服务器对主服务器进行初次复制时，主服务器会将自己的运行 ID 传送给从服务器，而从服务器则会将这个运行 ID 保存起来。

当从服务器断线并重新连上一个主服务器时，从服务器将向当前连接的主服务器发送之前保存的运行 ID：

- 如果从服务器保存的运行 ID 和当前连接的主服务器的运行 ID 相同，那么说明从服务器断线之前复制的就是当前连接的这个主服务器，主服务器可以继续尝试执行部分重同步操作。
- 相反地，如果从服务器保存的运行 ID 和当前连接的主服务器的运行 ID 并不相同，那么说明从服务器断线之前复制的主服务器并不是当前连接的这个主服务器，主服务器将对从服务器执行完整重同步操作。

举个例子，假设从服务器原本正在复制一个运行 ID 为 `53b9b28df8042fdc9ab5e3fcbbbabff1d5dce2b3` 的主服务器，那么在网络断开，从服务器重新连接上主服务器之后，从服务器将向主服务器发送这个运行 ID，主服务器根据自己的运行 ID 是否 `53b9b28df8042fdc9ab5e3fcbbbabff1d5dce2b3` 来判断是执行部分重同步还是执行完整重同步。

15.5　PSYNC 命令的实现

到目前为止，本章在介绍 *PSYNC* 命令时一直没有说明 *PSYNC* 命令的参数以及返回值，因为那时我们还未了解服务器运行 ID、复制偏移量、复制积压缓冲区这些东西，在学习了部分重同步的实现原理之后，我们现在可以来了解 *PSYNC* 命令的完整细节了。

PSYNC 命令的调用方法有两种：

- 如果从服务器以前没有复制过任何主服务器，或者之前执行过 `SLAVEOF no one` 命令，那么从服务器在开始一次新的复制时将向主服务器发送 `PSYNC ? -1` 命令，主动请求主服务器进行完整重同步（因为这时不可能执行部分重同步）。
- 相反地，如果从服务器已经复制过某个主服务器，那么从服务器在开始一次新的复制时将向主服务器发送 `PSYNC <runid> <offset>` 命令：其中 `runid` 是上一次复制的主服务器的运行 ID，而 `offset` 则是从服务器当前的复制偏移量，接收到这个命令的主服务器会通过这两个参数来判断应该对从服务器执行哪种同步操作。

根据情况，接收到 *PSYNC* 命令的主服务器会向从服务器返回以下三种回复的其中一种：

- 如果主服务器返回 `+FULLRESYNC <runid> <offset>` 回复，那么表示主服务器将与从服务器执行完整重同步操作：其中 `runid` 是这个主服务器的运行 ID，从服务器会将这个 ID 保存起来，在下一次发送 *PSYNC* 命令时使用；而 `offset` 则是主服务器当前的复制偏移量，从服务器会将这个值作为自己的初始化偏移量。

- 如果主服务器返回 +CONTINUE 回复，那么表示主服务器将与从服务器执行部分重同步操作，从服务器只要等着主服务器将自己缺少的那部分数据发送过来就可以了。
- 如果主服务器返回 -ERR 回复，那么表示主服务器的版本低于 Redis 2.8，它识别不了 *PSYNC* 命令，从服务器将向主服务器发送 *SYNC* 命令，并与主服务器执行完整同步操作。

流程图 15-12 总结了 *PSYNC* 命令执行完整重同步和部分重同步时可能遇上的情况。

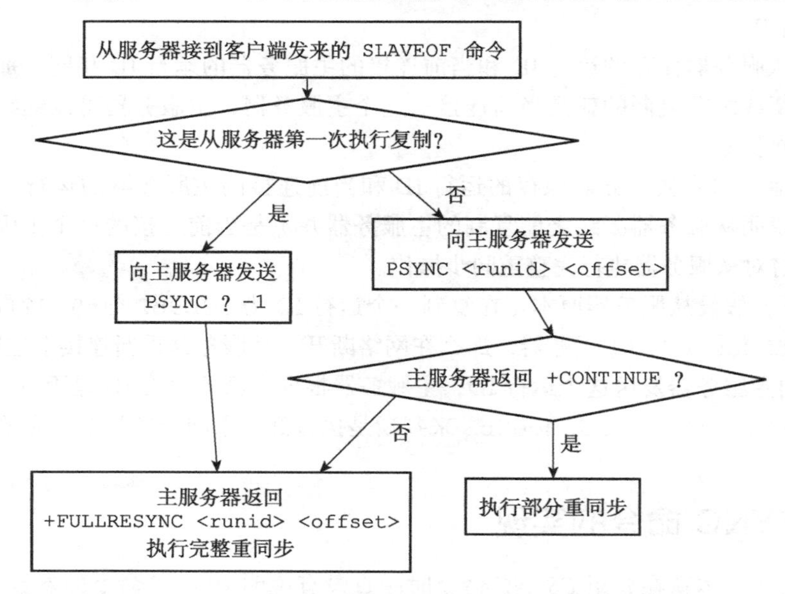

图 15-12 PSYNC 执行完整重同步和部分重同步时可能遇上的情况

为了熟悉 *PSYNC* 命令的用法，让我们来看一个完整的复制——网络中断——重复制例子。

首先，假设有两个 Redis 服务器，它们的版本都是 Redis 2.8，其中主服务器的地址为 127.0.0.1:6379，从服务器的地址为 127.0.0.1:12345。

如果客户端向从服务器发送命令 SLAVEOF 127.0.0.1 6379，并且假设从服务器是第一次执行复制操作，那么从服务器将向主服务器发送 PSYNC ? -1 命令，请求主服务器执行完整重同步操作。

主服务器在收到完整重同步请求之后，将在后台执行 *BGSAVE* 命令，并向从服务器返回 +FULLRESYNC 53b9b28df8042fdc9ab5e3fcbbbabff1d5dce2b3 10086 回复，其中 53b9b28df8042fdc9ab5e3fcbbbabff1d5dce2b3 是主服务器的运行 ID，而 10086 则是主服务器当前的复制偏移量。

假设完整重同步成功执行，并且主从服务器在一段时间之后仍然保持一致，但是在复制偏移量为 20000 的时候，主从服务器之间的网络连接中断了，这时从服务器将重新连接主服务器，并再次对主服务器进行复制。

因为之前曾经对主服务器进行过复制，所以从服务器将向主服务器发送命令 PSYNC 5

3b9b28df8042fdc9ab5e3fcbbbabff1d5dce2b3 20000，请求进行部分重同步。

主服务器在接收到从服务器的 *PSYNC* 命令之后，首先对比从服务器传来的运行 ID53b9b28df8042fdc9ab5e3fcbbbabff1d5dce2b3 和主服务器自身的运行 ID，结果显示该 ID 和主服务器的运行 ID 相同，于是主服务器继续读取从服务器传来的偏移量 20000，检查偏移量为 20000 之后的数据是否存在于复制积压缓冲区里面，结果发现数据仍然存在。

确认运行 ID 相同并且数据存在之后，主服务器将向从服务器返回 +CONTINUE 回复，表示将与从服务器执行部分重同步操作，之后主服务器会将保存在复制积压缓冲区 20000 偏移量之后的所有数据发送给从服务器，主从服务器将再次回到一致状态。

15.6 复制的实现

通过向从服务器发送 *SLAVEOF* 命令，我们可以让一个从服务器去复制一个主服务器：

```
SLAVEOF <master_ip> <master_port>
```

本节将以从服务器 127.0.0.1:12345 接收到命令：

```
SLAVEOF 127.0.0.1 6379
```

为例，展示 Redis2.8 或以上版本的复制功能的详细实现步骤。

15.6.1 步骤 1：设置主服务器的地址和端口

当客户端向从服务器发送以下命令时：

```
127.0.0.1:12345> SLAVEOF 127.0.0.1 6379
OK
```

从服务器首先要做的就是将客户端给定的主服务器 IP 地址 127.0.0.1 以及端口 6379 保存到服务器状态的 masterhost 属性和 masterport 属性里面：

```
struct redisServer {

    // ...

    // 主服务器的地址
    char *masterhost;

    // 主服务器的端口
    int masterport;

    // ...

};
```

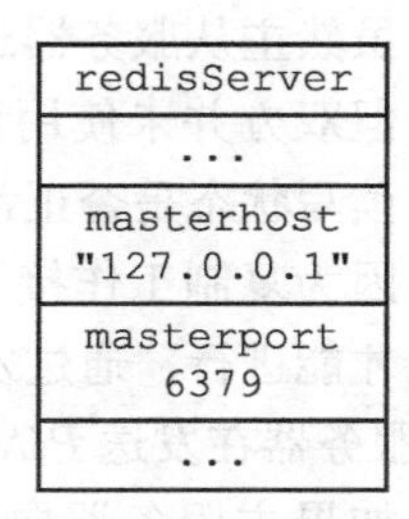

图 15-13　从服务器的服务器状态

图 15-13 展示了 *SLAVEOF* 命令执行之后，从服务器的服务器状态。

SLAVEOF 命令是一个异步命令，在完成 masterhost 属性和 masterport 属性的设置工作之后，从服务器将向发送 *SLAVEOF* 命令的客户端返回 OK，表示复制指令已经被接收，而实际的复制工作将在 OK 返回之后才真正开始执行。

15.6.2 步骤 2：建立套接字连接

在 *SLAVEOF* 命令执行之后，从服务器将根据命令所设置的 IP 地址和端口，创建连向主服务器的套接字连接，如图 15-14 所示。

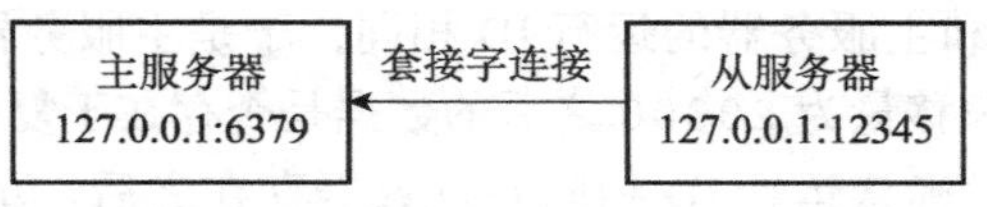

图 15-14 从服务器创建连向主服务器的套接字

如果从服务器创建的套接字能成功连接（connect）到主服务器，那么从服务器将为这个套接字关联一个专门用于处理复制工作的文件事件处理器，这个处理器将负责执行后续的复制工作，比如接收 RDB 文件，以及接收主服务器传播来的写命令，诸如此类。

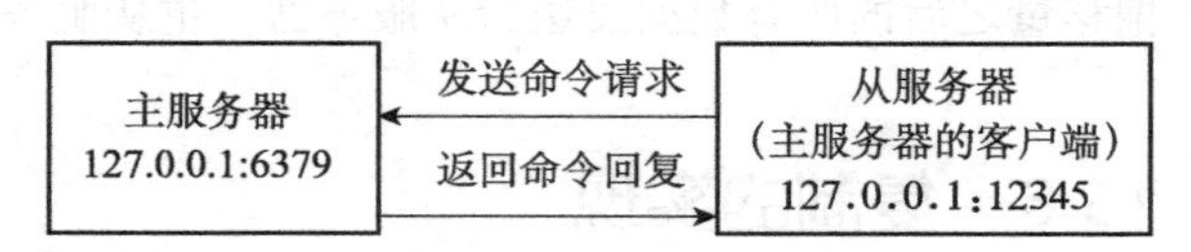

图 15-15 主从服务器之间的关系

而主服务器在接受（accept）从服务器的套接字连接之后，将为该套接字创建相应的客户端状态，并将从服务器看作是一个连接到主服务器的客户端来对待，这时从服务器将同时具有服务器（server）和客户端（client）两个身份：从服务器可以向主服务器发送命令请求，而主服务器则会向从服务器返回命令回复，如图 15-15 所示。

因为复制工作接下来的几个步骤都会以从服务器向主服务器发送命令请求的形式来进行，所以理解"从服务器是主服务器的客户端"这一点非常重要。

15.6.3 步骤 3：发送 PING 命令

从服务器成为主服务器的客户端之后，做的第一件事就是向主服务器发送一个 *PING* 命令，如图 15-16 所示。

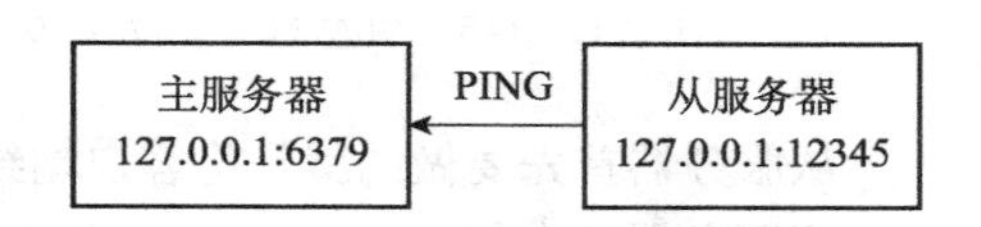

图 15-16 从服务器向主服务器发送 PING

这个 *PING* 命令有两个作用：

- 虽然主从服务器成功建立起了套接字连接，但双方并未使用该套接字进行过任何通信，通过发送 *PING* 命令可以检查套接字的读写状态是否正常。
- 因为复制工作接下来的几个步骤都必须在主服务器可以正常处理命令请求的状态下才能进行，通过发送 *PING* 命令可以检查主服务器能否正常处理命令请求。

从服务器在发送 *PING* 命令之后将遇到以下三种情况的其中一种：

- 如果主服务器向从服务器返回了一个命令回复，但从服务器却不能在规定的时限（timeout）内读取出命令回复的内容，那么表示主从服务器之间的网络连接状态不佳，不能继续执行复制工作的后续步骤。当出现这种情况时，从服务器断开并重新创建连向主服务器的套接字。
- 如果主服务器向从服务器返回一个错误，那么表示主服务器暂时没办法处理从服务器的命令请求，不能继续执行复制工作的后续步骤。当出现这种情况时，从服务器断开并重新创建连向主服务器的套接字。比如说，如果主服务器正在处理一个超时运行的脚本，那么当从服务器向主服务器发送 *PING* 命令时，从服务器将收到主服务器返回的 `BUSY Redisis busy running a script. You can only call SCRIPT KILL or SHUTDOWN NOSAVE.` 错误。

- 如果从服务器读取到 `"PONG"` 回复，那么表示主从服务器之间的网络连接状态正常，并且主服务器可以正常处理从服务器（客户端）发送的命令请求，在这种情况下，从服务器可以继续执行复制工作的下个步骤。

流程图 15-17 总结了从服务器在发送 *PING* 命令时可能遇到的情况，以及各个情况的处理方式。

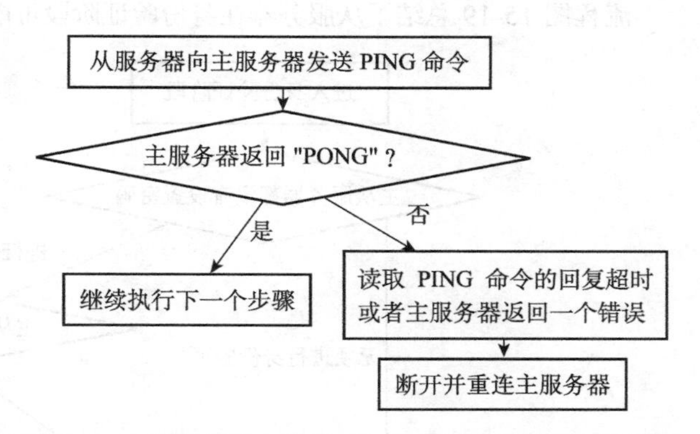

图 15-17　从服务器在发送 PING 命令时可能遇上的情况

15.6.4　步骤 4：身份验证

从服务器在收到主服务器返回的 `"PONG"` 回复之后，下一步要做的就是决定是否进行身份验证：

- 如果从服务器设置了 `masterauth` 选项，那么进行身份验证。
- 如果从服务器没有设置 `masterauth` 选项，那么不进行身份验证。

在需要进行身份验证的情况下，从服务器将向主服务器发送一条 *AUTH* 命令，命令的参数为从服务器 `masterauth` 选项的值。

举个例子，如果从服务器 `masterauth` 选项的值为 `10086`，那么从服务器将向主服务器发送命令 `AUTH 10086`，如图 15-18 所示。

图 15-18　从服务器向主服务器验证身份

从服务器在身份验证阶段可能遇到的情况有以下几种：

- 如果主服务器没有设置 `requirepass` 选项，并且从服务器也没有设置 `masterauth` 选项，那么主服务器将继续执行从服务器发送的命令，复制工作可以继续进行。
- 如果从服务器通过 *AUTH* 命令发送的密码和主服务器 `requirepass` 选项所设置的密码相同，那么主服务器将继续执行从服务器发送的命令，复制工作可以继续进行。与此相反，如果主从服务器设置的密码不相同，那么主服务器将返回一个 `invalid password` 错误。
- 如果主服务器设置了 `requirepass` 选项，但从服务器却没有设置 `masterauth` 选项，那么主服务器将返回一个 `NOAUTH` 错误。另一方面，如果主服务器没有设置

requirepass 选项，但从服务器却设置了 masterauth 选项，那么主服务器将返回一个 no password is set 错误。

所有错误情况都会令从服务器中止目前的复制工作，并从创建套接字开始重新执行复制，直到身份验证通过，或者从服务器放弃执行复制为止。

流程图 15-19 总结了从服务器在身份验证阶段可能遇到的情况，以及各个情况的处理方式。

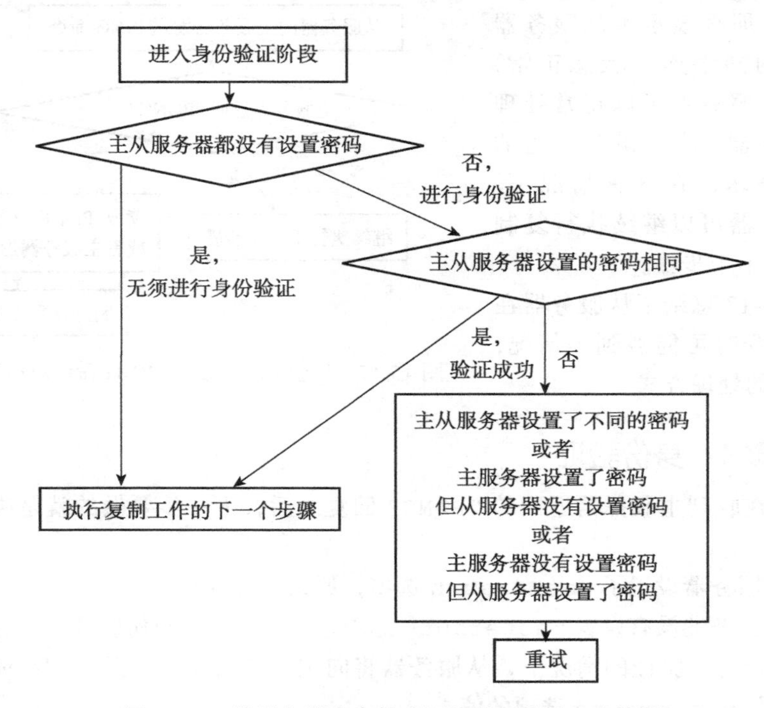

图 15-19 从服务器在身份验证阶段可能遇上的情况

15.6.5 步骤 5：发送端口信息

在身份验证步骤之后，从服务器将执行命令 REPLCONF listening-port <port-number>，向主服务器发送从服务器的监听端口号。

例如在我们的例子中，从服务器的监听端口为 12345，那么从服务器将向主服务器发送命令 REPLCONF listening-port 12345，如图 15-20 所示。

图 15-20 从服务器向主服务器发送监听端口

主服务器在接收到这个命令之后，会将端口号记录在从服务器所对应的客户端状态的 slave_listening_port 属性中：

```
typedef struct redisClient {

    // ...

    // 从服务器的监听端口号
    int slave_listening_port;

    // ...

} redisClient;
```

图 15-21 展示了客户端状态设置 slave_listening_port 属性之后的样子。

slave_listening_port 属性目前唯一的作用就是在主服务器执行 INFO replication 命令时打印出从服务器的端口号。

redisClient
...
slave_listening_port 12345
...

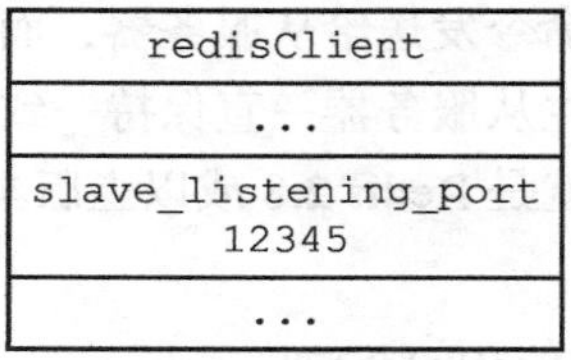

图 15-21　用客户端状态记录从服务器的监听端口

以下是客户端向例子中的主服务器发送 INFO replication 命令时得到的回复，其中 slave0 行的 port 域显示的就是从服务器所对应客户端状态的 slave_listening_port 属性的值：

```
127.0.0.1:6379> INFO replication
# Replication
role:master
connected_slaves:1
slave0:ip=127.0.0.1,port=12345,status=online,offset=1289,lag=1
master_repl_offset:1289
repl_backlog_active:1
repl_backlog_size:1048576
repl_backlog_first_byte_offset:2
repl_backlog_histlen:1288
```

15.6.6　步骤 6：同步

在这一步，从服务器将向主服务器发送 *PSYNC* 命令，执行同步操作，并将自己的数据库更新至主服务器数据库当前所处的状态。

值得一提的是，在同步操作执行之前，只有从服务器是主服务器的客户端，但是在执行同步操作之后，主服务器也会成为从服务器的客户端：

- 如果 *PSYNC* 命令执行的是完整重同步操作，那么主服务器需要成为从服务器的客户端，才能将保存在缓冲区里面的写命令发送给从服务器执行。
- 如果 *PSYNC* 命令执行的是部分重同步操作，那么主服务器需要成为从服务器的客户端，才能向从服务器发送保存在复制积压缓冲区里面的写命令。

因此，在同步操作执行之后，主从服务器双方都是对方的客户端，它们可以互相向对方发送命令请求，或者互相向对方返回命令回复，如图 15-22 所示。

正因为主服务器成为了从服务器的客户端，所以主服务器才可以通过发送写命令来改变从服务器的数据库状态，不仅同步操作需要用到这一点，这也是主服务器对从服务器执行命令传播操作的基础。

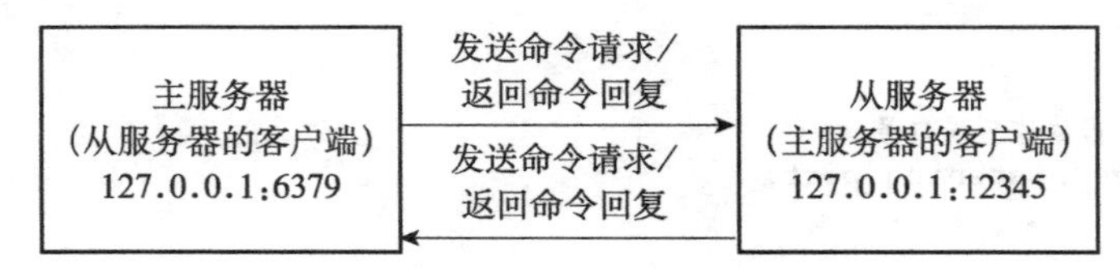

图 15-22 主从服务器之间互为客户端

15.6.7 步骤 7：命令传播

当完成了同步之后，主从服务器就会进入命令传播阶段，这时主服务器只要一直将自己执行的写命令发送给从服务器，而从服务器只要一直接收并执行主服务器发来的写命令，就可以保证主从服务器一直保持一致了。

以上就是 Redis 2.8 或以上版本的复制功能的实现步骤。

15.7 心跳检测

在命令传播阶段，从服务器默认会以每秒一次的频率，向主服务器发送命令：

```
REPLCONF ACK <replication_offset>
```

其中 `replication_offset` 是从服务器当前的复制偏移量。

发送 *REPLCONF ACK* 命令对于主从服务器有三个作用：

- 检测主从服务器的网络连接状态。
- 辅助实现 `min-slaves` 选项。
- 检测命令丢失。

以下三个小节将分别介绍这三个作用。

15.7.1 检测主从服务器的网络连接状态

主从服务器可以通过发送和接收 *REPLCONF ACK* 命令来检查两者之间的网络连接是否正常：如果主服务器超过一秒钟没有收到从服务器发来的 *REPLCONF ACK* 命令，那么主服务器就知道主从服务器之间的连接出现问题了。

通过向主服务器发送 *INFO replication* 命令，在列出的从服务器列表的 `lag` 一栏中，我们可以看到相应从服务器最后一次向主服务器发送 *REPLCONF ACK* 命令距离现在过了多少秒：

```
127.0.0.1:6379> INFO replication
# Replication
role:master
connected_slaves:2
slave0:ip=127.0.0.1,port=12345,state=online,offset=211,lag=0  # 刚刚发送过 REPLCONF ACK
          命令
slave1:ip=127.0.0.1,port=56789,state=online,offset=197,lag=15  # 15 秒之前发送过 REPLCONF
          ACK 命令
```

```
master_repl_offset:211
repl_backlog_active:1
repl_backlog_size:1048576
repl_backlog_first_byte_offset:2
repl_backlog_histlen:210
```

在一般情况下，lag 的值应该在 0 秒或者 1 秒之间跳动，如果超过 1 秒的话，那么说明主从服务器之间的连接出现了故障。

15.7.2　辅助实现 min-slaves 配置选项

Redis 的 min-slaves-to-write 和 min-slaves-max-lag 两个选项可以防止主服务器在不安全的情况下执行写命令。

举个例子，如果我们向主服务器提供以下设置：

```
min-slaves-to-write 3
min-slaves-max-lag 10
```

那么在从服务器的数量少于 3 个，或者三个从服务器的延迟（lag）值都大于或等于 10 秒时，主服务器将拒绝执行写命令，这里的延迟值就是上面提到的 *INFO replication* 命令的 lag 值。

15.7.3　检测命令丢失

如果因为网络故障，主服务器传播给从服务器的写命令在半路丢失，那么当从服务器向主服务器发送 *REPLCONF ACK* 命令时，主服务器将发觉从服务器当前的复制偏移量少于自己的复制偏移量，然后主服务器就会根据从服务器提交的复制偏移量，在复制积压缓冲区里面找到从服务器缺少的数据，并将这些数据重新发送给从服务器。

举个例子，假设有两个处于一致状态的主从服务器，它们的复制偏移量都是 200，如图 15-23 所示。

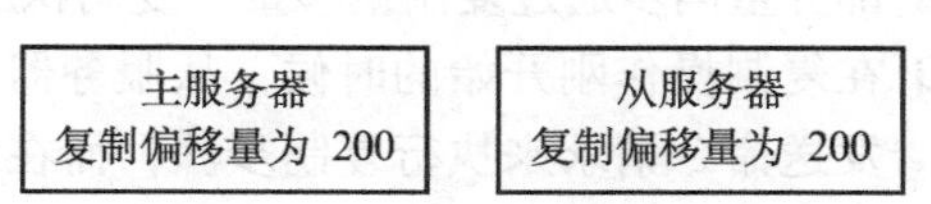

图 15-23　主从服务器处于一致状态

如果这时主服务器执行了命令 SET key value（协议格式的长度为 33 字节），将自己的复制偏移量更新到了 233，并尝试向从服务器传播命令 SET key value，但这条命令却因为网络故障而在传播的途中丢失，那么主从服务器之间的复制偏移量就会出现不一致，主服务器的复制偏移量会被更新为 233，而从服务器的复制偏移量仍然为 200，如图 15-24 所示。

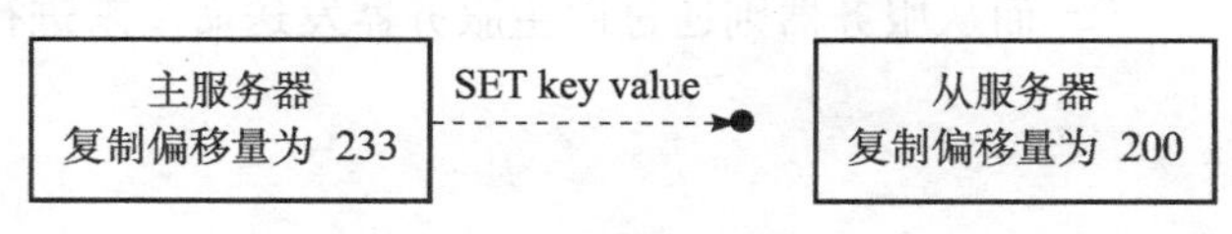

图 15-24　主从服务器处于不一致状态

在这之后，当从服务器向主服务器发送 *REPLCONF ACK* 命令的时候，主服务器会察觉从服务器的复制偏移量依然为 200，而自己的复制偏移量为 233，这说明复制积压缓冲区

里面复制偏移量为 `201` 至 `233` 的数据（也即是命令 `SET key value`）在传播过程中丢失了，于是主服务器会再次向从服务器传播命令 `SET key value`，从服务器通过接收并执行这个命令可以将自己更新至主服务器当前所处的状态，如图 15-25 所示。

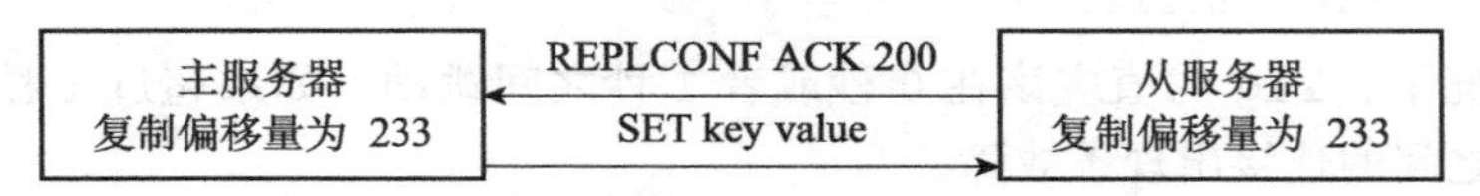

图 15-25 主服务器向从服务器补发缺失的数据

注意，主服务器向从服务器补发缺失数据这一操作的原理和部分重同步操作的原理非常相似，这两个操作的区别在于，补发缺失数据操作在主从服务器没有断线的情况下执行，而部分重同步操作则在主从服务器断线并重连之后执行。

Redis 2.8 版本以前的命令丢失

REPLCONF ACK 命令和复制积压缓冲区都是 Redis 2.8 版本新增的，在 Redis 2.8 版本以前，即使命令在传播过程中丢失，主服务器和从服务器都不会注意到，主服务器更不会向从服务器补发丢失的数据，所以为了保证复制时主从服务器的数据一致性，最好使用 2.8 或以上版本的 Redis。

15.8 重点回顾

- Redis 2.8 以前的复制功能不能高效地处理断线后重复制情况，但 Redis 2.8 新添加的部分重同步功能可以解决这个问题。
- 部分重同步通过复制偏移量、复制积压缓冲区、服务器运行 ID 三个部分来实现。
- 在复制操作刚开始的时候，从服务器会成为主服务器的客户端，并通过向主服务器发送命令请求来执行复制步骤，而在复制操作的后期，主从服务器会互相成为对方的客户端。
- 主服务器通过向从服务器传播命令来更新从服务器的状态，保持主从服务器一致，而从服务器则通过向主服务器发送命令来进行心跳检测，以及命令丢失检测。

第16章

Sentinel

Sentinel（哨岗、哨兵）是Redis的高可用性（high availability）解决方案：由一个或多个Sentinel实例（instance）组成的Sentinel系统（system）可以监视任意多个主服务器，以及这些主服务器属下的所有从服务器，并在被监视的主服务器进入下线状态时，自动将下线主服务器属下的某个从服务器升级为新的主服务器，然后由新的主服务器代替已下线的主服务器继续处理命令请求。

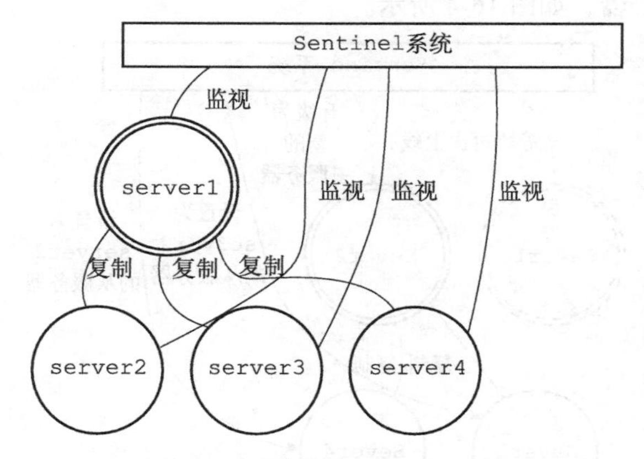

图16-1　服务器与Sentinel系统

图16-1展示了一个Sentinel系统监视服务器的例子，其中：

- 用双环图案表示的是当前的主服务器server1。
- 用单环图案表示的是主服务器的三个从服务器server2、server3以及server4。
- server2、server3、server4三个从服务器正在复制主服务器server1，而Sentinel系统则在监视所有四个服务器。

假设这时，主服务器server1进入下线状态，那么从服务器server2、server3、server4对主服务器的复制操作将被中止，并且Sentinel系统会察觉到server1已下线，如图16-2所示（下线的服务器用虚线表示）。

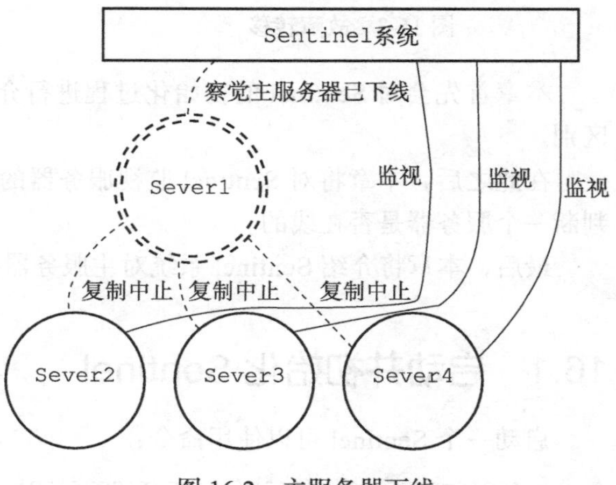

图16-2　主服务器下线

当 server1 的下线时长超过用户设定的下线时长上限时，Sentinel 系统就会对 server1 执行故障转移操作：

- 首先，Sentinel 系统会挑选 server1 属下的其中一个从服务器，并将这个被选中的从服务器升级为新的主服务器。
- 之后，Sentinel 系统会向 server1 属下的所有从服务器发送新的复制指令，让它们成为新的主服务器的从服务器，当所有从服务器都开始复制新的主服务器时，故障转移操作执行完毕。
- 另外，Sentinel 还会继续监视已下线的 server1，并在它重新上线时，将它设置为新的主服务器的从服务器。

举个例子，图 16-3 展示了 Sentinel 系统将 server2 升级为新的主服务器，并让服务器 server3 和 server4 成为 server2 的从服务器的过程。

之后，如果 server1 重新上线的话，它将被 Sentinel 系统降级为 server2 的从服务器，如图 16-4 所示。

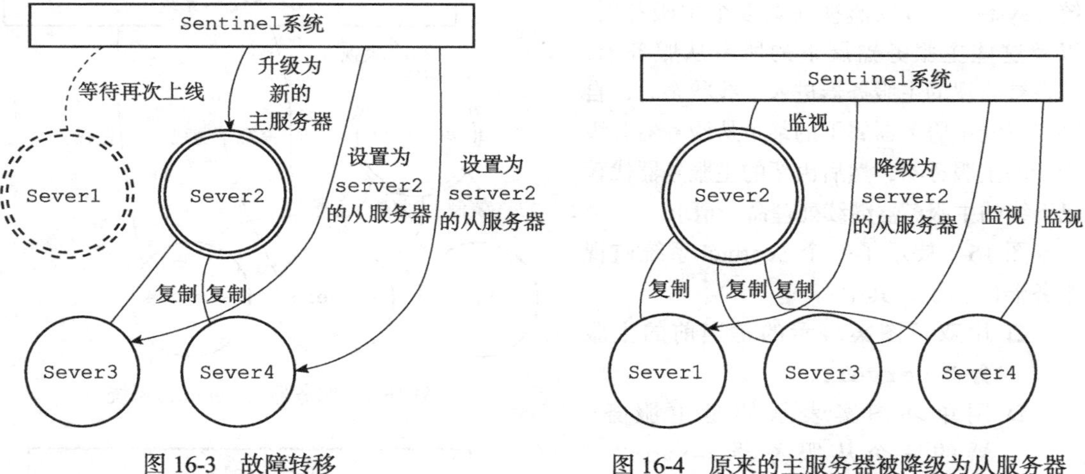

图 16-3 故障转移

图 16-4 原来的主服务器被降级为从服务器

本章首先会对 Sentinel 的初始化过程进行介绍，并说明 Sentinel 和一般 Redis 服务器的区别。

在此之后，本章将对 Sentinel 监视服务器的方法和原理进行介绍，说明 Sentinel 是如何判断一个服务器是否在线的。

最后，本章将介绍 Sentinel 系统对主服务器执行故障转移的整个过程。

16.1 启动并初始化 Sentinel

启动一个 Sentinel 可以使用命令：

```
$ redis-sentinel /path/to/your/sentinel.conf
```

或者命令：

```
$ redis-server /path/to/your/sentinel.conf --sentinel
```

这两个命令的效果完全相同。

当一个 Sentinel 启动时，它需要执行以下步骤：

1）初始化服务器。

2）将普通 Redis 服务器使用的代码替换成 Sentinel 专用代码。

3）初始化 Sentinel 状态。

4）根据给定的配置文件，初始化 Sentinel 的监视主服务器列表。

5）创建连向主服务器的网络连接。

本节接下来的内容将分别对这些步骤进行介绍。

16.1.1　初始化服务器

首先，因为 Sentinel 本质上只是一个运行在特殊模式下的 Redis 服务器，所以启动 Sentinel 的第一步，就是初始化一个普通的 Redis 服务器，具体的步骤和第 14 章介绍的类似。

不过，因为 Sentinel 执行的工作和普通 Redis 服务器执行的工作不同，所以 Sentinel 的初始化过程和普通 Redis 服务器的初始化过程并不完全相同。

例如，普通服务器在初始化时会通过载入 RDB 文件或者 AOF 文件来还原数据库状态，但是因为 Sentinel 并不使用数据库，所以初始化 Sentinel 时就不会载入 RDB 文件或者 AOF 文件。

表 16-1 展示了 Redis 服务器在 Sentinel 模式下运行时，服务器各个主要功能的使用情况。

表 16-1　Sentinel 模式下 Redis 服务器主要功能的使用情况

功　　能	使用情况
数据库和键值对方面的命令，比如 *SET*、*DEL*、*FLUSHDB*	不使用
事务命令，比如 *MULTI* 和 *WATCH*	不使用
脚本命令，比如 *EVAL*	不使用
RDB 持久化命令，比如 *SAVE* 和 *BGSAVE*	不使用
AOF 持久化命令，比如 *BGREWRITEAOF*	不使用
复制命令，比如 *SLAVEOF*	Sentinel 内部可以使用，但客户端不可以使用
发布与订阅命令，比如 *PUBLISH* 和 *SUBSCRIBE*	*SUBSCRIBE*、*PSUBSCRIBE*、*UNSUBSCRIBE*、*PUNSUBSCRIBE* 四个命令在 Sentinel 内部和客户端都可以使用，但 *PUBLISH* 命令只能在 Sentinel 内部使用
文件事件处理器（负责发送命令请求、处理命令回复）	Sentinel 内部使用，但关联的文件事件处理器和普通 Redis 服务器不同
时间事件处理器（负责执行 serverCron 函数）	Sentinel 内部使用，时间事件的处理器仍然是 serverCron 函数，serverCron 函数会调用 sentinel.c/sentinelTimer 函数，后者包含了 Sentinel 要执行的所有操作

16.1.2 使用 Sentinel 专用代码

启动 Sentinel 的第二个步骤就是将一部分普通 Redis 服务器使用的代码替换成 Sentinel 专用代码。比如说，普通 Redis 服务器使用 redis.h/REDIS_SERVERPORT 常量的值作为服务器端口：

```
#define REDIS_SERVERPORT 6379
```

而 Sentinel 则使用 sentinel.c/REDIS_SENTINEL_PORT 常量的值作为服务器端口：

```
#define REDIS_SENTINEL_PORT 26379
```

除此之外，普通 Redis 服务器使用 redis.c/redisCommandTable 作为服务器的命令表：

```
struct redisCommand redisCommandTable[] = {
    {"get",getCommand,2,"r",0,NULL,1,1,1,0,0},
    {"set",setCommand,-3,"wm",0,noPreloadGetKeys,1,1,1,0,0},
    {"setnx",setnxCommand,3,"wm",0,noPreloadGetKeys,1,1,1,0,0},
    // ...
    {"script",scriptCommand,-2,"ras",0,NULL,0,0,0,0,0},
    {"time",timeCommand,1,"rR",0,NULL,0,0,0,0,0},
    {"bitop",bitopCommand,-4,"wm",0,NULL,2,-1,1,0,0},
    {"bitcount",bitcountCommand,-2,"r",0,NULL,1,1,1,0,0}
}
```

而 Sentinel 则使用 sentinel.c/sentinelcmds 作为服务器的命令表，并且其中的 *INFO* 命令会使用 Sentinel 模式下的专用实现 sentinel.c/sentinelInfoCommand 函数，而不是普通 Redis 服务器使用的实现 redis.c/infoCommand 函数：

```
struct redisCommand sentinelcmds[] = {
    {"ping",pingCommand,1,"",0,NULL,0,0,0,0,0},
    {"sentinel",sentinelCommand,-2,"",0,NULL,0,0,0,0,0},
    {"subscribe",subscribeCommand,-2,"",0,NULL,0,0,0,0,0},
    {"unsubscribe",unsubscribeCommand,-1,"",0,NULL,0,0,0,0,0},
    {"psubscribe",psubscribeCommand,-2,"",0,NULL,0,0,0,0,0},
    {"punsubscribe",punsubscribeCommand,-1,"",0,NULL,0,0,0,0,0},
    {"info",sentinelInfoCommand,-1,"",0,NULL,0,0,0,0,0}
};
```

sentinelcmds 命令表也解释了为什么在 Sentinel 模式下，Redis 服务器不能执行诸如 *SET*、*DBSIZE*、*EVAL* 等等这些命令，因为服务器根本没有在命令表中载入这些命令。*PING*、*SENTINEL*、*INFO*、*SUBSCRIBE*、*UNSUBSCRIBE*、*PSUBSCRIBE* 和 *PUNSUBSCRIBE* 这七个命令就是客户端可以对 Sentinel 执行的全部命令了。

16.1.3 初始化 Sentinel 状态

在应用了 Sentinel 的专用代码之后，接下来，服务器会初始化一个 sentinel.c/sentinelState 结构（后面简称"Sentinel 状态"），这个结构保存了服务器中所有和 Sentinel 功能有关的状态（服务器的一般状态仍然由 redis.h/redisServer 结构保存）：

```
struct sentinelState {

    // 当前纪元，用于实现故障转移
```

```
    uint64_t current_epoch;

    // 保存了所有被这个 sentinel 监视的主服务器
    // 字典的键是主服务器的名字
    // 字典的值则是一个指向 sentinelRedisInstance 结构的指针
    dict *masters;

    // 是否进入了 TILT 模式?
    int tilt;

    // 目前正在执行的脚本的数量
    int running_scripts;

    // 进入 TILT 模式的时间
    mstime_t tilt_start_time;

    // 最后一次执行时间处理器的时间
    mstime_t previous_time;

    // 一个 FIFO 队列，包含了所有需要执行的用户脚本
    list *scripts_queue;

} sentinel;
```

16.1.4 初始化 Sentinel 状态的 masters 属性

Sentinel 状态中的 masters 字典记录了所有被 Sentinel 监视的主服务器的相关信息，其中：

- 字典的键是被监视主服务器的名字。
- 而字典的值则是被监视主服务器对应的 sentinel.c/sentinelRedisInstance 结构。

每个 sentinelRedisInstance 结构（后面简称“实例结构”）代表一个被 Sentinel 监视的 Redis 服务器实例（instance），这个实例可以是主服务器、从服务器，或者另外一个 Sentinel。

实例结构包含的属性非常多，以下代码展示了实例结构在表示主服务器时使用的其中一部分属性，本章接下来将逐步对实例结构中的各个属性进行介绍：

```
typedef struct sentinelRedisInstance {

    // 标识值，记录了实例的类型，以及该实例的当前状态
    int flags;

    // 实例的名字
    // 主服务器的名字由用户在配置文件中设置
    // 从服务器以及 Sentinel 的名字由 Sentinel 自动设置
    // 格式为 ip:port，例如 "127.0.0.1:26379"
    char *name;

    // 实例的运行 ID
    char *runid;

    // 配置纪元，用于实现故障转移
    uint64_t config_epoch;

    // 实例的地址
    sentinelAddr *addr;

    // SENTINEL down-after-milliseconds 选项设定的值
```

```
    // 实例无响应多少毫秒之后才会被判断为主观下线（subjectively down）
    mstime_t down_after_period;

    // SENTINEL monitor <master-name> <IP> <port> <quorum> 选项中的 quorum 参数
    // 判断这个实例为客观下线（objectively down）所需的支持投票数量
    int quorum;

    // SENTINEL parallel-syncs <master-name> <number> 选项的值
    // 在执行故障转移操作时，可以同时对新的主服务器进行同步的从服务器数量
    int parallel_syncs;

    // SENTINEL failover-timeout <master-name> <ms> 选项的值
    // 刷新故障迁移状态的最大时限
    mstime_t failover_timeout;

    // ...

} sentinelRedisInstance;
```

sentinelRedisInstance.addr 属性是一个指向 sentinel.c/sentinelAddr 结构的指针，这个结构保存着实例的 IP 地址和端口号：

```
typedef struct sentinelAddr {

    char *ip;
    int port;

} sentinelAddr;
```

对 Sentinel 状态的初始化将引发对 masters 字典的初始化，而 masters 字典的初始化是根据被载入的 Sentinel 配置文件来进行的。

举个例子，如果用户在启动 Sentinel 时，指定了包含以下内容的配置文件：

```
#####################
# master1 configure #
#####################

sentinel monitor master1 127.0.0.1 6379 2

sentinel down-after-milliseconds master1 30000

sentinel parallel-syncs master1 1

sentinel failover-timeout master1 900000

#####################
# master2 configure #
#####################

sentinel monitor master2 127.0.0.1 12345 5

sentinel down-after-milliseconds master2 50000

sentinel parallel-syncs master2 5

sentinel failover-timeout master2 450000
```

那么 Sentinel 将为主服务器 master1 创建如图 16-5 所示的实例结构，并为主服务器 master2 创建如图 16-6 所示的实例结构，而这两个实例结构又会被保存到 Sentinel 状态的

masters 字典中，如图 16-7 所示。

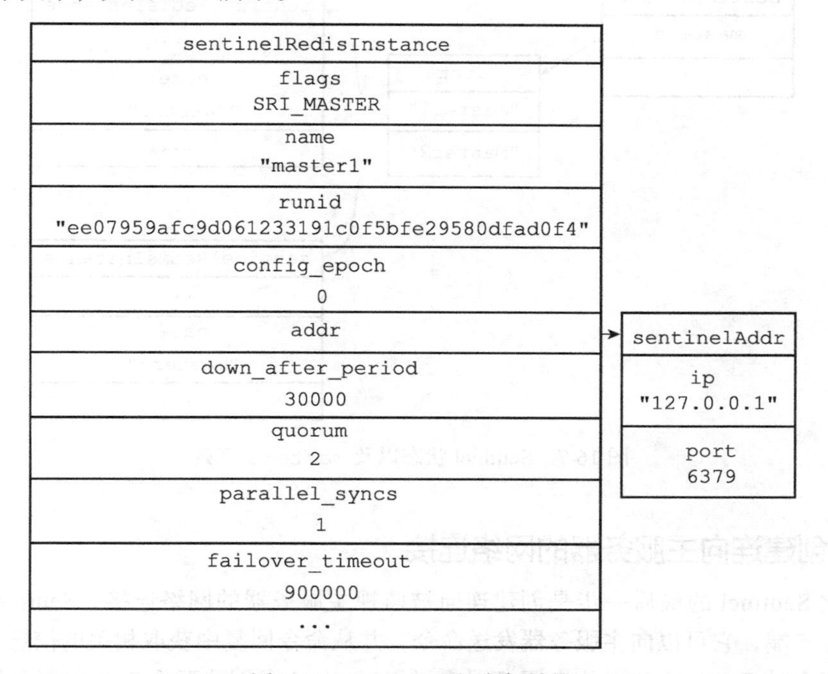

图 16-5 master1 的实例结构

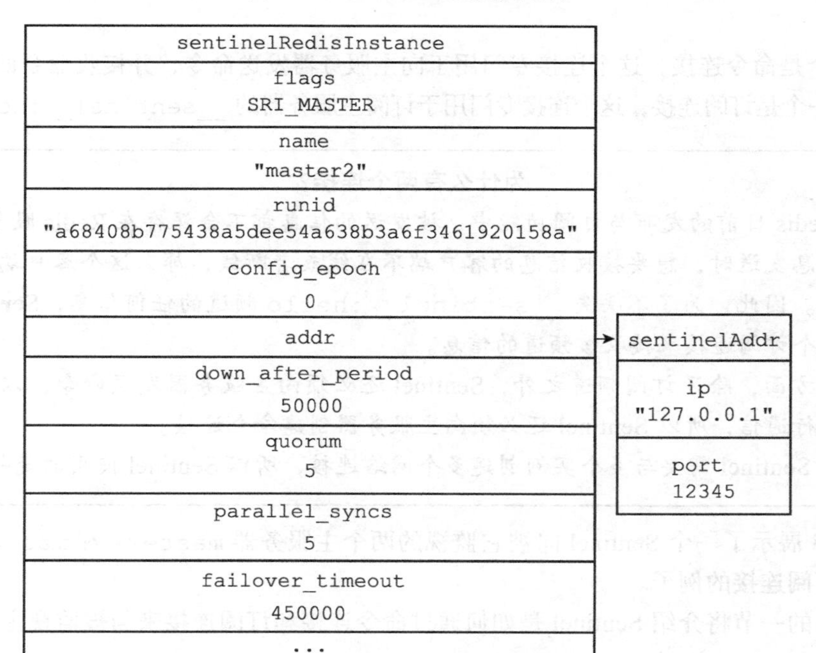

图 16-6 master2 的实例结构

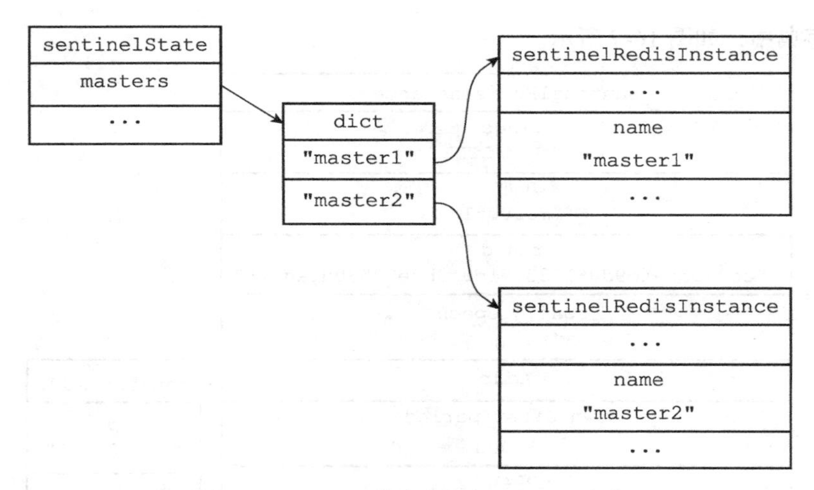

图 16-7 Sentinel 状态以及 masters 字典

16.1.5 创建连向主服务器的网络连接

初始化 Sentinel 的最后一步是创建连向被监视主服务器的网络连接，Sentinel 将成为主服务器的客户端，它可以向主服务器发送命令，并从命令回复中获取相关的信息。

对于每个被 Sentinel 监视的主服务器来说，Sentinel 会创建两个连向主服务器的异步网络连接：

- 一个是命令连接，这个连接专门用于向主服务器发送命令，并接收命令回复。
- 另一个是订阅连接，这个连接专门用于订阅主服务器的 `__sentinel__:hello` 频道。

为什么有两个连接？

在 Redis 目前的发布与订阅功能中，被发送的信息都不会保存在 Redis 服务器里面，如果在信息发送时，想要接收信息的客户端不在线或者断线，那么这个客户端就会丢失这条信息。因此，为了不丢失 `__sentinel__:hello` 频道的任何信息，Sentinel 必须专门用一个订阅连接来接收该频道的信息。

另一方面，除了订阅频道之外，Sentinel 还必须向主服务器发送命令，以此来与主服务器进行通信，所以 Sentinel 还必须向主服务器创建命令连接。

因为 Sentinel 需要与多个实例创建多个网络连接，所以 Sentinel 使用的是异步连接。

图 16-8 展示了一个 Sentinel 向被它监视的两个主服务器 master1 和 master2 创建命令连接和订阅连接的例子。

接下来的一节将介绍 Sentinel 是如何通过命令连接和订阅连接来与被监视主服务器进行通信的。

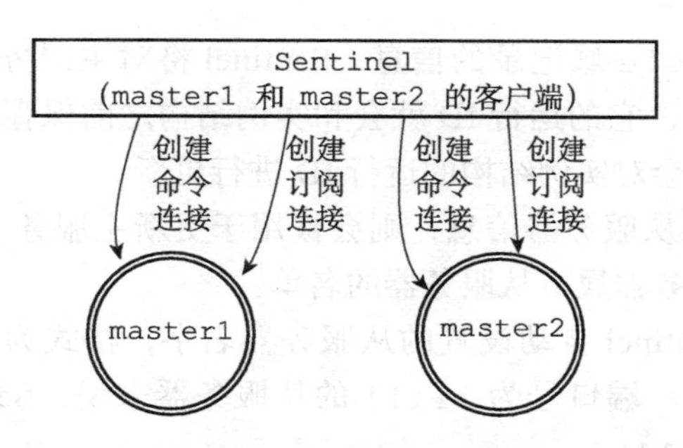

图 16-8　Sentinel 向主服务器创建网络连接

16.2　获取主服务器信息

Sentinel 默认会以每十秒一次的频率，通过命令连接向被监视的主服务器发送 *INFO* 命令，并通过分析 *INFO* 命令的回复来获取主服务器的当前信息。

举个例子，假设如图 16-9 所示，主服务器 master 有三个从服务器 slave0、slave1 和 slave2，并且一个 Sentinel 正在连接主服务器，那么 Sentinel 将持续地向主服务器发送 *INFO* 命令，并获得类似于以下内容的回复：

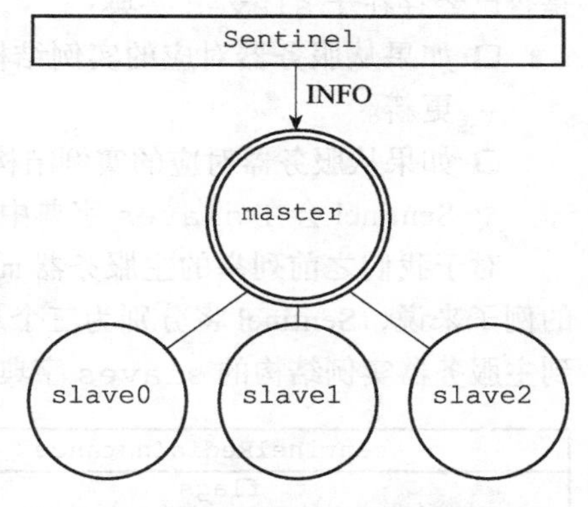

图 16-9　Sentinel 向带有三个从服务器的主服务器发送 INFO 命令

```
# Server
...
run_id:7611c59dc3a29aa6fa0609f841bb6a1019008a9c
...

# Replication
role:master
...
slave0:ip=127.0.0.1,port=11111,state=online,offset=43,lag=0
slave1:ip=127.0.0.1,port=22222,state=online,offset=43,lag=0
slave2:ip=127.0.0.1,port=33333,state=online,offset=43,lag=0
...

# Other sections
...
```

通过分析主服务器返回的 *INFO* 命令回复，Sentinel 可以获取以下两方面的信息：

- 一方面是关于主服务器本身的信息，包括 run_id 域记录的服务器运行 ID，以及 role 域记录的服务器角色；
- 另一方面是关于主服务器属下所有从服务器的信息，每个从服务器都由一个 "slave" 字符串开头的行记录，每行的 ip= 域记录了从服务器的 IP 地址，而 port= 域则记录了从服务器的端口号。根据这些 IP 地址和端口号，Sentinel 无须用户提供从服务器的地址信息，就可以自动发现从服务器。

根据 run_id 域和 role 域记录的信息，Sentinel 将对主服务器的实例结构进行更新，例如，主服务器重启之后，它的运行 ID 就会和实例结构之前保存的运行 ID 不同，Sentinel 检测到这一情况之后，就会对实例结构的运行 ID 进行更新。

至于主服务器返回的从服务器信息，则会被用于更新主服务器实例结构的 slaves 字典，这个字典记录了主服务器属下从服务器的名单：

- 字典的键是由 Sentinel 自动设置的从服务器名字，格式为 ip:port：如对于 IP 地址为 127.0.0.1，端口号为 11111 的从服务器来说，Sentinel 为它设置的名字就是 127.0.0.1:11111。
- 至于字典的值则是从服务器对应的实例结构：比如说，如果键是 127.0.0.1:11111，那么这个键的值就是 IP 地址为 127.0.0.1，端口号为 11111 的从服务器的实例结构。

Sentinel 在分析 *INFO* 命令中包含的从服务器信息时，会检查从服务器对应的实例结构是否已经存在于 slaves 字典：

- 如果从服务器对应的实例结构已经存在，那么 Sentinel 对从服务器的实例结构进行更新。
- 如果从服务器对应的实例结构不存在，那么说明这个从服务器是新发现的从服务器，Sentinel 会在 slaves 字典中为这个从服务器新创建一个实例结构。

对于我们之前列举的主服务器 master 和三个从服务器 slave0、slave1 和 slave2 的例子来说，Sentinel 将分别为三个从服务器创建它们各自的实例结构，并将这些结构保存到主服务器实例结构的 slaves 字典里面，如图 16-10 所示。

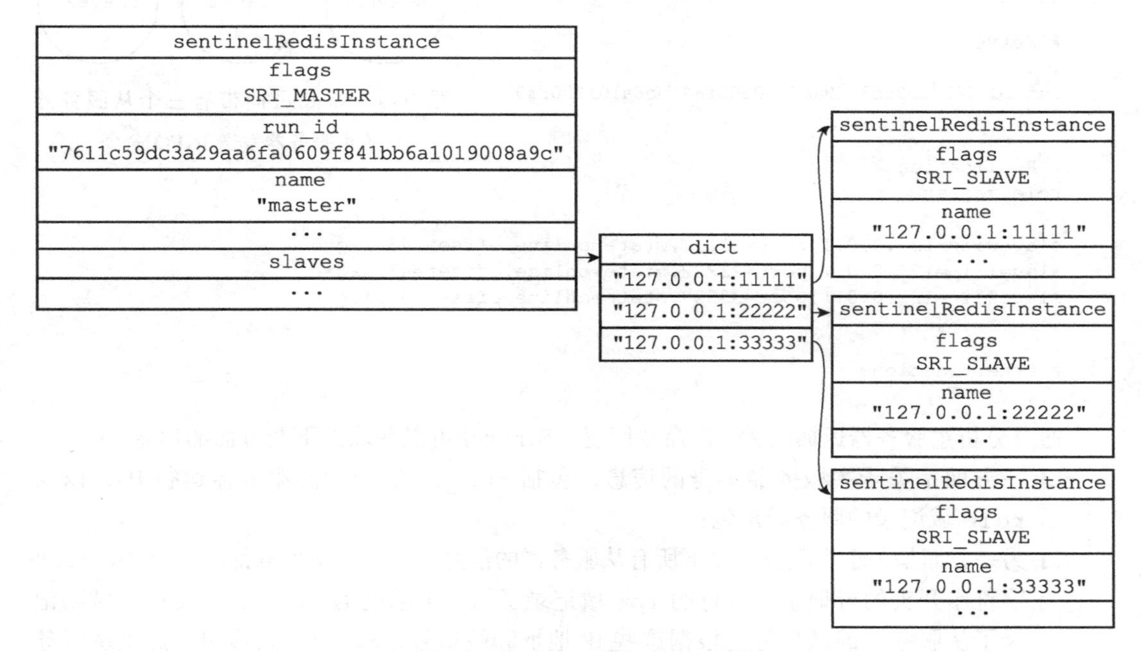

图 16-10 主服务器和它的三个从服务器

注意对比图中主服务器实例结构和从服务器实例结构之间的区别：

- 主服务器实例结构的 flags 属性的值为 SRI_MASTER，而从服务器实例结构的 flags 属性的值为 SRI_SLAVE。
- 主服务器实例结构的 name 属性的值是用户使用 Sentinel 配置文件设置的，而从服务器实例结构的 name 属性的值则是 Sentinel 根据从服务器的 IP 地址和端口号自动设置的。

16.3 获取从服务器信息

当 Sentinel 发现主服务器有新的从服务器出现时，Sentinel 除了会为这个新的从服务器创建相应的实例结构之外，Sentinel 还会创建连接到从服务器的命令连接和订阅连接。

举个例子，对于图 16-10 所示的主从服务器关系来说，Sentinel 将对 slave0、slave1 和 slave2 三个从服务器分别创建命令连接和订阅连接，如图 16-11 所示。

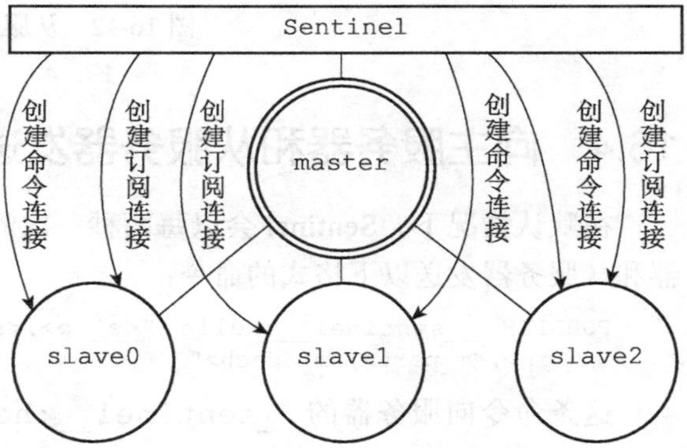

图 16-11 Sentinel 与各个从服务器建立命令连接和订阅连接

在创建命令连接之后，Sentinel 在默认情况下，会以每十秒一次的频率通过命令连接向从服务器发送 *INFO* 命令，并获得类似于以下内容的回复：

```
# Server
...
run_id:32be0699dd27b410f7c90dada3a6
    fab17f97899f
...

# Replication
role:slave
master_host:127.0.0.1
master_port:6379
master_link_status:up
slave_repl_offset:11887
slave_priority:100

# Other sections
...
```

根据 *INFO* 命令的回复，Sentinel 会提取出以下信息：

- 从服务器的运行 ID run_id。
- 从服务器的角色 role。
- 主服务器的 IP 地址 master_host，以及主服务器的端口号 master_port。
- 主从服务器的连接状态 master_link_status。
- 从服务器的优先级 slave_priority。
- 从服务器的复制偏移量 slave_repl_offset。

根据这些信息，Sentinel 会对从服务器的实例结构进行更新，图 16-12 展示了 Sentinel 根据上面的 *INFO* 命令回复对从服务器的实例结构进行更新之后，实例结构的样子。

sentinelRedisInstance
flags SRI_SLAVE
run_id "32be0699dd27b410f7c90dada3a6fab17f97899f"
slave_master_host "127.0.0.1"
slave_master_port 6379
slave_master_link_status SENTINEL_MASTER_LINK_STATUS_UP
slave_repl_offset 11887
slave_priority 100
...

图 16-12 从服务器实例结构

16.4 向主服务器和从服务器发送信息

在默认情况下，Sentinel 会以每两秒一次的频率，通过命令连接向所有被监视的主服务器和从服务器发送以下格式的命令：

```
PUBLISH __sentinel__:hello "<s_ip>,<s_port>,<s_runid>,<s_epoch>,<m_name>,<m_
    ip>,<m_port>,<m_epoch>"
```

这条命令向服务器的 `__sentinel__:hello` 频道发送了一条信息，信息的内容由多个参数组成：

- 其中以 s_ 开头的参数记录的是 Sentinel 本身的信息，各个参数的意义如表 16-2 所示。
- 而 m_ 开头的参数记录的则是主服务器的信息，各个参数的意义如表 16-3 所示。如果 Sentinel 正在监视的是主服务器，那么这些参数记录的就是主服务器的信息；如果 Sentinel 正在监视的是从服务器，那么这些参数记录的就是从服务器正在复制的主服务器的信息。

表 16-2 信息中和 Sentinel 有关的参数

参 数	意 义
s_ip	Sentinel 的 IP 地址
s_port	Sentinel 的端口号
s_runid	Sentinel 的运行 ID
s_epoch	Sentinel 当前的配置纪元（configuration epoch）

表 16-3 信息中和主服务器有关的参数

参 数	意 义
m_name	主服务器的名字
m_ip	主服务器的 IP 地址
m_port	主服务器的端口号
m_epoch	主服务器当前的配置纪元

以下是一条 Sentinel 通过 *PUBLISH* 命令向主服务器发送的信息示例：

```
"127.0.0.1,26379,e955b4c85598ef5b5f055bc7ebfd5e828dbed4fa,0,mymaster,127.0.0.1,6
379,0"
```

这个示例包含了以下信息：

- Sentinel 的 IP 地址为 127.0.0.1 端口号为 26379，运行 ID 为 e955b4c85598ef5b5f055bc7ebfd5e828dbed4fa，当前的配置纪元为 0。
- 主服务器的名字为 mymaster，IP 地址为 127.0.0.1，端口号为 6379，当前的配置纪元为 0。

16.5 接收来自主服务器和从服务器的频道信息

当 Sentinel 与一个主服务器或者从服务器建立起订阅连接之后，Sentinel 就会通过订阅连接，向服务器发送以下命令：

```
SUBSCRIBE __sentinel__:hello
```

Sentinel 对 __sentinel__:hello 频道的订阅会一直持续到 Sentinel 与服务器的连接断开为止。

这也就是说，对于每个与 Sentinel 连接的服务器，Sentinel 既通过命令连接向服务器的 __sentinel__:hello 频道发送信息，又通过订阅连接从服务器的 __sentinel__:hello 频道接收信息，如图 16-13 所示。

对于监视同一个服务器的多个 Sentinel 来说，一个 Sentinel 发送的信息会被其他 Sentinel 接收到，这些信息会被用于更新其他 Sentinel 对发送信息 Sentinel 的认知，也会被用于更新其他 Sentinel 对被监视服务器的认知。

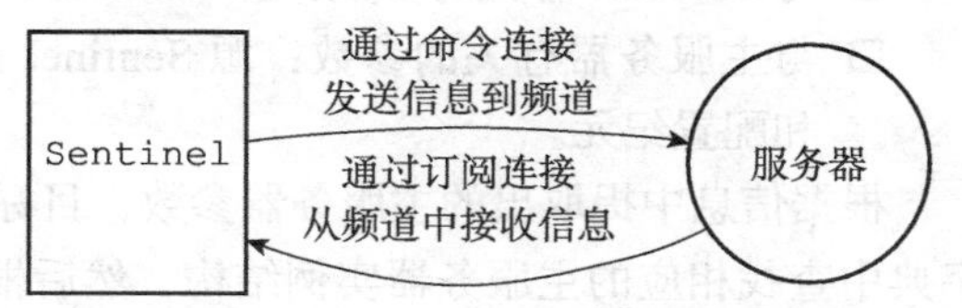

图 16-13 Sentinel 同时向服务器发送和接收信息

举个例子，假设现在有 sentinel1、sentinel2、sentinel3 三个 Sentinel 在监视同一个服务器，那么当 sentinel1 向服务器的 __sentinel__:hello 频道发送一条信息时，所有订阅了 __sentinel__:hello 频道的 Sentinel（包括 sentinel1 自己在内）都会收到这条信息，如图 16-14 所示。

当一个 Sentinel 从 __sentinel__:hello 频道收到一条信息时，Sentinel 会对这条信息进行分析，提取出信息中的 Sentinel IP 地址、Sentinel 端口号、Sentinel 运行 ID 等八个参数，并进行以下检查：

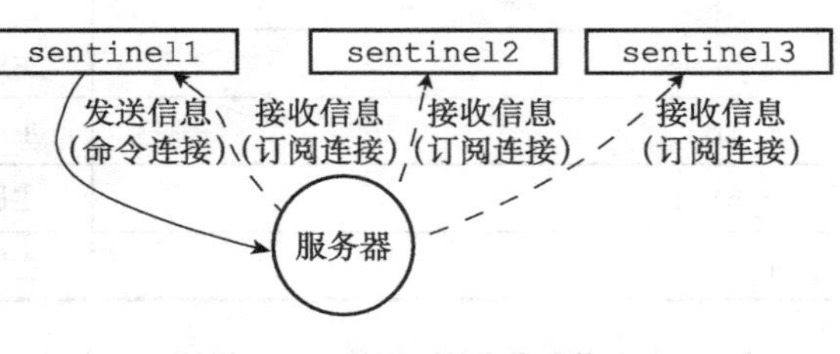

图 16-14 向服务器发送信息

- 如果信息中记录的 Sentinel 运行 ID 和接收信息的 Sentinel 的运行 ID 相同，那么说明这条信息是 Sentinel 自己发送的，Sentinel 将丢弃这条信息，不做进一步处理。
- 相反地，如果信息中记录的 Sentinel 运行 ID 和接收信息的 Sentinel 的运行 ID 不相同，那么说明这条信息是监视同一个服务器的其他 Sentinel 发来的，接收信息的 Sentinel 将根据信息中的各个参数，对相应主服务器的实例结构进行更新。

16.5.1 更新 sentinels 字典

Sentinel 为主服务器创建的实例结构中的 sentinels 字典保存了除 Sentinel 本身之外，所有同样监视这个主服务器的其他 Sentinel 的资料：

- sentinels 字典的键是其中一个 Sentinel 的名字，格式为 ip:port，比如对于 IP 地址为 127.0.0.1，端口号为 26379 的 Sentinel 来说，这个 Sentinel 在 sentinels 字典中的键就是 "127.0.0.1:26379"。
- sentinels 字典的值则是键所对应 Sentinel 的实例结构，比如对于键 "127.0.0.1:26379" 来说，这个键在 sentinels 字典中的值就是 IP 为 127.0.0.1，端口号为 26379 的 Sentinel 的实例结构。

当一个 Sentinel 接收到其他 Sentinel 发来的信息时（我们称呼发送信息的 Sentinel 为源 Sentinel，接收信息的 Sentinel 为目标 Sentinel），目标 Sentinel 会从信息中分析并提取出以下两方面参数：

- 与 Sentinel 有关的参数：源 Sentinel 的 IP 地址、端口号、运行 ID 和配置纪元。
- 与主服务器有关的参数：源 Sentinel 正在监视的主服务器的名字、IP 地址、端口号和配置纪元。

根据信息中提取出的主服务器参数，目标 Sentinel 会在自己的 Sentinel 状态的 masters 字典中查找相应的主服务器实例结构，然后根据提取出的 Sentinel 参数，检查主服务器实例结构的 sentinels 字典中，源 Sentinel 的实例结构是否存在：

- 如果源 Sentinel 的实例结构已经存在，那么对源 Sentinel 的实例结构进行更新。
- 如果源 Sentinel 的实例结构不存在，那么说明源 Sentinel 是刚刚开始监视主服务器的新 Sentinel，目标 Sentinel 会为源 Sentinel 创建一个新的实例结构，并将这个结构添加到 sentinels 字典里面。

举个例子，假设分别有 127.0.0.1:26379、127.0.0.1:26380、127.0.0.1:26381

三个 Sentinel 正在监视主服务器 127.0.0.1:6379，那么当 127.0.0.1:26379 这个 Sentinel 接收到以下信息时：

```
1) "message"
2) "__sentinel__:hello"
3) "127.0.0.1,26379,e955b4c85598ef5b5f055bc7ebfd5e828dbed4fa,0,mymaster,127.0.0.
   1,6379,0"

1) "message"
2) "__sentinel__:hello"
3) "127.0.0.1,26381,6241bf5cf9bfc8ecd15d6eb6cc3185edfbb24903,0,mymaster,127.0.0.
   1,6379,0"

1) "message"
2) "__sentinel__:hello"
3) "127.0.0.1,26380,a9b22fb79ae8fad28e4ea77d20398f77f6b89377,0,mymaster,127.0.0.
   1,6379,0"
```

Sentinel 将执行以下动作：

- 第一条信息的发送者为 127.0.0.1:26379 自己，这条信息会被忽略。
- 第二条信息的发送者为 127.0.0.1:26381，Sentinel 会根据这条信息中提取出的内容，对 sentinels 字典中 127.0.0.1:26381 对应的实例结构进行更新。
- 第三条信息的发送者为 127.0.0.1:26380，Sentinel 会根据这条信息中提取出的内容，对 sentinels 字典中 127.0.0.1:26380 所对应的实例结构进行更新。

图 16-15 展示了 Sentinel 127.0.0.1:26379 为主服务器 127.0.0.1:6379 创建的实例结构，以及结构中的 sentinels 字典。

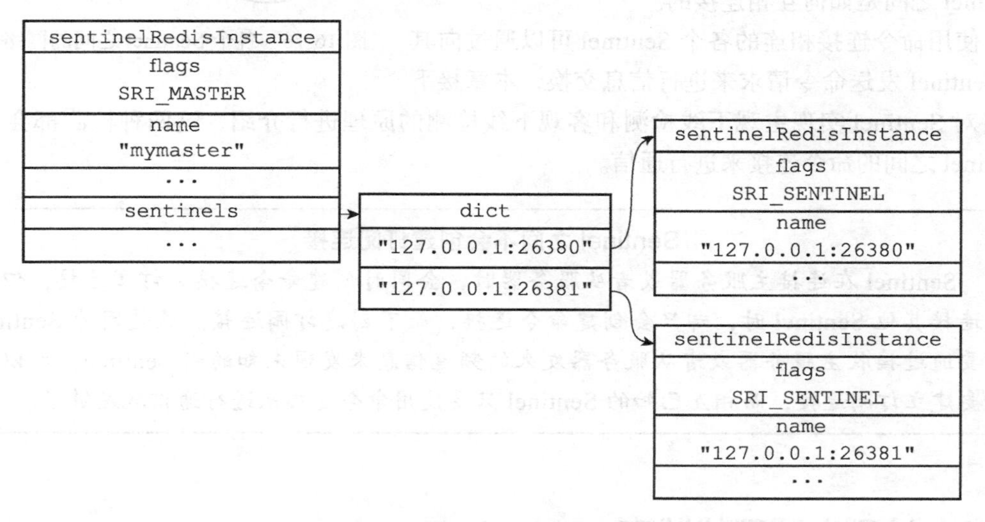

图 16-15 主服务器实例结构中的 sentinels 字典

和 127.0.0.1:26379 一样，其他两个 Sentinel 也会创建类似于图 16-15 所示的 sentinels 字典，区别在于字典中保存的 Sentinel 信息不同：

- 127.0.0.1:26380 创建的 sentinels 字典会保存 127.0.0.1:26379 和 127.0.0.1:26381 两个 Sentinel 的信息。
- 而 127.0.0.1:26381 创建的 sentinels 字典则会保存 127.0.0.1:26379 和 127.0.0.1:26380 两个 Sentinel 的信息。

因为一个 Sentinel 可以通过分析接收到的频道信息来获知其他 Sentinel 的存在，并通过发送频道信息来让其他 Sentinel 知道自己的存在，所以用户在使用 Sentinel 的时候并不需要提供各个 Sentinel 的地址信息，监视同一个主服务器的多个 Sentinel 可以自动发现对方。

16.5.2 创建连向其他 Sentinel 的命令连接

当 Sentinel 通过频道信息发现一个新的 Sentinel 时，它不仅会为新 Sentinel 在 sentinels 字典中创建相应的实例结构，还会创建一个连向新 Sentinel 的命令连接，而新 Sentinel 也同样会创建连向这个 Sentinel 的命令连接，最终监视同一主服务器的多个 Sentinel 将形成相互连接的网络：Sentinel A 有连向 Sentinel B 的命令连接，而 Sentinel B 也有连向 Sentinel A 的命令连接。

图 16-16 展示了三个监视同一主服务器的 Sentinel 之间是如何互相连接的。

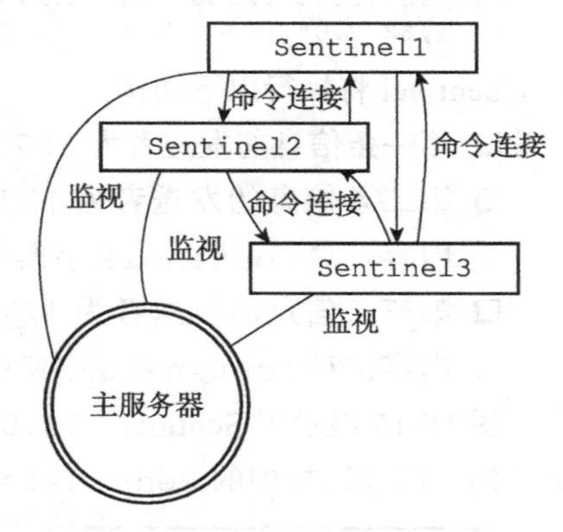

图 16-16 各个 Sentinel 之间的网络连接

使用命令连接相连的各个 Sentinel 可以通过向其他 Sentinel 发送命令请求来进行信息交换，本章接下来将对 Sentinel 实现主观下线检测和客观下线检测的原理进行介绍，这两种检测都会使用 Sentinel 之间的命令连接来进行通信。

Sentinel 之间不会创建订阅连接

Sentinel 在连接主服务器或者从服务器时，会同时创建命令连接和订阅连接，但是在连接其他 Sentinel 时，却只会创建命令连接，而不创建订阅连接。这是因为 Sentinel 需要通过接收主服务器或者从服务器发来的频道信息来发现未知的新 Sentinel，所以才需要建立订阅连接，而相互已知的 Sentinel 只要使用命令连接来进行通信就足够了。

16.6 检测主观下线状态

在默认情况下，Sentinel 会以每秒一次的频率向所有与它创建了命令连接的实例（包括主服务器、从服务器、其他 Sentinel 在内）发送 *PING* 命令，并通过实例返回的 *PING* 命令回复来判断实例是否在线。

在图 16-17 展示的例子中，带箭头的连线显示了 Sentinel1 和 Sentinel2 是如何向实例发送 *PING* 命令的：

- ❑ Sentinel1 将向 Sentinel2、主服务器 master、从服务器 slave1 和 slave2 发送 *PING* 命令。
- ❑ Sentinel2 将向 Sentinel1、主服务器 master、从服务器 slave1 和 slave2 发送 *PING* 命令。

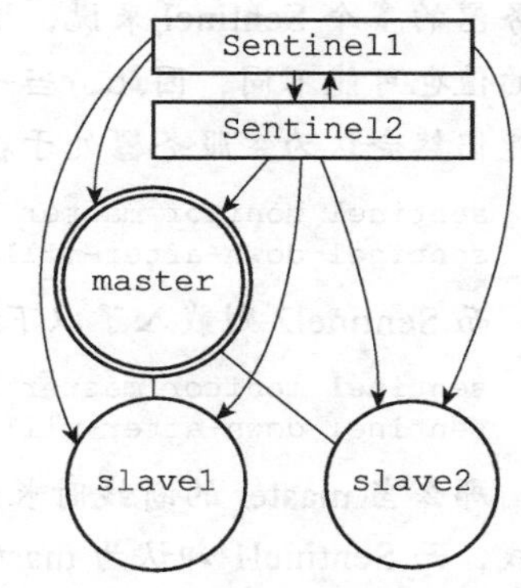

图 16-17 Sentinel 向实例发送 *PING* 命令

实例对 *PING* 命令的回复可以分为以下两种情况：

- ❑ 有效回复：实例返回 +PONG、-LOADING、-MASTERDOWN 三种回复的其中一种。
- ❑ 无效回复：实例返回除 +PONG、-LOADING、-MASTERDOWN 三种回复之外的其他回复，或者在指定时限内没有返回任何回复。

Sentinel 配置文件中的 down-after-milliseconds 选项指定了 Sentinel 判断实例进入主观下线所需的时间长度：如果一个实例在 down-after-milliseconds 毫秒内，连续向 Sentinel 返回无效回复，那么 Sentinel 会修改这个实例所对应的实例结构，在结构的 flags 属性中打开 SRI_S_DOWN 标识，以此来表示这个实例已经进入主观下线状态。

以图 16-17 展示的情况为例子，如果配置文件指定 Sentinel1 的 down-after-milliseconds 选项的值为 50000 毫秒，那么当主服务器 master 连续 50000 毫秒都向 Sentinel1 返回无效回复时，Sentinel1 就会将 master 标记为主观下线，并在 master 所对应的实例结构的 flags 属性中打开 SRI_S_DOWN 标识，如图 16-18 所示。

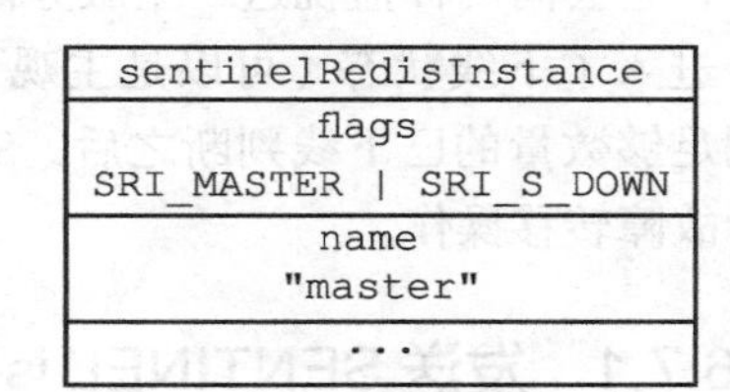

图 16-18 主服务器被标记为主观下线

主观下线时长选项的作用范围

用户设置的 down-after-milliseconds 选项的值，不仅会被 Sentinel 用来判断主服务器的主观下线状态，还会被用于判断主服务器属下的所有从服务器，以及所有同样监视这个主服务器的其他 Sentinel 的主观下线状态。举个例子，如果用户向 Sentinel 设置了以下配置：

```
sentinel monitor master 127.0.0.1 6379 2
sentinel down-after-milliseconds master 50000
```

那么 50000 毫秒不仅会成为 Sentinel 判断 master 进入主观下线的标准，还会成为 Sentinel 判断 master 属下所有从服务器，以及所有同样监视 master 的其他 Sentinel 进入主观下线的标准。

多个 Sentinel 设置的主观下线时长可能不同

down-after-milliseconds 选项另一个需要注意的地方是，对于监视同一个主服务器的多个 Sentinel 来说，这些 Sentinel 所设置的 down-after-milliseconds 选项的值也可能不同，因此，当一个 Sentinel 将主服务器判断为主观下线时，其他 Sentinel 可能仍然会认为主服务器处于在线状态。举个例子，如果 Sentinel1 载入了以下配置：

```
sentinel monitor master 127.0.0.1 6379 2
sentinel down-after-milliseconds master 50000
```

而 Sentinel2 则载入了以下配置：

```
sentinel monitor master 127.0.0.1 6379 2
sentinel down-after-milliseconds master 10000
```

那么当 master 的断线时长超过 10000 毫秒之后，Sentinel2 会将 master 判断为主观下线，而 Sentinel1 却认为 master 仍然在线。只有当 master 的断线时长超过 50000 毫秒之后，Sentinel1 和 Sentinel2 才会都认为 master 进入了主观下线状态。

16.7 检查客观下线状态

当 Sentinel 将一个主服务器判断为主观下线之后，为了确认这个主服务器是否真的下线了，它会向同样监视这一主服务器的其他 Sentinel 进行询问，看它们是否也认为主服务器已经进入了下线状态（可以是主观下线或者客观下线）。当 Sentinel 从其他 Sentinel 那里接收到足够数量的已下线判断之后，Sentinel 就会将从服务器判定为客观下线，并对主服务器执行故障转移操作。

16.7.1 发送 SENTINEL is-master-down-by-addr 命令

Sentinel 使用：

```
SENTINEL is-master-down-by-addr <ip> <port> <current_epoch> <runid>
```

命令询问其他 Sentinel 是否同意主服务器已下线，命令中的各个参数的意义如表 16-4 所示。

表 16-4 SENTINEL is-master-down-by-addr 命令各个参数的意义

参 数	意 义
ip	被 Sentinel 判断为主观下线的主服务器的 IP 地址
port	被 Sentinel 判断为主观下线的主服务器的端口号
current_epoch	Sentinel 当前的配置纪元，用于选举领头 Sentinel，详细作用将在下一节说明
runid	可以是 * 符号或者 Sentinel 的运行 ID：* 符号代表命令仅仅用于检测主服务器的客观下线状态，而 Sentinel 的运行 ID 则用于选举领头 Sentinel，详细作用将在下一节说明

举个例子，如果被 Sentinel 判断为主观下线的主服务器的 IP 为 127.0.0.1，端口号为 6379，并且 Sentinel 当前的配置纪元为 0，那么 Sentinel 将向其他 Sentinel 发送以下命令：

```
SENTINEL is-master-down-by-addr 127.0.0.1 6379 0 *
```

16.7.2 接收 SENTINEL is-master-down-by-addr 命令

当一个 Sentinel（目标 Sentinel）接收到另一个 Sentinel（源 Sentinel）发来的 SENTINEL is-master-down-by 命令时，目标 Sentinel 会分析并取出命令请求中包含的各个参数，并根据其中的主服务器 IP 和端口号，检查主服务器是否已下线，然后向源 Sentinel 返回一条包含三个参数的 Multi Bulk 回复作为 SENTINEL is-master-down-by 命令的回复：

```
1) <down_state>
2) <leader_runid>
3) <leader_epoch>
```

表 16-5 分别记录了这三个参数的意义。

表 16-5 SENTINEL is-master-down-by-addr 回复的意义

参　　数	意　　义
down_state	返回目标 Sentinel 对主服务器的检查结果，1 代表主服务器已下线，0 代表主服务器未下线
leader_runid	可以是 * 符号或者目标 Sentinel 的局部领头 Sentinel 的运行 ID：* 符号代表命令仅仅用于检测主服务器的下线状态，而局部领头 Sentinel 的运行 ID 则用于选举领头 Sentinel，详细作用将在下一节说明
leader_epoch	目标 Sentinel 的局部领头 Sentinel 的配置纪元，用于选举领头 Sentinel，详细作用将在下一节说明。仅在 leader_runid 的值不为 * 时有效，如果 leader_runid 的值为 *，那么 leader_epoch 总为 0

举个例子，如果一个 Sentinel 返回以下回复作为 SENTINEL is-master-down-by-addr 命令的回复：

```
1) 1
2) *
3) 0
```

那么说明 Sentinel 也同意主服务器已下线。

16.7.3 接收 SENTINEL is-master-down-by-addr 命令的回复

根据其他 Sentinel 发回的 SENTINEL is-master-down-by-addr 命令回复，Sentinel 将统计其他 Sentinel 同意主服务器已下线的数量，当这一数量达到配置指定的判断客观下线所需的数量时，Sentinel 会将主服务器实例结构 flags 属性的 SRI_O_DOWN 标识打开，表示主服务器已经进入客观下线状态，如图 16-19 所示。

sentinelRedisInstance
flags SRI_MASTER | SRI_S_DOWN | SRI_O_DOWN
name "master"
...

图 16-19 主服务器被标记为客观下线

客观下线状态的判断条件

当认为主服务器已经进入下线状态的 Sentinel 的数量，超过 Sentinel 配置中设置的 quorum 参数的值，那么该 Sentinel 就会认为主服务器已经进入客观下线状态。比如说，如果 Sentinel 在启动时载入了以下配置：

```
sentinel monitor master 127.0.0.1 6379 2
```

那么包括当前 Sentinel 在内，只要总共有两个 Sentinel 认为主服务器已经进入下线状态，那么当前 Sentinel 就将主服务器判断为客观下线。又比如说，如果 Sentinel 在启动时载入了以下配置：

```
sentinel monitor master 127.0.0.1 6379 5
```

那么包括当前 Sentinel 在内，总共要有五个 Sentinel 都认为主服务器已经下线，当前 Sentinel 才会将主服务器判断为客观下线。

不同 Sentinel 判断客观下线的条件可能不同

对于监视同一个主服务器的多个 Sentinel 来说，它们将主服务器标判断为客观下线的条件可能也不同：当一个 Sentinel 将主服务器判断为客观下线时，其他 Sentinel 可能并不是那么认为的。比如说，对于监视同一个主服务器的五个 Sentinel 来说，如果 Sentinel1 在启动时载入了以下配置：

```
sentinel monitor master 127.0.0.1 6379 2
```

那么当五个 Sentinel 中有两个 Sentinel 认为主服务器已经下线时，Sentinel1 就会将主服务器标判断为客观下线。

而对于载入了以下配置的 Sentinel2 来说：

```
sentinel monitor master 127.0.0.1 6379 5
```

仅有两个 Sentinel 认为主服务器已下线，并不会令 Sentinel2 将主服务器判断为客观下线。

16.8 选举领头 Sentinel

当一个主服务器被判断为客观下线时，监视这个下线主服务器的各个 Sentinel 会进行协商，选举出一个领头 Sentinel，并由领头 Sentinel 对下线主服务器执行故障转移操作。

以下是 Redis 选举领头 Sentinel 的规则和方法：

- 所有在线的 Sentinel 都有被选为领头 Sentinel 的资格，换句话说，监视同一个主服务器的多个在线 Sentinel 中的任意一个都有可能成为领头 Sentinel。
- 每次进行领头 Sentinel 选举之后，不论选举是否成功，所有 Sentinel 的配置纪元（configuration epoch）的值都会自增一次。配置纪元实际上就是一个计数器，并没有什么特别的。
- 在一个配置纪元里面，所有 Sentinel 都有一次将某个 Sentinel 设置为局部领头 Sentinel 的机会，并且局部领头一旦设置，在这个配置纪元里面就不能再更改。
- 每个发现主服务器进入客观下线的 Sentinel 都会要求其他 Sentinel 将自己设置为局部领头 Sentinel。
- 当一个 Sentinel（源 Sentinel）向另一个 Sentinel（目标 Sentinel）发送 `SENTINEL is-master-down-by-addr` 命令，并且命令中的 `runid` 参数不是 * 符号而是源 Sentinel 的运行 ID 时，这表示源 Sentinel 要求目标 Sentinel 将前者设置为后者的局部领头 Sentinel。
- Sentinel 设置局部领头 Sentinel 的规则是先到先得：最先向目标 Sentinel 发送设置要求的源 Sentinel 将成为目标 Sentinel 的局部领头 Sentinel，而之后接收到的所有设置要求都会被目标 Sentinel 拒绝。
- 目标 Sentinel 在接收到 `SENTINEL is-master-down-by-addr` 命令之后，将向源 Sentinel 返回一条命令回复，回复中的 `leader_runid` 参数和 `leader_epoch` 参数分别记录了目标 Sentinel 的局部领头 Sentinel 的运行 ID 和配置纪元。
- 源 Sentinel 在接收到目标 Sentinel 返回的命令回复之后，会检查回复中 `leader_epoch` 参数的值和自己的配置纪元是否相同，如果相同的话，那么源 Sentinel 继续取出回复中的 `leader_runid` 参数，如果 `leader_runid` 参数的值和源 Sentinel 的运行 ID 一致，那么表示目标 Sentinel 将源 Sentinel 设置成了局部领头 Sentinel。
- 如果有某个 Sentinel 被半数以上的 Sentinel 设置成了局部领头 Sentinel，那么这个 Sentinel 成为领头 Sentinel。举个例子，在一个由 10 个 Sentinel 组成的 Sentinel 系统里面，只要有大于等于 `10/2+1=6` 个 Sentinel 将某个 Sentinel 设置为局部领头 Sentinel，那么被设置的那个 Sentinel 就会成为领头 Sentinel。
- 因为领头 Sentinel 的产生需要半数以上 Sentinel 的支持，并且每个 Sentinel 在每个配置纪元里面只能设置一次局部领头 Sentinel，所以在一个配置纪元里面，只会出现一个领头 Sentinel。
- 如果在给定时限内，没有一个 Sentinel 被选举为领头 Sentinel，那么各个 Sentinel 将在一段时间之后再次进行选举，直到选出领头 Sentinel 为止。

为了熟悉以上规则，让我们来看一个选举领头 Sentinel 的过程。

假设现在有三个 Sentinel 正在监视同一个主服务器，并且这三个 Sentinel 之前已经通过

SENTINEL is-master-down-by-addr 命令确认主服务器进入了客观下线状态，如图 16-20 所示。

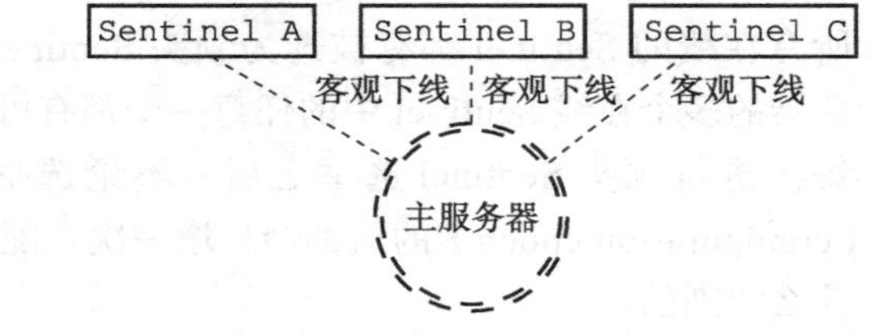

图 16-20 三个 Sentinel 都发现主服务器已经进入了客观下线状态

那么为了选出领头 Sentinel，三个 Sentinel 将再次向其他 Sentinel 发送 SENTINEL is-master-down-by-addr 命令，如图 16-21 所示。

和检测客观下线状态时发送的 SENTINEL is-master-down-by-addr 命令不同，Sentinel 这次发送的命令会带有 Sentinel 自己的运行 ID，例如：

```
SENTINEL is-master-down-
by-addr 127.0.0.1 6379 0 e
955b4c85598ef5b5f055bc7ebf
d5e828dbed4fa
```

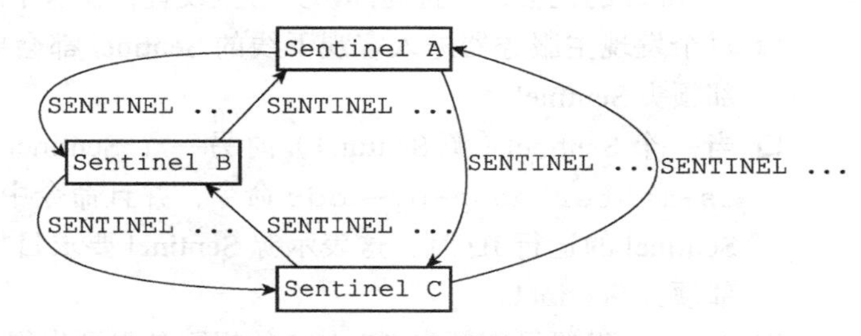

图 16-21 Sentinel 再次向其他 Sentinel 发送命令

如果接收到这个命令的 Sentinel 还没有设置局部领头 Sentinel 的话，它就会将运行 ID 为 e955b4c85598ef5b5f055bc7ebfd5e828dbed4fa 的 Sentinel 设置为自己的局部领头 Sentinel，并返回类似以下的命令回复：

```
1) 1
2) e955b4c85598ef5b5f055bc7ebfd5e828dbed4fa
3) 0
```

然后接收到命令回复的 Sentinel 就可以根据这一回复，统计出有多少个 Sentinel 将自己设置成了局部领头 Sentinel。

根据命令请求发送的先后顺序不同，可能会有某个 Sentinel 的 SENTINEL is-master-down-by-addr 命令比起其他 Sentinel 发送的相同命令都更快到达，并最终胜出领头 Sentinel 的选举，然后这个领头 Sentinel 就可以开始对主服务器执行故障转移操作了。

16.9 故障转移

在选举产生出领头 Sentinel 之后，领头 Sentinel 将对已下线的主服务器执行故障转移操作，该操作包含以下三个步骤：

1）在已下线主服务器属下的所有从服务器里面，挑选出一个从服务器，并将其转换为主服务器。

2）让已下线主服务器属下的所有从服务器改为复制新的主服务器。

3）将已下线主服务器设置为新的主服务器的从服务器，当这个旧的主服务器重新上线时，它就会成为新的主服务器的从服务器。

16.9.1 选出新的主服务器

故障转移操作第一步要做的就是在已下线主服务器属下的所有从服务器中，挑选出一个状态良好、数据完整的从服务器，然后向这个从服务器发送 *SLAVEOF no one* 命令，将这个从服务器转换为主服务器。

新的主服务器是怎样挑选出来的

领头 Sentinel 会将已下线主服务器的所有从服务器保存到一个列表里面，然后按照以下规则，一项一项地对列表进行过滤：

1）删除列表中所有处于下线或者断线状态的从服务器，这可以保证列表中剩余的从服务器都是正常在线的。

2）删除列表中所有最近五秒内没有回复过领头 Sentinel 的 *INFO* 命令的从服务器，这可以保证列表中剩余的从服务器都是最近成功进行过通信的。

3）删除所有与已下线主服务器连接断开超过 `down-after-milliseconds * 10` 毫秒的从服务器：`down-after-milliseconds` 选项指定了判断主服务器下线所需的时间，而删除断开时长超过 `down-after-milliseconds * 10` 毫秒的从服务器，则可以保证列表中剩余的从服务器都没有过早地与主服务器断开连接，换句话说，列表中剩余的从服务器保存的数据都是比较新的。

之后，领头 Sentinel 将根据从服务器的优先级，对列表中剩余的从服务器进行排序，并选出其中优先级最高的从服务器。

如果有多个具有相同最高优先级的从服务器，那么领头 Sentinel 将按照从服务器的复制偏移量，对具有相同最高优先级的所有从服务器进行排序，并选出其中偏移量最大的从服务器（复制偏移量最大的从服务器就是保存着最新数据的从服务器）。

最后，如果有多个优先级最高、复制偏移量最大的从服务器，那么领头 Sentinel 将按照运行 ID 对这些从服务器进行排序，并选出其中运行 ID 最小的从服务器。

图 16-22 展示了在一次故障转移操作中，领头 Sentinel 向被选中的从服务器 server2 发送 *SLAVEOF no one* 命令的情形。

在发送 *SLAVEOF no one* 命令之后，领头 Sentinel 会以每秒一次的频率（平时是每十秒一次），向被升级的从服务器发送 *INFO* 命令，并观察命令回复中的角色（role）信息，当被升级服务器的 `role` 从原来的 `slave` 变为 `master` 时，领头 Sentinel 就知道被选中的从服务器已经顺利升级为主服务器了。

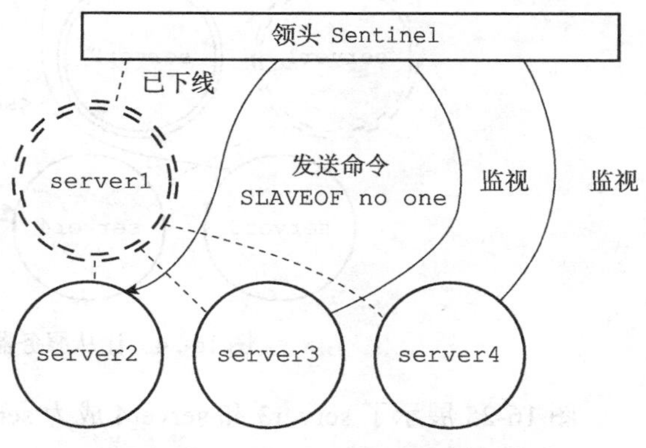

图 16-22 将 server2 升级为主服务器

例如，在图 16-22 展示的例子中，领头 Sentinel 会一直向 server2 发送 *INFO* 命令，当 server2 返回的命令回复从：

```
# Replication
role:slave
...

# Other sections
...
```

变为：

```
# Replication
role:master
...

# Other sections
...
```

的时候，领头 Sentinel 就知道 server2 已经成功升级为主服务器了。

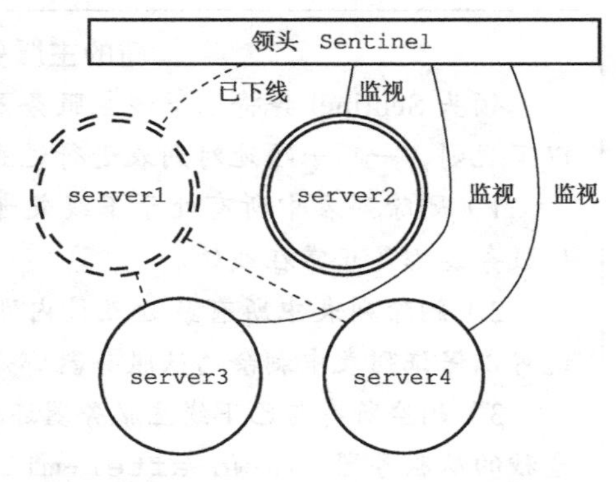

图 16-23 server2 成功升级为主服务器

图 16-23 展示了 server2 升级成功之后，各个服务器和领头 Sentinel 的样子。

16.9.2 修改从服务器的复制目标

当新的主服务器出现之后，领头 Sentinel 下一步要做的就是，让已下线主服务器属下的所有从服务器去复制新的主服务器，这一动作可以通过向从服务器发送 *SLAVEOF* 命令来实现。

图 16-24 展示了在故障转移操作中，领头 Sentinel 向已下线主服务器 server1 的两个从服务器 server3 和 server4 发送 *SLAVEOF* 命令，让它们复制新的主服务器 server2 的例子。

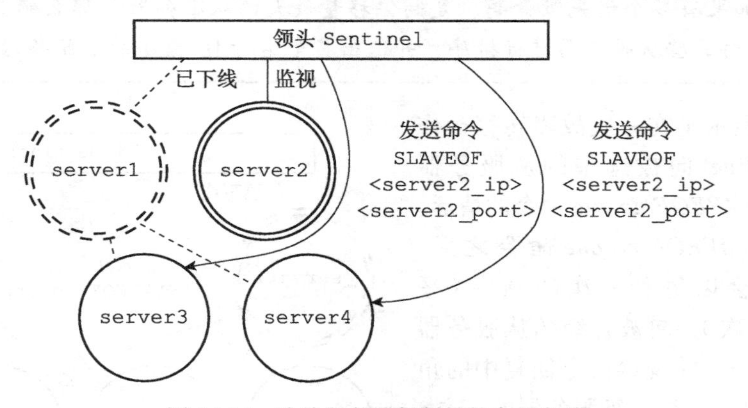

图 16-24 让从服务器复制新的主服务器

图 16-25 展示了 server3 和 server4 成为 server2 的从服务器之后，各个服务器以及领头 Sentinel 的样子。

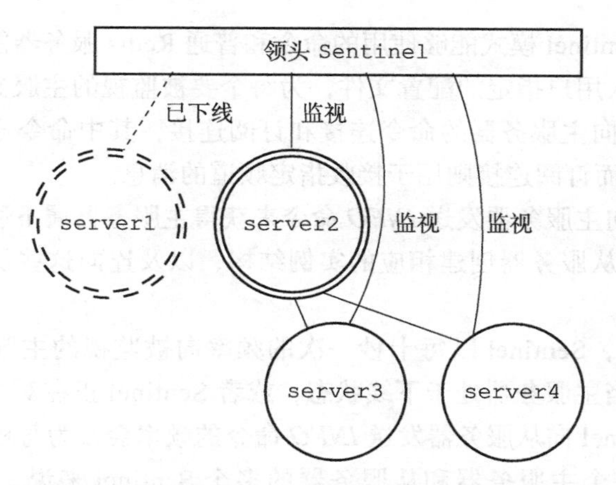

图 16-25 server3 和 server4 成为 server2 的从服务器

16.9.3 将旧的主服务器变为从服务器

故障转移操作最后要做的是，将已下线的主服务器设置为新的主服务器的从服务器。比如说，图 16-26 就展示了被领头 Sentinel 设置为从服务器之后，服务器 server1 的样子。

因为旧的主服务器已经下线，所以这种设置是保存在 server1 对应的实例结构里面的，当 server1 重新上线时，Sentinel 就会向它发送 *SLAVEOF* 命令，让它成为 server2 的从服务器。

例如，图 16-27 就展示了 server1 重新上线并成为 server2 的从服务器的例子。

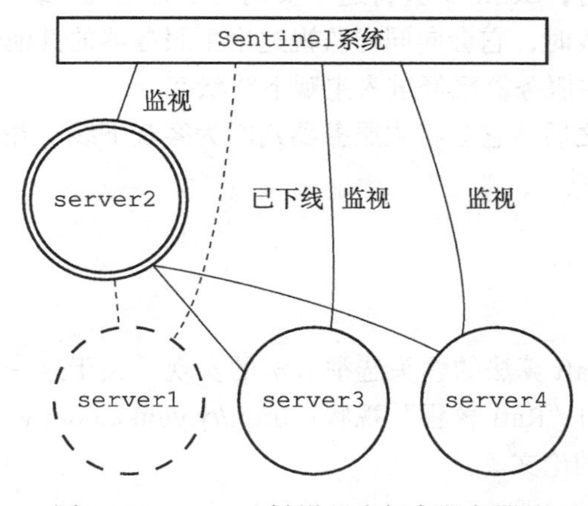

图 16-26 server1 被设置为新主服务器的从服务器

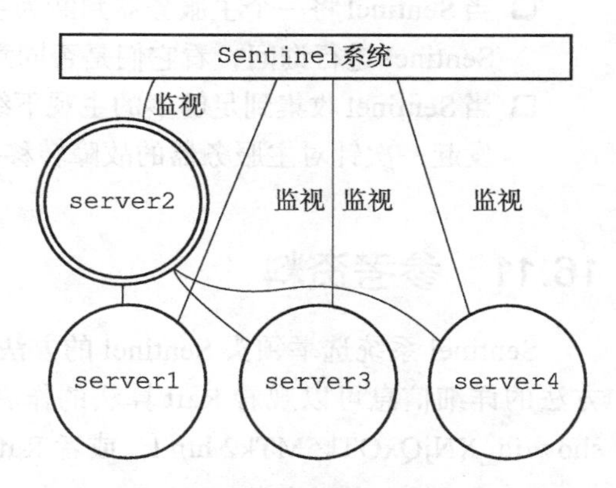

图 16-27 server1 重新上线并成为 server2 的从服务器

16.10 重点回顾

- Sentinel 只是一个运行在特殊模式下的 Redis 服务器，它使用了和普通模式不同的命令表，所以 Sentinel 模式能够使用的命令和普通 Redis 服务器能够使用的命令不同。

- Sentinel 会读入用户指定的配置文件，为每个要被监视的主服务器创建相应的实例结构，并创建连向主服务器的命令连接和订阅连接，其中命令连接用于向主服务器发送命令请求，而订阅连接则用于接收指定频道的消息。
- Sentinel 通过向主服务器发送 *INFO* 命令来获得主服务器属下所有从服务器的地址信息，并为这些从服务器创建相应的实例结构，以及连向这些从服务器的命令连接和订阅连接。
- 在一般情况下，Sentinel 以每十秒一次的频率向被监视的主服务器和从服务器发送 *INFO* 命令，当主服务器处于下线状态，或者 Sentinel 正在对主服务器进行故障转移操作时，Sentinel 向从服务器发送 *INFO* 命令的频率会改为每秒一次。
- 对于监视同一个主服务器和从服务器的多个 Sentinel 来说，它们会以每两秒一次的频率，通过向被监视服务器的 `__sentinel__:hello` 频道发送消息来向其他 Sentinel 宣告自己的存在。
- 每个 Sentinel 也会从 `__sentinel__:hello` 频道中接收其他 Sentinel 发来的信息，并根据这些信息为其他 Sentinel 创建相应的实例结构，以及命令连接。
- Sentinel 只会与主服务器和从服务器创建命令连接和订阅连接，Sentinel 与 Sentinel 之间则只创建命令连接。
- Sentinel 以每秒一次的频率向实例（包括主服务器、从服务器、其他 Sentinel）发送 *PING* 命令，并根据实例对 *PING* 命令的回复来判断实例是否在线，当一个实例在指定的时长中连续向 Sentinel 发送无效回复时，Sentinel 会将这个实例判断为主观下线。
- 当 Sentinel 将一个主服务器判断为主观下线时，它会向同样监视这个主服务器的其他 Sentinel 进行询问，看它们是否同意这个主服务器已经进入主观下线状态。
- 当 Sentinel 收集到足够多的主观下线投票之后，它会将主服务器判断为客观下线，并发起一次针对主服务器的故障转移操作。

16.11 参考资料

Sentinel 系统选举领头 Sentinel 的方法是对 Raft 算法的领头选举方法的实现，关于这一方法的详细信息可以观看 Raft 算法的作者录制的“Raft 教程”视频：http://v.youku.com/v_show/id_XNjQxOTk5MTk2.html，或者 Raft 算法的论文。

第17章

集　　群

Redis集群是Redis提供的分布式数据库方案，集群通过分片（sharding）来进行数据共享，并提供复制和故障转移功能。

本节将对集群的节点、槽指派、命令执行、重新分片、转向、故障转移、消息等各个方面进行介绍。

17.1　节点

一个Redis集群通常由多个节点（node）组成，在刚开始的时候，每个节点都是相互独立的，它们都处于一个只包含自己的集群当中，要组建一个真正可工作的集群，我们必须将各个独立的节点连接起来，构成一个包含多个节点的集群。

连接各个节点的工作可以使用*CLUSTER MEET*命令来完成，该命令的格式如下：

```
CLUSTER MEET <ip> <port>
```

向一个节点node发送*CLUSTER MEET*命令，可以让node节点与`ip`和`port`所指定的节点进行握手（handshake），当握手成功时，node节点就会将`ip`和`port`所指定的节点添加到node节点当前所在的集群中。

举个例子，假设现在有三个独立的节点`127.0.0.1:7000`、`127.0.0.1:7001`、`127.0.0.1:7002`（下文省略IP地址，直接使用端口号来区分各个节点），我们首先使用客户端连上节点7000，通过发送*CLUSTER NODE*命令可以看到，集群目前只包含7000自己一个节点：

```
$ redis-cli -c -p 7000
127.0.0.1:7000> CLUSTER NODES
51549e625cfda318ad27423a31e7476fe3cd2939 :0 myself,master - 0 0 0 connected
```

通过向节点7000发送以下命令，我们可以将节点7001添加到节点7000所在的集群里面：

```
127.0.0.1:7000> CLUSTER MEET 127.0.0.1 7001
```

```
OK

127.0.0.1:7000> CLUSTER NODES
68eef66df23420a5862208ef5b1a7005b806f2ff 127.0.0.1:7001 master - 0 1388204746210
    0 connected
51549e625cfda318ad27423a31e7476fe3cd2939 :0 myself,master - 0 0 0 connected
```

继续向节点 7000 发送以下命令，我们可以将节点 7002 也添加到节点 7000 和节点 7001 所在的集群里面：

```
127.0.0.1:7000> CLUSTER MEET 127.0.0.1 7002
OK

127.0.0.1:7000> CLUSTER NODES
68eef66df23420a5862208ef5b1a7005b806f2ff
    127.0.0.1:7001 master - 0 1388204848376 0
    connected
9dfb4c4e016e627d9769e4c9bb0d4fa208e65c26
    127.0.0.1:7002 master - 0 1388204847977 0
    connected
51549e625cfda318ad27423a31e7476fe3cd2939 :0
    myself,master - 0 0 0 connected
```

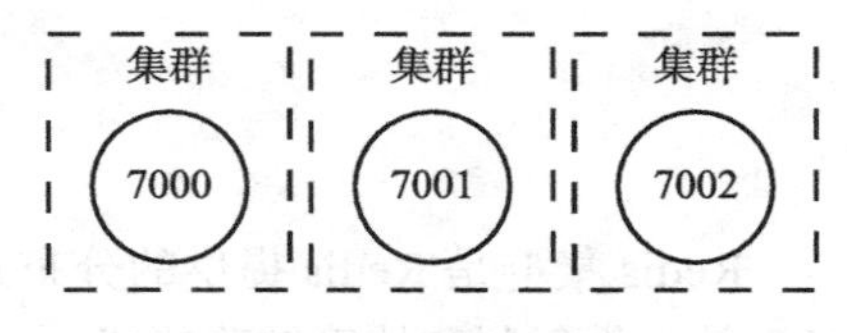

图 17-1 三个独立的节点

现在，这个集群里面包含了 7000、7001 和 7002 三个节点，图 17-1 至 17-5 展示了这三个节点进行握手的整个过程。

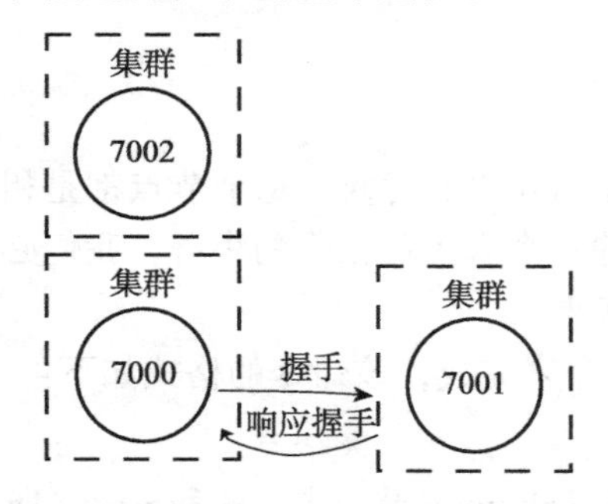

图 17-2 节点 7000 和 7001 进行握手

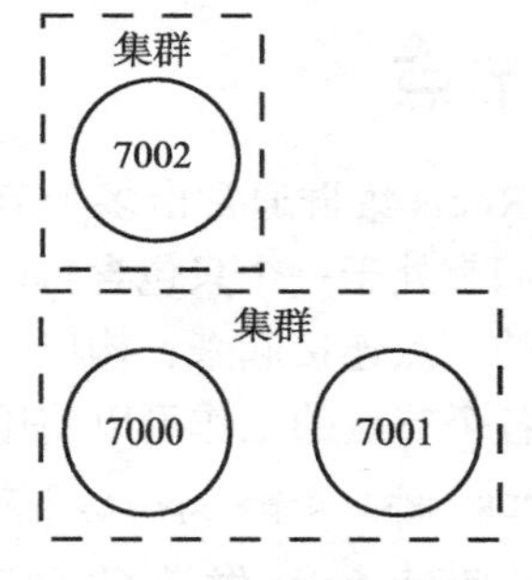

图 17-3 握手成功的 7000 与 7001 处于同一个集群

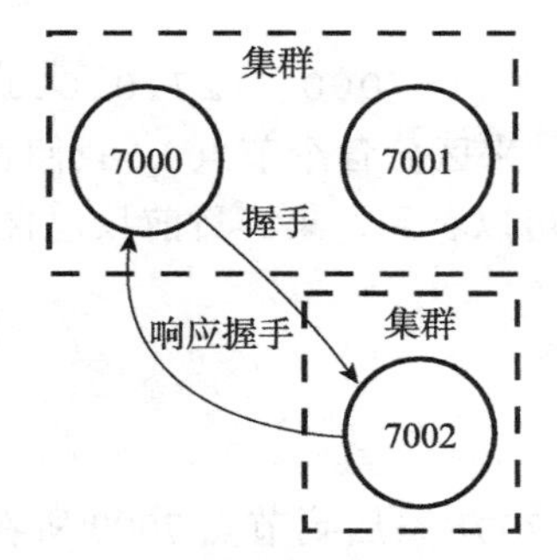

图 17-4 节点 7000 与节点 7002 进行握手

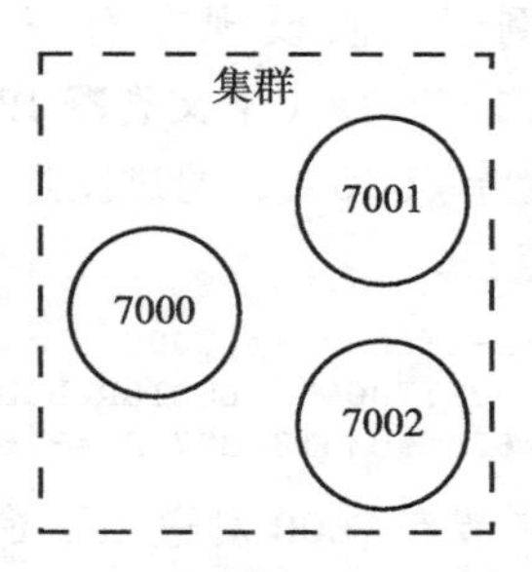

图 17-5 握手成功的三个节点处于同一个集群

本节接下来的内容将介绍启动节点的方法、与集群有关的数据结构，以及 *CLUSTER MEET* 命令的实现原理。

17.1.1 启动节点

一个节点就是一个运行在集群模式下的 Redis 服务器，Redis 服务器在启动时会根据 `cluster-enabled` 配置选项是否为 `yes` 来决定是否开启服务器的集群模式，如图 17-6 所示。

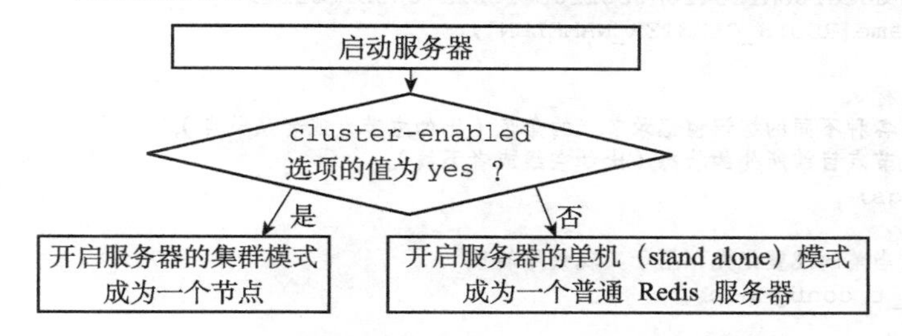

图 17-6 服务器判断是否开启集群模式的过程

节点（运行在集群模式下的 Redis 服务器）会继续使用所有在单机模式中使用的服务器组件，比如说：

- 节点会继续使用文件事件处理器来处理命令请求和返回命令回复。
- 节点会继续使用时间事件处理器来执行 `serverCron` 函数，而 `serverCron` 函数又会调用集群模式特有的 `clusterCron` 函数。`clusterCron` 函数负责执行在集群模式下需要执行的常规操作，例如向集群中的其他节点发送 `Gossip` 消息，检查节点是否断线，或者检查是否需要对下线节点进行自动故障转移等。
- 节点会继续使用数据库来保存键值对数据，键值对依然会是各种不同类型的对象。
- 节点会继续使用 RDB 持久化模块和 AOF 持久化模块来执行持久化工作。
- 节点会继续使用发布与订阅模块来执行 *PUBLISH*、*SUBSCRIBE* 等命令。
- 节点会继续使用复制模块来进行节点的复制工作。
- 节点会继续使用 Lua 脚本环境来执行客户端输入的 Lua 脚本。

除此之外，节点会继续使用 `redisServer` 结构来保存服务器的状态，使用 `redisClient` 结构来保存客户端的状态，至于那些只有在集群模式下才会用到的数据，节点将它们保存到了 `cluster.h/clusterNode` 结构、`cluster.h/clusterLink` 结构，以及 `cluster.h/clusterState` 结构里面，接下来的一节将对这三种数据结构进行介绍。

17.1.2 集群数据结构

`clusterNode` 结构保存了一个节点的当前状态，比如节点的创建时间、节点的名字、节点当前的配置纪元、节点的 IP 地址和端口号等等。

每个节点都会使用一个 `clusterNode` 结构来记录自己的状态，并为集群中的所有其他节点（包括主节点和从节点）都创建一个相应的 `clusterNode` 结构，以此来记录其他节点的状态：

```
struct clusterNode {

    // 创建节点的时间
    mstime_t ctime;

    // 节点的名字，由 40 个十六进制字符组成
    // 例如 68eef66df23420a5862208ef5b1a7005b806f2ff
    char name[REDIS_CLUSTER_NAMELEN];

    // 节点标识
    // 使用各种不同的标识值记录节点的角色（比如主节点或者从节点），
    // 以及节点目前所处的状态（比如在线或者下线）。
    int flags;

    // 节点当前的配置纪元，用于实现故障转移
    uint64_t configEpoch;

    // 节点的 IP 地址
    char ip[REDIS_IP_STR_LEN];

    // 节点的端口号
    int port;

    // 保存连接节点所需的有关信息
    clusterLink *link;

    // ...

};
```

clusterNode 结构的 link 属性是一个 clusterLink 结构，该结构保存了连接节点所需的有关信息，比如套接字描述符，输入缓冲区和输出缓冲区：

```
typedef struct clusterLink {

    // 连接的创建时间
    mstime_t ctime;

    // TCP 套接字描述符
    int fd;

    // 输出缓冲区，保存着等待发送给其他节点的消息（message）。
    sds sndbuf;

    // 输入缓冲区，保存着从其他节点接收到的消息。
    sds rcvbuf;

    // 与这个连接相关联的节点，如果没有的话就为 NULL
    struct clusterNode *node;

} clusterLink;
```

redisClient 结构和 clusterLink 结构的相同和不同之处

redisClient 结构和 clusterLink 结构都有自己的套接字描述符和输入、输出缓冲区，这两个结构的区别在于，redisClient 结构中的套接字和缓冲区是用于连接客户端的，而 clusterLink 结构中的套接字和缓冲区则是用于连接节点的。

最后，每个节点都保存着一个 clusterState 结构，这个结构记录了在当前节点的视角下，集群目前所处的状态，例如集群是在线还是下线，集群包含多少个节点，集群当前的配置纪元，诸如此类：

```
typedef struct clusterState {


    // 指向当前节点的指针
    clusterNode *myself;

    // 集群当前的配置纪元，用于实现故障转移
    uint64_t currentEpoch;

    // 集群当前的状态：是在线还是下线
    int state;

    // 集群中至少处理着一个槽的节点的数量
    int size;

    // 集群节点名单（包括 myself 节点）
    // 字典的键为节点的名字，字典的值为节点对应的 clusterNode 结构
    dict *nodes;

    // ...

} clusterState;
```

以前面介绍的 7000、7001、7002 三个节点为例，图 17-7 展示了节点 7000 创建的 clusterState 结构，这个结构从节点 7000 的角度记录了集群以及集群包含的三个节点的当前状态（为了空间考虑，图中省略了 clusterNode 结构的一部分属性）：

- 结构的 currentEpoch 属性的值为 0，表示集群当前的配置纪元为 0。
- 结构的 size 属性的值为 0，表示集群目前没有任何节点在处理槽，因此结构的 state 属性的值为 REDIS_CLUSTER_FAIL，这表示集群目前处于下线状态。
- 结构的 nodes 字典记录了集群目前包含的三个节点，这三个节点分别由三个 clusterNode 结构表示，其中 myself 指针指向代表节点 7000 的 clusterNode 结构，而字典中的另外两个指针则分别指向代表节点 7001 和代表节点 7002 的 clusterNode 结构，这两个节点是节点 7000 已知的在集群中的其他节点。
- 三个节点的 clusterNode 结构的 flags 属性都是 REDIS_NODE_MASTER，说明三个节点都是主节点。

节点 7001 和节点 7002 也会创建类似的 clusterState 结构：

- 不过在节点 7001 创建的 clusterState 结构中，myself 指针将指向代表节点 7001 的 clusterNode 结构，而节点 7000 和节点 7002 则是集群中的其他节点。
- 而在节点 7002 创建的 clusterState 结构中，myself 指针将指向代表节点 7002 的 clusterNode 结构，而节点 7000 和节点 7001 则是集群中的其他节点。

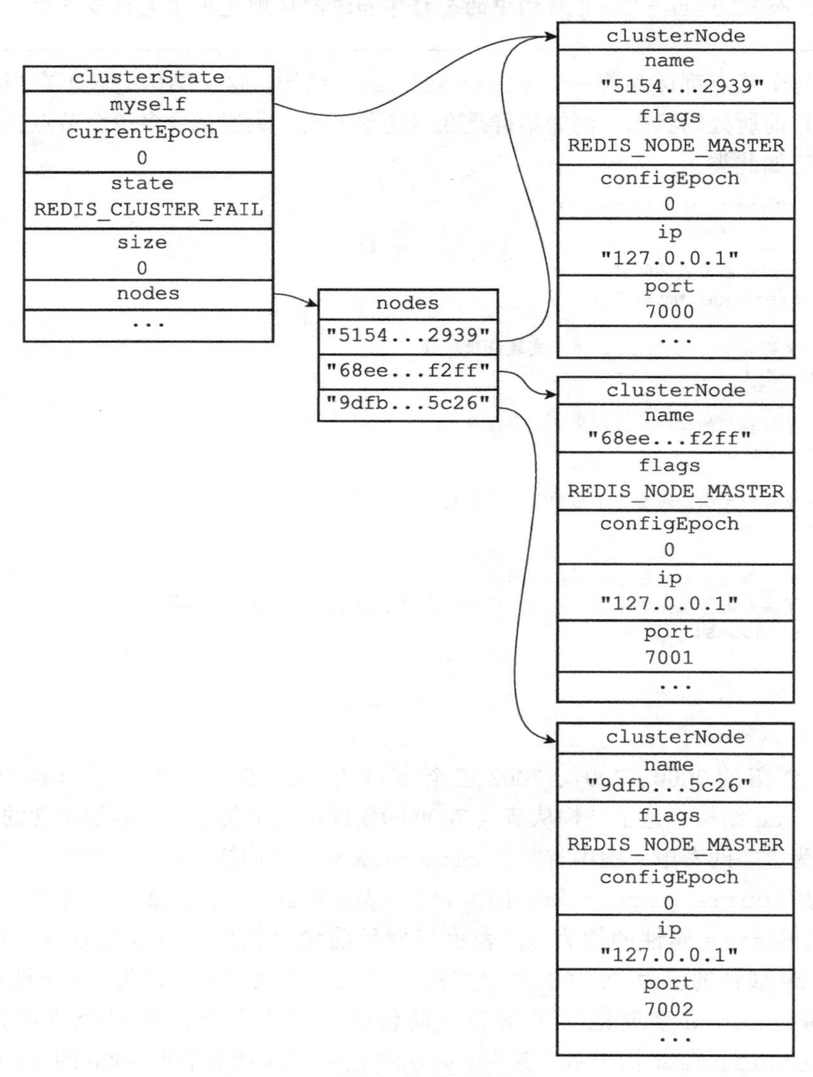

图 17-7 节点 7000 创建的 clusterState 结构

17.1.3 CLUSTER MEET 命令的实现

通过向节点 A 发送 *CLUSTER MEET* 命令，客户端可以让接收命令的节点 A 将另一个节点 B 添加到节点 A 当前所在的集群里面：

```
CLUSTER MEET <ip> <port>
```

收到命令的节点A将与节点B进行握手（handshake），以此来确认彼此的存在，并为将来的进一步通信打好基础：

1）节点A会为节点B创建一个clusterNode结构，并将该结构添加到自己的clusterState.nodes字典里面。

2）之后，节点A将根据*CLUSTER MEET*命令给定的IP地址和端口号，向节点B发送一条MEET消息（message）。

3）如果一切顺利，节点B将接收到节点A发送的MEET消息，节点B会为节点A创建一个clusterNode结构，并将该结构添加到自己的clusterState.nodes字典里面。

4）之后，节点B将向节点A返回一条PONG消息。

5）如果一切顺利，节点A将接收到节点B返回的PONG消息，通过这条PONG消息节点A可以知道节点B已经成功地接收到了自己发送的MEET消息。

6）之后，节点A将向节点B返回一条PING消息。

7）如果一切顺利，节点B将接收到节点A返回的PING消息，通过这条PING消息节点B可以知道节点A已经成功地接收到了自己返回的PONG消息，握手完成。

图17-8展示了以上步骤描述的握手过程。

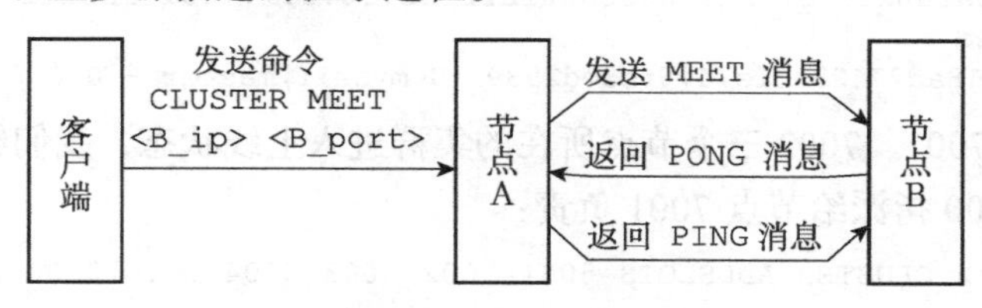

图17-8　节点的握手过程

之后，节点A会将节点B的信息通过Gossip协议传播给集群中的其他节点，让其他节点也与节点B进行握手，最终，经过一段时间之后，节点B会被集群中的所有节点认识。

17.2　槽指派

Redis集群通过分片的方式来保存数据库中的键值对：集群的整个数据库被分为16384个槽（slot），数据库中的每个键都属于这16384个槽的其中一个，集群中的每个节点可以处理0个或最多16384个槽。

当数据库中的16384个槽都有节点在处理时，集群处于上线状态（ok）；相反地，如果数据库中有任何一个槽没有得到处理，那么集群处于下线状态（fail）。

在上一节，我们使用*CLUSTER MEET*命令将7000、7001、7002三个节点连接到了同一个集群里面，不过这个集群目前仍然处于下线状态，因为集群中的三个节点都没有在处理任何槽：

```
127.0.0.1:7000> CLUSTER INFO
cluster_state:fail
cluster_slots_assigned:0
cluster_slots_ok:0
cluster_slots_pfail:0
cluster_slots_fail:0
cluster_known_nodes:3
cluster_size:0
cluster_current_epoch:0
cluster_stats_messages_sent:110
cluster_stats_messages_received:28
```

通过向节点发送 *CLUSTER ADDSLOTS* 命令，我们可以将一个或多个槽指派（assign）给节点负责：

```
CLUSTER ADDSLOTS <slot> [slot ...]
```

举个例子，执行以下命令可以将槽 0 至槽 5000 指派给节点 7000 负责：

```
127.0.0.1:7000> CLUSTER ADDSLOTS 0 1 2 3 4 ... 5000
OK

127.0.0.1:7000> CLUSTER NODES
9dfb4c4e016e627d9769e4c9bb0d4fa208e65c26 127.0.0.1:7002 master - 0 1388316664849
    0 connected
68eef66df23420a5862208ef5b1a7005b806f2ff 127.0.0.1:7001 master - 0 1388316665850
    0 connected
51549e625cfda318ad27423a31e7476fe3cd2939 :0 myself,master - 0 0 0 connected 0-5000
```

为了让 7000、7001、7002 三个节点所在的集群进入上线状态，我们继续执行以下命令，将槽 5001 至槽 10000 指派给节点 7001 负责：

```
127.0.0.1:7001> CLUSTER ADDSLOTS 5001 5002 5003 5004 ... 10000
OK
```

然后将槽 10001 至槽 16383 指派给 7002 负责：

```
127.0.0.1:7002> CLUSTER ADDSLOTS 10001 10002 10003 10004 ... 16383
OK
```

当以上三个 *CLUSTER ADDSLOTS* 命令都执行完毕之后，数据库中的 16384 个槽都已经被指派给了相应的节点，集群进入上线状态：

```
127.0.0.1:7000> CLUSTER INFO
cluster_state:ok
cluster_slots_assigned:16384
cluster_slots_ok:16384
cluster_slots_pfail:0
cluster_slots_fail:0
cluster_known_nodes:3
cluster_size:3
cluster_current_epoch:0
cluster_stats_messages_sent:2699
cluster_stats_messages_received:2617

127.0.0.1:7000> CLUSTER NODES
9dfb4c4e016e627d9769e4c9bb0d4fa208e65c26 127.0.0.1:7002 master - 0 1388317426165
```

```
    0 connected 10001-16383
68eef66df23420a5862208ef5b1a7005b806f2ff 127.0.0.1:7001 master - 0 1388317427167
    0 connected 5001-10000
51549e625cfda318ad27423a31e7476fe3cd2939 :0 myself,master - 0 0 0 connected 0-5000
```

本节接下来的内容将首先介绍节点保存槽指派信息的方法，以及节点之间传播槽指派信息的方法，之后再介绍 *CLUSTER ADDSLOTS* 命令的实现。

17.2.1 记录节点的槽指派信息

clusterNode 结构的 slots 属性和 numslot 属性记录了节点负责处理哪些槽：

```
struct clusterNode {

    // ...

    unsigned char slots[16384/8];

    int numslots;

    // ...

};
```

slots 属性是一个二进制位数组（bit array），这个数组的长度为 16384/8=2048 个字节，共包含 16384 个二进制位。

Redis 以 0 为起始索引，16383 为终止索引，对 slots 数组中的 16384 个二进制位进行编号，并根据索引 i 上的二进制位的值来判断节点是否负责处理槽 i：

- 如果 slots 数组在索引 i 上的二进制位的值为 1，那么表示节点负责处理槽 i。
- 如果 slots 数组在索引 i 上的二进制位的值为 0，那么表示节点不负责处理槽 i。

图 17-9 展示了一个 slots 数组示例：这个数组索引 0 至索引 7 上的二进制位的值都为 1，其余所有二进制位的值都为 0，这表示节点负责处理槽 0 至槽 7。

字节	slots[0]								slots[1] ~ slots[2047]								
索引	0	1	2	3	4	5	6	7	8	9	10	11	12	...	16381	16382	16383
值	1	1	1	1	1	1	1	1	0	0	0	0	0	...	0	0	0

图 17-9 一个 slots 数组示例

图 17-10 展示了另一个 slots 数组示例：这个数组索引 1、3、5、8、9、10 上的二进制位的值都为 1，而其余所有二进制位的值都为 0，这表示节点负责处理槽 1、3、5、8、9、10。

字节	slots[0]								slots[1]								...	slots[2047]		
索引	0	1	2	3	4	5	6	7	8	9	10	11	12	13	14	15	...	...	16382	16383
值	0	1	0	1	0	1	0	0	1	1	1	0	0	0	0	0	...	...	0	0

图 17-10 另一个 slots 数组示例

因为取出和设置 slots 数组中的任意一个二进制位的值的复杂度仅为 $O(1)$，所以对于一个给定节点的 slots 数组来说，程序检查节点是否负责处理某个槽，又或者将某个槽指派给节点负责，这两个动作的复杂度都是 $O(1)$。

至于 numslots 属性则记录节点负责处理的槽的数量，也即是 slots 数组中值为 1 的二进制位的数量。

比如说，对于图 17-9 所示的 slots 数组来说，节点处理的槽数量为 8，而对于图 17-10 所示的 slots 数组来说，节点处理的槽数量为 6。

17.2.2 传播节点的槽指派信息

一个节点除了会将自己负责处理的槽记录在 clusterNode 结构的 slots 属性和 numslots 属性之外，它还会将自己的 slots 数组通过消息发送给集群中的其他节点，以此来告知其他节点自己目前负责处理哪些槽。

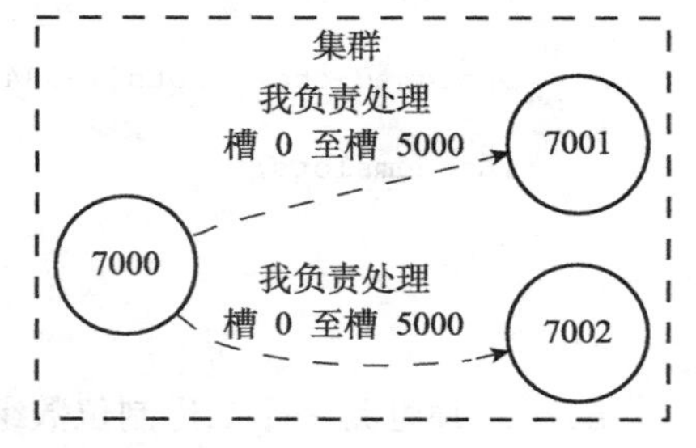

图 17-11 7000 告知 7001 和 7002 自己负责处理的槽

举个例子，对于前面展示的包含 7000、7001、7002 三个节点的集群来说：

- 节点 7000 会通过消息向节点 7001 和节点 7002 发送自己的 slots 数组，以此来告知这两个节点，自己负责处理槽 0 至槽 5000，如图 17-11 所示。
- 节点 7001 会通过消息向节点 7000 和节点 7002 发送自己的 slots 数组，以此来告知这两个节点，自己负责处理槽 5001 至槽 10000，如图 17-12 所示。
- 节点 7002 会通过消息向节点 7000 和节点 7001 发送自己的 slots 数组，以此来告知这两个节点，自己负责处理槽 10001 至槽 16383，如图 17-13 所示。

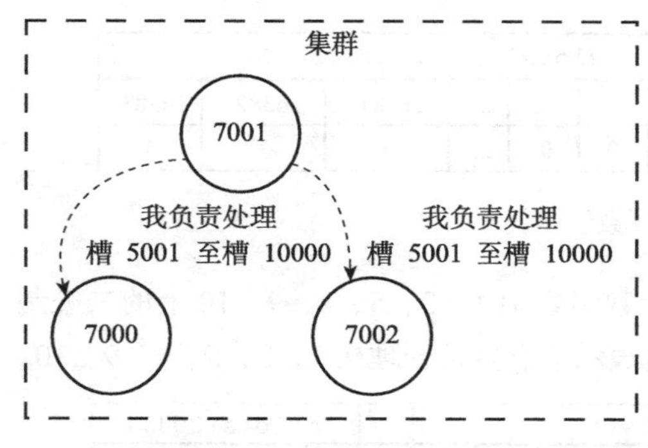

图 17-12 7001 告知 7000 和 7002 自己负责处理的槽

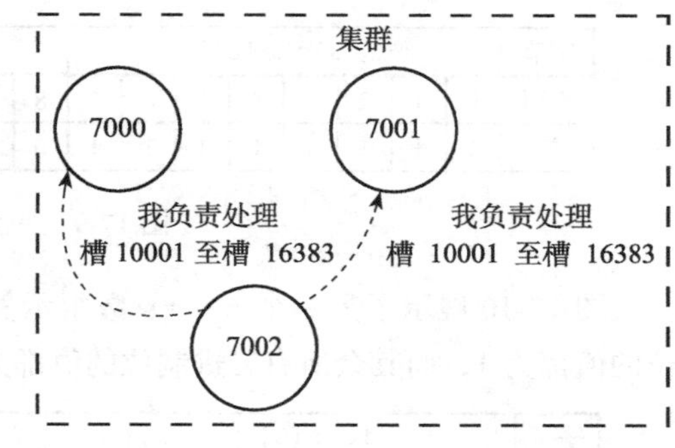

图 17-13 7002 告知 7000 和 7001 自己负责处理的槽

当节点A通过消息从节点B那里接收到节点B的slots数组时，节点A会在自己的clusterState.nodes字典中查找节点B对应的clusterNode结构，并对结构中的slots数组进行保存或者更新。

因为集群中的每个节点都会将自己的slots数组通过消息发送给集群中的其他节点，并且每个接收到slots数组的节点都会将数组保存到相应节点的clusterNode结构里面，因此，集群中的每个节点都会知道数据库中的16384个槽分别被指派给了集群中的哪些节点。

17.2.3 记录集群所有槽的指派信息

clusterState结构中的slots数组记录了集群中所有16384个槽的指派信息：

```
typedef struct clusterState {

    // ...

    clusterNode *slots[16384];

    // ...

} clusterState;
```

slots数组包含16384个项，每个数组项都是一个指向clusterNode结构的指针：

- 如果slots[i]指针指向NULL，那么表示槽i尚未指派给任何节点。
- 如果slots[i]指针指向一个clusterNode结构，那么表示槽i已经指派给了clusterNode结构所代表的节点。

举个例子，对于7000、7001、7002三个节点来说，它们的clusterState结构的slots数组将会是图17-14所示的样子：

- 数组项slots[0]至slots[5000]的指针都指向代表节点7000的clusterNode结构，表示槽0至5000都指派给了节点7000。
- 数组项slots[5001]至slots[10000]的指针都指向代表节点7001的clusterNode结构，表示槽5001至10000都指派给了节点7001。
- 数组项slots[10001]至slots[16383]的指针都指向代表节点7002的clusterNode结构，表示槽10001至16383都指派给了节点7002。

如果只将槽指派信息保存在各个节点的clusterNode.slots数组里，会出现一些无法高效地解决的问题，而clusterState.slots数组的存在解决了这些问题：

- 如果节点只使用clusterNode.slots数组来记录槽的指派信息，那么为了知道槽i是否已经被指派，或者槽i被指派给了哪个节点，程序需要遍历clusterState.nodes字典中的所有clusterNode结构，检查这些结构的slots数组，直到找到负责处理槽i的节点为止，这个过程的复杂度为$O(N)$，其中N为clusterState.nodes字典保存的clusterNode结构的数量。

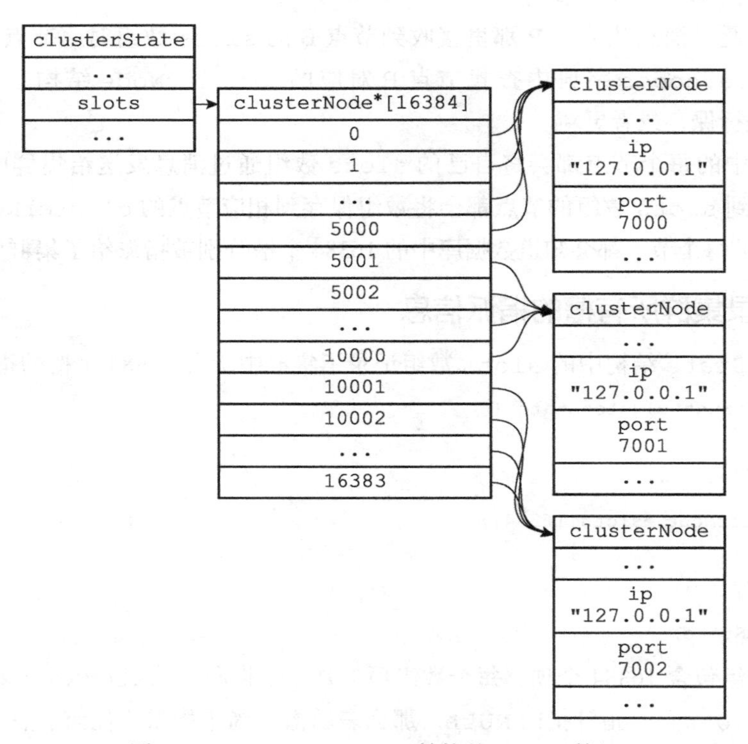

图 17-14 clusterState 结构的 slots 数组

- 而通过将所有槽的指派信息保存在 clusterState.slots 数组里面，程序要检查槽 i 是否已经被指派，又或者取得负责处理槽 i 的节点，只需要访问 clusterState.slots[i] 的值即可，这个操作的复杂度仅为 $O(1)$。

举个例子，对于图 17-14 所示的 slots 数组来说，如果程序需要知道槽 10002 被指派给了哪个节点，那么只要访问数组项 slots[10002]，就可以马上知道槽 10002 被指派给了节点 7002，如图 17-15 所示。

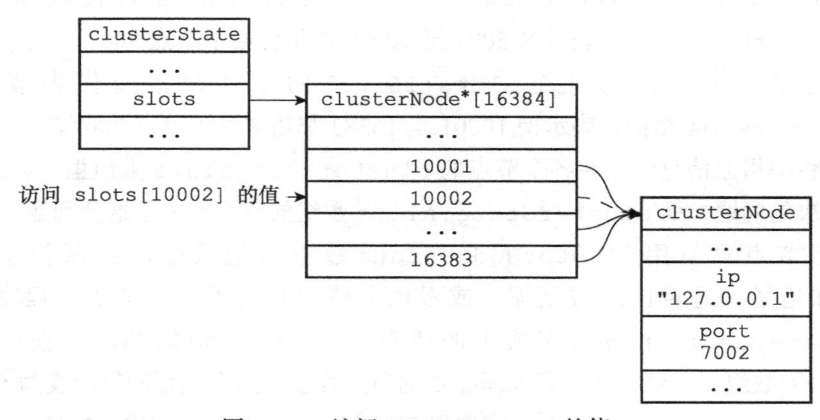

图 17-15 访问 slots[10002] 的值

要说明的一点是，虽然 clusterState.slots 数组记录了集群中所有槽的指派信息，但使用 clusterNode 结构的 slots 数组来记录单个节点的槽指派信息仍然是有必要的：

- 因为当程序需要将某个节点的槽指派信息通过消息发送给其他节点时，程序只需要将相应节点的 clusterNode.slots 数组整个发送出去就可以了。
- 另一方面，如果 Redis 不使用 clusterNode.slots 数组，而单独使用 clusterState.slots 数组的话，那么每次要将节点 A 的槽指派信息传播给其他节点时，程序必须先遍历整个 clusterState.slots 数组，记录节点 A 负责处理哪些槽，然后才能发送节点 A 的槽指派信息，这比直接发送 clusterNode.slots 数组要麻烦和低效得多。

clusterState.slots 数组记录了集群中所有槽的指派信息，而 clusterNode.slots 数组只记录了 clusterNode 结构所代表的节点的槽指派信息，这是两个 slots 数组的关键区别所在。

17.2.4 CLUSTER ADDSLOTS 命令的实现

CLUSTER ADDSLOTS 命令接受一个或多个槽作为参数，并将所有输入的槽指派给接收该命令的节点负责：

```
CLUSTER ADDSLOTS <slot> [slot ...]
```

CLUSTER ADDSLOTS 命令的实现可以用以下伪代码来表示：

```
def CLUSTER_ADDSLOTS(*all_input_slots):

    # 遍历所有输入槽，检查它们是否都是未指派槽
    for i in all_input_slots:

        # 如果有哪怕一个槽已经被指派给了某个节点
        # 那么向客户端返回错误，并终止命令执行
        if clusterState.slots[i] != NULL:
            reply_error()
            return

    # 如果所有输入槽都是未指派槽
    # 那么再次遍历所有输入槽，将这些槽指派给当前节点
    for i in all_input_slots:

        # 设置 clusterState 结构的 slots 数组
        # 将 slots[i] 的指针指向代表当前节点的 clusterNode 结构
        clusterState.slots[i] = clusterState.myself

        # 访问代表当前节点的 clusterNode 结构的 slots 数组
        # 将数组在索引 i 上的二进制位设置为 1
        setSlotBit(clusterState.myself.slots, i)
```

举个例子，图 17-16 展示了一个节点的 clusterState 结构，clusterState.slots 数组中的所有指针都指向 NULL，并且 clusterNode.slots 数组中的所有二进制位的值都是 0，这说明当前节点没有被指派任何槽，并且集群中的所有槽都是未指派的。

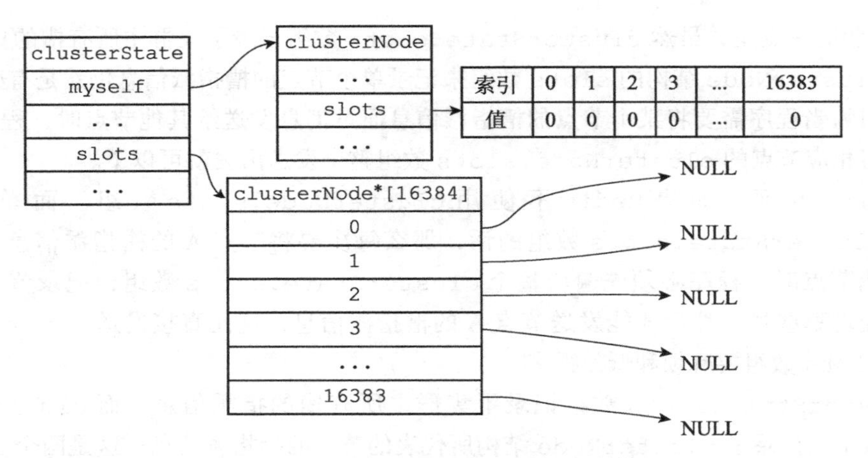

图 17-16 节点的 clusterState 结构

当客户端对 17-16 所示的节点执行命令：

```
CLUSTER ADDSLOTS 1 2
```

将槽 1 和槽 2 指派给节点之后，节点的 clusterState 结构将被更新成图 17-17 所示的样子：

- clusterState.slots 数组在索引 1 和索引 2 上的指针指向了代表当前节点的 clusterNode 结构。
- 并且 clusterNode.slots 数组在索引 1 和索引 2 上的位被设置成了 1。

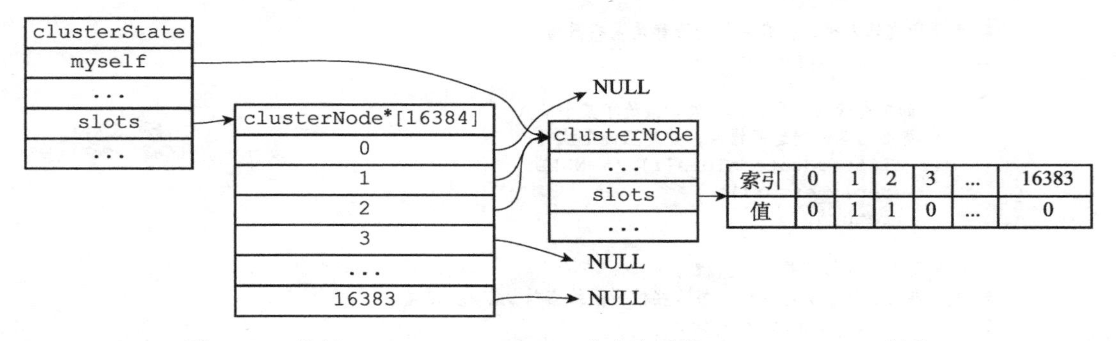

图 17-17 执行 CLUSTER ADDSLOTS 命令之后的 clusterState 结构

最后，在 *CLUSTER ADDSLOTS* 命令执行完毕之后，节点会通过发送消息告知集群中的其他节点，自己目前正在负责处理哪些槽。

17.3 在集群中执行命令

在对数据库中的 16384 个槽都进行了指派之后，集群就会进入上线状态，这时客户端就可以向集群中的节点发送数据命令了。

当客户端向节点发送与数据库键有关的命令时，接收命令的节点会计算出命令要处理的数据库键属于哪个槽，并检查这个槽是否指派给了自己：

- 如果键所在的槽正好就指派给了当前节点，那么节点直接执行这个命令。
- 如果键所在的槽并没有指派给当前节点，那么节点会向客户端返回一个 MOVED 错误，指引客户端转向（redirect）至正确的节点，并再次发送之前想要执行的命令。

图 17-18 展示了这两种情况的判断流程。

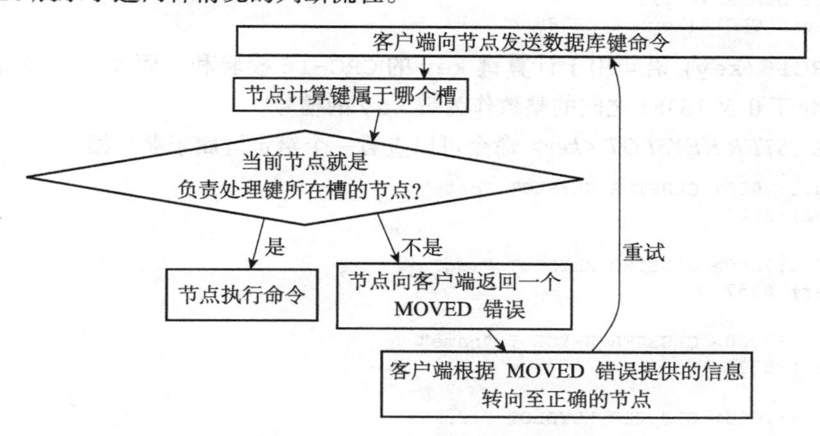

图 17-18 判断客户端是否需要转向的流程

举个例子，如果我们在之前提到的，由 7000、7001、7002 三个节点组成的集群中，用客户端连上节点 7000，并发送以下命令，那么命令会直接被节点 7000 执行：

```
127.0.0.1:7000> SET date "2013-12-31"
OK
```

因为键 date 所在的槽 2022 正是由节点 7000 负责处理的。

但是，如果我们执行以下命令，那么客户端会先被转向至节点 7001，然后再执行命令：

```
127.0.0.1:7000> SET msg "happy new year!"
-> Redirected to slot [6257] located at 127.0.0.1:7001
OK

127.0.0.1:7001> GET msg
"happy new year!"
```

这是因为键 msg 所在的槽 6257 是由节点 7001 负责处理的，而不是由最初接收命令的节点 7000 负责处理：

- 当客户端第一次向节点 7000 发送 *SET* 命令的时候，节点 7000 会向客户端返回 MOVED 错误，指引客户端转向至节点 7001。
- 当客户端转向到节点 7001 之后，客户端重新向节点 7001 发送 *SET* 命令，这个命令会被节点 7001 成功执行。

本节接下来的内容将介绍计算键所属槽的方法，节点判断某个槽是否由自己负责的方法，以及 MOVED 错误的实现方法，最后，本节还会介绍节点和单机 Redis 服务器保存键值对数据的相同和不同之处。

17.3.1 计算键属于哪个槽

节点使用以下算法来计算给定键 key 属于哪个槽：

```
def slot_number(key):
    return CRC16(key) & 16383
```

其中 CRC16(key) 语句用于计算键 key 的 CRC-16 校验和，而 & 16383 语句则用于计算出一个介于 0 至 16383 之间的整数作为键 key 的槽号。

使用 *CLUSTER KEYSLOT <key>* 命令可以查看一个给定键属于哪个槽：

```
127.0.0.1:7000> CLUSTER KEYSLOT "date"
(integer) 2022

127.0.0.1:7000> CLUSTER KEYSLOT "msg"
(integer) 6257

127.0.0.1:7000> CLUSTER KEYSLOT "name"
(integer) 5798

127.0.0.1:7000> CLUSTER KEYSLOT "fruits"
(integer) 14943
```

CLUSTER KEYSLOT 命令就是通过调用上面给出的槽分配算法来实现的，以下是该命令的伪代码实现：

```
def CLUSTER_KEYSLOT(key):

    # 计算槽号
    slot = slot_number(key)

    # 将槽号返回给客户端
    reply_client(slot)
```

17.3.2 判断槽是否由当前节点负责处理

当节点计算出键所属的槽 i 之后，节点就会检查自己在 clusterState.slots 数组中的项 i，判断键所在的槽是否由自己负责：

1）如果 clusterState.slots[i] 等于 clusterState.myself，那么说明槽 i 由当前节点负责，节点可以执行客户端发送的命令。

2）如果 clusterState.slots[i] 不等于 clusterState.myself，那么说明槽 i 并非由当前节点负责，节点会根据 clusterState.slots[i] 指向的 clusterNode 结构所记录的节点 IP 和端口号，向客户端返回 MOVED 错误，指引客户端转向至正在处理槽 i 的节点。

举个例子，假设图 17-19 为节点 7000 的 clusterState 结构：

- 当客户端向节点7000发送命令 SET date "2013-12-31" 的时候，节点首先计算出键 date 属于槽 2022，然后检查得出 clusterState.slots[2022] 等于 clusterState.myself，这说明槽 2022 正是由节点 7000 负责，于是节点 7000 直接执行这个 *SET* 命令，并将结果返回给发送命令的客户端。
- 当客户端向节点 7000 发送命令 SET msg "happy new year!" 的时候，节点首先计算出键 msg 属于槽 6257，然后检查 clusterState.slots[6257] 是否等于 clusterState.myself，结果发现两者并不相等：这说明槽 6257 并非由节点 7000 负责处理，于是节点 7000 访问 clusterState.slots[6257] 所指向的 clusterNode 结构，并根据结构中记录的 IP 地址 127.0.0.1 和端口号 7001，向客户端返回错误 MOVED 6257 127.0.0.1:7001，指引节点转向至正在负责处理槽 6257 的节点 7001。

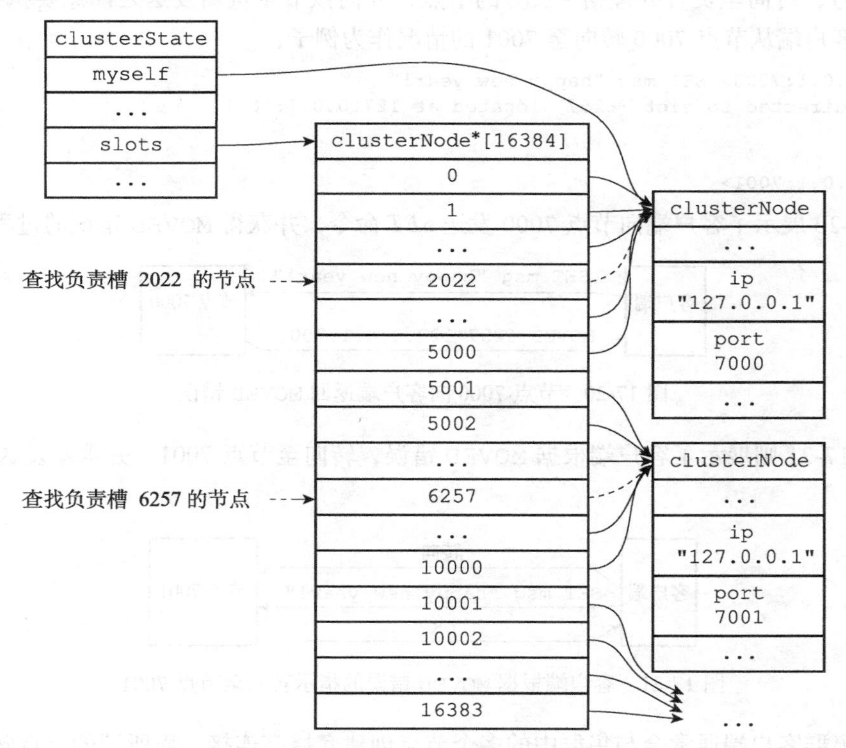

图 17-19 节点 7000 的 clusterState 结构

17.3.3 MOVED 错误

当节点发现键所在的槽并非由自己负责处理的时候，节点就会向客户端返回一个 MOVED 错误，指引客户端转向至正在负责槽的节点。

MOVED 错误的格式为：

```
MOVED <slot> <ip>:<port>
```

其中 slot 为键所在的槽，而 ip 和 port 则是负责处理槽 slot 的节点的 IP 地址和端口号。例如错误：

```
MOVED 10086 127.0.0.1:7002
```

表示槽 10086 正由 IP 地址为 127.0.0.1，端口号为 7002 的节点负责。

又例如错误：

```
MOVED 789 127.0.0.1:7000
```

表示槽 789 正由 IP 地址为 127.0.0.1，端口号为 7000 的节点负责。

当客户端接收到节点返回的 MOVED 错误时，客户端会根据 MOVED 错误中提供的 IP 地址和端口号，转向至负责处理槽 slot 的节点，并向该节点重新发送之前想要执行的命令。以前面的客户端从节点 7000 转向至 7001 的情况作为例子：

```
127.0.0.1:7000> SET msg "happy new year!"
-> Redirected to slot [6257] located at 127.0.0.1:7001
OK

127.0.0.1:7001>
```

图 17-20 展示了客户端向节点 7000 发送 *SET* 命令，并获得 MOVED 错误的过程。

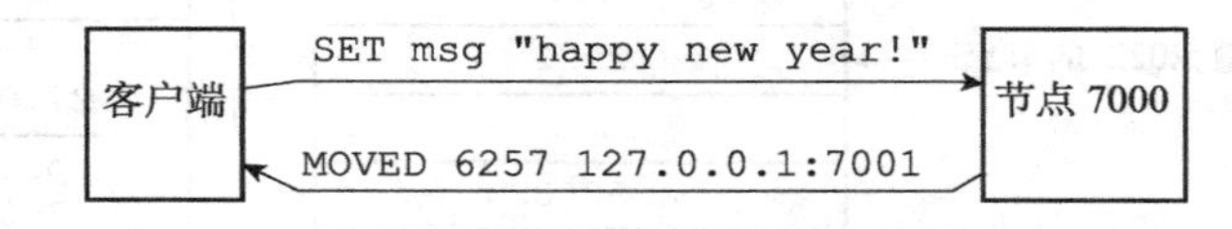

图 17-20 节点 7000 向客户端返回 MOVED 错误

而图 17-21 则展示了客户端根据 MOVED 错误，转向至节点 7001，并重新发送 *SET* 命令的过程。

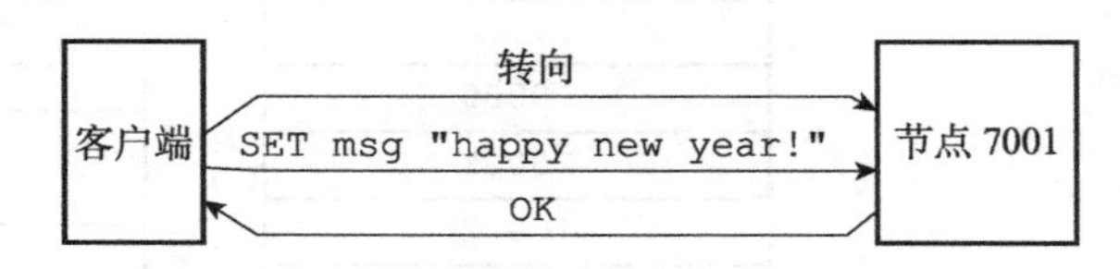

图 17-21 客户端根据 MOVED 错误的指示转向至节点 7001

一个集群客户端通常会与集群中的多个节点创建套接字连接，而所谓的节点转向实际上就是换一个套接字来发送命令。

如果客户端尚未与想要转向的节点创建套接字连接，那么客户端会先根据 MOVED 错误提供的 IP 地址和端口号来连接节点，然后再进行转向。

被隐藏的 MOVED 错误

集群模式的 redis-cli 客户端在接收到 MOVED 错误时，并不会打印出 MOVED 错误，而是根据 MOVED 错误自动进行节点转向，并打印出转向信息，所以我们是看不见节点返回的 MOVED 错误的：

```
$ redis-cli -c -p 7000 # 集群模式

127.0.0.1:7000> SET msg "happy new year!"
-> Redirected to slot [6257] located at 127.0.0.1:7001
OK

127.0.0.1:7001>
```

但是，如果我们使用单机（stand alone）模式的 redis-cli 客户端，再次向节点 7000 发送相同的命令，那么 MOVED 错误就会被客户端打印出来：

```
$ redis-cli -p 7000 # 单机模式

127.0.0.1:7000> SET msg "happy new year!"
(error) MOVED 6257 127.0.0.1:7001

127.0.0.1:7000>
```

这是因为单机模式的 redis-cli 客户端不清楚 MOVED 错误的作用，所以它只会直接将 MOVED 错误直接打印出来，而不会进行自动转向。

17.3.4 节点数据库的实现

集群节点保存键值对以及键值对过期时间的方式，与第 9 章里面介绍的单机 Redis 服务器保存键值对以及键值对过期时间的方式完全相同。

节点和单机服务器在数据库方面的一个区别是，节点只能使用 0 号数据库，而单机 Redis 服务器则没有这一限制。

举个例子，图 17-22 展示了节点 7000 的数据库状态，数据库中包含列表键 "lst"，哈希键 "book"，以及字符串键 "date"，其中键 "lst" 和键 "book" 带有过期时间。

另外，除了将键值对保存在数据库里面之外，节点还会用 clusterState 结构中的 slots_to_keys 跳跃表来保存槽和键之间的关系：

```
typedef struct clusterState {

    // ...

    zskiplist *slots_to_keys;

    // ...

} clusterState;
```

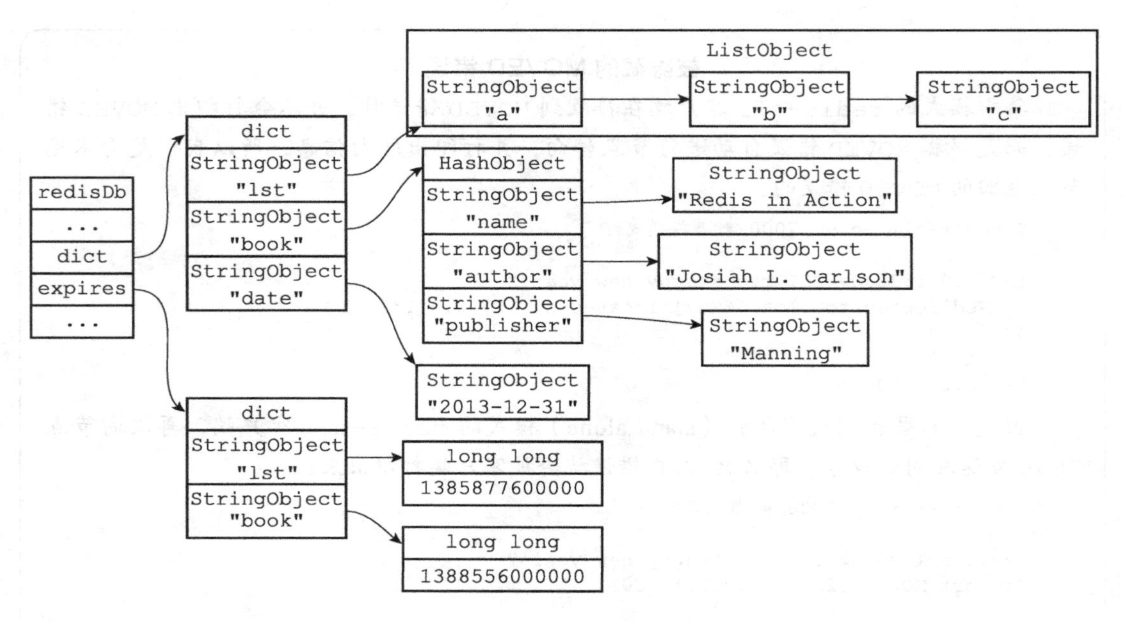

图 17-22 节点 7000 的数据库

slots_to_keys 跳跃表每个节点的分值（score）都是一个槽号，而每个节点的成员（member）都是一个数据库键：

- 每当节点往数据库中添加一个新的键值对时，节点就会将这个键以及键的槽号关联到 slots_to_keys 跳跃表。
- 当节点删除数据库中的某个键值对时，节点就会在 slots_to_keys 跳跃表解除被删除键与槽号的关联。

举个例子，对于图 17-22 所示的数据库，节点 7000 将创建类似图 17-23 所示的 slots_to_keys 跳跃表：

- 键 "book" 所在跳跃表节点的分值为 1337.0，这表示键 "book" 所在的槽为 1337。
- 键 "date" 所在跳跃表节点的分值为 2022.0，这表示键 "date" 所在的槽为 2022。
- 键 "lst" 所在跳跃表节点的分值为 3347.0，这表示键 "lst" 所在的槽为 3347。

通过在 slots_to_keys 跳跃表中记录各个数据库键所属的槽，节点可以很方便地对属于某个或某些槽的所有数据库键进行批量操作，例如命令 *CLUSTER GETKEYSINSLOT <slot> <count>* 命令可以返回最多 count 个属于槽 slot 的数据库键，而这个命令就是通过遍历 slots_to_keys 跳跃表来实现的。

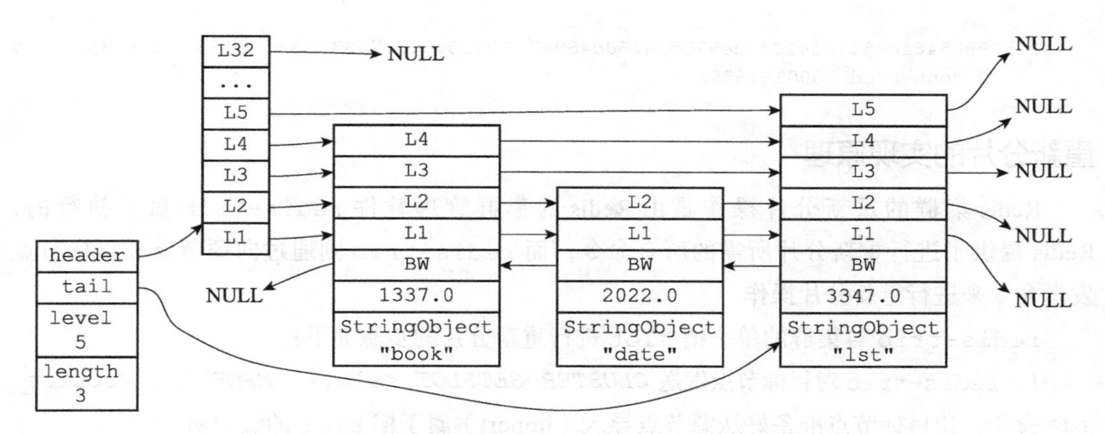

图 17-23 节点 7000 的 slots_to_keys 跳跃表

17.4 重新分片

Redis 集群的重新分片操作可以将任意数量已经指派给某个节点（源节点）的槽改为指派给另一个节点（目标节点），并且相关槽所属的键值对也会从源节点被移动到目标节点。

重新分片操作可以在线（online）进行，在重新分片的过程中，集群不需要下线，并且源节点和目标节点都可以继续处理命令请求。

举个例子，对于之前提到的，包含 7000、7001、7002 三个节点的集群来说，我们可以向这个集群添加一个 IP 为 127.0.0.1，端口号为 7003 的节点（后面简称节点 7003）：

```
$ redis-cli -c -p 7000
127.0.0.1:7000> CLUSTER MEET 127.0.0.1 7003
OK

127.0.0.1:7000> cluster nodes
51549e625cfda318ad27423a31e7476fe3cd2939 :0 myself,master - 0 0 0 connected 0-5000
68eef66df23420a5862208ef5b1a7005b806f2ff 127.0.0.1:7001 master - 0 1388635782831
    0 connected 5001-10000
9dfb4c4e016e627d9769e4c9bb0d4fa208e65c26 127.0.0.1:7002 master - 0 1388635782831
    0 connected 10001-16383
04579925484ce537d3410d7ce97bd2e260c459a2 127.0.0.1:7003 master - 0 1388635782330
    0 connected
```

然后通过重新分片操作，将原本指派给节点 7002 的槽 15001 至 16383 改为指派给节点 7003。

以下是重新分片操作执行之后，节点的槽分配状态：

```
127.0.0.1:7000> cluster nodes
51549e625cfda318ad27423a31e7476fe3cd2939 :0 myself,master -0 0 0 connected 0-5000
68eef66df23420a5862208ef5b1a7005b806f2ff 127.0.0.1:7001 master -0 1388635782831
    0 connected 5001-10000
9dfb4c4e016e627d9769e4c9bb0d4fa208e65c26 127.0.0.1:7002 master -0 1388635782831
    0 connected 10001-15000
```

```
04579925484ce537d3410d7ce97bd2e260c459a2 127.0.0.1:7003 master -0 1388635782330
    0 connected 15001-16383
```

重新分片的实现原理

Redis 集群的重新分片操作是由 Redis 的集群管理软件 `redis-trib` 负责执行的，Redis 提供了进行重新分片所需的所有命令，而 `redis-trib` 则通过向源节点和目标节点发送命令来进行重新分片操作。

`redis-trib` 对集群的单个槽 `slot` 进行重新分片的步骤如下：

1）`redis-trib` 对目标节点发送 *CLUSTER SETSLOT <slot> IMPORTING <source_id>* 命令，让目标节点准备好从源节点导入（import）属于槽 `slot` 的键值对。

2）`redis-trib` 对源节点发送 *CLUSTER SETSLOT <slot> MIGRATING <target_id>* 命令，让源节点准备好将属于槽 `slot` 的键值对迁移（migrate）至目标节点。

3）`redis-trib` 向源节点发送 *CLUSTER GETKEYSINSLOT <slot> <count>* 命令，获得最多 `count` 个属于槽 `slot` 的键值对的键名（key name）。

4）对于步骤 3 获得的每个键名，`redis-trib` 都向源节点发送一个 *MIGRATE <target_ip> <target_port> <key_name> 0 <timeout>* 命令，将被选中的键原子地从源节点迁移至目标节点。

5）重复执行步骤 3 和步骤 4，直到源节点保存的所有属于槽 `slot` 的键值对都被迁移至目标节点为止。每次迁移键的过程如图 17-24 所示。

6）`redis-trib` 向集群中的任意一个节点发送 *CLUSTER SETSLOT <slot> NODE <target_id>* 命令，将槽 `slot` 指派给目标节点，这一指派信息会通过消息发送至整个集群，最终集群中的所有节点都会知道槽 `slot` 已经指派给了目标节点。

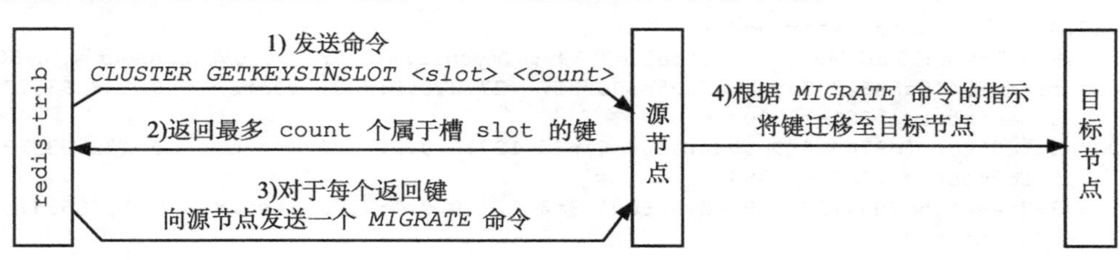

图 17-24 迁移键的过程

图 17-25 展示了对槽 `slot` 进行重新分片的整个过程。

如果重新分片涉及多个槽，那么 `redis-trib` 将对每个给定的槽分别执行上面给出的步骤。

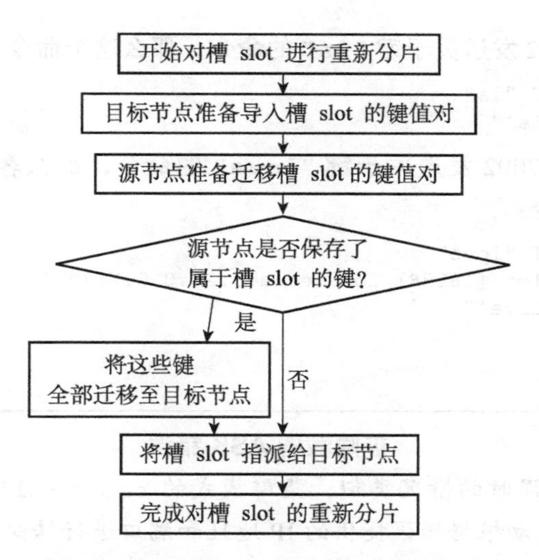

图 17-25 对槽 slot 进行重新分片的过程

17.5 ASK 错误

在进行重新分片期间，源节点向目标节点迁移一个槽的过程中，可能会出现这样一种情况：属于被迁移槽的一部分键值对保存在源节点里面，而另一部分键值对则保存在目标节点里面。

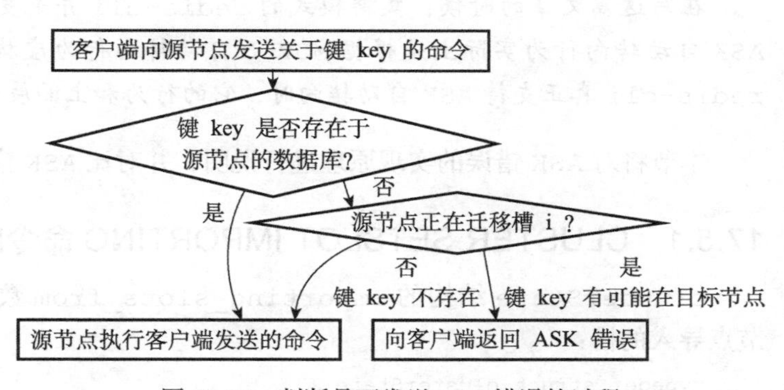

图 17-26 判断是否发送 ASK 错误的过程

当客户端向源节点发送一个与数据库键有关的命令，并且命令要处理的数据库键恰好就属于正在被迁移的槽时：

- 源节点会先在自己的数据库里面查找指定的键，如果找到的话，就直接执行客户端发送的命令。
- 相反地，如果源节点没能在自己的数据库里面找到指定的键，那么这个键有可能已经被迁移到了目标节点，源节点将向客户端返回一个 ASK 错误，指引客户端转向正在导入槽的目标节点，并再次发送之前想要执行的命令。

图 17-26 展示了源节点判断是否需要向客户端发送 ASK 错误的整个过程。

举个例子，假设节点 7002 正在向节点 7003 迁移槽 16198，这个槽包含 "is" 和 "love" 两个键，其中键 "is" 还留在节点 7002，而键 "love" 已经被迁移到了节点 7003。

如果我们向节点 7002 发送关于键 "is" 的命令，那么这个命令会直接被节点 7002 执行：

```
127.0.0.1:7002> GET "is"
"you get the key 'is'"
```

而如果我们向节点 7002 发送关于键 "love" 的命令，那么客户端会先被转向至节点 7003，然后再次执行命令：

```
127.0.0.1:7002> GET "love"
-> Redirected to slot [16198] located at 127.0.0.1:7003
"you get the key 'love'"

127.0.0.1:7003>
```

被隐藏的 ASK 错误

和接到 MOVED 错误时的情况类似，集群模式的 redis-cli 在接到 ASK 错误时也不会打印错误，而是自动根据错误提供的 IP 地址和端口进行转向动作。如果想看到节点发送的 ASK 错误的话，可以使用单机模式的 redis-cli 客户端：

```
$ redis-cli -p 7002
127.0.0.1:7002> GET "love"
(error) ASK 16198 127.0.0.1:7003
```

注意

在写这篇文章的时候，集群模式的 redis-cli 并未支持 ASK 自动转向，上面展示的 ASK 自动转向行为实际上是根据 MOVED 自动转向行为虚构出来的。因此，当集群模式的 redis-cli 真正支持 ASK 自动转向时，它的行为和上面展示的行为可能会有所不同。

本节将对 ASK 错误的实现原理进行说明，并对比 ASK 错误和 MOVED 错误的区别。

17.5.1 CLUSTER SETSLOT IMPORTING 命令的实现

clusterState 结构的 importing_slots_from 数组记录了当前节点正在从其他节点导入的槽：

```
typedef struct clusterState {

    // ...

    clusterNode *importing_slots_from[16384];

    // ...

} clusterState;
```

如果 importing_slots_from[i] 的值不为 NULL，而是指向一个 clusterNode 结构，那么表示当前节点正在从 clusterNode 所代表的节点导入槽 i。

在对集群进行重新分片的时候，向目标节点发送命令：

```
CLUSTER SETSLOT <i> IMPORTING <source_id>
```

可以将目标节点 clusterState.importing_slots_from[i] 的值设置为 source_id 所代表节点的 clusterNode 结构。

举个例子，如果客户端向节点 7003 发送以下命令：

```
# 9dfb... 是节点 7002 的 ID
127.0.0.1:7003> CLUSTER SETSLOT 16198 IMPORTING 9dfb4c4e016e627d9769e4c9bb0d4fa2
    08e65c26
OK
```

那么节点 7003 的 clusterState.importing_slots_from 数组将变成图 17-27 所示的样子。

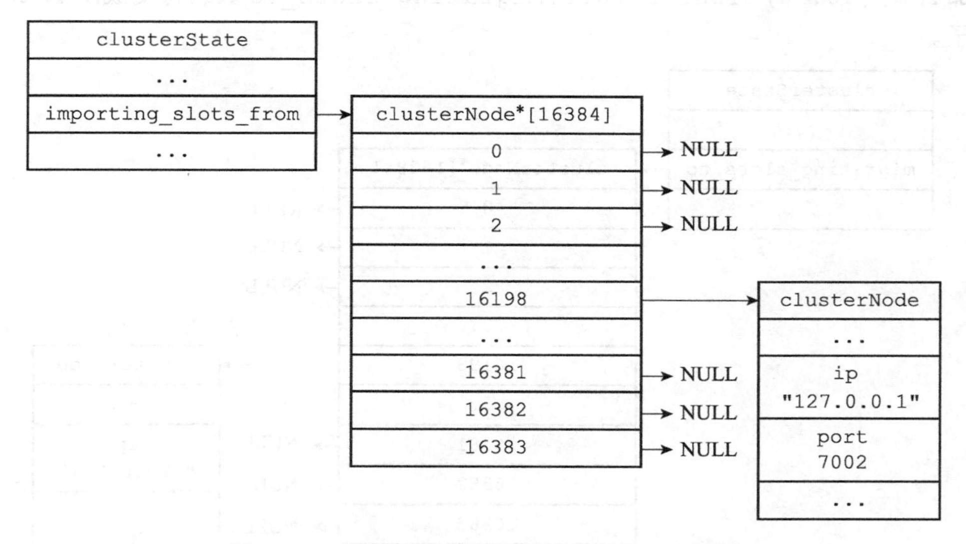

图 17-27　节点 7003 的 importing_slots_from 数组

17.5.2 CLUSTER SETSLOT MIGRATING 命令的实现

clusterState 结构的 migrating_slots_to 数组记录了当前节点正在迁移至其他节点的槽：

```
typedef struct clusterState {

    // ...

    clusterNode *migrating_slots_to[16384];

    // ...

} clusterState;
```

如果 migrating_slots_to[i] 的值不为 NULL，而是指向一个 clusterNode 结构，那么表示当前节点正在将槽 i 迁移至 clusterNode 所代表的节点。

在对集群进行重新分片的时候，向源节点发送命令：

```
CLUSTER SETSLOT <i> MIGRATING <target_id>
```

可以将源节点 clusterState.migrating_slots_to[i] 的值设置为 target_id 所代表节点的 clusterNode 结构。

举个例子，如果客户端向节点 7002 发送以下命令：

```
# 0457... 是节点 7003 的 ID
127.0.0.1:7002> CLUSTER SETSLOT 16198 MIGRATING 04579925484ce537d3410d7ce97bd2e2
    60c459a2
OK
```

那么节点 7002 的 clusterState.migrating_slots_to 数组将变成图 17-28 所示的样子。

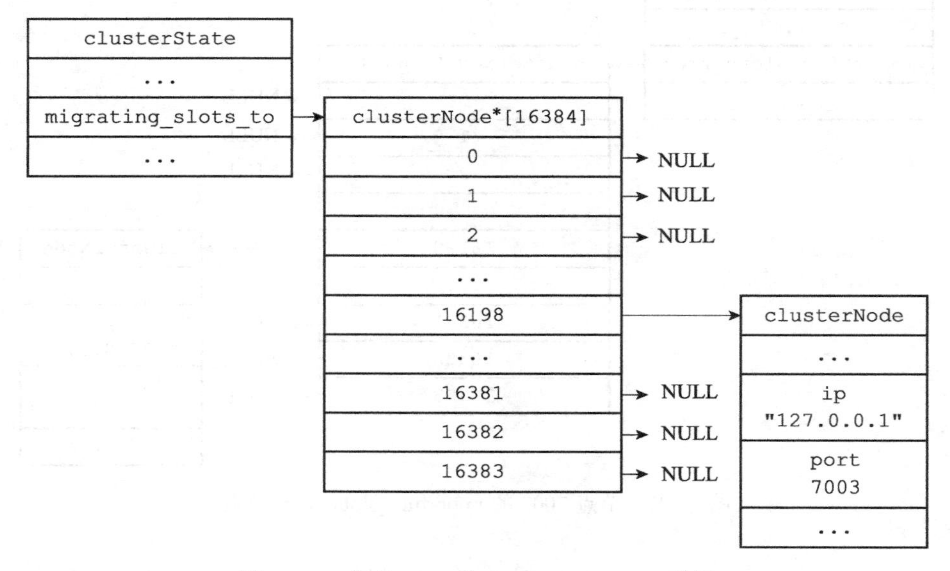

图 17-28 节点 7002 的 migrating_slots_to 数组

17.5.3 ASK 错误

如果节点收到一个关于键 key 的命令请求，并且键 key 所属的槽 i 正好就指派给了这个节点，那么节点会尝试在自己的数据库里查找键 key，如果找到了的话，节点就直接执行客户端发送的命令。

与此相反，如果节点没有在自己的数据库里找到键 key，那么节点会检查自己的 clusterState.migrating_slots_to[i]，看键 key 所属的槽 i 是否正在进行迁移，如果槽 i 的确在进行迁移的话，那么节点会向客户端发送一个 ASK 错误，引导客户端到正在导入槽 i 的节点去查找键 key。

举个例子，假设在节点 7002 向节点 7003 迁移槽 16198 期间，有一个客户端向节点 7002

发送命令：

```
GET "love"
```

因为键"love"正好属于槽16198，所以节点7002会首先在自己的数据库中查找键"love"，但并没有找到，通过检查自己的clusterState.migrating_slots_to[16198]，节点7002发现自己正在将槽16198迁移至节点7003，于是它向客户端返回错误：

```
ASK 16198 127.0.0.1:7003
```

这个错误表示客户端可以尝试到IP为127.0.0.1，端口号为7003的节点去执行和槽16198有关的操作，如图17-29所示。

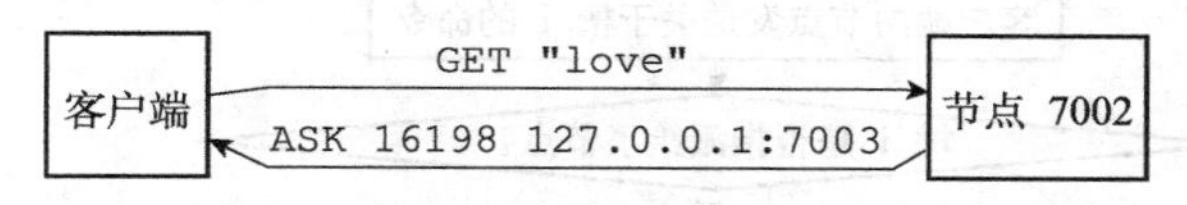

图17-29 客户端接收到节点7002返回的ASK错误

接到ASK错误的客户端会根据错误提供的IP地址和端口号，转向至正在导入槽的目标节点，然后首先向目标节点发送一个*ASKING*命令，之后再重新发送原本想要执行的命令。

以前面的例子来说，当客户端接收到节点7002返回的以下错误时：

```
ASK 16198 127.0.0.1:7003
```

客户端会转向至节点7003，首先发送命令：

```
ASKING
```

然后再次发送命令：

```
GET "love"
```

并获得回复：

```
"you get the key 'love'"
```

整个过程如图17-30所示。

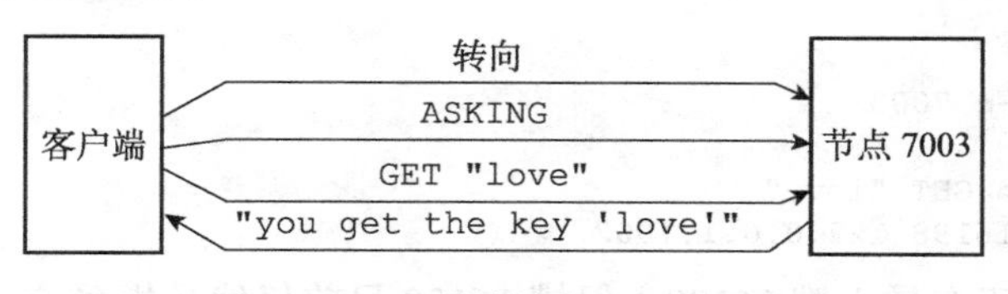

图17-30 客户端转向至节点7003

17.5.4 ASKING命令

*ASKING*命令唯一要做的就是打开发送该命令的客户端的REDIS_ASKING标识，以下是该命令的伪代码实现：

```
def ASKING():
```

```
# 打开标识
client.flags |= REDIS_ASKING

# 向客户端返回 OK 回复
reply("OK")
```

在一般情况下，如果客户端向节点发送一个关于槽 i 的命令，而槽 i 又没有指派给这个节点的话，那么节点将向客户端返回一个 MOVED 错误；但是，如果节点的 clusterState.importing_slots_from[i] 显示节点正在导入槽 i，并且发送命令的客户端带有 REDIS_ASKING 标识，那么节点将破例执行这个关于槽 i 的命令一次，图 17-31 展示了这个判断过程。

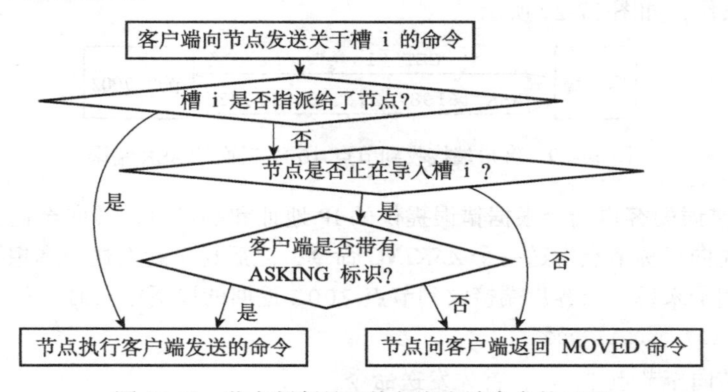

图 17-31 节点判断是否执行客户端命令的过程

当客户端接收到 ASK 错误并转向至正在导入槽的节点时，客户端会先向节点发送一个 *ASKING* 命令，然后才重新发送想要执行的命令，这是因为如果客户端不发送 *ASKING* 命令，而直接发送想要执行的命令的话，那么客户端发送的命令将被节点拒绝执行，并返回 MOVED 错误。

举个例子，我们可以使用普通模式的 redis-cli 客户端，向正在导入槽 16198 的节点 7003 发送以下命令：

```
$ ./redis-cli -p 7003

127.0.0.1:7003> GET "love"
(error) MOVED 16198 127.0.0.1:7002
```

虽然节点 7003 正在导入槽 16198，但槽 16198 目前仍然是指派给了节点 7002，所以节点 7003 会向客户端返回 MOVED 错误，指引客户端转向至节点 7002。

但是，如果我们在发送 *GET* 命令之前，先向节点发送一个 *ASKING* 命令，那么这个 *GET* 命令就会被节点 7003 执行：

```
127.0.0.1:7003> ASKING
OK

127.0.0.1:7003> GET "love"
```

```
"you get the key 'love'"
```

另外要注意的是，客户端的 REDIS_ASKING 标识是一个一次性标识，当节点执行了一个带有 REDIS_ASKING 标识的客户端发送的命令之后，客户端的 REDIS_ASKING 标识就会被移除。

举个例子，如果我们在成功执行 *GET* 命令之后，再次向节点 7003 发送 *GET* 命令，那么第二次发送的 *GET* 命令将执行失败，因为这时客户端的 REDIS_ASKING 标识已经被移除：

```
127.0.0.1:7003> ASKING              # 打开 REDIS_ASKING 标识
OK

127.0.0.1:7003> GET "love"          # 移除 REDIS_ASKING 标识
"you get the key 'love'"

127.0.0.1:7003> GET "love"          # REDIS_ASKING 标识未打开，执行失败
(error) MOVED 16198 127.0.0.1:7002
```

17.5.5 ASK 错误和 MOVED 错误的区别

ASK 错误和 MOVED 错误都会导致客户端转向，它们的区别在于：

- MOVED 错误代表槽的负责权已经从一个节点转移到了另一个节点：在客户端收到关于槽 i 的 MOVED 错误之后，客户端每次遇到关于槽 i 的命令请求时，都可以直接将命令请求发送至 MOVED 错误所指向的节点，因为该节点就是目前负责槽 i 的节点。
- 与此相反，ASK 错误只是两个节点在迁移槽的过程中使用的一种临时措施：在客户端收到关于槽 i 的 ASK 错误之后，客户端只会在接下来的一次命令请求中将关于槽 i 的命令请求发送至 ASK 错误所指示的节点，但这种转向不会对客户端今后发送关于槽 i 的命令请求产生任何影响，客户端仍然会将关于槽 i 的命令请求发送至目前负责处理槽 i 的节点，除非 ASK 错误再次出现。

17.6 复制与故障转移

Redis 集群中的节点分为主节点（master）和从节点（slave），其中主节点用于处理槽，而从节点则用于复制某个主节点，并在被复制的主节点下线时，代替下线主节点继续处理命令请求。

举个例子，对于包含 7000、7001、7002、7003 四个主节点的集群来说，我们可以将 7004、7005 两个节点添加到集群里面，并将这两个节点设定为节点 7000 的从节点，如图 17-32 所示（图中以双圆形表示主节点，单圆形表示从节点）。

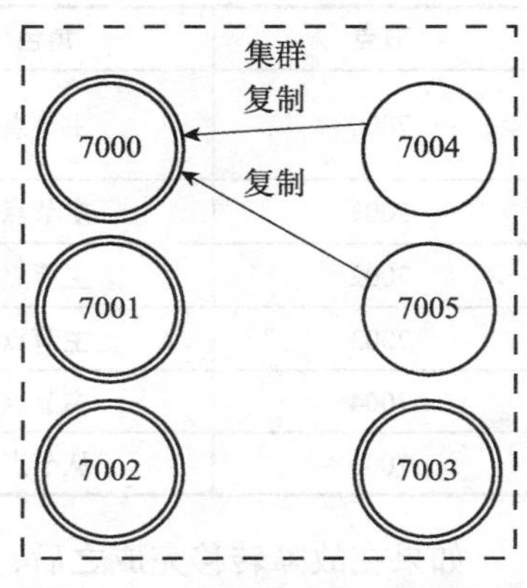

图 17-32　设置节点 7004 和节点 7005 成为节点 7000 的从节点

表 17-1 记录了集群各个节点的当前状态，以及它们正在做的工作。

表 17-1 集群各个节点的当前状态

节点	角色	状态	工作
7000	主节点	在线	负责处理槽 0 至槽 5000
7001	主节点	在线	负责处理槽 5001 至槽 10000
7002	主节点	在线	负责处理槽 10001 至槽 15000
7003	主节点	在线	负责处理槽 15001 至槽 16383
7004	从节点	在线	复制节点 7000
7005	从节点	在线	复制节点 7000

如果这时，节点 7000 进入下线状态，那么集群中仍在正常运作的几个主节点将在节点 7000 的两个从节点——节点 7004 和节点 7005 中选出一个节点作为新的主节点，这个新的主节点将接管原来节点 7000 负责处理的槽，并继续处理客户端发送的命令请求。

例如，如果节点 7004 被选中为新的主节点，那么节点 7004 将接管原来由节点 7000 负责处理的槽 0 至槽 5000，节点 7005 也会从原来的复制节点 7000，改为复制节点 7004，如图 17-33 所示（图中用虚线包围的节点为已下线节点）。

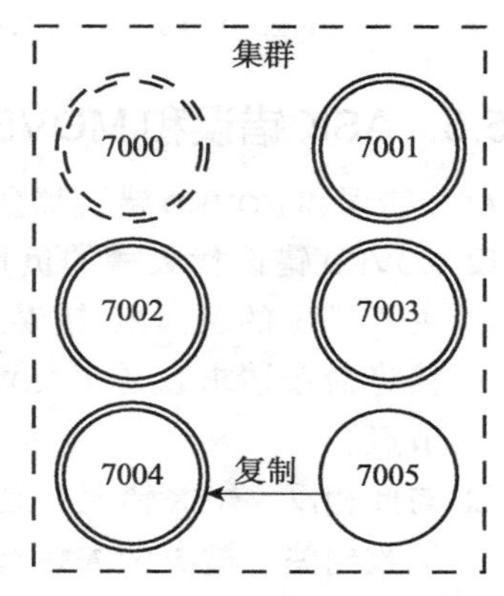

图 17-33 节点 7004 成为新的主节点

表 17-2 记录了在对节点 7000 进行故障转移之后，集群各个节点的当前状态，以及它们正在做的工作。

表 17-2 集群各个节点的当前状态

节点	角色	状态	工作
7000	主节点	下线	负责处理槽 0 至槽 5000（因为故障转移已经完成，所以该工作已经无效。）
7001	主节点	在线	负责处理槽 5001 至槽 10000
7002	主节点	在线	负责处理槽 10001 至槽 15000
7003	主节点	在线	负责处理槽 15001 至槽 16383
7004	主节点	在线	负责处理槽 0 至槽 5000
7005	从节点	在线	复制节点 7004

如果在故障转移完成之后，下线的节点 7000 重新上线，那么它将成为节点 7004 的从节点，如图 17-34 所示。

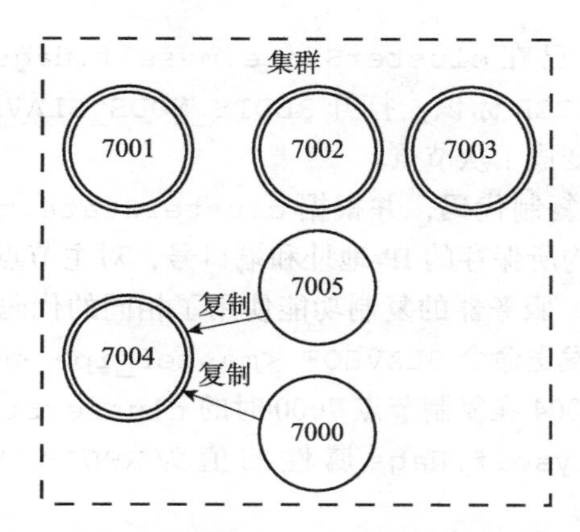

图 17-34 重新上线的节点 7000 成为节点 7004 的从节点

表 17-3 展示了节点 7000 复制节点 7004 之后，集群中各个节点的状态。

表 17-3 集群各个节点的当前状态

节点	角色	状态	工作
7000	从节点	在线	复制节点 7004
7001	主节点	在线	负责处理槽 5001 至槽 10000
7002	主节点	在线	负责处理槽 10001 至槽 15000
7003	主节点	在线	负责处理槽 15001 至槽 16383
7004	主节点	在线	负责处理槽 0 至槽 5000
7005	从节点	在线	复制节点 7004

本节接下来的内容将介绍节点的复制方法，检测节点是否下线的方法，以及对下线主节点进行故障转移的方法。

17.6.1 设置从节点

向一个节点发送命令：

```
CLUSTER REPLICATE <node_id>
```

可以让接收命令的节点成为 node_id 所指定节点的从节点，并开始对主节点进行复制：

- 接收到该命令的节点首先会在自己的 clusterState.nodes 字典中找到 node_id 所对应节点的 clusterNode 结构，并将自己的 clusterState.myself.slaveof 指针指向这个结构，以此来记录这个节点正在复制的主节点：

```
struct clusterNode {
    // ...

    // 如果这是一个从节点，那么指向主节点
    struct clusterNode *slaveof;

    // ...

};
```

- 然后节点会修改自己在 clusterState.myself.flags 中的属性，关闭原本的 REDIS_NODE_MASTER 标识，打开 REDIS_NODE_SLAVE 标识，表示这个节点已经由原来的主节点变成了从节点。
- 最后，节点会调用复制代码，并根据 clusterState.myself.slaveof 指向的 clusterNode 结构所保存的 IP 地址和端口号，对主节点进行复制。因为节点的复制功能和单机 Redis 服务器的复制功能使用了相同的代码，所以让从节点复制主节点相当于向从节点发送命令 SLAVEOF <master_ip> <master_port>。

图 17-35 展示了节点 7004 在复制节点 7000 时的 clusterState 结构：

- clusterState.myself.flags 属性的值为 REDIS_NODE_SLAVE，表示节点 7004 是一个从节点。
- clusterState.myself.slaveof 指针指向代表节点 7000 的结构，表示节点 7004 正在复制的主节点为节点 7000。

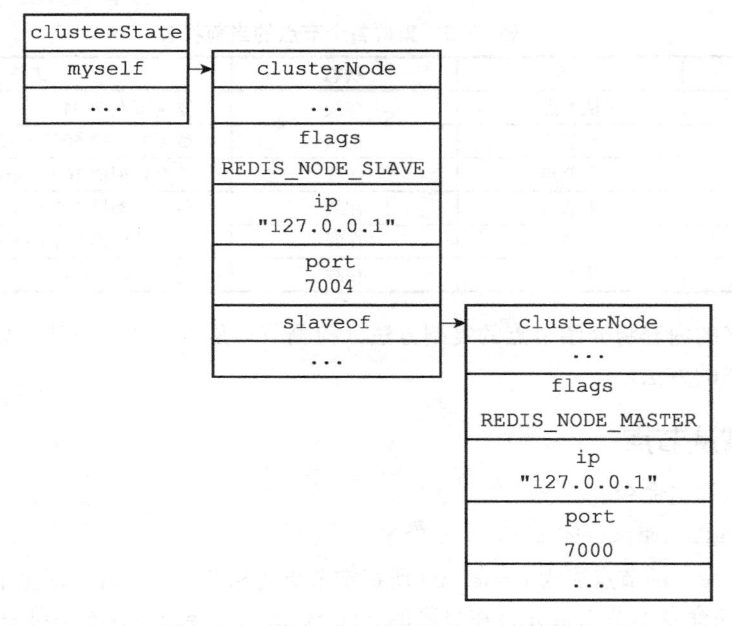

图 17-35 节点 7004 的 clusterState 结构

一个节点成为从节点，并开始复制某个主节点这一信息会通过消息发送给集群中的其他节点，最终集群中的所有节点都会知道某个从节点正在复制某个主节点。

集群中的所有节点都会在代表主节点的 clusterNode 结构的 slaves 属性和 numslaves 属性中记录正在复制这个主节点的从节点名单：

```
struct clusterNode {

    // ...

    // 正在复制这个主节点的从节点数量
```

```
    int numslaves;

    // 一个数组
    // 每个数组项指向一个正在复制这个主节点的从节点的clusterNode结构
    struct clusterNode **slaves;

    // ...

};
```

举个例子，图 17-36 记录了节点 7004 和节点 7005 成为节点 7000 的从节点之后，集群中的各个节点为节点 7000 创建的 clusterNode 结构的样子：

- ❑ 代表节点 7000 的 clusterNode 结构的 numslaves 属性的值为 2，这说明有两个从节点正在复制节点 7000。
- ❑ 代表节点 7000 的 clusterNode 结构的 slaves 数组的两个项分别指向代表节点 7004 和代表节点 7005 的 clusterNode 结构，这说明节点 7000 的两个从节点分别是节点 7004 和节点 7005。

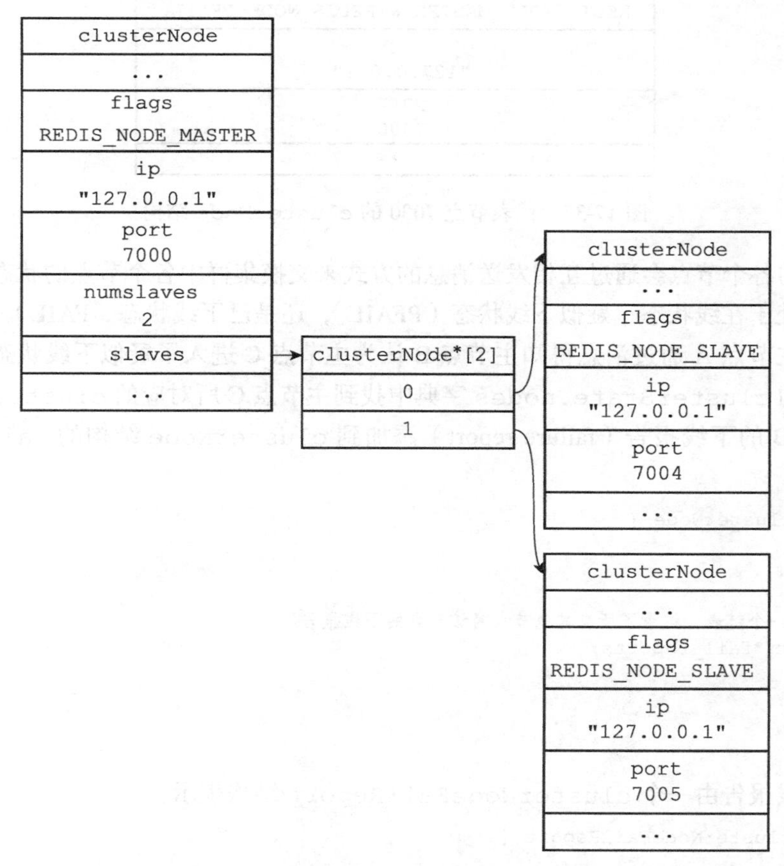

图 17-36 集群中的各个节点为节点 7000 创建的 clusterNode 结构

17.6.2 故障检测

集群中的每个节点都会定期地向集群中的其他节点发送 PING 消息，以此来检测对方是否在线，如果接收 PING 消息的节点没有在规定的时间内，向发送 PING 消息的节点返回 PONG 消息，那么发送 PING 消息的节点就会将接收 PING 消息的节点标记为疑似下线（probable fail，PFAIL）。

举个例子，如果节点 7001 向节点 7000 发送了一条 PING 消息，但是节点 7000 没有在规定的时间内，向节点 7001 返回一条 PONG 消息，那么节点 7001 就会在自己的 clusterState.nodes 字典中找到节点 7000 所对应的 clusterNode 结构，并在结构的 flags 属性中打开 REDIS_NODE_PFAIL 标识，以此表示节点 7000 进入了疑似下线状态，如图 17-37 所示。

clusterNode
...
flags REDIS_NODE_MASTER & REDIS_NODE_PFAIL
ip "127.0.0.1"
port 7000
...

图 17-37 代表节点 7000 的 clusterNode 结构

集群中的各个节点会通过互相发送消息的方式来交换集群中各个节点的状态信息，例如某个节点是处于在线状态、疑似下线状态（PFAIL），还是已下线状态（FAIL）。

当一个主节点 A 通过消息得知主节点 B 认为主节点 C 进入了疑似下线状态时，主节点 A 会在自己的 clusterState.nodes 字典中找到主节点 C 所对应的 clusterNode 结构，并将主节点 B 的下线报告（failure report）添加到 clusterNode 结构的 fail_reports 链表里面：

```
struct clusterNode {

    // ...

    // 一个链表，记录了所有其他节点对该节点的下线报告
    list *fail_reports;

    // ...

};
```

每个下线报告由一个 clusterNodeFailReport 结构表示：

```
struct clusterNodeFailReport {

    // 报告目标节点已经下线的节点
    struct clusterNode *node;
```

```
    // 最后一次从node节点收到下线报告的时间
    // 程序使用这个时间戳来检查下线报告是否过期
    //(与当前时间相差太久的下线报告会被删除)
    mstime_t time;

} typedef clusterNodeFailReport;
```

举个例子，如果主节点7001在收到主节点7002、主节点7003发送的消息后得知，主节点7002和主节点7003都认为主节点7000进入了疑似下线状态，那么主节点7001将为主节点7000创建图17-38所示的下线报告。

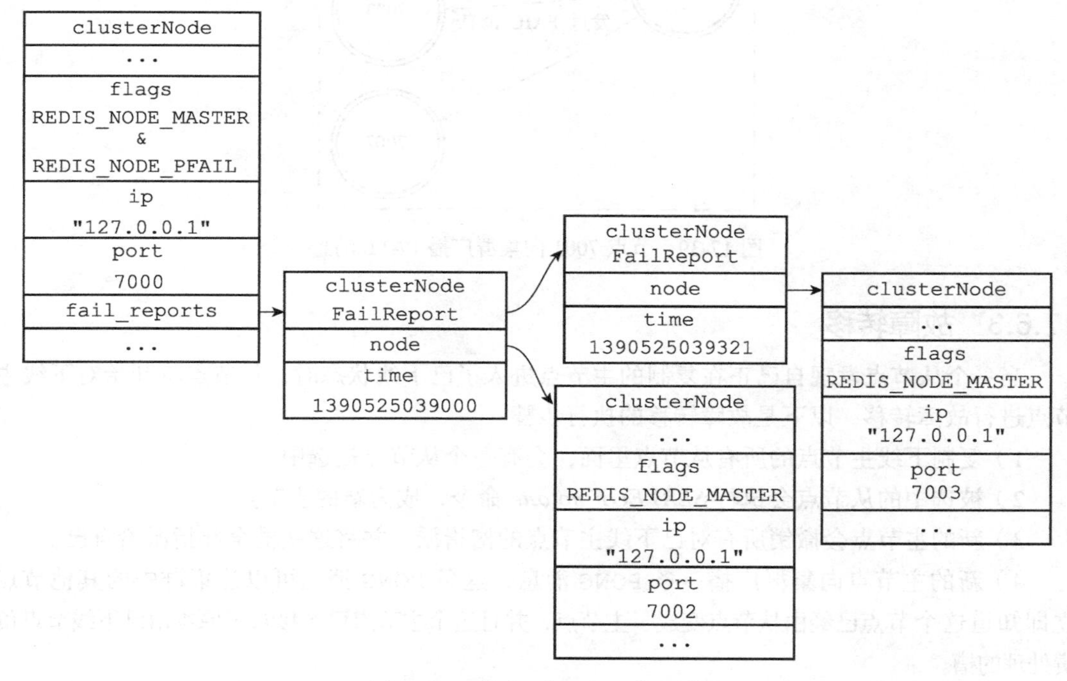

图17-38 节点7000的下线报告

如果在一个集群里面，半数以上负责处理槽的主节点都将某个主节点x报告为疑似下线，那么这个主节点x将被标记为已下线（FAIL），将主节点x标记为已下线的节点会向集群广播一条关于主节点x的FAIL消息，所有收到这条FAIL消息的节点都会立即将主节点x标记为已下线。

举个例子，对于图17-38所示的下线报告来说，主节点7002和主节点7003都认为主节点7000进入了下线状态，并且主节点7001也认为主节点7000进入了疑似下线状态（代表主节点7000的结构打开了REDIS_NODE_PFAIL标识），综合起来，在集群四个负责处理槽的主节点里面，有三个都将主节点7000标记为下线，数量已经超过了半数，所以主节点7001会将主节点7000标记为已下线，并向集群广播一条关于主节点7000的FAIL消息，如图17-39所示。

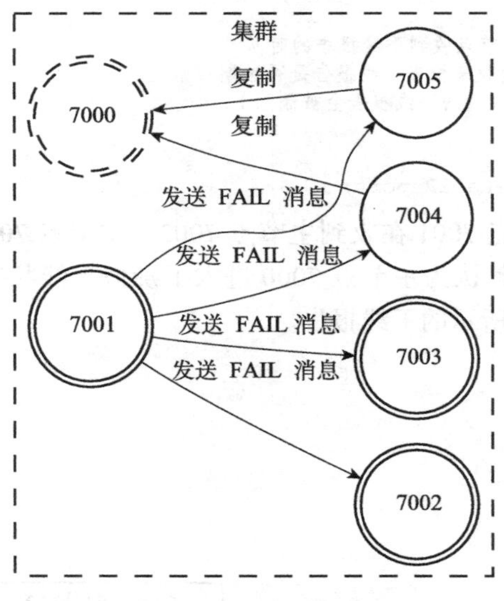

图 17-39 节点 7001 向集群广播 FAIL 消息

17.6.3 故障转移

当一个从节点发现自己正在复制的主节点进入了已下线状态时，从节点将开始对下线主节点进行故障转移，以下是故障转移的执行步骤：

1）复制下线主节点的所有从节点里面，会有一个从节点被选中。

2）被选中的从节点会执行 *SLAVEOF no one* 命令，成为新的主节点。

3）新的主节点会撤销所有对已下线主节点的槽指派，并将这些槽全部指派给自己。

4）新的主节点向集群广播一条 PONG 消息，这条 PONG 消息可以让集群中的其他节点立即知道这个节点已经由从节点变成了主节点，并且这个主节点已经接管了原本由已下线节点负责处理的槽。

5）新的主节点开始接收和自己负责处理的槽有关的命令请求，故障转移完成。

17.6.4 选举新的主节点

新的主节点是通过选举产生的。

以下是集群选举新的主节点的方法：

1）集群的配置纪元是一个自增计数器，它的初始值为 0。

2）当集群里的某个节点开始一次故障转移操作时，集群配置纪元的值会被增一。

3）对于每个配置纪元，集群里每个负责处理槽的主节点都有一次投票的机会，而第一个向主节点要求投票的从节点将获得主节点的投票。

4）当从节点发现自己正在复制的主节点进入已下线状态时，从节点会向集群广播一条 CLUSTERMSG_TYPE_FAILOVER_AUTH_REQUEST 消息，要求所有收到这条消息、并且具有投票权的主节点向这个从节点投票。

5）如果一个主节点具有投票权（它正在负责处理槽），并且这个主节点尚未投票给其他从节点，那么主节点将向要求投票的从节点返回一条 CLUSTERMSG_TYPE_FAILOVER_AUTH_ACK 消息，表示这个主节点支持从节点成为新的主节点。

6）每个参与选举的从节点都会接收 CLUSTERMSG_TYPE_FAILOVER_AUTH_ACK 消息，并根据自己收到了多少条这种消息来统计自己获得了多少主节点的支持。

7）如果集群里有 N 个具有投票权的主节点，那么当一个从节点收集到大于等于 N/2+1 张支持票时，这个从节点就会当选为新的主节点。

8）因为在每一个配置纪元里面，每个具有投票权的主节点只能投一次票，所以如果有 N 个主节点进行投票，那么具有大于等于 N/2+1 张支持票的从节点只会有一个，这确保了新的主节点只会有一个。

9）如果在一个配置纪元里面没有从节点能收集到足够多的支持票，那么集群进入一个新的配置纪元，并再次进行选举，直到选出新的主节点为止。

这个选举新主节点的方法和第 16 章介绍的选举领头 Sentinel 的方法非常相似，因为两者都是基于 Raft 算法的领头选举（leader election）方法来实现的。

17.7 消息

集群中的各个节点通过发送和接收消息（message）来进行通信，我们称发送消息的节点为发送者（sender），接收消息的节点为接收者（receiver），如图 17-40 所示。

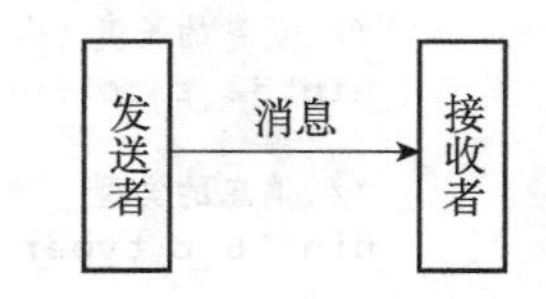

图 17-40 发送者和接收者

节点发送的消息主要有以下五种：

- MEET 消息：当发送者接到客户端发送的 *CLUSTER MEET* 命令时，发送者会向接收者发送 MEET 消息，请求接收者加入到发送者当前所处的集群里面。
- PING 消息：集群里的每个节点默认每隔一秒钟就会从已知节点列表中随机选出五个节点，然后对这五个节点中最长时间没有发送过 PING 消息的节点发送 PING 消息，以此来检测被选中的节点是否在线。除此之外，如果节点 A 最后一次收到节点 B 发送的 PONG 消息的时间，距离当前时间已经超过了节点 A 的 cluster-node-timeout 选项设置时长的一半，那么节点 A 也会向节点 B 发送 PING 消息，这可以防止节点 A 因为长时间没有随机选中节点 B 作为 PING 消息的发送对象而导致对节点 B 的信息更新滞后。
- PONG 消息：当接收者收到发送者发来的 MEET 消息或者 PING 消息时，为了向发送者确认这条 MEET 消息或者 PING 消息已到达，接收者会向发送者返回一条 PONG 消息。另外，一个节点也可以通过向集群广播自己的 PONG 消息来让集群中的其他节点立即刷新关于这个节点的认识，例如当一次故障转移操作成功执行之后，新的主节点会向集群广播一条 PONG 消息，以此来让集群中的其他节点立即知道这个节点已经变成了主节点，并且接管了已下线节点负责的槽。

- FAIL 消息：当一个主节点 A 判断另一个主节点 B 已经进入 FAIL 状态时，节点 A 会向集群广播一条关于节点 B 的 FAIL 消息，所有收到这条消息的节点都会立即将节点 B 标记为已下线。
- PUBLISH 消息：当节点接收到一个 *PUBLISH* 命令时，节点会执行这个命令，并向集群广播一条 PUBLISH 消息，所有接收到这条 PUBLISH 消息的节点都会执行相同的 *PUBLISH* 命令。

一条消息由消息头（header）和消息正文（data）组成，接下来的内容将首先介绍消息头，然后再分别介绍上面提到的五种不同类型的消息正文。

17.7.1 消息头

节点发送的所有消息都由一个消息头包裹，消息头除了包含消息正文之外，还记录了消息发送者自身的一些信息，因为这些信息也会被消息接收者用到，所以严格来讲，我们可以认为消息头本身也是消息的一部分。

每个消息头都由一个 cluster.h/clusterMsg 结构表示：

```
typedef struct {

    // 消息的长度（包括这个消息头的长度和消息正文的长度）
    uint32_t totlen;

    // 消息的类型
    uint16_t type;

    // 消息正文包含的节点信息数量
    // 只在发送 MEET、PING、PONG 这三种 Gossip 协议消息时使用
    uint16_t count;

    // 发送者所处的配置纪元
    uint64_t currentEpoch;

    // 如果发送者是一个主节点，那么这里记录的是发送者的配置纪元
    // 如果发送者是一个从节点，那么这里记录的是发送者正在复制的主节点的配置纪元
    uint64_t configEpoch;

    // 发送者的名字（ID）
    char sender[REDIS_CLUSTER_NAMELEN];

    // 发送者目前的槽指派信息
    unsigned char myslots[REDIS_CLUSTER_SLOTS/8];

    // 如果发送者是一个从节点，那么这里记录的是发送者正在复制的主节点的名字
    // 如果发送者是一个主节点，那么这里记录的是 REDIS_NODE_NULL_NAME
    //（一个 40 字节长，值全为 0 的字节数组）
    char slaveof[REDIS_CLUSTER_NAMELEN];
```

```
    // 发送者的端口号
    uint16_t port;

    // 发送者的标识值
    uint16_t flags;

    // 发送者所处集群的状态
    unsigned char state;

    // 消息的正文（或者说，内容）
    union clusterMsgData data;

} clusterMsg;
```

clusterMsg.data 属性指向联合 cluster.h/clusterMsgData，这个联合就是消息的正文：

```
union clusterMsgData {

    // MEET、PING、PONG 消息的正文
    struct {
        // 每条 MEET、PING、PONG 消息都包含两个
        // clusterMsgDataGossip 结构
        clusterMsgDataGossip gossip[1];
    } ping;

    // FAIL 消息的正文
    struct {
        clusterMsgDataFail about;
    } fail;

    // PUBLISH 消息的正文
    struct {
        clusterMsgDataPublish msg;
    } publish;

    // 其他消息的正文 ...

};
```

clusterMsg 结构的 currentEpoch、sender、myslots 等属性记录了发送者自身的节点信息，接收者会根据这些信息，在自己的 clusterState.nodes 字典里找到发送者对应的 clusterNode 结构，并对结构进行更新。

举个例子，通过对比接收者为发送者记录的槽指派信息，以及发送者在消息头的 myslots 属性记录的槽指派信息，接收者可以知道发送者的槽指派信息是否发生了变化。

又或者说，通过对比接收者为发送者记录的标识值，以及发送者在消息头的 flags 属性记录的标识值，接收者可以知道发送者的状态和角色是否发生了变化，例如节点状态由原来的在线变成了下线，或者由主节点变成了从节点等等。

17.7.2 MEET、PING、PONG 消息的实现

Redis 集群中的各个节点通过 Gossip 协议来交换各自关于不同节点的状态信息，其中 Gossip 协议由 MEET、PING、PONG 三种消息实现，这三种消息的正文都由两个 cluster.h/clusterMsgDataGossip 结构组成：

```
union clusterMsgData {

    // ...

    // MEET、PING和PONG消息的正文
    struct {
        // 每条MEET、PING、PONG消息都包含两个
        // clusterMsgDataGossip结构
        clusterMsgDataGossip gossip[1];
    } ping;

    // 其他消息的正文 ...

};
```

因为 MEET、PING、PONG 三种消息都使用相同的消息正文，所以节点通过消息头的 type 属性来判断一条消息是 MEET 消息、PING 消息还是 PONG 消息。

每次发送 MEET、PING、PONG 消息时，发送者都从自己的已知节点列表中随机选出两个节点（可以是主节点或者从节点），并将这两个被选中节点的信息分别保存到两个 clusterMsgDataGossip 结构里面。

clusterMsgDataGossip 结构记录了被选中节点的名字，发送者与被选中节点最后一次发送和接收 PING 消息和 PONG 消息的时间戳，被选中节点的 IP 地址和端口号，以及被选中节点的标识值：

```
typedef struct {

    // 节点的名字
    char nodename[REDIS_CLUSTER_NAMELEN];

    // 最后一次向该节点发送PING消息的时间戳
    uint32_t ping_sent;

    // 最后一次从该节点接收到PONG消息的时间戳
    uint32_t pong_received;

    // 节点的IP地址
    char ip[16];

    // 节点的端口号
    uint16_t port;

    // 节点的标识值
    uint16_t flags;

} clusterMsgDataGossip;
```

当接收者收到 MEET、PING、PONG 消息时，接收者会访问消息正文中的两个 clusterMsgDataGossip 结构，并根据自己是否认识 clusterMsgDataGossip 结构中记录的被选中节点来选择进行哪种操作：

- 如果被选中节点不存在于接收者的已知节点列表，那么说明接收者是第一次接触到被选中节点，接收者将根据结构中记录的 IP 地址和端口号等信息，与被选中节点进行握手。
- 如果被选中节点已经存在于接收者的已知节点列表，那么说明接收者之前已经与被选中节点进行过接触，接收者将根据 clusterMsgDataGossip 结构记录的信息，对被选中节点所对应的 clusterNode 结构进行更新。

举个发送 PING 消息和返回 PONG 消息的例子，假设在一个包含 A、B、C、D、E、F 六个节点的集群里：

- 节点 A 向节点 D 发送 PING 消息，并且消息里面包含了节点 B 和节点 C 的信息，当节点 D 收到这条 PING 消息时，它将更新自己对节点 B 和节点 C 的认识。
- 之后，节点 D 将向节点 A 返回一条 PONG 消息，并且消息里面包含了节点 E 和节点 F 的消息，当节点 A 收到这条 PONG 消息时，它将更新自己对节点 E 和节点 F 的认识。

整个通信过程如图 17-41 所示。

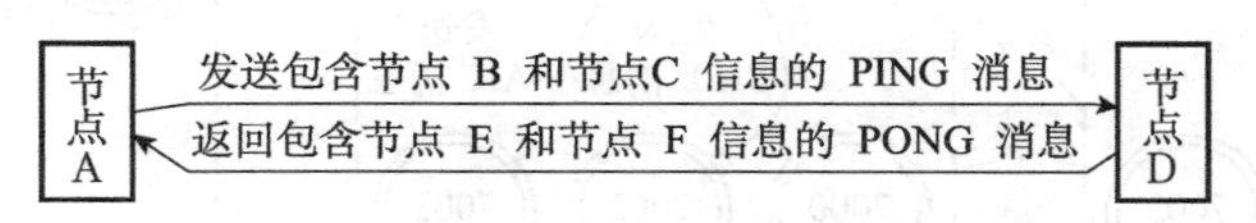

图 17-41　一个 PING - PONG 消息通信示例

17.7.3 FAIL 消息的实现

当集群里的主节点 A 将主节点 B 标记为已下线（FAIL）时，主节点 A 将向集群广播一条关于主节点 B 的 FAIL 消息，所有接收到这条 FAIL 消息的节点都会将主节点 B 标记为已下线。

在集群的节点数量比较大的情况下，单纯使用 Gossip 协议来传播节点的已下线信息会给节点的信息更新带来一定延迟，因为 Gossip 协议消息通常需要一段时间才能传播至整个集群，而发送 FAIL 消息可以让集群里的所有节点立即知道某个主节点已下线，从而尽快判断是否需要将集群标记为下线，又或者对下线主节点进行故障转移。

FAIL 消息的正文由 cluster.h/clusterMsgDataFail 结构表示，这个结构只包含一个 nodename 属性，该属性记录了已下线节点的名字：

```
typedef struct {

    char nodename[REDIS_CLUSTER_NAMELEN];

} clusterMsgDataFail;
```

因为集群里的所有节点都有一个独一无二的名字，所以 FAIL 消息里面只需要保存下线节点的名字，接收到消息的节点就可以根据这个名字来判断是哪个节点下线了。

举个例子，对于包含 7000、7001、7002、7003 四个主节点的集群来说：

- 如果主节点 7001 发现主节点 7000 已下线，那么主节点 7001 将向主节点 7002 和主节点 7003 发送 FAIL 消息，其中 FAIL 消息中包含的节点名字为主节点 7000 的名字，以此来表示主节点 7000 已下线。
- 当主节点 7002 和主节点 7003 都接收到主节点 7001 发送的 FAIL 消息时，它们也会将主节点 7000 标记为已下线。
- 因为这时集群已经有超过一半的主节点认为主节点 7000 已下线，所以集群剩下的几个主节点可以判断是否需要将集群标记为下线，又或者开始对主节点 7000 进行故障转移。

图 17-42 至图 17-44 展示了节点发送和接收 FAIL 消息的整个过程。

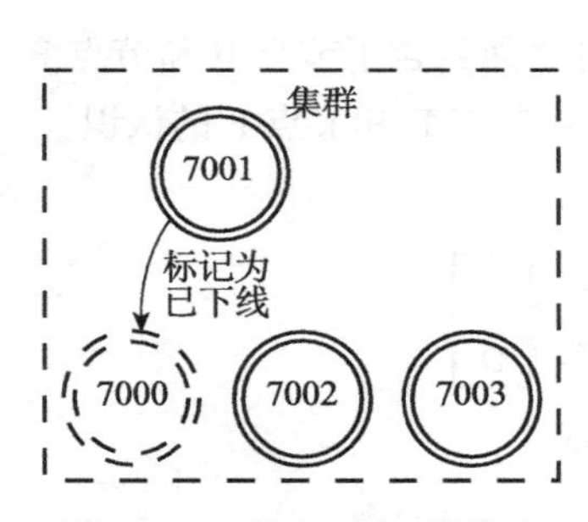

图 17-42　节点 7001 将节点 7000 标记为已下线

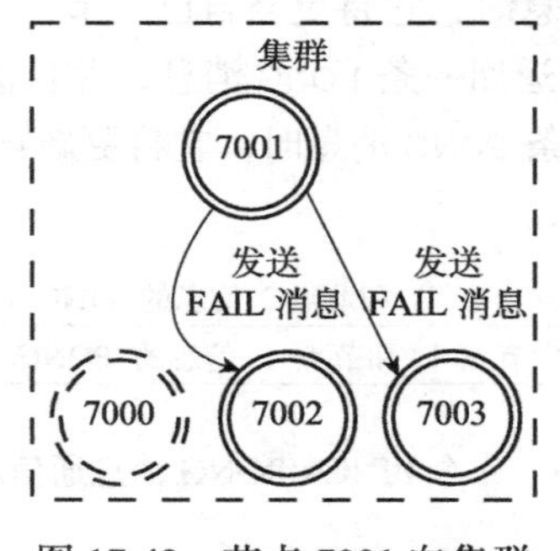

图 17-43　节点 7001 向集群广播 FAIL 消息

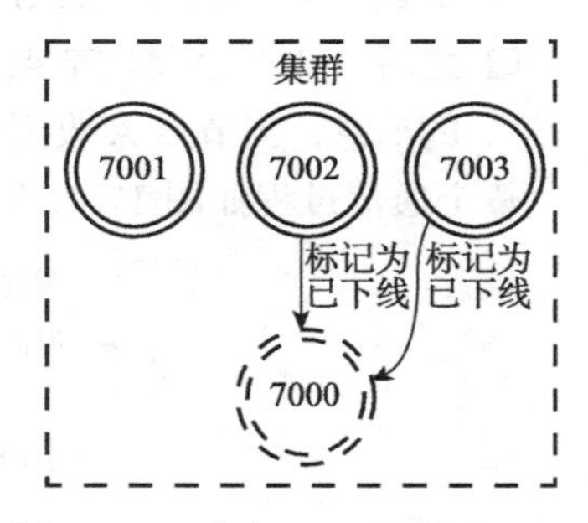

图 17-44　节点 7002 和节点 7003 也将节点 7000 标记为已下线

17.7.4 PUBLISH 消息的实现

当客户端向集群中的某个节点发送命令：

```
PUBLISH <channel> <message>
```

的时候，接收到 *PUBLISH* 命令的节点不仅会向 channel 频道发送消息 message，它还会向集群广播一条 PUBLISH 消息，所有接收到这条 PUBLISH 消息的节点都会向 channel 频道发送 message 消息。

换句话说，向集群中的某个节点发送命令：

```
PUBLISH <channel> <message>
```

将导致集群中的所有节点都向 channel 频道发送 message 消息。

举个例子，对于包含 7000、7001、7002、7003 四个节点的集群来说，如果节点 7000 收到了客户端发送的 *PUBLISH* 命令，那么节点 7000 将向 7001、7002、7003 三个节点发送

PUBLISH 消息，如图 17-45 所示。

PUBLISH 消息的正文由 cluster.h/clusterMsgDataPublish 结构表示：

```
typedef struct {

    uint32_t channel_len;

    uint32_t message_len;

    // 定义为 8 字节只是为了对齐其他消息结构
    // 实际的长度由保存的内容决定
    unsigned char bulk_data[8];

} clusterMsgDataPublish;
```

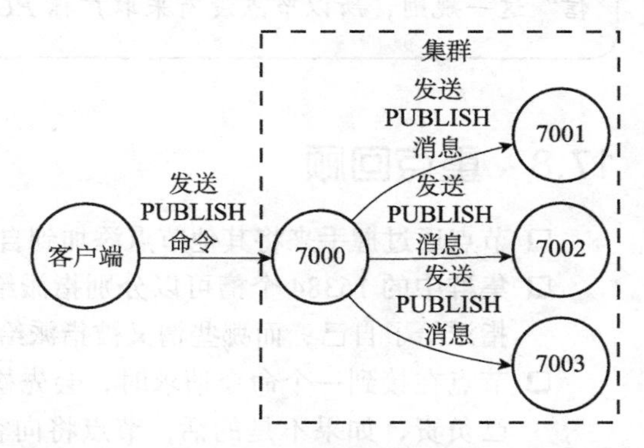

图 17-45 接收到 PUBLISH 命令的节点 7000 向集群广播 PUBLISH 消息

clusterMsgDataPublish 结构的 bulk_data 属性是一个字节数组，这个字节数组保存了客户端通过 *PUBLISH* 命令发送给节点的 channel 参数和 message 参数，而结构的 channel_len 和 message_len 则分别保存了 channel 参数的长度和 message 参数的长度：

- 其中 bulk_data 的 0 字节至 channel_len-1 字节保存的是 channel 参数。
- 而 bulk_data 的 channel_len 字节至 channel_len+message_len-1 字节保存的则是 message 参数。

举个例子，如果节点收到的 *PUBLISH* 命令为：

```
PUBLISH "news.it" "hello"
```

那么节点发送的 PUBLISH 消息的 clusterMsgDataPublish 结构将如图 17-46 所示：其中 bulk_data 数组的前七个字节保存了 channel 参数的值 "news.it"，而 bulk_data 数组的后五个字节则保存了 message 参数的值 "hello"。

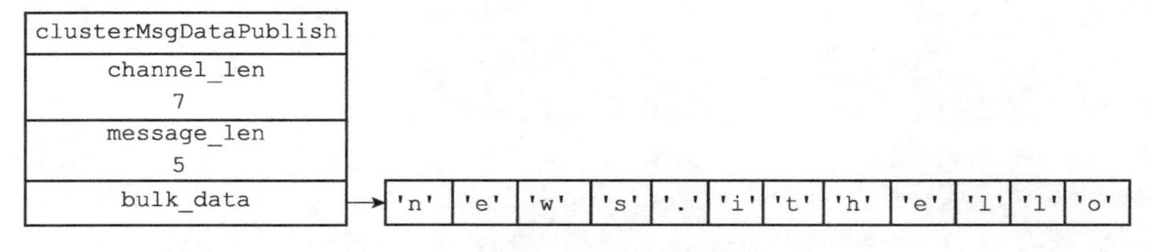

图 17-46 clusterMsgDataPublish 结构示例

为什么不直接向节点广播 *PUBLISH* 命令

实际上，要让集群的所有节点都执行相同的 *PUBLISH* 命令，最简单的方法就是向所有节点广播相同的 *PUBLISH* 命令，这也是 Redis 在复制 *PUBLISH* 命令时所使用的方法，不过因为这种做法并不符合 Redis 集群的“各个节点通过发送和接收消息来进行通信”这一规则，所以节点没有采取广播 *PUBLISH* 命令的做法。

17.8 重点回顾

- 节点通过握手来将其他节点添加到自己所处的集群当中。
- 集群中的 16384 个槽可以分别指派给集群中的各个节点，每个节点都会记录哪些槽指派给了自己，而哪些槽又被指派给了其他节点。
- 节点在接到一个命令请求时，会先检查这个命令请求要处理的键所在的槽是否由自己负责，如果不是的话，节点将向客户端返回一个 `MOVED` 错误，`MOVED` 错误携带的信息可以指引客户端转向至正在负责相关槽的节点。
- 对 Redis 集群的重新分片工作是由 `redis-trib` 负责执行的，重新分片的关键是将属于某个槽的所有键值对从一个节点转移至另一个节点。
- 如果节点 A 正在迁移槽 i 至节点 B，那么当节点 A 没能在自己的数据库中找到命令指定的数据库键时，节点 A 会向客户端返回一个 `ASK` 错误，指引客户端到节点 B 继续查找指定的数据库键。
- `MOVED` 错误表示槽的负责权已经从一个节点转移到了另一个节点，而 `ASK` 错误只是两个节点在迁移槽的过程中使用的一种临时措施。
- 集群里的从节点用于复制主节点，并在主节点下线时，代替主节点继续处理命令请求。
- 集群中的节点通过发送和接收消息来进行通信，常见的消息包括 `MEET`、`PING`、`PONG`、`PUBLISH`、`FAIL` 五种。

第四部分

独立功能的实现

第 18 章

发布与订阅

Redis 的发布与订阅功能由 *PUBLISH*、*SUBSCRIBE*、*PSUBSCRIBE* 等命令组成。

通过执行 *SUBSCRIBE* 命令，客户端可以订阅一个或多个频道，从而成为这些频道的订阅者（subscriber）：每当有其他客户端向被订阅的频道发送消息（message）时，频道的所有订阅者都会收到这条消息。

举个例子，假设 A、B、C 三个客户端都执行了命令：

```
SUBSCRIBE "news.it"
```

那么这三个客户端就是 "news.it" 频道的订阅者，如图 18-1 所示。

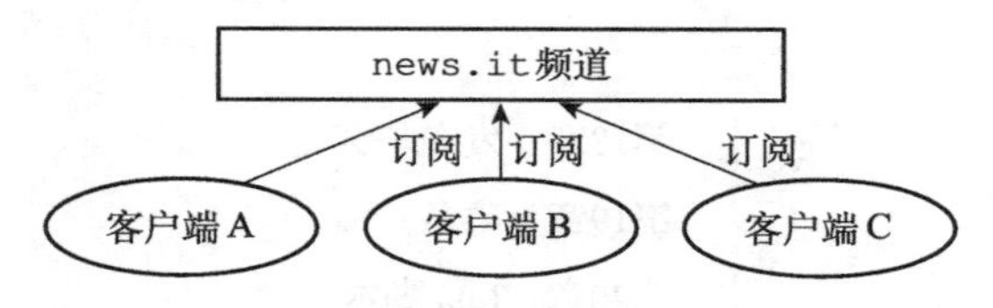

图 18-1　news.it 频道和它的三个订阅者

如果这时某个客户端执行命令

```
PUBLISH "news.it" "hello"
```

向 "news.it" 频道发送消息 "hello"，那么 "news.it" 的三个订阅者都将收到这条消息，如图 18-2 所示。

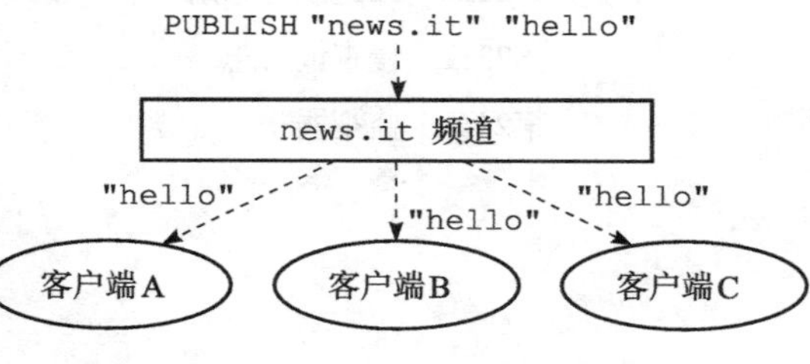

图 18-2　向 news.it 频道发送消息

除了订阅频道之外，客户端还可以通过执行 *PSUBSCRIBE* 命令订阅一个或多个模式，从而成为这些模式的订阅者：每当有其他客户端向某个频道发送消息时，消息不仅会被发送给这个频道的所有订阅者，它还会被发送给所有与这个频道相匹配的模式的订阅者。

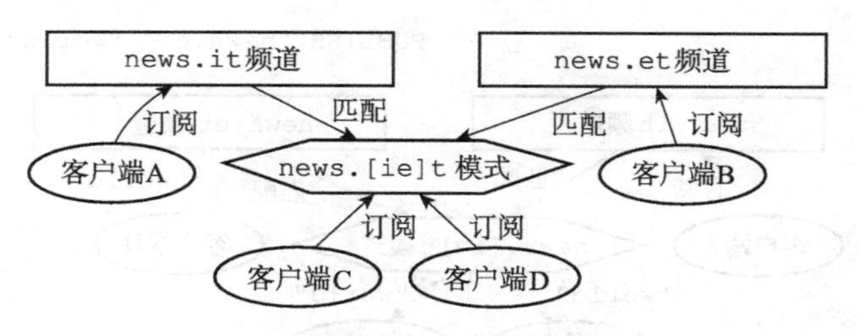

图 18-3 频道和模式的订阅状态

举个例子，假设如图 18-3 所示：

- ❑ 客户端 A 正在订阅频道 "news.it"。
- ❑ 客户端 B 正在订阅频道 "news.et"。
- ❑ 客户端 C 和客户端 D 正在订阅与 "news.it" 频道和 "news.et" 频道相匹配的模式 "news.[ie]t"。

如果这时某个客户端执行命令

```
PUBLISH "news.it" "hello"
```

向 "news.it" 频道发送消息 "hello"，那么不仅正在订阅 "news.it" 频道的客户端 A 会收到消息，客户端 C 和客户端 D 也同样会收到消息，因为这两个客户端正在订阅匹配 "news.it" 频道的 "news.[ie]t" 模式，如图 18-4 所示。

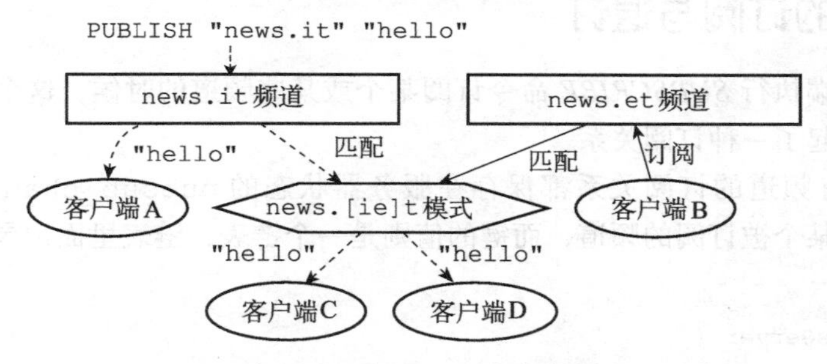

图 18-4 将消息发送给频道的订阅者和匹配模式的订阅者（1）

与此类似，如果某个客户端执行命令

```
PUBLISH "news.et" "world"
```

向 "news.et" 频道发送消息 "world"，那么不仅正在订阅 "news.et" 频道的客户端 B 会收到消息，客户端 C 和客户端 D 也同样会收到消息，因为这两个客户端正在订阅匹配 "news.et" 频道的 "news.[ie]t" 模式，如图 18-5 所示。

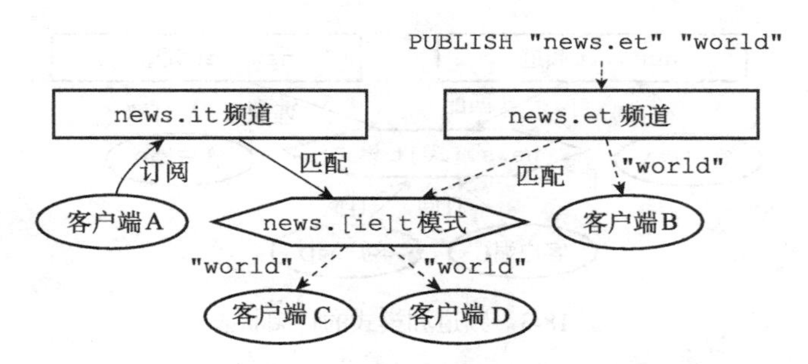

图 18-5 将消息发送给频道的订阅者和匹配模式的订阅者（2）

本章接下来的内容将首先介绍订阅频道的 *SUBSCRIBE* 命令和退订频道的 *UNSUBSCRIBE* 命令的实现原理，然后介绍订阅模式的 *PSUBSCRIBE* 命令和退订模式的 *PUNSUBSCRIBE* 命令的实现原理。

在介绍完以上四个命令的实现原理之后，本章会对 *PUBLISH* 命令的实现原理进行介绍，说明消息是如何发送给频道的订阅者以及模式的订阅者的。

最后，本章将对 Redis 2.8 新引入的 *PUBSUB* 命令的三个子命令进行介绍，并说明这三个子命令的实现原理。

18.1 频道的订阅与退订

当一个客户端执行 *SUBSCRIBE* 命令订阅某个或某些频道的时候，这个客户端与被订阅频道之间就建立起了一种订阅关系。

Redis 将所有频道的订阅关系都保存在服务器状态的 pubsub_channels 字典里面，这个字典的键是某个被订阅的频道，而键的值则是一个链表，链表里面记录了所有订阅这个频道的客户端：

```
struct redisServer {

    // ...

    // 保存所有频道的订阅关系
    dict *pubsub_channels;

    // ...

};
```

比如说，图 18-6 就展示了一个 pubsub_channels 字典示例，这个字典记录了以下信息：

- client-1、client-2、client-3 三个客户端正在订阅 "news.it" 频道。
- 客户端 client-4 正在订阅 "news.sport" 频道。
- client-5 和 client-6 两个客户端正在订阅 "news.business" 频道。

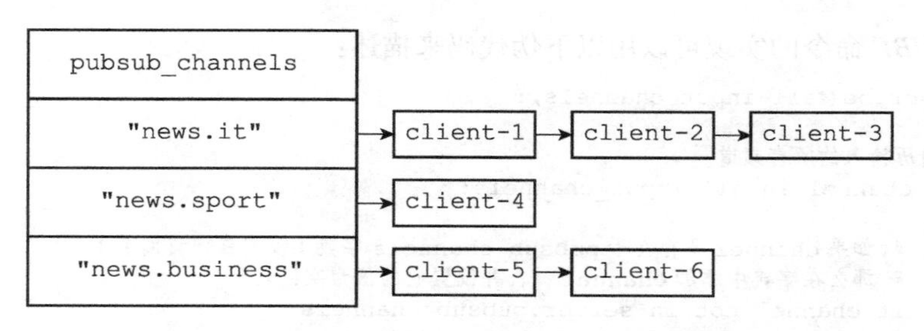

图 18-6 一个 pubsub_channels 字典示例

18.1.1 订阅频道

每当客户端执行 *SUBSCRIBE* 命令订阅某个或某些频道的时候，服务器都会将客户端与被订阅的频道在 pubsub_channels 字典中进行关联。

根据频道是否已经有其他订阅者，关联操作分为两种情况执行：

- ❑ 如果频道已经有其他订阅者，那么它在 pubsub_channels 字典中必然有相应的订阅者链表，程序唯一要做的就是将客户端添加到订阅者链表的末尾。
- ❑ 如果频道还未有任何订阅者，那么它必然不存在于 pubsub_channels 字典，程序首先要在 pubsub_channels 字典中为频道创建一个键，并将这个键的值设置为空链表，然后再将客户端添加到链表，成为链表的第一个元素。

举个例子，假设服务器 pubsub_channels 字典的当前状态如图 18-6 所示，那么当客户端 client-10086 执行命令

```
SUBSCRIBE "news.sport" "news.movie"
```

之后，pubsub_channels 字典将更新至图 18-7 所示的状态，其中用虚线包围的是新添加的节点：

- ❑ 更新后的 pubsub_channels 字典新增了 "news.movie" 键，该键对应的链表值只包含一个 client-10086 节点，表示目前只有 client-10086 一个客户端在订阅 "news.movie" 频道。
- ❑ 至于原本就已经有客户端在订阅的 "news.sport" 频道，client-10086 的节点放在了频道对应链表的末尾，排在 client-4 节点的后面。

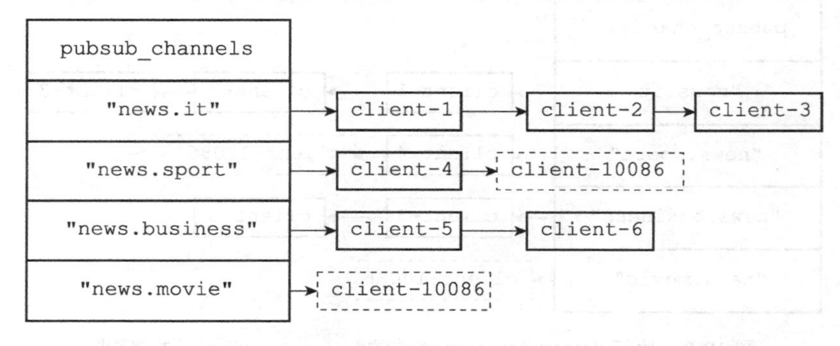

图 18-7 执行 SUBSCRIBE 之后的 pubsub_channels 字典

SUBSCRIBE 命令的实现可以用以下伪代码来描述：

```
def subscribe(*all_input_channels):

    # 遍历输入的所有频道
    for channel in all_input_channels:

        # 如果 channel 不存在于 pubsub_channels 字典（没有任何订阅者）
        # 那么在字典中添加 channel 键，并设置它的值为空链表
        if channel not in server.pubsub_channels:
            server.pubsub_channels[channel] = []

        # 将订阅者添加到频道所对应的链表的末尾
        server.pubsub_channels[channel].append(client)
```

18.1.2 退订频道

UNSUBSCRIBE 命令的行为和 *SUBSCRIBE* 命令的行为正好相反，当一个客户端退订某个或某些频道的时候，服务器将从 pubsub_channels 中解除客户端与被退订频道之间的关联：

- 程序会根据被退订频道的名字，在 pubsub_channels 字典中找到频道对应的订阅者链表，然后从订阅者链表中删除退订客户端的信息。
- 如果删除退订客户端之后，频道的订阅者链表变成了空链表，那么说明这个频道已经没有任何订阅者了，程序将从 pubsub_channels 字典中删除频道对应的键。

举个例子，假设 pubsub_channels 的当前状态如图 18-8 所示，那么当客户端 client-10086 执行命令

```
UNSUBSCRIBE "news.sport" "news.movie"
```

之后，图中用虚线包围的两个节点将被删除（如图 18-9 所示）：

- 在 pubsub_channels 字典更新之后，client-10086 的信息已经从 "news.sport" 频道和 "news.movie" 频道的订阅者链表中被删除了。
- 另外，因为删除 client-10086 之后，频道 "news.movie" 已经没有任何订阅者，因此键 "news.movie" 也从字典中被删除了。

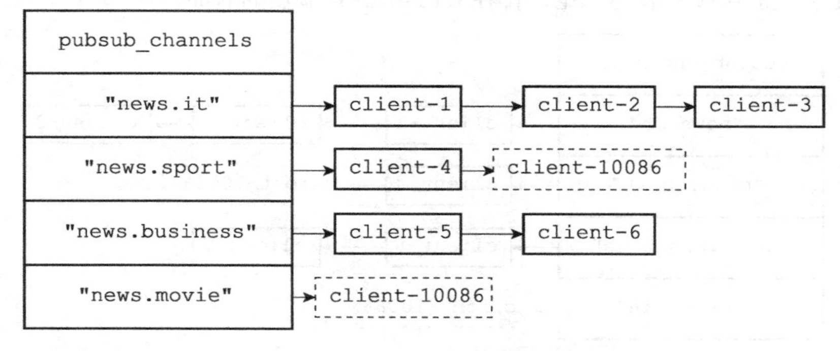

图 18-8 执行 UNSUBSCRIBE 之前的 pubsub_channels 字典

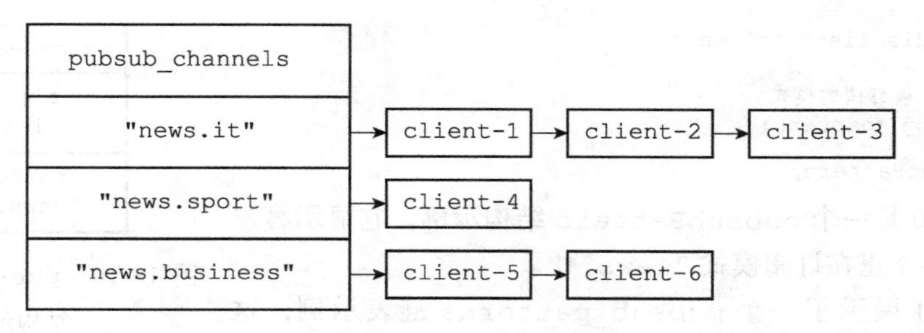

图 18-9 执行 UNSUBSCRIBE 之后的 pubsub_channels 字典

UNSUBSCRIBE 命令的实现可以用以下伪代码来描述：

```
def unsubscribe(*all_input_channels):

    # 遍历要退订的所有频道
    for channel in all_input_channels:

        # 在订阅者链表中删除退订的客户端
        server.pubsub_channels[channel].remove(client)

        # 如果频道已经没有任何订阅者了（订阅者链表为空）
        # 那么将频道从字典中删除

        if len(server.pubsub_channels[channel]) == 0:
          server.pubsub_channels.remove(channel)
```

18.2 模式的订阅与退订

前面说过，服务器将所有频道的订阅关系都保存在服务器状态的 pubsub_channels 属性里面，与此类似，服务器也将所有模式的订阅关系都保存在服务器状态的 pubsub_patterns 属性里面：

```
struct redisServer {

    // ...

    // 保存所有模式订阅关系
    list *pubsub_patterns;

    // ...

};
```

pubsub_patterns 属性是一个链表，链表中的每个节点都包含着一个 pubsubPattern 结构，这个结构的 pattern 属性记录了被订阅的模式，而 client 属性则记录了订阅模式的客户端：

```
typedef struct pubsubPattern {

    // 订阅模式的客户端
```

```
    redisClient *client;

    // 被订阅的模式
    robj *pattern;

} pubsubPattern;
```

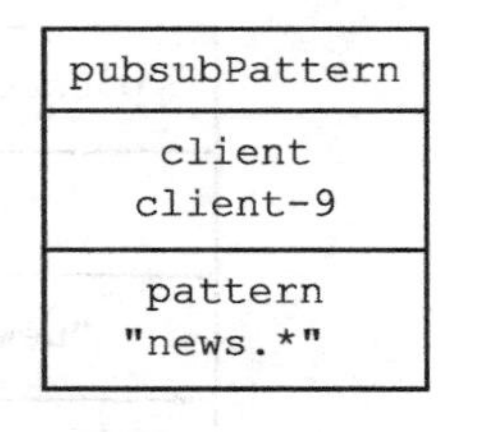

图 18-10 pubsubPattern 结构示例

图 18-10 是一个 pubsubPattern 结构示例，它显示客户端 client-9 正在订阅模式 "news.*"。

图 18-11 展示了一个 pubsub_patterns 链表示例，这个链表记录了以下信息：

- 客户端 client-7 正在订阅模式 "music.*"。
- 客户端 client-8 正在订阅模式 "book.*"。
- 客户端 client-9 正在订阅模式 "news.*"。

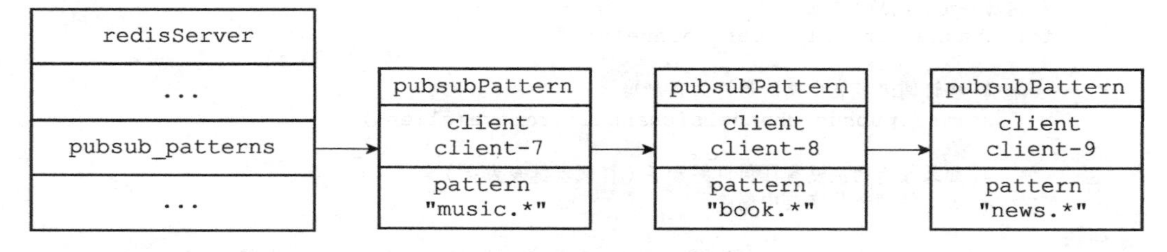

图 18-11 pubsub_patterns 链表示例

18.2.1 订阅模式

每当客户端执行 *PSUBSCRIBE* 命令订阅某个或某些模式的时候，服务器会对每个被订阅的模式执行以下两个操作：

1）新建一个 pubsubPattern 结构，将结构的 pattern 属性设置为被订阅的模式，client 属性设置为订阅模式的客户端。

2）将 pubsubPattern 结构添加到 pubsub_patterns 链表的表尾。举个例子，假设服务器中 pubsub_patterns 链表的当前状态如图 18-12 所示。

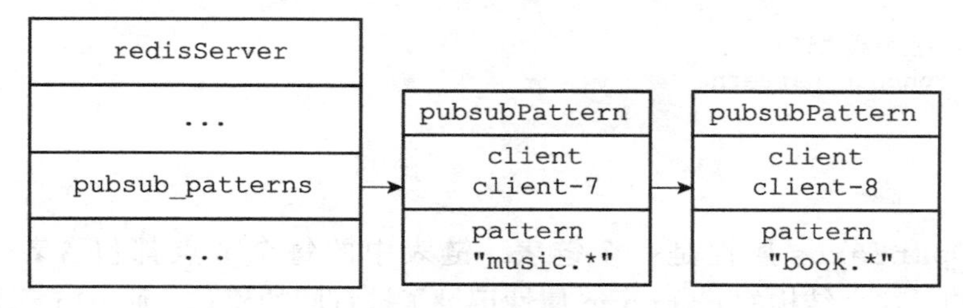

图 18-12 执行 PSUBSCRIBE 命令之前的 pubsub_patterns 链表

那么当客户端 client-9 执行命令

```
PSUBSCRIBE "news.*"
```

之后，pubsub_patterns 链表将更至新图 18-13 所示的状态，其中用虚线包围的是新添加的 pubsubPattern 结构。

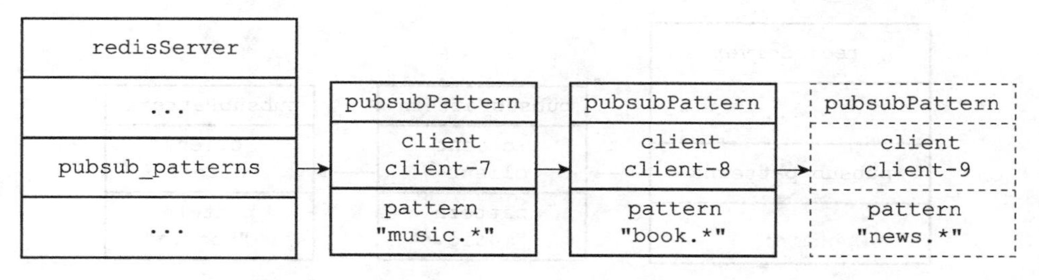

图 18-13　执行 PSUBSCRIBE 命令之后的 pubsub_patterns 链表

PSUBSCRIBE 命令的实现原理可以用以下伪代码来描述：

```
def psubscribe(*all_input_patterns):

    # 遍历输入的所有模式
    for pattern in all_input_patterns:

        # 创建新的 pubsubPattern 结构
        # 记录被订阅的模式，以及订阅模式的客户端
        pubsubPattern = create_new_pubsubPattern()
        pubsubPattern.client = client
        pubsubPattern.pattern = pattern

        # 将新的 pubsubPattern 追加到 pubsub_patterns 链表末尾
        server.pubsub_patterns.append(pubsubPattern)
```

18.2.2　退订模式

模式的退订命令 *PUNSUBSCRIBE* 是 *PSUBSCRIBE* 命令的反操作：当一个客户端退订某个或某些模式的时候，服务器将在 pubsub_patterns 链表中查找并删除那些 pattern 属性为被退订模式，并且 client 属性为执行退订命令的客户端的 pubsubPattern 结构。

举个例子，假设服务器 pubsub_patterns 链表的当前状态如图 18-14 所示。

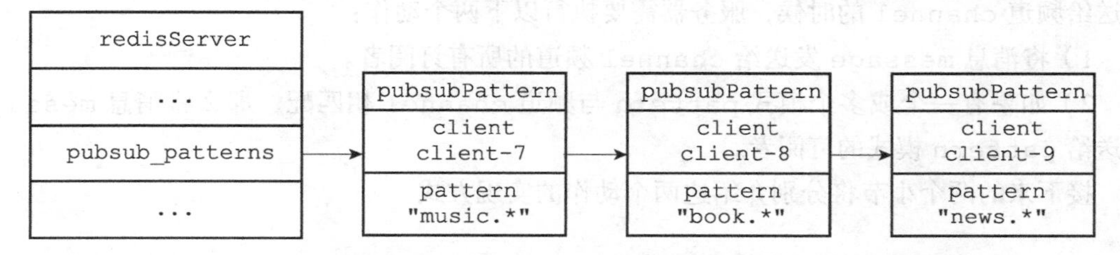

图 18-14　执行 PUNSUBSCRIBE 命令之前的 pubsub_patterns 链表

那么当客户端 client-9 执行命令

```
PUNSUBSCRIBE "news.*"
```

之后，client 属性为 client-9，pattern 属性为 "news.*" 的 pubsubPattern 结构将被删除，pubsub_patterns 链表将更新至图 18-15 所示的样子。

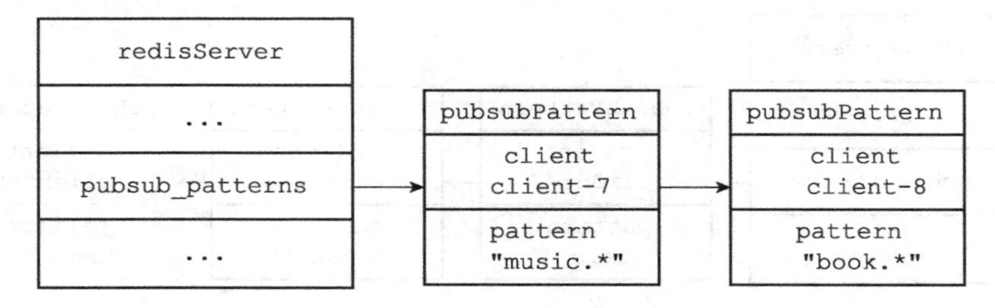

图 18-15 执行 PUNSUBSCRIBE 命令之后的 pubsub_patterns 链表

PUNSUBSCRIBE 命令的实现原理可以用以下伪代码来描述：

```
def punsubscribe(*all_input_patterns):

    # 遍历所有要退订的模式
    for pattern in all_input_patterns:

        # 遍历 pubsub_patterns 链表中的所有 pubsubPattern 结构
        for pubsubPattern in server.pubsub_patterns:

            # 如果当前客户端和 pubsubPattern 记录的客户端相同
            # 并且要退订的模式也和 pubsubPattern 记录的模式相同
            if client == pubsubPattern.client and \
               pattern == pubsubPattern.pattern:

                # 那么将这个 pubsubPattern 从链表中删除
                server.pubsub_patterns.remove(pubsubPattern)
```

18.3 发送消息

当一个 Redis 客户端执行 PUBLISH <channel> <message> 命令将消息 message 发送给频道 channel 的时候，服务器需要执行以下两个动作：

1）将消息 message 发送给 channel 频道的所有订阅者。

2）如果有一个或多个模式 pattern 与频道 channel 相匹配，那么将消息 message 发送给 pattern 模式的订阅者。

接下来的两个小节将分别介绍这两个动作的实现方式。

18.3.1 将消息发送给频道订阅者

因为服务器状态中的 pubsub_channels 字典记录了所有频道的订阅关系，所以为了将消息发送给 channel 频道的所有订阅者，*PUBLISH* 命令要做的就是在 pubsub_channels 字典里找到频道 channel 的订阅者名单（一个链表），然后将消息发送给名单上的所有客户端。举个例子，假设服务器 pubsub_channels 字典当前的状态如图 18-16 所示。

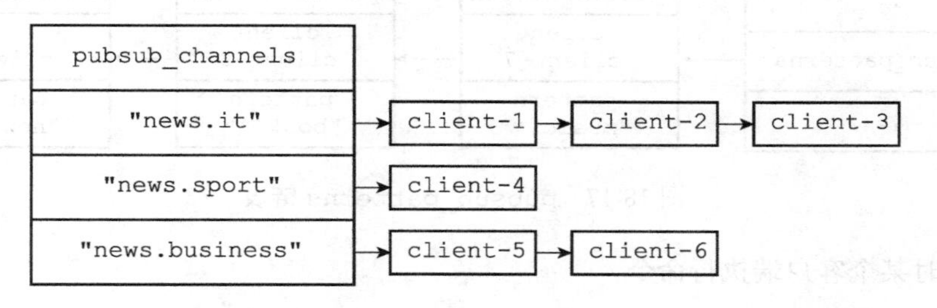

图 18-16　pubsub_channels 字典

如果这时某个客户端执行命令

```
PUBLISH "news.it" "hello"
```

那么 *PUBLISH* 命令将在 pubsub_channels 字典中查找键 "news.it" 对应的链表值，并通过遍历链表将消息 "hello" 发送给 "news.it" 频道的三个订阅者：client-1、client-2 和 client-3。

PUBLISH 命令将消息发送给频道订阅者的方法可以用以下伪代码来描述：

```
def channel_publish(channel, message):

    # 如果 channel 键不存在于 pubsub_channels 字典中
    # 那么说明 channel 频道没有任何订阅者
    # 程序不做发送动作，直接返回
    if channel not in server.pubsub_channels:
        return

    # 运行到这里，说明 channel 频道至少有一个订阅者
    # 程序遍历 channel 频道的订阅者链表
    # 将消息发送给所有订阅者
    for subscriber in server.pubsub_channels[channel]:
        send_message(subscriber, message)
```

18.3.2　将消息发送给模式订阅者

因为服务器状态中的 pubsub_patterns 链表记录了所有模式的订阅关系，所以为了将消息发送给所有与 channel 频道相匹配的模式的订阅者，*PUBLISH* 命令要做的就是遍历整个 pubsub_patterns 链表，查找那些与 channel 频道相匹配的模式，并将消息发送给订阅了这些模式的客户端。

举个例子，假设 pubsub_patterns 链表的当前状态如图 18-17 所示。

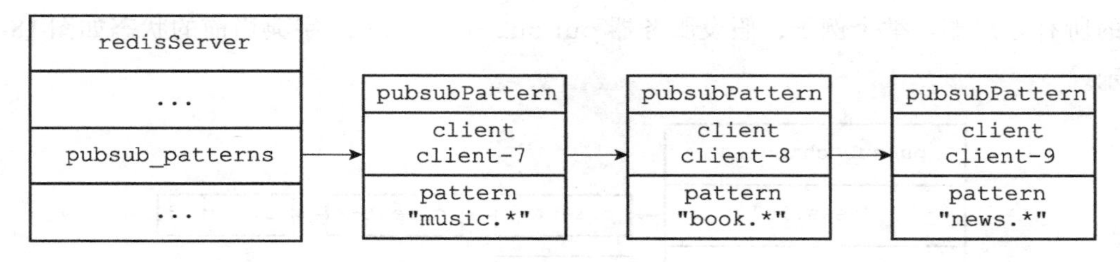

图 18-17 pubsub_patterns 链表

如果这时某个客户端执行命令

```
PUBLISH "news.it" "hello"
```

那么 *PUBLISH* 命令会首先将消息 "hello" 发送给 "news.it" 频道的所有订阅者，然后开始在 pubsub_patterns 链表中查找是否有被订阅的模式与 "news.it" 频道相匹配，结果发现 "news.it" 频道和客户端 client-9 订阅的 "news.*" 频道匹配，于是命令将消息 "hello" 发送给客户端 client-9。

PUBLISH 命令将消息发送给模式订阅者的方法可以用以下伪代码来描述：

```
def pattern_publish(channel, message):

    # 遍历所有模式订阅消息
    for pubsubPattern in server.pubsub_patterns:

        # 如果频道和模式相匹配
        if match(channel, pubsubPattern.pattern):

            # 那么将消息发送给订阅该模式的客户端
            send_message(pubsubPattern.client, message)
```

最后，*PUBLISH* 命令的实现可以用以下伪代码来描述：

```
def publish(channel, message):

    # 将消息发送给 channel 频道的所有订阅者
    channel_publish(channel, message)

    # 将消息发送给所有和 channel 频道相匹配的模式的订阅者
    pattern_publish(channel, message)
```

18.4 查看订阅信息

PUBSUB 命令是 Redis 2.8 新增加的命令之一，客户端可以通过这个命令来查看频道或者模式的相关信息，比如某个频道目前有多少订阅者，又或者某个模式目前有多少订阅者，诸如此类。

以下三个小节将分别介绍 *PUBSUB* 命令的三个子命令，以及这些子命令的实现原理。

18.4.1 PUBSUB CHANNELS

PUBSUB CHANNELS [pattern] 子命令用于返回服务器当前被订阅的频道，其中 pattern 参数是可选的：

- 如果不给定 pattern 参数，那么命令返回服务器当前被订阅的所有频道。
- 如果给定 pattern 参数，那么命令返回服务器当前被订阅的频道中那些与 pattern 模式相匹配的频道。

这个子命令是通过遍历服务器 pubsub_channels 字典的所有键（每个键都是一个被订阅的频道），然后记录并返回所有符合条件的频道来实现的，这个过程可以用以下伪代码来描述：

```
def pubsub_channels(pattern=None):

    # 一个列表，用于记录所有符合条件的频道
    channel_list = []

    # 遍历服务器中的所有频道
    #（也即是 pubsub_channels 字典的所有键）
    for channel in server.pubsub_channels:

        # 当以下两个条件的任意一个满足时，将频道添加到链表里面：
        # 1）用户没有指定pattern参数
        # 2）用户指定了 pattern 参数，并且 channel 和 pattern 匹配
        if (pattern is None) or match(channel, pattern):
            channel_list.append(channel)

    # 向客户端返回频道列表
    return channel_list
```

举个例子，对于图 18-18 所示的 pubsub_channels 字典来说，执行 PUBSUB CHANNELS 命令将返回服务器目前被订阅的四个频道：

```
redis> PUBSUB CHANNELS
1) "news.it"
2) "news.sport"
3) "news.business"
4) "news.movie"
```

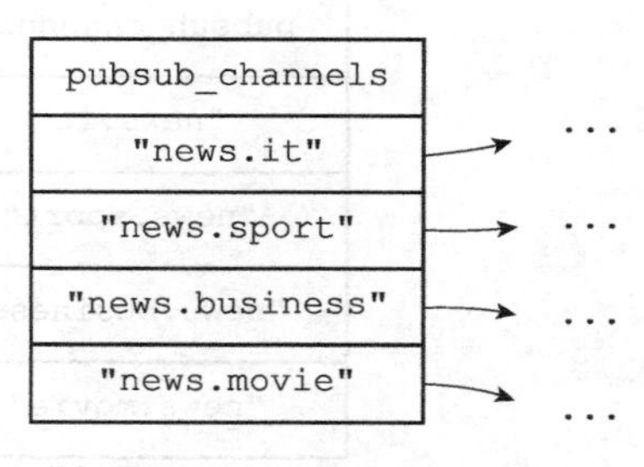

图 18-18 pubsub_channels 字典示例

另一方面，执行 PUBSUB CHANNELS "news.[is]*" 命令将返回 "news.it" 和 "news.sport" 两个频道，因为只有这两个频道和 "news.[is]*" 模式相匹配：

```
redis> PUBSUB CHANNELS "news.[is]*"
1) "news.it"
2) "news.sport"
```

18.4.2 PUBSUB NUMSUB

PUBSUB NUMSUB [channel-1 channel-2 ... channel-n] 子命令接受任意多个频道作为输

入参数，并返回这些频道的订阅者数量。

这个子命令是通过在 pubsub_channels 字典中找到频道对应的订阅者链表，然后返回订阅者链表的长度来实现的（订阅者链表的长度就是频道订阅者的数量），这个过程可以用以下伪代码来描述：

```
def pubsub_numsub(*all_input_channels):

    # 遍历输入的所有频道
    for channel in all_input_channels:

        # 如果pubsub_channels 字典中没有 channel 这个键
        # 那么说明 channel 频道没有任何订阅者
        if channel not in server.pubsub_channels:
            # 返回频道名
            reply_channel_name(channel)
            # 订阅者数量为 0
            reply_subscribe_count(0)

        # 如果pubsub_channels 字典中存在 channel 键
        # 那么说明 channel 频道至少有一个订阅者
        else:
            # 返回频道名
            reply_channel_name(channel)
            # 订阅者链表的长度就是订阅者数量
            reply_subscribe_count(len(server.pubsub_channels[channel]))
```

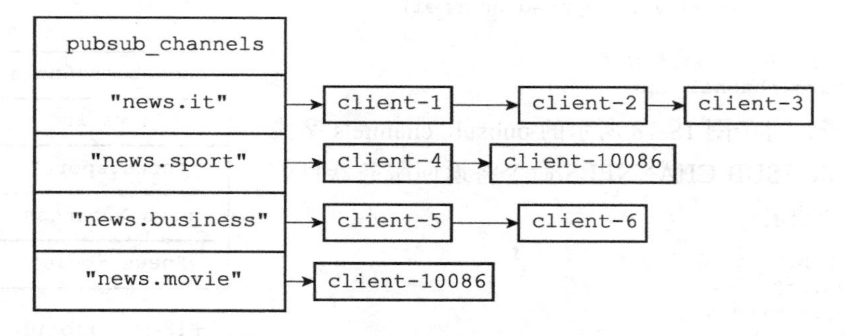

图 18-19 pubsub_channels 字典

举个例子，对于图 18-19 所示的 pubsub_channels 字典来说，对字典中的四个频道执行 *PUBSUB NUMSUB* 命令将获得以下回复：

```
redis> PUBSUB NUMSUB news.it news.sport news.business news.movie
1) "news.it"
2) "3"
3) "news.sport"
4) "2"
5) "news.business"
6) "2"
7) "news.movie"
8) "1"
```

18.4.3 PUBSUB NUMPAT

PUBSUB NUMPAT 子命令用于返回服务器当前被订阅模式的数量。

这个子命令是通过返回 `pubsub_patterns` 链表的长度来实现的，因为这个链表的长度就是服务器被订阅模式的数量，这个过程可以用以下伪代码来描述：

```
def pubsub_numpat():

    # pubsub_patterns 链表的长度就是被订阅模式的数量
    reply_pattern_count(len(server.pubsub_patterns))
```

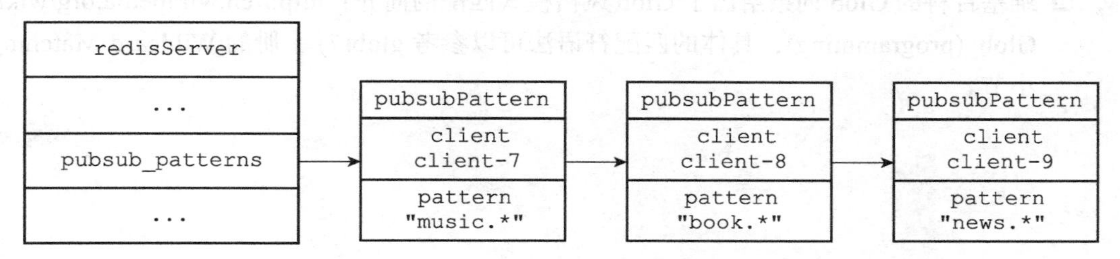

图 18-20 pubsub_patterns 链表

举个例子，对于图 18-20 所示的 `pubsub_patterns` 链表来说，执行 *PUBSUB NUMPAT* 命令将返回 3：

```
redis> PUBSUB NUMPAT
(integer) 3
```

而对于图 18-21 所示的 `pubsub_patterns` 链表来说，执行 *PUBSUB NUMPAT* 命令将返回 1：

```
redis> PUBSUB NUMPAT
(integer) 1
```

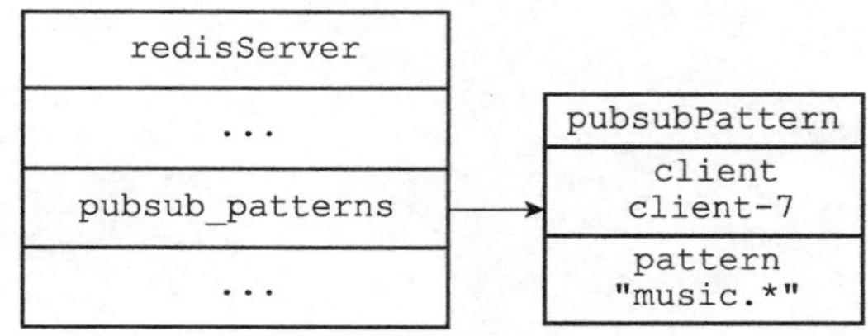

图 18-21 pubsub_patterns 链表

18.5 重点回顾

- 服务器状态在 `pubsub_channels` 字典保存了所有频道的订阅关系：*SUBSCRIBE* 命令负责将客户端和被订阅的频道关联到这个字典里面，而 *UNSUBSCRIBE* 命令则负责解除客户端和被退订频道之间的关联。
- 服务器状态在 `pubsub_patterns` 链表保存了所有模式的订阅关系：*PSUBSCRIBE* 命令负责将客户端和被订阅的模式记录到这个链表中，而 *PUNSUBSCRIBE* 命令则负责移除客户端和被退订模式在链表中的记录。
- *PUBLISH* 命令通过访问 `pubsub_channels` 字典来向频道的所有订阅者发送消息，通过访问 `pubsub_patterns` 链表来向所有匹配频道的模式的订阅者发送消息。
- *PUBSUB* 命令的三个子命令都是通过读取 `pubsub_channels` 字典和 `pubsub_patterns` 链表中的信息来实现的。

18.6 参考资料

- 关于发布与订阅模式的定义可以参考维基百科的 Publish Subscribe Pattern 词条：http://en.wikipedia.org/wiki/Publish-subscribe_pattern，以及《设计模式》一书的 5.7 节。
- 《Pattern-Oriented Software Architecture Volume 4, A Pattern Language for Distributed Computing 》一书第 10 章《Distribution Infrastructure 》关于信息、信息传递、发布与订阅等主题的讨论非常好，值得一看。
- 维基百科的 Glob 词条给出了 Glob 风格模式匹配的简介：http://en.wikipedia.org/wiki/Glob_(programming)，具体的匹配符语法可以参考 glob(7) 手册的 Wildcard Matching 小节。

第19章 事 务

Redis 通过 *MULTI*、*EXEC*、*WATCH* 等命令来实现事务（transaction）功能。事务提供了一种将多个命令请求打包，然后一次性、按顺序地执行多个命令的机制，并且在事务执行期间，服务器不会中断事务而改去执行其他客户端的命令请求，它会将事务中的所有命令都执行完毕，然后才去处理其他客户端的命令请求。

以下是一个事务执行的过程，该事务首先以一个 *MULTI* 命令为开始，接着将多个命令放入事务当中，最后由 *EXEC* 命令将这个事务提交（commit）给服务器执行：

```
redis> MULTI
OK

redis> SET "name" "Practical Common Lisp"
QUEUED

redis> GET "name"
QUEUED

redis> SET "author" "Peter Seibel"
QUEUED

redis> GET "author"
QUEUED

redis> EXEC
1) OK
2) "Practical Common Lisp"
3) OK
4) "Peter Seibel"
```

在本章接下来的内容中，我们首先会介绍 Redis 如何使用 *MULTI* 和 *EXEC* 命令来实现事务功能，说明事务中的多个命令是如何被保存到事务里面的，而这些命令又是如何被执行的。

在介绍了事务的实现原理之后，我们将对 *WATCH* 命令的作用进行介绍，并说明 *WATCH* 命令的实现原理。

因为事务的安全性和可靠性也是大家关注的焦点，所以本章最后将以常见的 ACID 性质对 Redis 事务的原子性、一致性、隔离性和耐久性进行说明。

19.1 事务的实现

一个事务从开始到结束通常会经历以下三个阶段：

1）事务开始。

2）命令入队。

3）事务执行。

本节接下来的内容将对这三个阶段进行介绍，说明一个事务从开始到结束的整个过程。

19.1.1 事务开始

MULTI 命令的执行标志着事务的开始：

```
redis> MULTI
OK
```

MULTI 命令可以将执行该命令的客户端从非事务状态切换至事务状态，这一切换是通过在客户端状态的 flags 属性中打开 `REDIS_MULTI` 标识来完成的，*MULTI* 命令的实现可以用以下伪代码来表示：

```
def MULTI():

    # 打开事务标识
    client.flags |= REDIS_MULTI

    # 返回 OK 回复
    replyOK()
```

19.1.2 命令入队

当一个客户端处于非事务状态时，这个客户端发送的命令会立即被服务器执行：

```
redis> SET "name" "Practical Common Lisp"
OK

redis> GET "name"
"Practical Common Lisp"

redis> SET "author" "Peter Seibel"
OK

redis> GET "author"
"Peter Seibel"
```

与此不同的是，当一个客户端切换到事务状态之后，服务器会根据这个客户端发来的不同命令执行不同的操作：

- 如果客户端发送的命令为 *EXEC*、*DISCARD*、*WATCH*、*MULTI* 四个命令的其中一个，那么服务器立即执行这个命令。
- 与此相反，如果客户端发送的命令是 *EXEC*、*DISCARD*、*WATCH*、*MULTI* 四个命令以外的其他命令，那么服务器并不立即执行这个命令，而是将这个命令放入一个事务队列里面，然后向客户端返回 QUEUED 回复。

服务器判断命令是该入队还是该立即执行的过程可以用流程图 19-1 来描述。

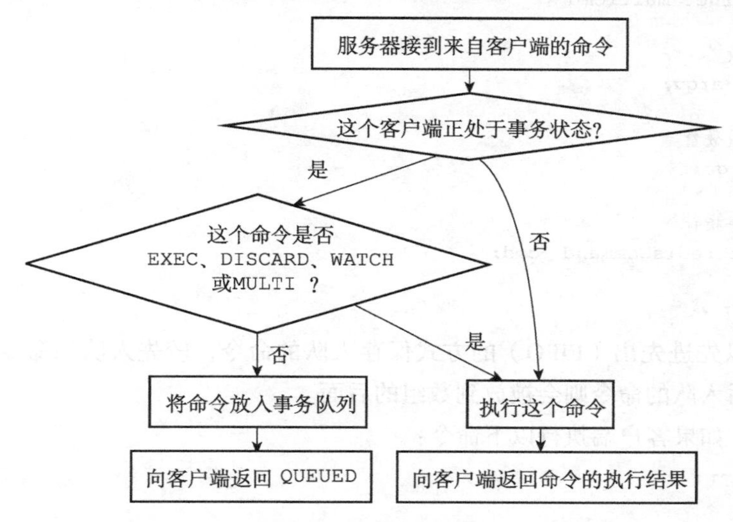

图 19-1　服务器判断命令是该入队还是该执行的过程

19.1.3　事务队列

每个 Redis 客户端都有自己的事务状态，这个事务状态保存在客户端状态的 mstate 属性里面：

```
typedef struct redisClient {

    // ...

    // 事务状态
    multiState mstate;    /* MULTI/EXEC state */

    // ...

} redisClient;
```

事务状态包含一个事务队列，以及一个已入队命令的计数器（也可以说是事务队列的长度）：

```
typedef struct multiState {

    // 事务队列，FIFO 顺序
    multiCmd *commands;
```

```
    // 已入队命令计数
    int count;

} multiState;
```

事务队列是一个multiCmd类型的数组，数组中的每个multiCmd结构都保存了一个已入队命令的相关信息，包括指向命令实现函数的指针、命令的参数，以及参数的数量：

```
typedef struct multiCmd {

    // 参数
    robj **argv;

    // 参数数量
    int argc;

    // 命令指针
    struct redisCommand *cmd;

} multiCmd;
```

事务队列以先进先出（FIFO）的方式保存入队的命令，较先入队的命令会被放到数组的前面，而较后入队的命令则会被放到数组的后面。

举个例子，如果客户端执行以下命令：

```
redis> MULTI
OK

redis> SET "name" "Practical Common Lisp"
QUEUED

redis> GET "name"
QUEUED

redis> SET "author" "Peter Seibel"
QUEUED

redis> GET "author"
QUEUED
```

那么服务器将为客户端创建图19-2所示的事务状态：

- 最先入队的*SET*命令被放在了事务队列的索引0位置上。
- 第二入队的*GET*命令被放在了事务队列的索引1位置上。
- 第三入队的另一个*SET*命令被放在了事务队列的索引2位置上。
- 最后入队的另一个*GET*命令被放在了事务队列的索引3位置上。

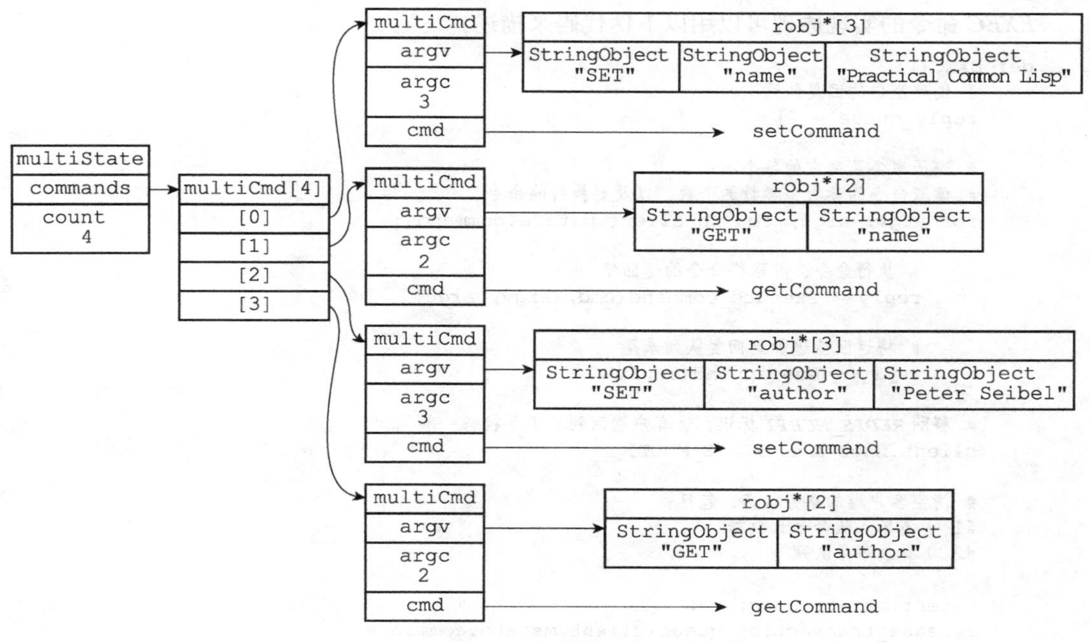

图 19-2 事务状态

19.1.4 执行事务

当一个处于事务状态的客户端向服务器发送 *EXEC* 命令时，这个 *EXEC* 命令将立即被服务器执行。服务器会遍历这个客户端的事务队列，执行队列中保存的所有命令，最后将执行命令所得的结果全部返回给客户端。

举个例子，对于图 19-2 所示的事务队列来说，服务器首先会执行命令：

```
SET "name" "Practical Common Lisp"
```

接着执行命令：

```
GET "name"
```

之后执行命令：

```
SET "author" "Peter Seibel"
```

再之后执行命令：

```
GET "author"
```

最后，服务器会将执行这四个命令所得的回复返回给客户端：

```
redis> EXEC
1) OK
2) "Practical Common Lisp"
3) OK
4) "Peter Seibel"
```

EXEC 命令的实现原理可以用以下伪代码来描述:

```
def EXEC():
    # 创建空白的回复队列
    reply_queue = []

    # 遍历事务队列中的每个项
    # 读取命令的参数,参数的个数,以及要执行的命令
    for argv, argc, cmd in client.mstate.commands:

        # 执行命令,并取得命令的返回值
        reply = execute_command(cmd, argv, argc)

        # 将返回值追加到回复队列末尾
        reply_queue.append(reply)

    # 移除REDIS_MULTI 标识,让客户端回到非事务状态
    client.flags &= ~REDIS_MULTI

    # 清空客户端的事务状态,包括:
    #1 )清零入队命令计数器
    #2 )释放事务队列

    client.mstate.count = 0
    release_transaction_queue(client.mstate.commands)

    # 将事务的执行结果返回给客户端
    send_reply_to_client(client, reply_queue)
```

19.2 WATCH 命令的实现

WATCH 命令是一个乐观锁(optimistic locking),它可以在 *EXEC* 命令执行之前,监视任意数量的数据库键,并在 *EXEC* 命令执行时,检查被监视的键是否至少有一个已经被修改过了,如果是的话,服务器将拒绝执行事务,并向客户端返回代表事务执行失败的空回复。

以下是一个事务执行失败的例子:

```
redis> WATCH "name"
OK

redis> MULTI
OK

redis> SET "name" "peter"
QUEUED

redis> EXEC
(nil)
```

表 19-1 展示了上面的例子是如何失败的。

表 19-1 两个客户端执行命令的过程

时间	客户端 A	客户端 B
T1	WATCH "name"	
T2	MULTI	
T3	SET "name" "peter"	
T4		SET "name" "john"
T5	EXEC	

在时间 T4，客户端 B 修改了 "name" 键的值，当客户端 A 在 T5 执行 *EXEC* 命令时，服务器会发现 *WATCH* 监视的键 "name" 已经被修改，因此服务器拒绝执行客户端 A 的事务，并向客户端 A 返回空回复。

本节接下来的内容将介绍 *WATCH* 命令的实现原理，说明事务系统是如何监视某个键，并在键被修改的情况下，确保事务的安全性的。

19.2.1 使用 WATCH 命令监视数据库键

每个 Redis 数据库都保存着一个 watched_keys 字典，这个字典的键是某个被 *WATCH* 命令监视的数据库键，而字典的值则是一个链表，链表中记录了所有监视相应数据库键的客户端：

```
typedef struct redisDb {

    // ...

    // 正在被 WATCH 命令监视的键
    dict *watched_keys;

    // ...

} redisDb;
```

通过 watched_keys 字典，服务器可以清楚地知道哪些数据库键正在被监视，以及哪些客户端正在监视这些数据库键。

图 19-3 是一个 watched_keys 字典的示例，从这个 watched_keys 字典中可以看出：

- 客户端 c1 和 c2 正在监视键 "name"。
- 客户端 c3 正在监视键 "age"。
- 客户端 c2 和 c4 正在监视键 "address"。

通过执行 *WATCH* 命令，客户端可以在 watched_keys 字典中与被监视的键进行关联。举个例子，如果当前客户端为 c10086，那么客户端执行以下 *WATCH* 命令之后：

```
redis> WATCH "name" "age"
OK
```

图 19-3 展示的 watched_keys 字典将被更新至图 19-4 所示的状态，其中用虚线包围的两个 c10086 节点就是由刚刚执行的 *WATCH* 命令添加到字典中的。

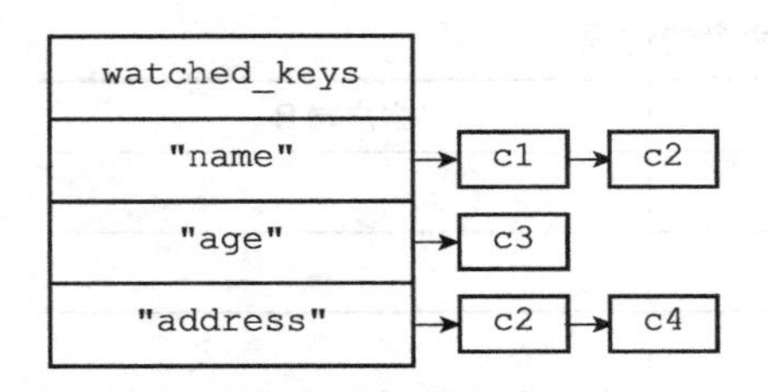

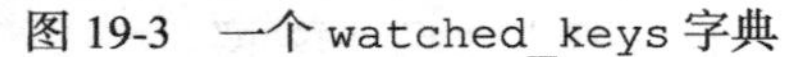
图 19-3 一个 watched_keys 字典

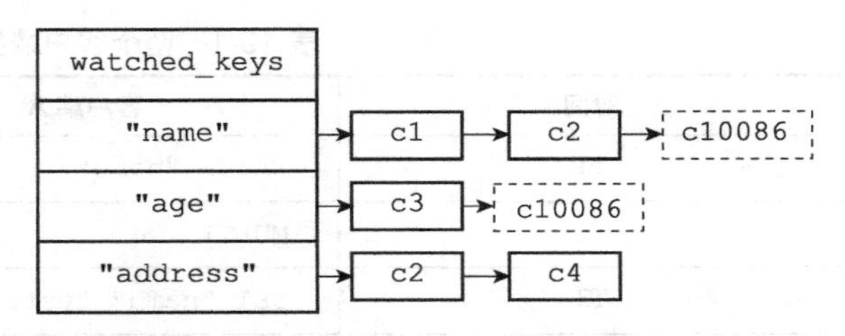

图 19-4 执行 WATCH 命令之后的 watched_keys 字典

19.2.2 监视机制的触发

所有对数据库进行修改的命令，比如 *SET*、*LPUSH*、*SADD*、*ZREM*、*DEL*、*FLUSHDB* 等等，在执行之后都会调用 multi.c/touchWatchKey 函数对 watched_keys 字典进行检查，查看是否有客户端正在监视刚刚被命令修改过的数据库键，如果有的话，那么 touchWatchKey 函数会将监视被修改键的客户端的 REDIS_DIRTY_CAS 标识打开，表示该客户端的事务安全性已经被破坏。

touchWatchKey 函数的定义可以用以下伪代码来描述：

```
def touchWatchKey(db, key):

    # 如果键 key 存在于数据库的 watched_keys 字典中
    # 那么说明至少有一个客户端在监视这个 key
    if key in db.watched_keys:

        # 遍历所有监视键 key 的客户端
        for client in db.watched_keys[key]:

            # 打开标识
            client.flags |= REDIS_DIRTY_CAS
```

举个例子，对于图 19-5 所示的 watched_keys 字典来说：

- 如果键 "name" 被修改，那么 c1、c2、c10086 三个客户端的 REDIS_DIRTY_CAS 标识将被打开。
- 如果键 "age" 被修改，那么 c3 和 c10086 两个客户端的 REDIS_DIRTY_CAS 标识将被打开。
- 如果键 "address" 被修改，那么 c2 和 c4 两个客户端的 REDIS_DIRTY_CAS 标识将被打开。

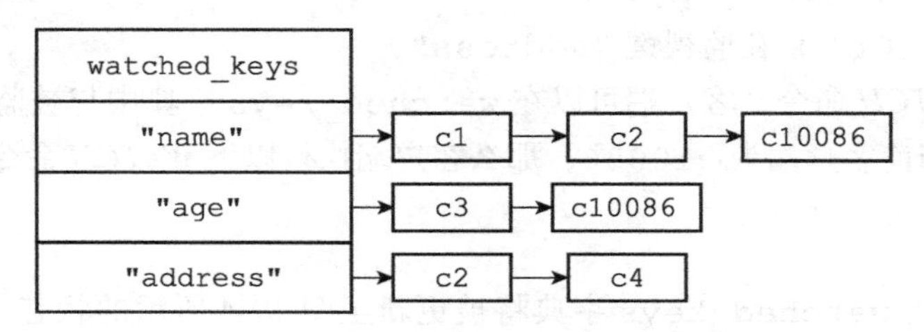

图 19-5 watched_keys 字典

19.2.3 判断事务是否安全

当服务器接收到一个客户端发来的*EXEC*命令时，服务器会根据这个客户端是否打开了REDIS_DIRTY_CAS标识来决定是否执行事务：

- 如果客户端的REDIS_DIRTY_CAS标识已经被打开，那么说明客户端所监视的键当中，至少有一个键已经被修改过了，在这种情况下，客户端提交的事务已经不再安全，所以服务器会拒绝执行客户端提交的事务。

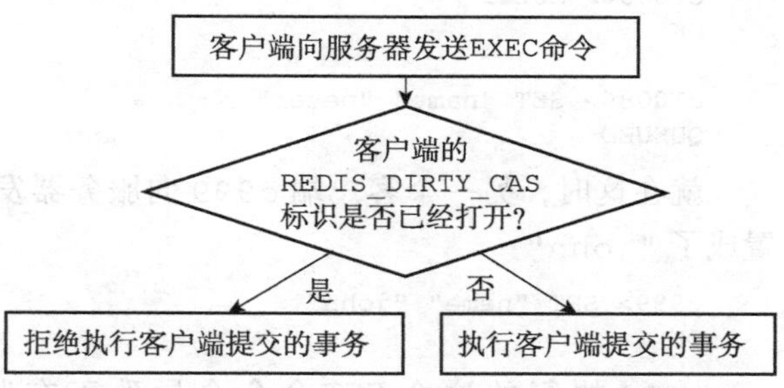

图19-6　服务器判断是否执行事务的过程

- 如果客户端的REDIS_DIRTY_CAS标识没有被打开，那么说明客户端监视的所有键都没有被修改过（或者客户端没有监视任何键），事务仍然是安全的，服务器将执行客户端提交的这个事务。

这个判断是否执行事务的过程可以用流程图19-6来描述。

举个例子，对于图19-5所示的watched_keys字典来说，如果某个客户端对"name"键进行了修改（比如执行SET "name" "john"），那么c1、c2、c10086三个客户端的REDIS_DIRTY_CAS标识将被打开。当这三个客户端向服务器发送*EXEC*命令的时候，服务器会拒绝执行它们提交的事务，以此来保证事务的安全性。

19.2.4 一个完整的WATCH事务执行过程

为了进一步熟悉*WATCH*命令的运作方式，让我们来看一个带有*WATCH*的事务从开始到失败的整个过程。

假设当前客户端为c10086，而数据库watched_keys字典的当前状态如图19-7所示，那么当c10086执行以下*WATCH*命令之后：

```
c10086> WATCH "name"
OK
```

watched_keys字典将更新至图19-8所示的状态。

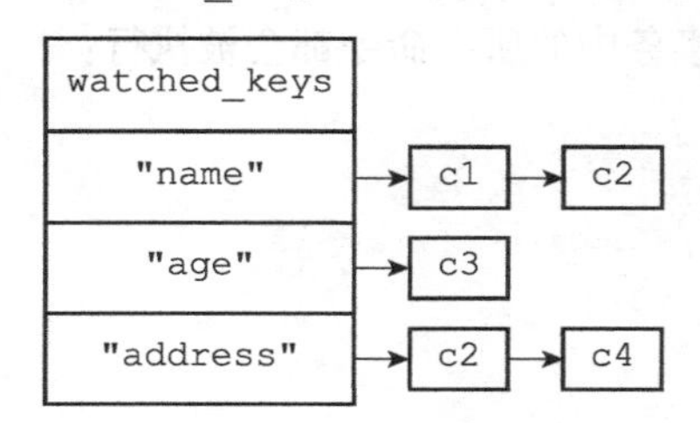

图19-7　执行WATCH命令之前的watched_keys字典

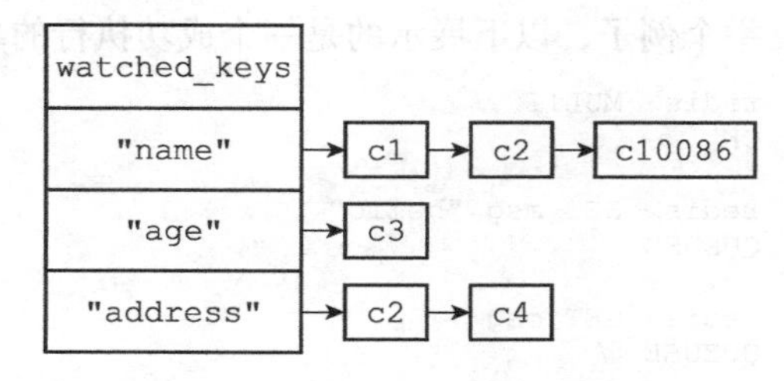

图19-8　执行WATCH命令之后的watched_keys字典

接下来，客户端 c10086 继续向服务器发送 *MULTI* 命令，并将一个 *SET* 命令放入事务队列：

```
c10086> MULTI
OK

c10086> SET "name" "peter"
QUEUED
```

就在这时，另一个客户端 c999 向服务器发送了一条 *SET* 命令，将 "name" 键的值设置成了 "john"：

```
c999> SET "name" "john"
OK
```

c999 执行的这个 *SET* 命令会导致正在监视 "name" 键的所有客户端的 REDIS_DIRTY_CAS 标识被打开，其中包括客户端 c10086。

之后，当 c10086 向服务器发送 *EXEC* 命令时候，因为 c10086 的 REDIS_DIRTY_CAS 标志已经被打开，所以服务器将拒绝执行它提交的事务：

```
c10086> EXEC
(nil)
```

19.3 事务的 ACID 性质

在传统的关系式数据库中，常常用 ACID 性质来检验事务功能的可靠性和安全性。

在 Redis 中，事务总是具有原子性（Atomicity）、一致性（Consistency）和隔离性（Isolation），并且当 Redis 运行在某种特定的持久化模式下时，事务也具有耐久性（Durability）。

以下四个小节将分别对这四个性质进行讨论。

19.3.1 原子性

事务具有原子性指的是，数据库将事务中的多个操作当作一个整体来执行，服务器要么就执行事务中的所有操作，要么就一个操作也不执行。

对于 Redis 的事务功能来说，事务队列中的命令要么就全部都执行，要么就一个都不执行，因此，Redis 的事务是具有原子性的。

举个例子，以下展示的是一个成功执行的事务，事务中的所有命令都会被执行：

```
redis> MULTI
OK

redis> SET msg "hello"
QUEUED

redis> GET msg
QUEUED

redis> EXEC
1) OK
```

```
2) "hello"
```

与此相反，以下展示了一个执行失败的事务，这个事务因为命令入队出错而被服务器拒绝执行，事务中的所有命令都不会被执行：

```
redis> MULTI
OK

redis> SET msg "hello"
QUEUED

redis> GET
(error) ERR wrong number of arguments for 'get' command

redis> GET msg
QUEUED

redis> EXEC
(error) EXECABORT Transaction discarded because of previous errors.
```

Redis的事务和传统的关系型数据库事务的最大区别在于，Redis不支持事务回滚机制（rollback），即使事务队列中的某个命令在执行期间出现了错误，整个事务也会继续执行下去，直到将事务队列中的所有命令都执行完毕为止。

在下面的这个例子中，即使*RPUSH*命令在执行期间出现了错误，事务的后续命令也会继续执行下去，并且之前执行的命令也不会有任何影响：

```
redis> SET msg "hello" # msg键是一个字符串
OK

redis> MULTI
OK

redis> SADD fruit "apple" "banana" "cherry"
QUEUED

redis> RPUSH msg "good bye" "bye bye" # 错误地对字符串键msg执行列表键的命令
QUEUED

redis> SADD alphabet "a" "b" "c"
QUEUED

redis> EXEC
1) (integer) 3
2) (error) WRONGTYPE Operation against a key holding the wrong kind of value
3) (integer) 3
```

Redis的作者在事务功能的文档中解释说，不支持事务回滚是因为这种复杂的功能和Redis追求简单高效的设计主旨不相符，并且他认为，Redis事务的执行时错误通常都是编程错误产生的，这种错误通常只会出现在开发环境中，而很少会在实际的生产环境中出现，所以他认为没有必要为Redis开发事务回滚功能。

19.3.2 一致性

事务具有一致性指的是，如果数据库在执行事务之前是一致的，那么在事务执行之后，无论事务是否执行成功，数据库也应该仍然是一致的。

“一致”指的是数据符合数据库本身的定义和要求，没有包含非法或者无效的错误数据。

Redis 通过谨慎的错误检测和简单的设计来保证事务的一致性，以下三个小节将分别介绍三个 Redis 事务可能出错的地方，并说明 Redis 是如何妥善地处理这些错误，从而确保事务的一致性的。

1. 入队错误

如果一个事务在入队命令的过程中，出现了命令不存在，或者命令的格式不正确等情况，那么 Redis 将拒绝执行这个事务。

在以下展示的示例中，因为客户端尝试向事务入队一个不存在的命令 YAHOOOO，所以客户端提交的事务会被服务器拒绝执行：

```
redis> MULTI
OK

redis> SET msg "hello"
QUEUED

redis> YAHOOOO
(error) ERR unknown command 'YAHOOOO'

redis> GET msg
QUEUED

redis> EXEC
(error) EXECABORT Transaction discarded because of previous errors.
```

因为服务器会拒绝执行入队过程中出现错误的事务，所以 Redis 事务的一致性不会被带有入队错误的事务影响。

Redis 2.6.5 以前的入队错误处理

根据文档记录，在 Redis 2.6.5 以前的版本，即使有命令在入队过程中发生了错误，事务一样可以执行，不过被执行的命令只包括那些正确入队的命令。以下这段代码是在 Redis 2.6.4 版本上测试的，可以看到，事务可以正常执行，但只有成功入队的 *SET* 命令和 *GET* 命令被执行了，而错误的 YAHOOOO 则被忽略了：

```
redis> MULTI
OK

redis> SET msg "hello"
QUEUED

redis> YAHOOOO
(error) ERR unknown command 'YAHOOOO'

redis> GET msg
QUEUED

redis> EXEC
1) OK
2) "hello"
```

> 因为错误的命令不会被入队，所以 Redis 不会尝试去执行错误的命令，因此，即使在 2.6.5 以前的版本中，Redis 事务的一致性也不会被入队错误影响。

2. 执行错误

除了入队时可能发生错误以外，事务还可能在执行的过程中发生错误。

关于这种错误有两个需要说明的地方：

- 执行过程中发生的错误都是一些不能在入队时被服务器发现的错误，这些错误只会在命令实际执行时被触发。
- 即使在事务的执行过程中发生了错误，服务器也不会中断事务的执行，它会继续执行事务中余下的其他命令，并且已执行的命令（包括执行命令所产生的结果）不会被出错的命令影响。

对数据库键执行了错误类型的操作是事务执行期间最常见的错误之一。

在下面展示的这个例子中，我们首先用 *SET* 命令将键 `"msg"` 设置成了一个字符串键，然后在事务里面尝试对 `"msg"` 键执行只能用于列表键的 *RPUSH* 命令，这将引发一个错误，并且这种错误只能在事务执行（也即是命令执行）期间被发现：

```
redis> SET msg "hello"
OK

redis> MULTI
OK

redis> SADD fruit "apple" "banana" "cherry"
QUEUED

redis> RPUSH msg "good bye" "bye bye"
QUEUED

redis> SADD alphabet "a" "b" "c"
QUEUED

redis> EXEC
1) (integer) 3
2) (error) WRONGTYPE Operation against a key holding the wrong kind of value
3) (integer) 3
```

因为在事务执行的过程中，出错的命令会被服务器识别出来，并进行相应的错误处理，所以这些出错命令不会对数据库做任何修改，也不会对事务的一致性产生任何影响。

3. 服务器停机

如果 Redis 服务器在执行事务的过程中停机，那么根据服务器所使用的持久化模式，可能有以下情况出现：

- 如果服务器运行在无持久化的内存模式下，那么重启之后的数据库将是空白的，因此数据总是一致的。
- 如果服务器运行在 RDB 模式下，那么在事务中途停机不会导致不一致性，因为服务器可以根据现有的 RDB 文件来恢复数据，从而将数据库还原到一个一致的状态。如果找不到可供使用的 RDB 文件，那么重启之后的数据库将是空白的，而空白数据库总是一致的。

- 如果服务器运行在 AOF 模式下，那么在事务中途停机不会导致不一致性，因为服务器可以根据现有的 AOF 文件来恢复数据，从而将数据库还原到一个一致的状态。如果找不到可供使用的 AOF 文件，那么重启之后的数据库将是空白的，而空白数据库总是一致的。

综上所述，无论 Redis 服务器运行在哪种持久化模式下，事务执行中途发生的停机都不会影响数据库的一致性。

19.3.3 隔离性

事务的隔离性指的是，即使数据库中有多个事务并发地执行，各个事务之间也不会互相影响，并且在并发状态下执行的事务和串行执行的事务产生的结果完全相同。

因为 Redis 使用单线程的方式来执行事务（以及事务队列中的命令），并且服务器保证，在执行事务期间不会对事务进行中断，因此，Redis 的事务总是以串行的方式运行的，并且事务也总是具有隔离性的。

19.3.4 耐久性

事务的耐久性指的是，当一个事务执行完毕时，执行这个事务所得的结果已经被保存到永久性存储介质（比如硬盘）里面了，即使服务器在事务执行完毕之后停机，执行事务所得的结果也不会丢失。

因为 Redis 的事务不过是简单地用队列包裹起了一组 Redis 命令，Redis 并没有为事务提供任何额外的持久化功能，所以 Redis 事务的耐久性由 Redis 所使用的持久化模式决定：

- 当服务器在无持久化的内存模式下运作时，事务不具有耐久性：一旦服务器停机，包括事务数据在内的所有服务器数据都将丢失。
- 当服务器在 RDB 持久化模式下运作时，服务器只会在特定的保存条件被满足时，才会执行 *BGSAVE* 命令，对数据库进行保存操作，并且异步执行的 *BGSAVE* 不能保证事务数据被第一时间保存到硬盘里面，因此 RDB 持久化模式下的事务也不具有耐久性。
- 当服务器运行在 AOF 持久化模式下，并且 `appendfsync` 选项的值为 `always` 时，程序总会在执行命令之后调用同步（sync）函数，将命令数据真正地保存到硬盘里面，因此这种配置下的事务是具有耐久性的。
- 当服务器运行在 AOF 持久化模式下，并且 `appendfsync` 选项的值为 `everysec` 时，程序会每秒同步一次命令数据到硬盘。因为停机可能会恰好发生在等待同步的那一秒钟之内，这可能会造成事务数据丢失，所以这种配置下的事务不具有耐久性。

- 当服务器运行在 AOF 持久化模式下，并且 appendfsync 选项的值为 no 时，程序会交由操作系统来决定何时将命令数据同步到硬盘。因为事务数据可能在等待同步的过程中丢失，所以这种配置下的事务不具有耐久性。

> **no-appendfsync-on-rewrite 配置选项对耐久性的影响**
>
> 配置选项 no-appendfsync-on-rewrite 可以配合 appendfsync 选项为 always 或者 everysec 的 AOF 持久化模式使用。当 no-appendfsync-on-rewrite 选项处于打开状态时，在执行 *BGSAVE* 命令或者 *BGREWRITEAOF* 命令期间，服务器会暂时停止对 AOF 文件进行同步，从而尽可能地减少 I/O 阻塞。但是这样一来，关于"always 模式的 AOF 持久化可以保证事务的耐久性"这一结论将不再成立，因为在服务器停止对 AOF 文件进行同步期间，事务结果可能会因为停机而丢失。因此，如果服务器打开了 no-appendfsync-on-rewrite 选项，那么即使服务器运行在 always 模式的 AOF 持久化之下，事务也不具有耐久性。在默认配置下，no-appendfsync-on-rewrite 处于关闭状态。

不论 Redis 在什么模式下运作，在一个事务的最后加上 *SAVE* 命令总可以保证事务的耐久性：

```
redis> MULTI
OK

redis> SET msg "hello"
QUEUED

redis> SAVE
QUEUED

redis> EXEC
1) OK
2) OK
```

不过因为这种做法的效率太低，所以并不具有实用性。

19.4 重点回顾

- 事务提供了一种将多个命令打包，然后一次性、有序地执行的机制。
- 多个命令会被入队到事务队列中，然后按先进先出（FIFO）的顺序执行。
- 事务在执行过程中不会被中断，当事务队列中的所有命令都被执行完毕之后，事务才会结束。
- 带有 *WATCH* 命令的事务会将客户端和被监视的键在数据库的 watched_keys 字典中进行关联，当键被修改时，程序会将所有监视被修改键的客户端的 REDIS_DIRTY_CAS 标志打开。

- 只有在客户端的 REDIS_DIRTY_CAS 标志未被打开时，服务器才会执行客户端提交的事务，否则的话，服务器将拒绝执行客户端提交的事务。
- Redis 的事务总是具有 ACID 中的原子性、一致性和隔离性，当服务器运行在 AOF 持久化模式下，并且 appendfsync 选项的值为 always 时，事务也具有耐久性。

19.5 参考资料

- 维基百科的 ACID 词条给出了 ACID 性质的定义：http://en.wikipedia.org/wiki/ACID。
- 《数据库系统实现》一书的第 6 章《系统故障对策》，对事务、事务错误、日志等主题进行了讨论。
- Redis 官方网站上的《事务》文档记录了 Redis 处理事务错误的方式，以及 Redis 不支持事务回滚的原因：http://redis.io/topics/transactions。

第20章

Lua脚本

Redis从2.6版本开始引入对Lua脚本的支持，通过在服务器中嵌入Lua环境，Redis客户端可以使用Lua脚本，直接在服务器端原子地执行多个Redis命令。

其中，使用*EVAL*命令可以直接对输入的脚本进行求值：

```
redis> EVAL "return 'hello world'" 0
"hello world"
```

而使用*EVALSHA*命令则可以根据脚本的SHA1校验和来对脚本进行求值，但这个命令要求校验和对应的脚本必须至少被*EVAL*命令执行过一次：

```
redis> EVAL "return 1+1" 0
(integer) 2

redis> EVALSHA "a27e7e8a43702b7046d4f6a7ccf5b60cef6b9bd9" 0 // 上一个脚本的校验和
integer) 2
```

或者这个校验和对应的脚本曾经被*SCRIPT LOAD*命令载入过：

```
redis> SCRIPT LOAD "return 2*2"
"4475bfb5919b5ad16424cb50f74d4724ae833e72"

redis> EVALSHA "4475bfb5919b5ad16424cb50f74d4724ae833e72" 0
(integer) 4
```

本章将对Redis服务器中与Lua脚本有关的各个部分进行介绍。

首先，本章将介绍Redis服务器初始化Lua环境的整个过程，说明Redis对Lua环境进行了哪些修改，而这些修改又对用户执行Lua脚本产生了什么影响和限制。

接着，本章将介绍与Lua环境进行协作的两个组件，它们分别是负责执行Lua脚本中包含的Redis命令的伪客户端，以及负责保存传入服务器的Lua脚本的脚本字典。了解伪客户端可以知道脚本中的Redis命令在执行时，服务器与Lua环境的交互过程，而了解脚本字典则有助于理解*SCRIPT EXISTS*命令和脚本复制功能的实现原理。

在这之后，本章将介绍*EVAL*命令和*EVALSHA*命令的实现原理，说明Lua脚本在Redis服务器中是如何被执行的，并对管理脚本的四个命令——*SCRIPT FLUSH*命令、*SCRIPT*

EXISTS 命令、*SCRIPT LOAD* 命令、*SCRIPT KILL* 命令的实现原理进行介绍。

最后，本章将以介绍 Redis 在主从服务器之间复制 Lua 脚本的方法作为本章的结束。

20.1 创建并修改 Lua 环境

为了在 Redis 服务器中执行 Lua 脚本，Redis 在服务器内嵌了一个 Lua 环境（environment），并对这个 Lua 环境进行了一系列修改，从而确保这个 Lua 环境可以满足 Redis 服务器的需要。

Redis 服务器创建并修改 Lua 环境的整个过程由以下步骤组成：

1）创建一个基础的 Lua 环境，之后的所有修改都是针对这个环境进行的。

2）载入多个函数库到 Lua 环境里面，让 Lua 脚本可以使用这些函数库来进行数据操作。

3）创建全局表格 `redis`，这个表格包含了对 `Redis` 进行操作的函数，比如用于在 Lua 脚本中执行 Redis 命令的 `redis.call` 函数。

4）使用 Redis 自制的随机函数来替换 Lua 原有的带有副作用的随机函数，从而避免在脚本中引入副作用。

5）创建排序辅助函数，Lua 环境使用这个辅佐函数来对一部分 Redis 命令的结果进行排序，从而消除这些命令的不确定性。

6）创建 `redis.pcall` 函数的错误报告辅助函数，这个函数可以提供更详细的出错信息。

7）对 Lua 环境中的全局环境进行保护，防止用户在执行 Lua 脚本的过程中，将额外的全局变量添加到 Lua 环境中。

8）将完成修改的 Lua 环境保存到服务器状态的 `lua` 属性中，等待执行服务器传来的 Lua 脚本。接下来的各个小节将分别介绍这些步骤。

20.1.1 创建 Lua 环境

在最开始的这一步，服务器首先调用 Lua 的 C API 函数 `lua_open`，创建一个新的 Lua 环境。

因为 `lua_open` 函数创建的只是一个基本的 Lua 环境，为了让这个 Lua 环境可以满足 Redis 的操作要求，接下来服务器将对这个 Lua 环境进行一系列修改。

20.1.2 载入函数库

Redis 修改 Lua 环境的第一步，就是将以下函数库载入到 Lua 环境里面：

- 基础库（base library）：这个库包含 Lua 的核心（core）函数，比如 `assert`、`error`、`pairs`、`tostring`、`pcall` 等。另外，为了防止用户从外部文件中引入不安全的代码，库中的 `loadfile` 函数会被删除。
- 表格库（table library）：这个库包含用于处理表格的通用函数，比如 `table.concat`、`table.insert`、`table.remove`、`table.sort` 等。

- 字符串库（string library）：这个库包含用于处理字符串的通用函数，比如用于对字符串进行查找的 string.find 函数，对字符串进行格式化的 string.format 函数，查看字符串长度的 string.len 函数，对字符串进行翻转的 string.reverse 函数等。
- 数学库（math library）：这个库是标准 C 语言数学库的接口，它包括计算绝对值的 math.abs 函数，返回多个数中的最大值和最小值的 math.max 函数和 math.min 函数，计算二次方根的 math.sqrt 函数，计算对数的 math.log 函数等。
- 调试库（debug library）：这个库提供了对程序进行调试所需的函数，比如对程序设置钩子和取得钩子的 debug.sethook 函数和 debug.gethook 函数，返回给定函数相关信息的 debug.getinfo 函数，为对象设置元数据的 debug.setmetatable 函数，获取对象元数据的 debug.getmetatable 函数等。
- Lua CJSON 库（http://www.kyne.com.au/~mark/software/lua-cjson.php）：这个库用于处理 UTF-8 编码的 JSON 格式，其中 cjson.decode 函数将一个 JSON 格式的字符串转换为一个 Lua 值，而 cjson.encode 函数将一个 Lua 值序列化为 JSON 格式的字符串。
- Struct 库（http://www.inf.puc-rio.br/~roberto/struct/）：这个库用于在 Lua 值和 C 结构（struct）之间进行转换，函数 struct.pack 将多个 Lua 值打包成一个类结构（struct-like）字符串，而函数 struct.unpack 则从一个类结构字符串中解包出多个 Lua 值。
- Lua cmsgpack 库（https://github.com/antirez/lua-cmsgpack）：这个库用于处理 MessagePack 格式的数据，其中 cmsgpack.pack 函数将 Lua 值转换为 MessagePack 数据，而 cmsgpack.unpack 函数则将 MessagePack 数据转换为 Lua 值。

通过使用这些功能强大的函数库，Lua 脚本可以直接对执行 Redis 命令获得的数据进行复杂的操作。

20.1.3　创建 redis 全局表格

在这一步，服务器将在 Lua 环境中创建一个 redis 表格（table），并将它设为全局变量。这个 redis 表格包含以下函数：

- 用于执行 Redis 命令的 redis.call 和 redis.pcall 函数。
- 用于记录 Redis 日志（log）的 redis.log 函数，以及相应的日志级别（level）常量：redis.LOG_DEBUG，redis.LOG_VERBOSE，redis.LOG_NOTICE，以及 redis.LOG_WARNING。
- 用于计算 SHA1 校验和的 redis.sha1hex 函数。
- 用于返回错误信息的 redis.error_reply 函数和 redis.status_reply 函数。

在这些函数里面，最常用也最重要的要数 redis.call 函数和 redis.pcall 函数，通过这两个函数，用户可以直接在 Lua 脚本中执行 Redis 命令：

```
redis> EVAL "return redis.call('PING')" 0
PONG
```

20.1.4 使用 Redis 自制的随机函数来替换 Lua 原有的随机函数

为了保证相同的脚本可以在不同的机器上产生相同的结果，Redis 要求所有传入服务器的 Lua 脚本，以及 Lua 环境中的所有函数，都必须是无副作用（side effect）的纯函数（pure function）。

但是，在之前载入 Lua 环境的 `math` 函数库中，用于生成随机数的 `math.random` 函数和 `math.randomseed` 函数都是带有副作用的，它们不符合 Redis 对 Lua 环境的无副作用要求。

因为这个原因，Redis 使用自制的函数替换了 `math` 库中原有的 `math.random` 函数和 `math.randomseed` 函数，替换之后的两个函数有以下特征：

- 对于相同的 seed 来说，`math.random` 总产生相同的随机数序列，这个函数是一个纯函数。
- 除非在脚本中使用 `math.randomseed` 显式地修改 seed，否则每次运行脚本时，Lua 环境都使用固定的 `math.randomseed(0)` 语句来初始化 seed 。

例如，使用以下脚本，我们可以打印 seed 值为 `0` 时，`math.random` 对于输入 `10` 至 `1` 所产生的随机序列：

```
--random-with-default-seed.lua

local i = 10
local seq = {}

while (i > 0) do
    seq[i] = math.random(i)
    i = i-1
end

return seq
```

无论执行这个脚本多少次，产生的值都是相同的：

```
$ redis-cli --eval random-with-default-seed.lua
1) (integer) 1
2) (integer) 2
3) (integer) 2
4) (integer) 3
5) (integer) 4
6) (integer) 4
7) (integer) 7
8) (integer) 1
9) (integer) 7
10) (integer) 2
```

但是，如果我们在另一个脚本里面，调用 `math.randomseed` 将 `seed` 修改为 `10086`：

```
--random-with-new-seed.lua

math.randomseed(10086) --change seed

local i = 10
local seq = {}

while (i > 0) do
    seq[i] = math.random(i)
    i = i-1
end

return seq
```

那么这个脚本生成的随机数序列将和使用默认 seed 值 0 时生成的随机序列不同：

```
$ redis-cli --eval random-with-new-seed.lua
1) (integer) 1
2) (integer) 1
3) (integer) 2
4) (integer) 1
5) (integer) 1
6) (integer) 3
7) (integer) 1
8) (integer) 1
9) (integer) 3
10) (integer) 1
```

20.1.5 创建排序辅助函数

上一个小节说到，为了防止带有副作用的函数令脚本产生不一致的数据，Redis 对 math 库的 math.random 函数和 math.randomseed 函数进行了替换。

对于 Lua 脚本来说，另一个可能产生不一致数据的地方是那些带有不确定性质的命令。比如对于一个集合键来说，因为集合元素的排列是无序的，所以即使两个集合的元素完全相同，它们的输出结果也可能并不相同。

考虑下面这个集合例子：

```
redis> SADD fruit apple banana cherry
(integer) 3

redis> SMEMBERS fruit
1) "cherry"
2) "banana"
3) "apple"

redis> SADD another-fruit cherry banana apple
(integer) 3

redis> SMEMBERS another-fruit
1) "apple"
2) "banana"
3) "cherry"
```

这个例子中的 fruit 集合和 another-fruit 集合包含的元素是完全相同的，只是因为集合添加元素的顺序不同，*SMEMBERS* 命令的输出就产生了不同的结果。

Redis 将 *SMEMBERS* 这种在相同数据集上可能会产生不同输出的命令称为“带有不确定性的命令”，这些命令包括：

- *SINTER*
- *SUNION*
- *SDIFF*
- *SMEMBERS*
- *HKEYS*
- *HVALS*
- *KEYS*

为了消除这些命令带来的不确定性，服务器会为 Lua 环境创建一个排序辅助函数 __redis__compare_helper，当 Lua 脚本执行完一个带有不确定性的命令之后，程序会使用 __redis__compare_helper 作为对比函数，自动调用 table.sort 函数对命令的返回值做一次排序，以此来保证相同的数据集总是产生相同的输出。

举个例子，如果我们在 Lua 脚本中对 fruit 集合和 another-fruit 集合执行 *SMEMBERS* 命令，那么两个脚本将得出相同的结果，因为脚本已经对 *SMEMBERS* 命令的输出进行过排序了：

```
redis> EVAL "return redis.call('SMEMBERS', KEYS[1])" 1 fruit
1) "apple"
2) "banana"
3) "cherry"

redis> EVAL "return redis.call('SMEMBERS', KEYS[1])" 1 another-fruit
1) "apple"
2) "banana"
3) "cherry"
```

20.1.6 创建 redis.pcall 函数的错误报告辅助函数

在这一步，服务器将为 Lua 环境创建一个名为 __redis__err__handler 的错误处理函数，当脚本调用 redis.pcall 函数执行 Redis 命令，并且被执行的命令出现错误时，__redis__err__handler 就会打印出错代码的来源和发生错误的行数，为程序的调试提供方便。

举个例子，如果客户端要求服务器执行以下 Lua 脚本：

```
-- 第 1 行
-- 第 2 行
-- 第 3 行
return redis.pcall('wrong command')
```

那么服务器将向客户端返回一个错误：

```
$ redis-cli --eval wrong-command.lua
(error) @user_script: 4: Unknown Redis command called from Lua script
```

其中 `@user_script` 说明这是一个用户定义的函数，而之后的 4 则说明出错的代码位于 Lua 脚本的第四行。

20.1.7 保护 Lua 的全局环境

在这一步，服务器将对 Lua 环境中的全局环境进行保护，确保传入服务器的脚本不会因为忘记使用 `local` 关键字而将额外的全局变量添加到 Lua 环境里面。

因为全局变量保护的原因，当一个脚本试图创建一个全局变量时，服务器将报告一个错误：

```
redis> EVAL "x = 10" 0
(error) ERR Error running script
(call to f_df1ad3745c2d2f078f0f41377a92bb6f8ac79af0):
@enable_strict_lua:7: user_script:1:
Script attempted to create global variable 'x'
```

除此之外，试图获取一个不存在的全局变量也会引发一个错误：

```
redis> EVAL "return x" 0
(error) ERR Error running script
(call to f_03c387736bb5cc009ff35151572cee04677aa374):
@enable_strict_lua:14: user_script:1:
Script attempted to access unexisting global variable 'x'
```

不过 Redis 并未禁止用户修改已存在的全局变量，所以在执行 Lua 脚本的时候，必须非常小心，以免错误地修改了已存在的全局变量：

```
redis> EVAL "redis = 10086; return redis" 0
(integer) 10086
```

20.1.8 将 Lua 环境保存到服务器状态的 lua 属性里面

经过以上的一系列修改，Redis 服务器对 Lua 环境的修改工作到此就结束了，在最后的这一步，服务器会将 Lua 环境和服务器状态的 `lua` 属性关联起来，如图 20-1 所示。

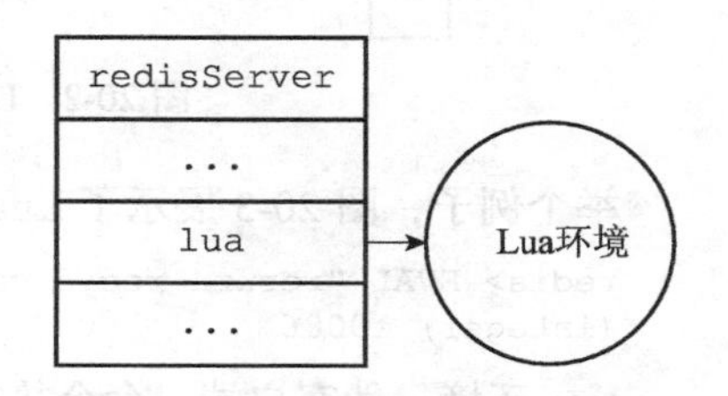

图 20-1 服务器状态中的 Lua 环境

因为 Redis 使用串行化的方式来执行 Redis 命令，所以在任何特定时间里，最多都只会有一个脚本能够被放进 Lua 环境里面运行，因此，整个 Redis 服务器只需要创建一个 Lua 环境即可。

20.2 Lua 环境协作组件

除了创建并修改 Lua 环境之外，Redis 服务器还创建了两个用于与 Lua 环境进行协作的组件，它们分别是负责执行 Lua 脚本中的 Redis 命令的伪客户端，以及用于保存 Lua 脚本的

lua_scripts 字典。

接下来的两个小节将分别介绍这两个组件。

20.2.1 伪客户端

因为执行 Redis 命令必须有相应的客户端状态，所以为了执行 Lua 脚本中包含的 Redis 命令，Redis 服务器专门为 Lua 环境创建了一个伪客户端，并由这个伪客户端负责处理 Lua 脚本中包含的所有 Redis 命令。

Lua 脚本使用 redis.call 函数或者 redis.pcall 函数执行一个 Redis 命令，需要完成以下步骤：

1）Lua 环境将 redis.call 函数或者 redis.pcall 函数想要执行的命令传给伪客户端。

2）伪客户端将脚本想要执行的命令传给命令执行器。

3）命令执行器执行伪客户端传给它的命令，并将命令的执行结果返回给伪客户端。

4）伪客户端接收命令执行器返回的命令结果，并将这个命令结果返回给 Lua 环境。

5）Lua 环境在接收到命令结果之后，将该结果返回给 redis.call 函数或者 redis.pcall 函数。

6）接收到结果的 redis.call 函数或者 redis.pcall 函数会将命令结果作为函数返回值返回给脚本中的调用者。

图 20-2 展示了 Lua 脚本在调用 redis.call 函数时，Lua 环境、伪客户端、命令执行器三者之间的通信过程（调用 redis.pcall 函数时产生的通信过程也是一样的）。

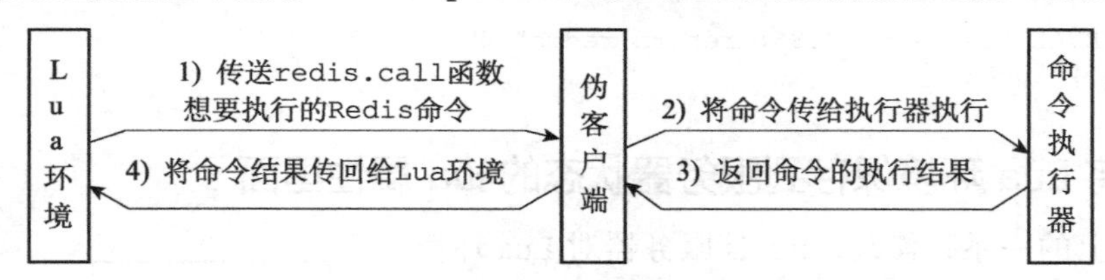

图 20-2 Lua 脚本执行 Redis 命令时的通信步骤

举个例子，图 20-3 展示了 Lua 脚本在执行以下命令时：

```
redis> EVAL "return redis.call('DBSIZE')" 0
(integer) 10086
```

Lua 环境、伪客户端、命令执行器三者之间的通信过程。

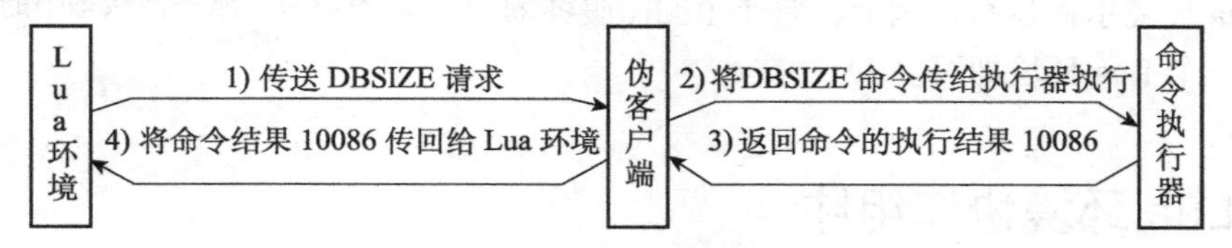

图 20-3 Lua 脚本执行 DBSIZE 命令时的通信步骤

20.2.2 lua_scripts 字典

除了伪客户端之外，Redis 服务器为 Lua 环境创建的另一个协作组件是 lua_scripts 字典，这个字典的键为某个 Lua 脚本的 SHA1 校验和（checksum），而字典的值则是 SHA1 校验和对应的 Lua 脚本：

```
struct redisServer {

    // ...

    dict *lua_scripts;

    // ...

};
```

Redis 服务器会将所有被 *EVAL* 命令执行过的 Lua 脚本，以及所有被 *SCRIPT LOAD* 命令载入过的 Lua 脚本都保存到 lua_scripts 字典里面。

举个例子，如果客户端向服务器发送以下命令：

```
redis> SCRIPT LOAD "return 'hi'"
"2f31ba2bb6d6a0f42cc159d2e2dad55440778de3"

redis> SCRIPT LOAD "return 1+1"
"a27e7e8a43702b7046d4f6a7ccf5b60cef6b9bd9"

redis> SCRIPT LOAD "return 2*2"
"4475bfb5919b5ad16424cb50f74d4724ae833e72"
```

那么服务器的 lua_scripts 字典将包含被 *SCRIPT LOAD* 命令载入的三个 Lua 脚本，如图 20-4 所示。

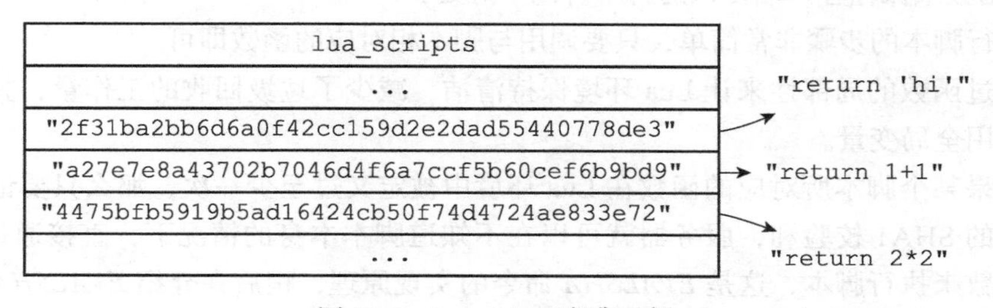

图 20-4 lua_scripts 字典示例

lua_scripts 字典有两个作用，一个是实现 *SCRIPT EXISTS* 命令，另一个是实现脚本复制功能，本章稍后将详细说明 lua_scripts 字典在这两个功能中的作用。

20.3 EVAL 命令的实现

EVAL 命令的执行过程可以分为以下三个步骤：

1）根据客户端给定的 Lua 脚本，在 Lua 环境中定义一个 Lua 函数。

2）将客户端给定的脚本保存到 lua_scripts 字典，等待将来进一步使用。

3）执行刚刚在 Lua 环境中定义的函数，以此来执行客户端给定的 Lua 脚本。

以下三个小节将以：

```
redis> EVAL "return 'hello world'" 0
"hello world"
```

命令为示例，分别介绍 *EVAL* 命令执行的三个步骤。

20.3.1 定义脚本函数

当客户端向服务器发送 *EVAL* 命令，要求执行某个 Lua 脚本的时候，服务器首先要做的就是在 Lua 环境中，为传入的脚本定义一个与这个脚本相对应的 Lua 函数，其中，Lua 函数的名字由 f_ 前缀加上脚本的 SHA1 校验和（四十个字符长）组成，而函数的体（body）则是脚本本身。

举个例子，对于命令：

```
EVAL "return 'hello world'" 0
```

来说，服务器将在 Lua 环境中定义以下函数：

```
function f_5332031c6b470dc5a0dd9b4bf2030dea6d65de91()
    return 'hello world'
end
```

因为客户端传入的脚本为 return 'hello world'，而这个脚本的 SHA1 校验和为 5332031c6b470dc5a0dd9b4bf2030dea6d65de91，所以函数的名字为 f_5332031c6b470dc5a0dd9b4bf2030dea6d65de91，而函数的体则为 return 'hello world'。

使用函数来保存客户端传入的脚本有以下好处：

- 执行脚本的步骤非常简单，只要调用与脚本相对应的函数即可。
- 通过函数的局部性来让 Lua 环境保持清洁，减少了垃圾回收的工作量，并且避免了使用全局变量。
- 如果某个脚本所对应的函数在 Lua 环境中被定义过至少一次，那么只要记得这个脚本的 SHA1 校验和，服务器就可以在不知道脚本本身的情况下，直接通过调用 Lua 函数来执行脚本，这是 *EVALSHA* 命令的实现原理，稍后在介绍 *EVALSHA* 命令的实现时就会说到这一点。

20.3.2 将脚本保存到 lua_scripts 字典

EVAL 命令要做的第二件事是将客户端传入的脚本保存到服务器的 lua_scripts 字典里面。举个例子，对于命令：

```
EVAL "return 'hello world'" 0
```

来说，服务器将在 lua_scripts 字典中新添加一个键值对，其中键为 Lua 脚本的 SHA1 校验和：

```
5332031c6b470dc5a0dd9b4bf2030dea6d65de91
```

而值则为 Lua 脚本本身：

```
return 'hello world'
```

添加新键值对之后的 lua_scripts 字典如图 20-5 所示。

图 20-5 添加新键值对之后的 lua_scripts 字典

20.3.3 执行脚本函数

在为脚本定义函数，并且将脚本保存到 lua_scripts 字典之后，服务器还需要进行一些设置钩子、传入参数之类的准备动作，才能正式开始执行脚本。

整个准备和执行脚本的过程如下：

1）将 *EVAL* 命令中传入的键名（key name）参数和脚本参数分别保存到 KEYS 数组和 ARGV 数组，然后将这两个数组作为全局变量传入到 Lua 环境里面。

2）为 Lua 环境装载超时处理钩子（hook），这个钩子可以在脚本出现超时运行情况时，让客户端通过 *SCRIPT KILL* 命令停止脚本，或者通过 *SHUTDOWN* 命令直接关闭服务器。

3）执行脚本函数。

4）移除之前装载的超时钩子。

5）将执行脚本函数所得的结果保存到客户端状态的输出缓冲区里面，等待服务器将结果返回给客户端。

6）对 Lua 环境执行垃圾回收操作。

举个例子，对于如下命令：

```
EVAL "return 'hello world'" 0
```

服务器将执行以下动作：

1）因为这个脚本没有给定任何键名参数或者脚本参数，所以服务器会跳过传值到 KEYS 数组或 ARGV 数组这一步。

2）为 Lua 环境装载超时处理钩子。

3）在 Lua 环境中执行 f_5332031c6b470dc5a0dd9b4bf2030dea6d65de91 函数。

4）移除超时钩子。

5）将执行 f_5332031c6b470dc5a0dd9b4bf2030dea6d65de91 函数所得的结果 "hello world" 保存到客户端状态的输出缓冲区里面。

6）对 Lua 环境执行垃圾回收操作。

至此，命令：

```
EVAL "return 'hello world'" 0
```

执行算是告一段落，之后服务器只要将保存在输出缓冲区里面的执行结果返回给执行 *EVAL* 命令的客户端就可以了。

20.4 EVALSHA 命令的实现

本章前面介绍 *EVAL* 命令的实现时说过，每个被 *EVAL* 命令成功执行过的 Lua 脚本，在 Lua 环境里面都有一个与这个脚本相对应的 Lua 函数，函数的名字由 `f_` 前缀加上 40 个字符长的 SHA1 校验和组成，例如 `f_5332031c6b470dc5a0dd9b4bf2030dea6d65de91`。

只要脚本对应的函数曾经在 Lua 环境里面定义过，那么即使不知道脚本的内容本身，客户端也可以根据脚本的 SHA1 校验和来调用脚本对应的函数，从而达到执行脚本的目的，这就是 *EVALSHA* 命令的实现原理。

可以用伪代码来描述这一原理：

```
def EVALSHA(sha1):

    # 拼接出函数的名字
    # 例如：f_5332031c6b470dc5a0dd9b4bf2030dea6d65de91
    func_name = "f_" + sha1

    # 查看这个函数在 Lua 环境中是否存在
    if function_exists_in_lua_env(func_name):

        # 如果函数存在，那么执行它
        execute_lua_function(func_name)

    else:

        # 如果函数不存在，那么返回一个错误
        send_script_error("SCRIPT NOT FOUND")
```

举个例子，当服务器执行完以下 *EVAL* 命令之后：

```
redis> EVAL "return 'hello world'" 0
"hello world"
```

Lua 环境里面就定义了以下函数：

```
function f_5332031c6b470dc5a0dd9b4bf2030dea6d65de91()
    return 'hello world'
end
```

当客户端执行以下 *EVALSHA* 命令时：

```
redis> EVALSHA "5332031c6b470dc5a0dd9b4bf2030dea6d65de91" 0
"hello world"
```

服务器首先根据客户端输入的 SHA1 校验和，检查函数 `f_5332031c6b470dc5a0dd9b4bf2030dea6d65de91` 是否存在于 Lua 环境中，得到的回应是该函数确实存在，于是服务器执行 Lua 环境中的 `f_5332031c6b470dc5a0dd9b4bf2030dea6d65de91` 函数，并将结果 `"hello world"` 返回给客户端。

20.5 脚本管理命令的实现

除了 *EVAL* 命令和 *EVALSHA* 命令之外，Redis 中与 Lua 脚本有关的命令还有四个，它们分别是 *SCRIPT FLUSH* 命令、*SCRIPT EXISTS* 命令、*SCRIPT LOAD* 命令、以及 *SCRIPT KILL* 命令。

接下来的四个小节将分别对这四个命令的实现原理进行介绍。

20.5.1 SCRIPT FLUSH

SCRIPT FLUSH 命令用于清除服务器中所有和 Lua 脚本有关的信息，这个命令会释放并重建 `lua_scripts` 字典，关闭现有的 Lua 环境并重新创建一个新的 Lua 环境。

以下为 *SCRIPT FLUSH* 命令的实现伪代码：

```
def SCRIPT_FLUSH():

    # 释放脚本字典
    dictRelease(server.lua_scripts)

    # 重建脚本字典
    server.lua_scripts = dictCreate(...)

    # 关闭 Lua 环境
    lua_close(server.lua)

    # 初始化一个新的 Lua 环境
    server.lua = init_lua_env()
```

20.5.2 SCRIPT EXISTS

SCRIPT EXISTS 命令根据输入的 SHA1 校验和，检查校验和对应的脚本是否存在于服务器中。

SCRIPT EXISTS 命令是通过检查给定的校验和是否存在于 `lua_scripts` 字典来实现的，以下是该命令的实现伪代码：

```
def SCRIPT_EXISTS(*sha1_list):

    # 结果列表
    result_list = []

    # 遍历输入的所有 SHA1 校验和
    for sha1 in sha1_list:

        # 检查校验和是否为 lua_scripts 字典的键
        # 如果是的话，那么表示校验和对应的脚本存在
        # 否则的话，脚本就不存在
        if sha1 in server.lua_scripts:
            # 存在用 1 表示
            result_list.append(1)
        else:
```

```
            # 不存在用 0 表示
            result_list.append(0)

    # 向客户端返回结果列表
    send_list_reply(result_list)
```

图 20-6 lua_scripts 字典

举个例子，对于图 20-6 所示的 lua_scripts 字典来说，我们可以进行以下测试：

```
redis> SCRIPT EXISTS "2f31ba2bb6d6a0f42cc159d2e2dad55440778de3"
1) (integer) 1

redis> SCRIPT EXISTS "a27e7e8a43702b7046d4f6a7ccf5b60cef6b9bd9"
1) (integer) 1

redis> SCRIPT EXISTS "4475bfb5919b5ad16424cb50f74d4724ae833e72"
1) (integer) 1

redis> SCRIPT EXISTS "NotExistsScriptSha1HereABCDEFGHIJKLMNOPQ"
1) (integer) 0
```

从测试结果可知，除了最后一个校验和之外，其他校验和对应的脚本都存在于服务器中。

注意

SCRIPT EXISTS 命令允许一次传入多个 SHA1 校验和，不过因为 SHA1 校验和太长，所以示例里分开多次来进行测试。

实现 *SCRIPT EXISTS* 实际上并不需要 lua_scripts 字典的值。如果 lua_scripts 字典只用于实现 *SCRIPT EXISTS* 命令的话，那么字典只需要保存 Lua 脚本的 SHA1 校验和就可以了，并不需要保存 Lua 脚本本身。lua_scripts 字典既保存脚本的 SHA1 校验和，又保存脚本本身的原因是为了实现脚本复制功能，详细的情况请看本章稍后对脚本复制功能实现原理的介绍。

20.5.3 SCRIPT LOAD

SCRIPT LOAD 命令所做的事情和 *EVAL* 命令执行脚本时所做的前两步完全一样：命令首先在 Lua 环境中为脚本创建相对应的函数，然后再将脚本保存到 lua_scripts 字典里面。

举个例子，如果我们执行以下命令：

```
redis> SCRIPT LOAD "return 'hi'"
"2f31ba2bb6d6a0f42cc159d2e2dad55440778de3"
```

那么服务器将在 Lua 环境中创建以下函数：

```
function f_2f31ba2bb6d6a0f42cc159d2e2dad55440778de3()
    return 'hi'
end
```

并将键为 "2f31ba2bb6d6a0f42cc159d2e2dad55440778de3"，值为 "return 'hi'" 的键值对添加到服务器的 lua_scripts 字典里面，如图 20-7 所示。

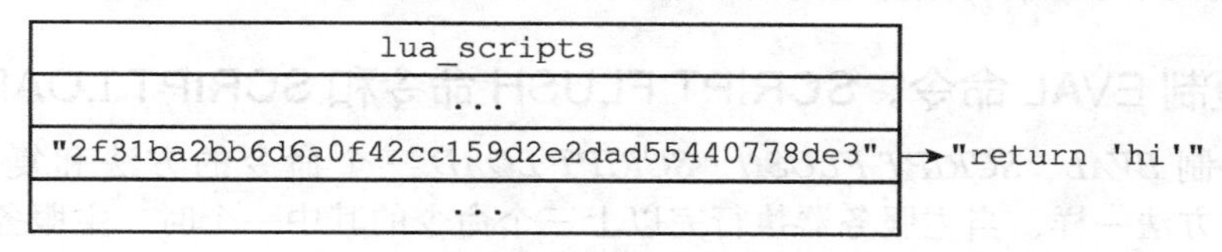

图 20-7 lua_scripts 字典

完成了这些步骤之后，客户端就可以使用 *EVALSHA* 命令来执行前面被 *SCRIPT LOAD* 命令载入的脚本了：

```
redis> EVALSHA "2f31ba2bb6d6a0f42cc159d2e2dad55440778de3" 0
"hi"
```

20.5.4 SCRIPT KILL

如果服务器设置了 lua-time-limit 配置选项，那么在每次执行 Lua 脚本之前，服务器都会在 Lua 环境里面设置一个超时处理钩子（hook）。

超时处理钩子在脚本运行期间，会定期检查脚本已经运行了多长时间，一旦钩子发现脚本的运行时间已经超过了 lua-time-limit 选项设置的时长，钩子将定期在脚本运行的间隙中，查看是否有 *SCRIPT KILL* 命令或者 *SHUTDOWN* 命令到达服务器。

图 20-8 展示了带有超时处理钩子的脚本的运行过程。

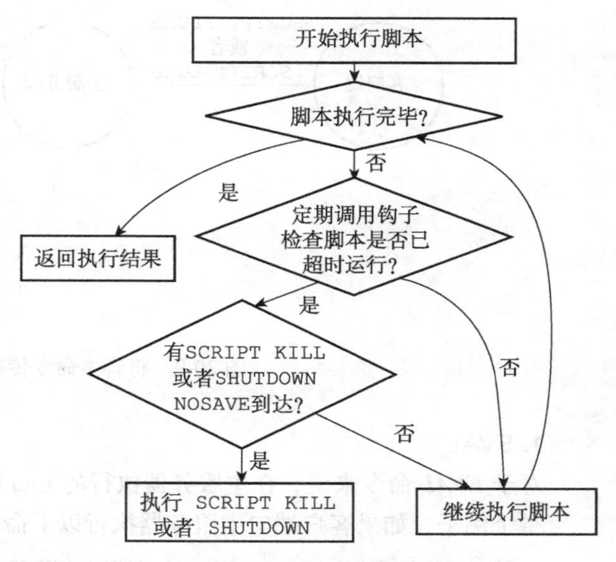

图 20-8 带有超时处理钩子的脚本的执行过程

如果超时运行的脚本未执行过任何写入操作，那么客户端可以通过 *SCRIPT KILL* 命令来指示服务器停止执行这个脚本，并向执行该脚本的客户端发送一个错误回复。处理完 *SCRIPT KILL* 命令之后，服务器可以继续运行。

另一方面，如果脚本已经执行过写入操作，那么客户端只能用 *SHUTDOWN nosave* 命令来停止服务器，从而防止不合法的数据被写入数据库中。

20.6 脚本复制

与其他普通 Redis 命令一样，当服务器运行在复制模式之下时，具有写性质的脚本命令也会被复制到从服务器，这些命令包括 *EVAL* 命令、*EVALSHA* 命令、*SCRIPT FLUSH* 命令，以及 *SCRIPT LOAD* 命令。

接下来的两个小节将分别介绍这四个命令的复制方法。

20.6.1 复制 EVAL 命令、SCRIPT FLUSH 命令和 SCRIPT LOAD 命令

Redis 复制 *EVAL*、*SCRIPT FLUSH*、*SCRIPT LOAD* 三个命令的方法和复制其他普通 Redis 命令的方法一样，当主服务器执行完以上三个命令的其中一个时，主服务器会直接将被执行的命令传播（propagate）给所有从服务器，如图 20-9 所示。

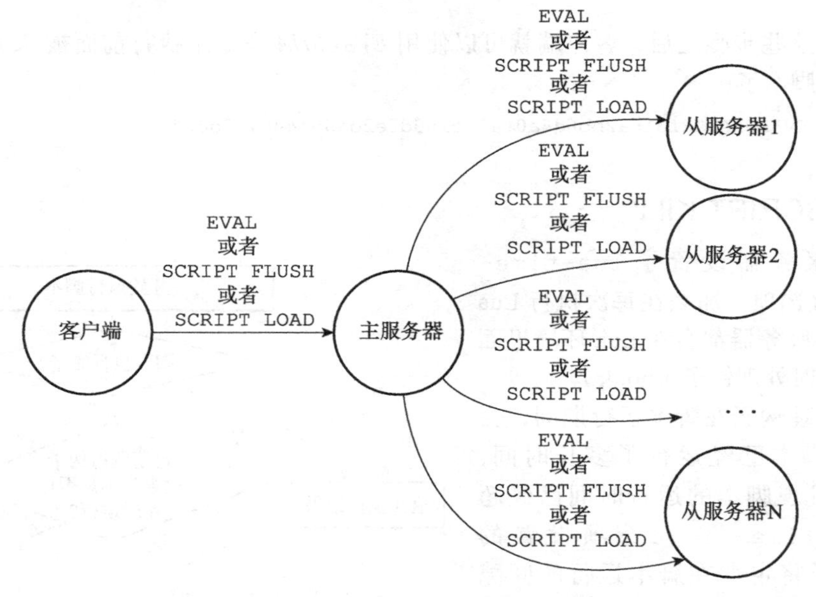

图 20-9 将脚本命令传播给从服务器

1. EVAL

对于 *EVAL* 命令来说，在主服务器执行的 Lua 脚本同样会在所有从服务器中执行。

举个例子，如果客户端向主服务器执行以下命令：

```
redis> EVAL "return redis.call('SET', KEYS[1], ARGV[1])" 1 "msg" "hello world"
OK
```

那么主服务器在执行这个 *EVAL* 命令之后，将向所有从服务器传播这条 *EVAL* 命令，从服务器会接收并执行这条 *EVAL* 命令，最终结果是，主从服务器双方都会将数据库 `"msg"` 键的值设置为 `"hello world"`，并且将脚本：

```
"return redis.call('SET', KEYS[1], ARGV[1])"
```

保存在脚本字典里面。

2. SCRIPT FLUSH

如果客户端向主服务器发送 *SCRIPT FLUSH* 命令，那么主服务器也会向所有从服务器传播 *SCRIPT FLUSH* 命令。

最终的结果是，主从服务器双方都会重置自己的 Lua 环境，并清空自己的脚本字典。

3. SCRIPT LOAD

如果客户端使用 *SCRIPT LOAD* 命令，向主服务器载入一个 Lua 脚本，那么主服务器将向所有从服务器传播相同的 *SCRIPT LOAD* 命令，使得所有从服务器也会载入相同的 Lua 脚本。

举个例子，如果客户端向主服务器发送命令：

```
redis> SCRIPT LOAD "return 'hello world'"
"5332031c6b470dc5a0dd9b4bf2030dea6d65de91"
```

那么主服务器也会向所有从服务器传播同样的命令：

```
SCRIPT LOAD "return 'hello world'"
```

最终的结果是，主从服务器双方都会载入脚本：

```
"return 'hello world'"
```

20.6.2 复制 EVALSHA 命令

EVALSHA 命令是所有与 Lua 脚本有关的命令中，复制操作最复杂的一个，因为主服务器与从服务器载入 Lua 脚本的情况可能有所不同，所以主服务器不能像复制 *EVAL* 命令、*SCRIPT LOAD* 命令或者 *SCRIPT FLUSH* 命令那样，直接将 *EVALSHA* 命令传播给从服务器。对于一个在主服务器被成功执行的 *EVALSHA* 命令来说，相同的 *EVALSHA* 命令在从服务器执行时却可能会出现脚本未找到（not found）错误。

举个例子，假设现在有一个主服务器 master，如果客户端向主服务器发送命令：

```
master> SCRIPT LOAD "return 'hello world'"
"5332031c6b470dc5a0dd9b4bf2030dea6d65de91"
```

那么在执行这个 *SCRIPT LOAD* 命令之后，SHA1 值为 5332031c6b470dc5a0dd9b4bf2030dea6d65de91 的脚本就存在于主服务器中了。

现在，假设一个从服务器 slave1 开始复制主服务器 master，如果 master 不想办法将脚本：

```
"return 'hello world'"
```

传送给 slave1 载入的话，那么当客户端向主服务器发送命令：

```
master> EVALSHA "5332031c6b470dc5a0dd9b4bf2030dea6d65de91" 0
"hello world"
```

的时候，master 将成功执行这个 *EVALSHA* 命令，而当 master 将这个命令传播给 slave1 执行的时候，slave1 却会出现脚本未找到错误：

```
slave1> EVALSHA "5332031c6b470dc5a0dd9b4bf2030dea6d65de91" 0
(error) NOSCRIPT No matching script. Please use EVAL.
```

更为复杂的是，因为多个从服务器之间载入 Lua 脚本的情况也可能各有不同，所以即使一个 *EVALSHA* 命令可以在某个从服务器成功执行，也不代表这个 *EVALSHA* 命令就一定可以在另一个从服务器成功执行。

举个例子，假设有主服务器 `master` 和从服务器 `slave1`，并且 `slave1` 一直复制着 `master`，所以 `master` 载入的所有 Lua 脚本，`slave1` 也有载入（通过传播 *EVAL* 命令或者 *SCRIPT LOAD* 命令来实现）。

例如说，如果客户端向 `master` 发送命令：

```
master> SCRIPT LOAD "return 'hello world'"
"5332031c6b470dc5a0dd9b4bf2030dea6d65de91"
```

那么这个命令也会被传播到 `slave1` 上面，所以 `master` 和 `slave1` 都会成功载入 SHA1 校验和为 `5332031c6b470dc5a0dd9b4bf2030dea6d65de91` 的 Lua 脚本。

如果这时，一个新的从服务器 `slave2` 开始复制主服务器 `master`，如果 `master` 不想办法将脚本：

```
"return 'hello world'"
```

传送给 `slave2` 的话，那么当客户端向主服务器发送命令：

```
master> EVALSHA "5332031c6b470dc5a0dd9b4bf2030dea6d65de91" 0
"hello world"
```

的时候，`master` 和 `slave1` 都将成功执行这个 *EVALSHA* 命令，而 `slave2` 却会发生脚本未找到错误。

为了防止以上假设的情况出现，Redis 要求主服务器在传播 *EVALSHA* 命令的时候，必须确保 *EVALSHA* 命令要执行的脚本已经被所有从服务器载入过，如果不能确保这一点的话，主服务器会将 *EVALSHA* 命令转换成一个等价的 *EVAL* 命令，然后通过传播 *EVAL* 命令来代替 *EVALSHA* 命令。

传播 *EVALSHA* 命令，或者将 *EVALSHA* 命令转换成 *EVAL* 命令，都需要用到服务器状态的 `lua_scripts` 字典和 `repl_scriptcache_dict` 字典，接下来的小节将分别介绍这两个字典的作用，并最终说明 Redis 复制 *EVALSHA* 命令的方法。

1. 判断传播 EVALSHA 命令是否安全的方法

主服务器使用服务器状态的 `repl_scriptcache_dict` 字典记录自己已经将哪些脚本传播给了所有从服务器：

```
struct redisServer {

    // ...

    dict *repl_scriptcache_dict;

    // ...
```

```
};
```

repl_scriptcache_dict 字典的键是一个个 Lua 脚本的 SHA1 校验和，而字典的值则全部都是 NULL，当一个校验和出现在 repl_scriptcache_dict 字典时，说明这个校验和对应的 Lua 脚本已经传播给了所有从服务器，主服务器可以直接向从服务器传播包含这个 SHA1 校验和的 *EVALSHA* 命令，而不必担心从服务器会出现脚本未找到错误。

图 20-10 一个 repl_scriptcache_dict 字典示例

举个例子，如果主服务器 repl_scriptcache_dict 字典的当前状态如图 20-10 所示，那么主服务器可以向从服务器传播以下三个 *EVALSHA* 命令，并且从服务器在执行这些 *EVALSHA* 命令的时候不会出现脚本未找到错误：

```
EVALSHA "2f31ba2bb6d6a0f42cc159d2e2dad55440778de3" ...

EVALSHA "a27e7e8a43702b7046d4f6a7ccf5b60cef6b9bd9" ...

EVALSHA "4475bfb5919b5ad16424cb50f74d4724ae833e72" ...
```

另一方面，如果一个脚本的 SHA1 校验和存在于 lua_scripts 字典，但是却不存在于 repl_scriptcache_dict 字典，那么说明校验和对应的 Lua 脚本已经被主服务器载入，但是并没有传播给所有从服务器，如果我们尝试向从服务器传播包含这个 SHA1 校验和的 *EVALSHA* 命令，那么至少有一个从服务器会出现脚本未找到错误。

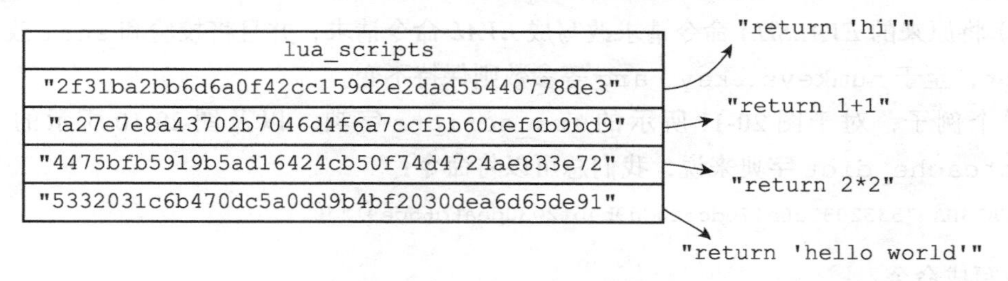

图 20-11 lua_scripts 字典

举个例子，对于图 20-11 所示的 lua_scripts 字典，以及图 20-10 所示的 repl_scriptcache_dict 字典来说，SHA1 校验和为：

```
"5332031c6b470dc5a0dd9b4bf2030dea6d65de91"
```

的脚本：

```
"return 'hello world'"
```

虽然存在于 lua_scripts 字典，但是 repl_scriptcache_dict 字典却并不包含校验和 "5332031c6b470dc5a0dd9b4bf2030dea6d65de91"，这说明脚本：

```
"return 'hello world'"
```

虽然已经载入到主服务器里面，但并未传播给所有从服务器，如果主服务器尝试向从服务器发送命令：

```
EVALSHA "5332031c6b470dc5a0dd9b4bf2030dea6d65de91" ...
```

那么至少会有一个从服务器遇上脚本未找到错误。

2. 清空 repl_scriptcache_dict 字典

每当主服务器添加一个新的从服务器时，主服务器都会清空自己的 repl_scriptcache_dict 字典，这是因为随着新从服务器的出现，repl_scriptcache_dict 字典里面记录的脚本已经不再被所有从服务器载入过，所以主服务器会清空 repl_scriptcache_dict 字典，强制自己重新向所有从服务器传播脚本，从而确保新的从服务器不会出现脚本未找到错误。

3. EVALSHA 命令转换成 EVAL 命令的方法

通过使用 *EVALSHA* 命令指定的 SHA1 校验和，以及 lua_scripts 字典保存的 Lua 脚本，服务器总可以将一个 *EVALSHA* 命令：

```
EVALSHA <sha1> <numkeys> [key ...] [arg ...]
```

转换成一个等价的 *EVAL* 命令：

```
EVAL <script> <numkeys> [key ...] [arg ...]
```

具体的转换方法如下：

1）根据 SHA1 校验和 sha1，在 lua_scripts 字典中查找 sha1 对应的 Lua 脚本 script。

2）将原来的 *EVALSHA* 命令请求改写成 *EVAL* 命令请求，并且将校验和 sha1 改成脚本 script，至于 numkeys、key、arg 等参数则保持不变。

举个例子，对于图 20-11 所示的 lua_scripts 字典，以及图 20-10 所示的 repl_scriptcache_dict 字典来说，我们总可以将命令：

```
EVALSHA "5332031c6b470dc5a0dd9b4bf2030dea6d65de91" 0
```

改写成命令：

```
EVAL "return 'hello world'" 0
```

其中脚本的内容：

```
"return 'hello world'"
```

来源于 lua_scripts 字典 "5332031c6b470dc5a0dd9b4bf2030dea6d65de91" 键的值。

如果一个 SHA1 值所对应的 Lua 脚本没有被所有从服务器载入过，那么主服务器可以将 *EVALSHA* 命令转换成等价的 *EVAL* 命令，然后通过传播等价的 *EVAL* 命令来代替原本想要传播的 *EVALSHA* 命令，以此来产生相同的脚本执行效果，并确保所有从服务器都不会出现脚本未找到错误。

另外，因为主服务器在传播完 *EVAL* 命令之后，会将被传播脚本的 SHA1 校验和（也即是原本 *EVALSHA* 命令指定的那个校验和）添加到 `repl_scriptcache_dict` 字典里面，如果之后 *EVALSHA* 命令再次指定这个 SHA1 校验和，主服务器就可以直接传播 *EVALSHA* 命令，而不必再次对 *EVALSHA* 命令进行转换。

4. 传播 EVALSHA 命令的方法

当主服务器成功在本机执行完一个 *EVALSHA* 命令之后，它将根据 *EVALSHA* 命令指定的 SHA1 校验和是否存在于 `repl_scriptcache_dict` 字典来决定是向从服务器传播 *EVALSHA* 命令还是 *EVAL* 命令：

1）如果 *EVALSHA* 命令指定的 SHA1 校验和存在于 `repl_scriptcache_dict` 字典，那么主服务器直接向从服务器传播 *EVALSHA* 命令。

2）如果 *EVALSHA* 命令指定的 SHA1 校验和不存在于 `repl_scriptcache_dict` 字典，那么主服务器会将 *EVALSHA* 命令转换成等价的 *EVAL* 命令，然后传播这个等价的 *EVAL* 命令，并将 *EVALSHA* 命令指定的 SHA1 校验和添加到 `repl_scriptcache_dict` 字典里面。

图 20-12 展示了这个判断过程。

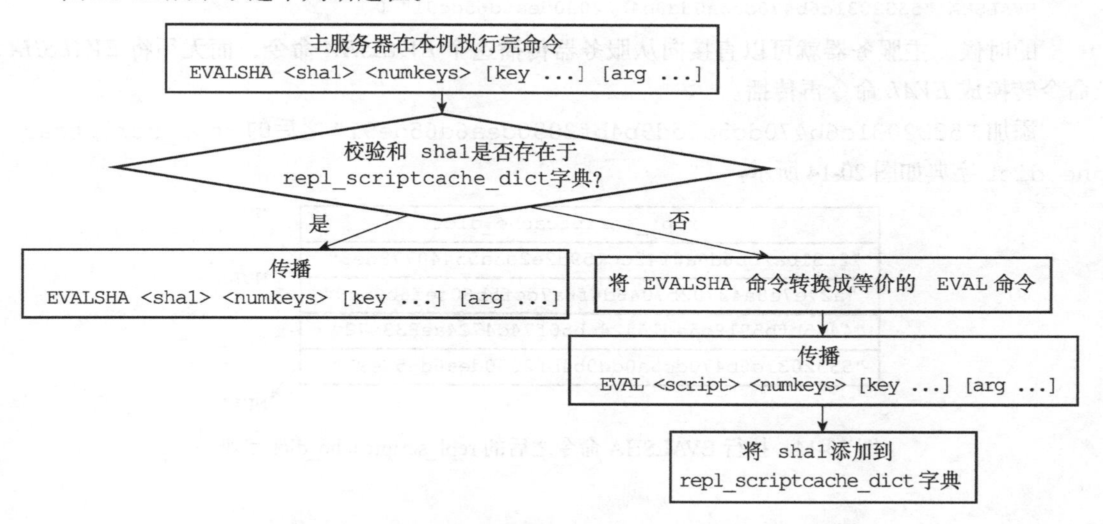

图 20-12 主服务器判断传播 EVAL 还是 EVALSHA 的过程

举个例子，假设服务器当前 `lua_scripts` 字典和 `repl_scriptcache_dict` 字典的状态如图 20-13 所示，如果客户端向主服务器发送命令：

```
EVALSHA "5332031c6b470dc5a0dd9b4bf2030dea6d65de91" 0
```

那么主服务器在执行完这个 *EVALSHA* 命令之后，会将这个 *EVALSHA* 命令转换成等价的 *EVAL* 命令：

```
EVAL "return 'hello world'" 0
```

图 20-13 执行 EVALSHA 命令之前的 lua_scripts 字典和 repl_scriptcache_dict 字典

并向所有从服务器传播这个 *EVAL* 命令。

除此之外，主服务器还会将 SHA1 校验和 "5332031c6b470dc5a0dd9b4bf2030dea6d65de91" 添加到 repl_scriptcache_dict 字典里，这样当客户端下次再发送命令：

```
EVALSHA "5332031c6b470dc5a0dd9b4bf2030dea6d65de91" 0
```

的时候，主服务器就可以直接向从服务器传播这个 *EVALSHA* 命令，而无须将 *EVALSHA* 命令转换成 *EVAL* 命令再传播。

添加 "5332031c6b470dc5a0dd9b4bf2030dea6d65de91" 之后的 repl_scriptcache_dict 字典如图 20-14 所示。

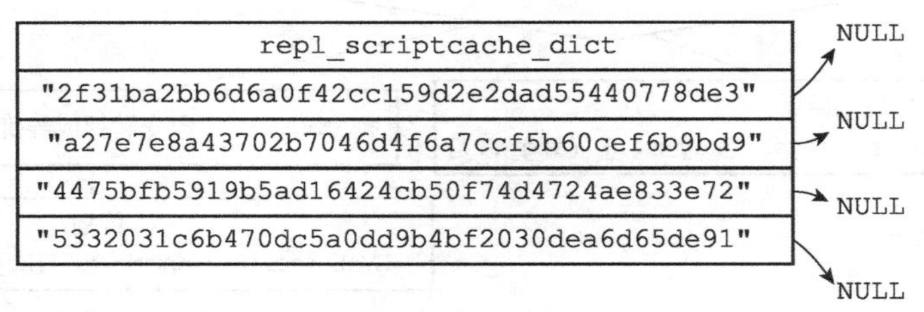

图 20-14 执行 EVALSHA 命令之后的 repl_scriptcache_dict 字典

20.7 重点回顾

- Redis 服务器在启动时，会对内嵌的 Lua 环境执行一系列修改操作，从而确保内嵌的 Lua 环境可以满足 Redis 在功能性、安全性等方面的需要。
- Redis 服务器专门使用一个伪客户端来执行 Lua 脚本中包含的 Redis 命令。
- Redis 使用脚本字典来保存所有被 *EVAL* 命令执行过，或者被 *SCRIPT LOAD* 命令载入过的 Lua 脚本，这些脚本可以用于实现 *SCRIPT EXISTS* 命令，以及实现脚本复制功能。

- *EVAL* 命令为客户端输入的脚本在 Lua 环境中定义一个函数，并通过调用这个函数来执行脚本。
- *EVALSHA* 命令通过直接调用 Lua 环境中已定义的函数来执行脚本。
- *SCRIPT FLUSH* 命令会清空服务器 `lua_scripts` 字典中保存的脚本，并重置 Lua 环境。
- *SCRIPT EXISTS* 命令接受一个或多个 SHA1 校验和为参数，并通过检查 `lua_scripts` 字典来确认校验和对应的脚本是否存在。
- *SCRIPT LOAD* 命令接受一个 Lua 脚本为参数，为该脚本在 Lua 环境中创建函数，并将脚本保存到 `lua_scripts` 字典中。
- 服务器在执行脚本之前，会为 Lua 环境设置一个超时处理钩子，当脚本出现超时运行情况时，客户端可以通过向服务器发送 *SCRIPT KILL* 命令来让钩子停止正在执行的脚本，或者发送 *SHUTDOWN nosave* 命令来让钩子关闭整个服务器。
- 主服务器复制 *EVAL* 、*SCRIPT FLUSH*、*SCRIPT LOAD* 三个命令的方法和复制普通 Redis 命令一样，只要将相同的命令传播给从服务器就可以了。
- 主服务器在复制 *EVALSHA* 命令时，必须确保所有从服务器都已经载入了 *EVALSHA* 命令指定的 SHA1 校验和所对应的 Lua 脚本，如果不能确保这一点的话，主服务器会将 *EVALSHA* 命令转换成等效的 *EVAL* 命令，并通过传播 *EVAL* 命令来获得相同的脚本执行效果。

20.8 参考资料

《Lua 5.1 Reference Manual》对 Lua 语言的语法和标准库进行了很好的介绍：http://www.lua.org/manual/5.1/manual.html

第21章

排　　序

Redis 的 *SORT* 命令可以对列表键、集合键或者有序集合键的值进行排序。

以下代码展示了 *SORT* 命令对列表键进行排序的例子：

```
redis> RPUSH numbers 5 3 1 4 2
(integer) 5

# 按插入顺序排列的列表元素
redis> LRANGE numbers 0 -1
1) "5"
2) "3"
3) "1"
4) "4"
5) "2"

# 按值从小到大有序排列的列表元素
redis> SORT numbers
1) "1"
2) "2"
3) "3"
4) "4"
5) "5"
```

以下代码展示了 *SORT* 命令使用 `ALPHA` 选项，对一个包含字符串值的集合键进行排序的例子：

```
redis> SADD alphabet a b c d e f g
(integer) 7

# 乱序排列的集合元素
redis> SMEMBERS alphabet
1) "d"
2) "a"
3) "f"
4) "e"
5) "b"
6) "g"
7) "c"
```

```
# 排序后的集合元素
redis> SORT alphabet ALPHA
1) "a"
2) "b"
3) "c"
4) "d"
5) "e"
6) "f"
7) "g"
```

接下来的例子使用了 *SORT* 命令和 BY 选项，以 jack_number、peter_number、tom_number 三个键的值为权重（weight），对有序集合 test-result 中的 "jack"、"peter"、"tom" 三个成员（member）进行排序：

```
redis> ZADD test-result 3.0 jack 3.5 peter 4.0 tom
(integer) 3

# 按元素的分值排列
redis> ZRANGE test-result 0 -1
1) "jack"
2) "peter"
3) "tom"

# 为各个元素设置序号
redis> MSET peter_number 1 tom_number 2 jack_number 3
OK

# 以序号为权重，对有序集合中的元素进行排序
redis> SORT test-result BY *_number
1) "peter"
2) "tom"
3) "jack"
```

本章将对 *SORT* 命令的实现原理进行介绍，并说明包括 ASC、DESC、ALPHA、LIMIT、STORE、BY、GET 在内的所有 *SORT* 命令选项的实现原理。

除此之外，本章还将说明当 *SORT* 命令同时使用多个选项时，各个不同选项的执行顺序，以及选项的执行顺序对排序结果所产生的影响。

21.1 SORT <key> 命令的实现

SORT 命令的最简单执行形式为：

```
SORT <key>
```

这个命令可以对一个包含数字值的键 key 进行排序。

以下示例展示了如何使用 *SORT* 命令对一个包含三个数字值的列表键进行排序：

```
redis> RPUSH numbers 3 1 2
(integer) 3

redis> SORT numbers
1) "1"
```

```
2) "2"
3) "3"
```

服务器执行 SORT numbers 命令的详细步骤如下：

1）创建一个和 numbers 列表长度相同的数组，该数组的每个项都是一个 redis.h/redisSortObject 结构，如图 21-1 所示。

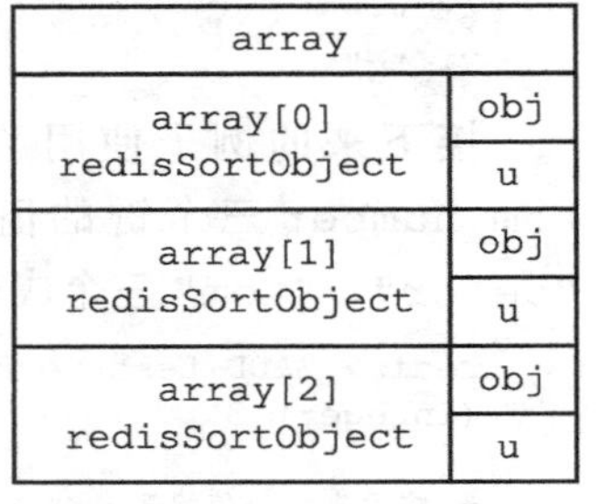

图 21-1 命令为排序 numbers 列表而创建的数组

2）遍历数组，将各个数组项的 obj 指针分别指向 numbers 列表的各个项，构成 obj 指针和列表项之间的一对一关系，如图 21-2 所示。

3）遍历数组，将各个 obj 指针所指向的列表项转换成一个 double 类型的浮点数，并将这个浮点数保存在相应数组项的 u.score 属性里面，如图 21-3 所示。

4）根据数组项 u.score 属性的值，对数组进行数字值排序，排序后的数组项按 u.score 属性的值从小到大排列，如图 21-4 所示。

5）遍历数组，将各个数组项的 obj 指针所指向的列表项作为排序结果返回给客户端，程序首先访问数组的索引 0，返回 u.score 值为 1.0 的列表项 "1"；然后访问数组的索引 1，返回 u.score 值为 2.0 的列表项 "2"；最后访问数组的索引 2，返回 u.score 值为 3.0 的列表项 "3"。

其他 SORT <key> 命令的执行步骤也和这里给出的 SORT numbers 命令的执行步骤类似。

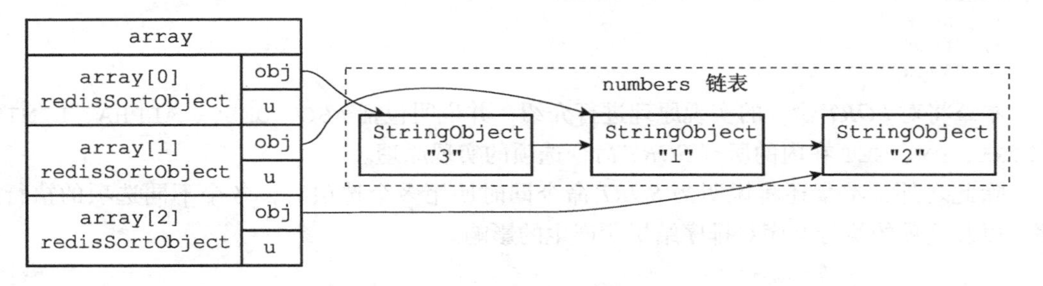

图 21-2 将 obj 指针指向列表的各个项

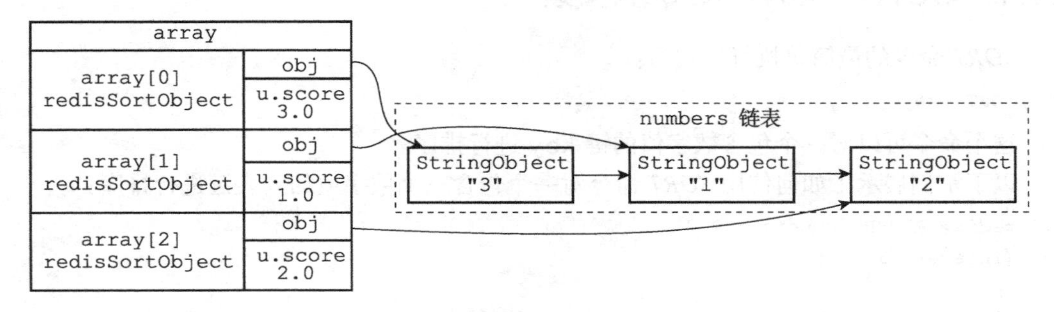

图 21-3 设置数组项的 u.score 属性

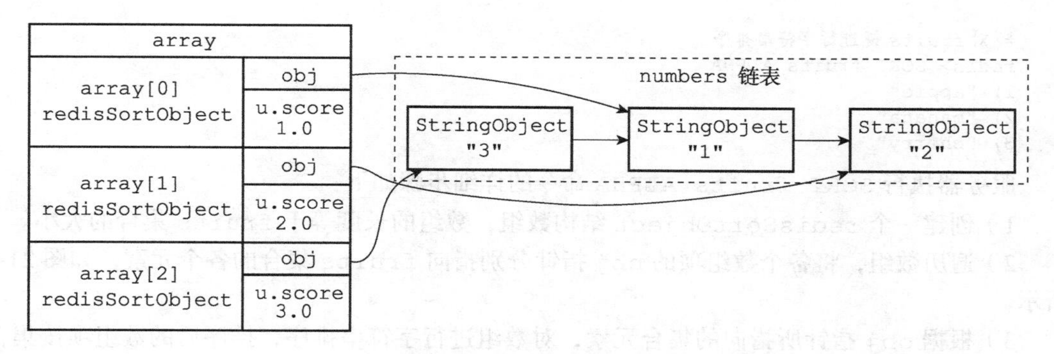

图 21-4 排序后的数组

以下是 redisSortObject 结构的完整定义：

```
typedef struct _redisSortObject {

    // 被排序键的值
    robj *obj;

    // 权重
    union {

        // 排序数字值时使用
        double score;

        // 排序带有 BY 选项的字符串值时使用
        robj *cmpobj;
    } u;
} redisSortObject;
```

SORT 命令为每个被排序的键都创建一个与键长度相同的数组，数组的每个项都是一个 redisSortObject 结构，根据 *SORT* 命令使用的选项不同，程序使用 redisSortObject 结构的方式也不同，稍后介绍 *SORT* 命令的各种选项时我们会看到这一点。

21.2 ALPHA 选项的实现

通过使用 ALPHA 选项，*SORT* 命令可以对包含字符串值的键进行排序：

```
SORT <key> ALPHA
```

以下命令展示了如何使用 *SORT* 命令对一个包含三个字符串值的集合键进行排序：

```
redis> SADD fruits apple banana cherry
(integer) 3

# 元素在集合中是乱序存放的
redis> SMEMBERS fruits
1) "apple"
2) "cherry"
3) "banana"
```

```
# 对fruits键进行字符串排序
redis> SORT fruits ALPHA
1) "apple"
2) "banana"
3) "cherry"
```

服务器执行 SORT fruits ALPHA 命令的详细步骤如下：

1）创建一个 redisSortObject 结构数组，数组的长度等于 fruits 集合的大小。

2）遍历数组，将各个数组项的 obj 指针分别指向 fruits 集合的各个元素，如图 21-5 所示。

3）根据 obj 指针所指向的集合元素，对数组进行字符串排序，排序后的数组项按集合元素的字符串值从小到大排列：因为 "apple"、"banana"、"cherry" 三个字符串的大小顺序为 "apple"<"banana"<"cherry"，所以排序后数组的第一项指向 "apple" 元素，第二项指向 "banana" 元素，第三项指向 "cherry" 元素，如图 21-6 所示。

4）遍历数组，依次将数组项的 obj 指针所指向的元素返回给客户端。

其他 SORT <key> ALPHA 命令的执行步骤也和这里给出的 SORT fruits ALPHA 命令的执行步骤类似。

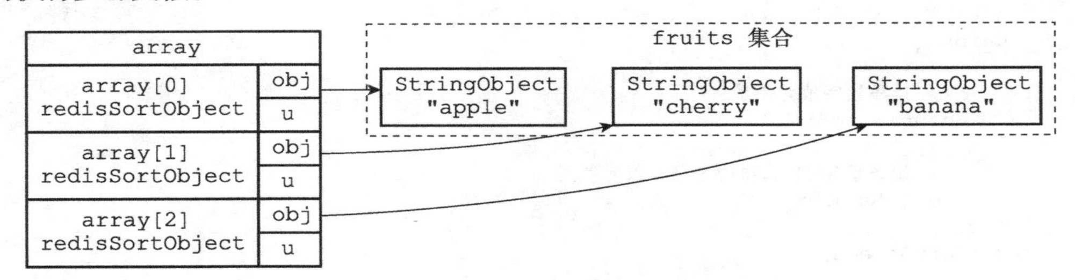

图 21-5 将 obj 指针指向集合的各个元素

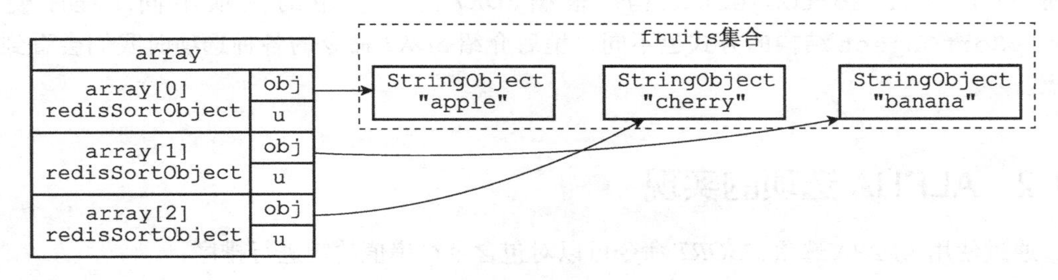

图 21-6 按集合元素进行排序后的数组

21.3 ASC 选项和 DESC 选项的实现

在默认情况下，*SORT* 命令执行升序排序，排序后的结果按值的大小从小到大排列，以下两个命令是完全等价的：

```
SORT <key>
```

```
SORT <key> ASC
```

相反地，在执行 *SORT* 命令时使用 DESC 选项，可以让命令执行降序排序，让排序后的结果按值的大小从大到小排列：

```
SORT <key> DESC
```

以下是两个对 numbers 列表进行升序排序的例子，第一个命令根据默认设置，对 numbers 列表进行升序排序，而第二个命令则通过显式地使用 ASC 选项，对 numbers 列表进行升序排序，两个命令产生的结果完全一样：

```
redis> RPUSH numbers 3 1 2
(integer) 3

redis> SORT numbers
1) "1"
2) "2"
3) "3"

redis> SORT numbers ASC
1) "1"
2) "2"
3) "3"
```

与升序排序相反，以下是一个对 numbers 列表进行降序排序的例子：

```
redis> SORT numbers DESC
1) "3"
2) "2"
3) "1"
```

升序排序和降序排序都由相同的快速排序算法执行，它们之间的不同之处在于：

- 在执行升序排序时，排序算法使用的对比函数产生升序对比结果。
- 而在执行降序排序时，排序算法所使用的对比函数产生降序对比结果。

因为升序对比和降序对比的结果正好相反，所以它们会产生元素排列方式正好相反的两种排序结果。以 numbers 列表为例：

- 图 21-7 展示了 *SORT* 命令在对 numbers 列表执行升序排序时所创建的数组。
- 图 21-8 展示了 *SORT* 命令在对 numbers 列表执行降序排序时所创建的数组。

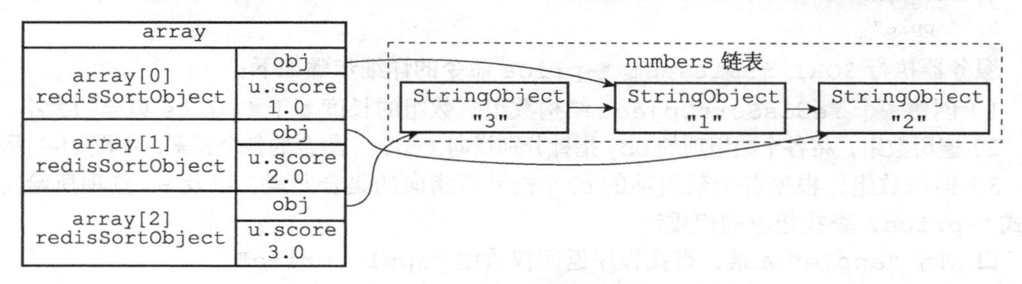

图 21-7 执行升序排序的数组

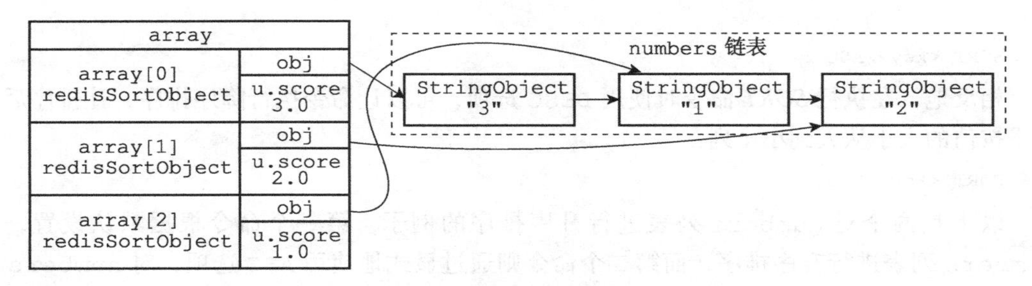

图 21-8 执行降序排序的数组

其他 `SORT <Key> DESC` 命令的执行步骤也和这里给出的步骤类似。

21.4 BY 选项的实现

在默认情况下，*SORT* 命令使用被排序键包含的元素作为排序的权重，元素本身决定了元素在排序之后所处的位置。

例如，在下面这个例子里面，排序 `fruits` 集合所使用的权重就是 `"apple"`、`"banana"`、`"cherry"` 三个元素本身：

```
redis> SADD fruits "apple" "banana" "cherry"
(integer) 3

redis> SORT fruits ALPHA
1) "apple"
2) "banana"
3) "cherry"
```

另一方面，通过使用 `BY` 选项，*SORT* 命令可以指定某些字符串键，或者某个哈希键所包含的某些域（field）来作为元素的权重，对一个键进行排序。

例如，以下这个例子就使用苹果、香蕉、樱桃三种水果的价钱，对集合键 `fruits` 进行了排序：

```
redis> MSET apple-price 8 banana-price 5.5 cherry-price 7
OK

redis> SORT fruits BY *-price
1) "banana"
2) "cherry"
3) "apple"
```

服务器执行 `SORT fruits BY *-price` 命令的详细步骤如下：

1）创建一个 `redisSortObject` 结构数组，数组的长度等于 `fruits` 集合的大小。

2）遍历数组，将各个数组项的 `obj` 指针分别指向 `fruits` 集合的各个元素，如图 21-9 所示。

3）遍历数组，根据各个数组项的 `obj` 指针所指向的集合元素，以及 `BY` 选项所给定的模式 `*-price`，查找相应的权重键：

- 对于 `"apple"` 元素，查找程序返回权重键 `"apple-price"`。
- 对于 `"banana"` 元素，查找程序返回权重键 `"banana-price"`。

❑ 对于 "cherry" 元素，查找程序返回权重键 "cherry-price"。

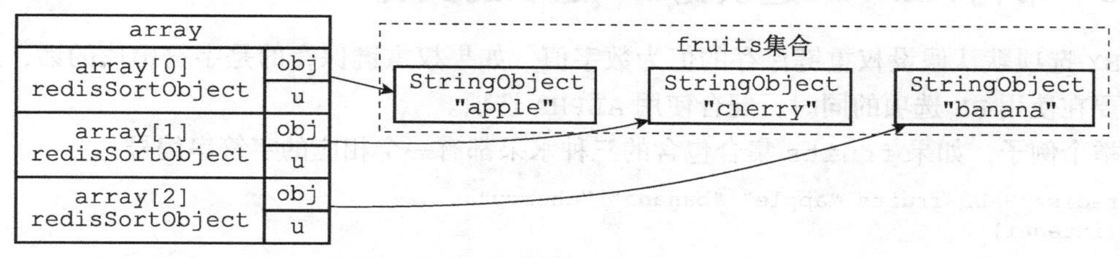

图 21-9 将 obj 指针指向集合的各个元素

4）将各个权重键的值转换成一个 double 类型的浮点数，然后保存在相应数组项的 u.score 属性里面，如图 21-10 所示：

❑ "apple" 元素的权重键 "apple-price" 的值转换之后为 8.0。

❑ "banana" 元素的权重键 "banana-price" 的值转换之后为 5.5。

❑ "cherry" 元素的权重键 "cherry-price" 的值转换之后为 7.0。

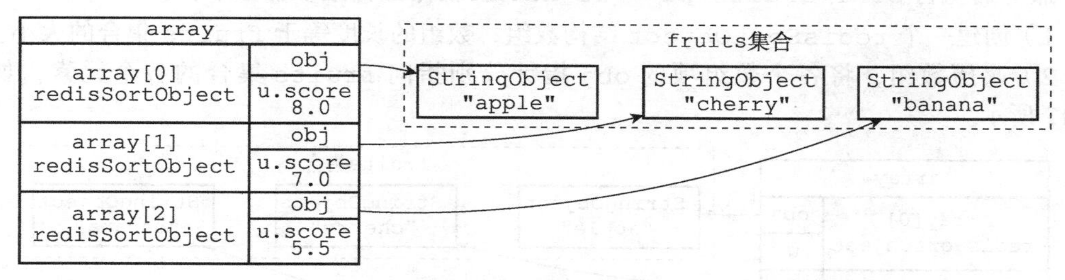

图 21-10 根据权重键的值设置数组项的 u.score 属性

5）以数组项 u.score 属性的值为权重，对数组进行排序，得到一个按 u.score 属性的值从小到大排序的数组，如图 21-11 所示：

❑ 权重为 5.5 的 "banana" 元素位于数组的索引 0 位置上。

❑ 权重为 7.0 的 "cherry" 元素位于数组的索引 1 位置上。

❑ 权重为 8.0 的 "apple" 元素位于数组的索引 2 位置上。

6）遍历数组，依次将数组项的 obj 指针所指向的集合元素返回给客户端。

其他 SORT <key> BY <pattern> 命令的执行步骤也和这里给出的步骤类似。

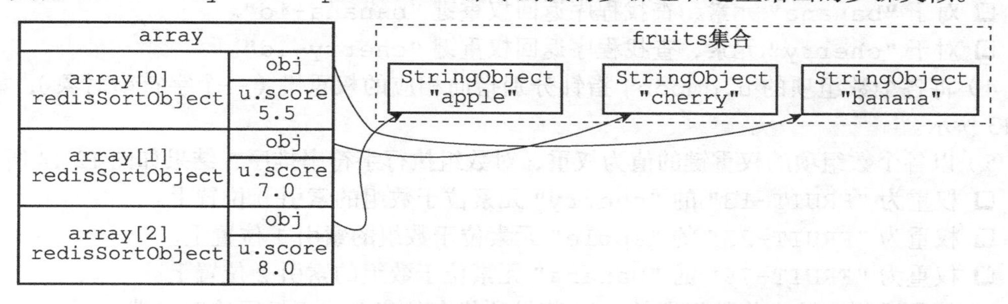

图 21-11 根据 u.score 属性进行排序之后的数组

21.5 带有 ALPHA 选项的 BY 选项的实现

BY 选项默认假设权重键保存的值为数字值，如果权重键保存的是字符串值的话，那么就需要在使用 BY 选项的同时，配合使用 ALPHA 选项。

举个例子，如果 fruits 集合包含的三种水果都有一个相应的字符串编号：

```
redis> SADD fruits "apple" "banana" "cherry"
(integer) 3

redis> MSET apple-id "FRUIT-25" banana-id "FRUIT-79" cherry-id "FRUIT-13"
OK
```

那么我们可以使用水果的编号为权重，对 fruits 集合进行排序：

```
redis> SORT fruits BY *-id ALPHA
1)"cherry"
2)"apple"
3)"banana"
```

服务器执行 SORT fruits BY *-id ALPHA 命令的详细步骤如下：

1）创建一个 redisSortObject 结构数组，数组的长度等于 fruits 集合的大小。

2）遍历数组，将各个数组项的 obj 指针分别指向 fruits 集合的各个元素，如图 21-12 所示。

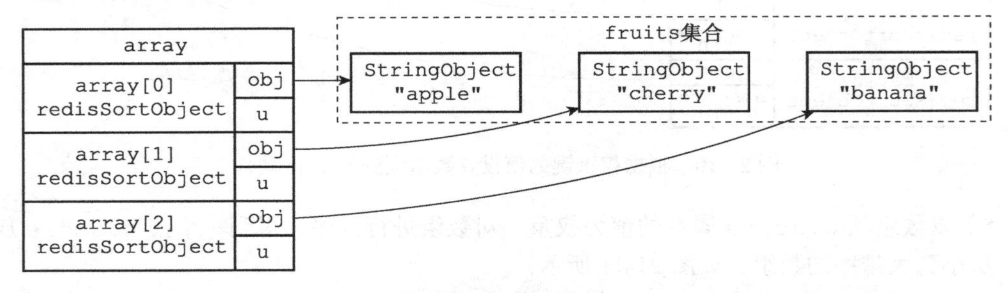

图 21-12 将 obj 指针指向集合的各个元素

3）遍历数组，根据各个数组项的 obj 指针所指向的集合元素，以及 BY 选项所给定的模式 *-id，查找相应的权重键：

- ❑ 对于 "apple" 元素，查找程序返回权重键 "apple-id"。
- ❑ 对于 "banana" 元素，查找程序返回权重键 "banana-id"。
- ❑ 对于 "cherry" 元素，查找程序返回权重键 "cherry-id"。

4）将各个数组项的 u.cmpobj 指针分别指向相应的权重键（一个字符串对象），如图 21-13 所示。

5）以各个数组项的权重键的值为权重，对数组执行字符串排序，结果如图 12-14 所示：

- ❑ 权重为 "FRUIT-13" 的 "cherry" 元素位于数组的索引 0 位置上。
- ❑ 权重为 "FRUIT-25" 的 "apple" 元素位于数组的索引 1 位置上。
- ❑ 权重为 "FRUIT-79" 的 "banana" 元素位于数组的索引 2 位置上。

6）遍历数组，依次将数组项的 obj 指针所指向的集合元素返回给客户端。

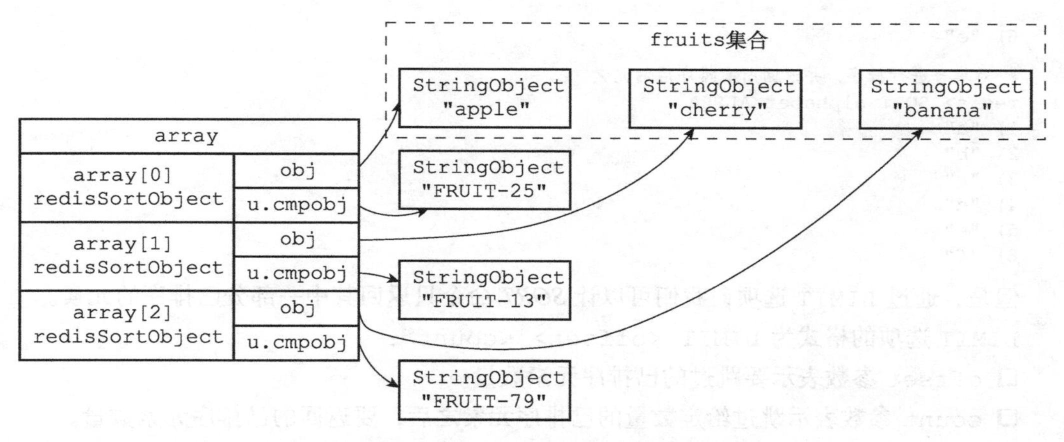

图 21-13 将 u.cmpobj 指针指向权重键

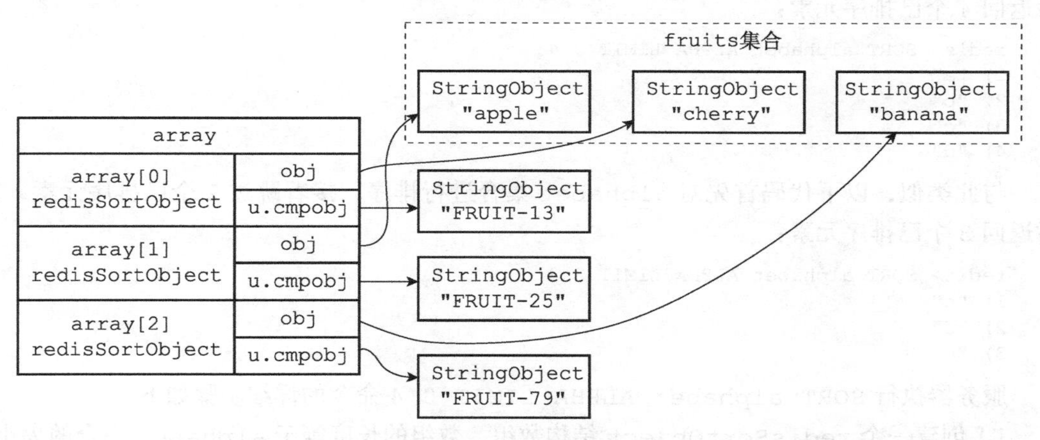

图 21-14 按 u.cmpobj 所指向的字符串对象进行排序之后的数组

其他SORT <key> BY <pattern> ALPHA命令的执行步骤也和这里给出的步骤类似。

21.6 LIMIT 选项的实现

在默认情况下，*SORT* 命令总会将排序后的所有元素都返回给客户端：

```
redis> SADD alphabet a b c d e f
(integer) 6

# 集合中的元素是乱序存放的
redis> SMEMBERS alphabet
1) "d"
2) "c"
3) "a"
4) "b"
5) "f"
```

```
6) "e"

# 对集合进行排序，并返回所有排序后的元素
redis> SORT alphabet ALPHA
1) "a"
2) "b"
3) "c"
4) "d"
5) "e"
6) "f"
```

但是，通过 LIMIT 选项，我们可以让 *SORT* 命令只返回其中一部分已排序的元素。

LIMIT 选项的格式为 LIMIT <offset> <count>：

- offset 参数表示要跳过的已排序元素数量。
- count 参数表示跳过给定数量的已排序元素之后，要返回的已排序元素数量。

举个例子，以下代码首先对 alphabet 集合进行排序，接着跳过 0 个已排序元素，然后返回 4 个已排序元素：

```
redis> SORT alphabet ALPHA LIMIT 0 4
1) "a"
2) "b"
3) "c"
4) "d"
```

与此类似，以下代码首先对 alphabet 集合进行排序，接着跳过 2 个已排序元素，然后返回 3 个已排序元素：

```
redis> SORT alphabet ALPHA LIMIT 2 3
1) "c"
2) "d"
3) "e"
```

服务器执行 SORT alphabet ALPHA LIMIT 0 4 命令的详细步骤如下：

1）创建一个 redisSortObject 结构数组，数组的长度等于 alphabet 集合的大小。

2）遍历数组，将各个数组项的 obj 指针分别指向 alphabet 集合的各个元素，如图 21-15 所示。

3）根据 obj 指针所指向的集合元素，对数组进行字符串排序，排序后的数组如图 21-16 所示。

4）根据选项 LIMIT 0 4，将指针移动到数组的索引 0 上面，然后依次访问 array[0]、array[1]、array[2]、array[3] 这 4 个数组项，并将数组项的 obj 指针所指向的元素 "a"、"b"、"c"、"d" 返回给客户端。

服务器执行 SORT alphabet ALPHA LIMIT 2 3 命令时的第一至第三步都和执行 SORT alphabet ALPHA LIMIT 0 4 命令时的步骤一样，只是第四步有所不同，上面的第 4 步如下：

> 4）根据选项 LIMIT 2 3，将指针移动到数组的索引 2 上面，然后依次访问 array[2]、array[3]、array[4] 这 3 个数组项，并将数组项的 obj 指针所指向的元素 "c"、"d"、"e" 返回给客户端。

SORT 命令在执行其他带有 LIMIT 选项的排序操作时，执行的步骤也和这里给出的步骤类似。

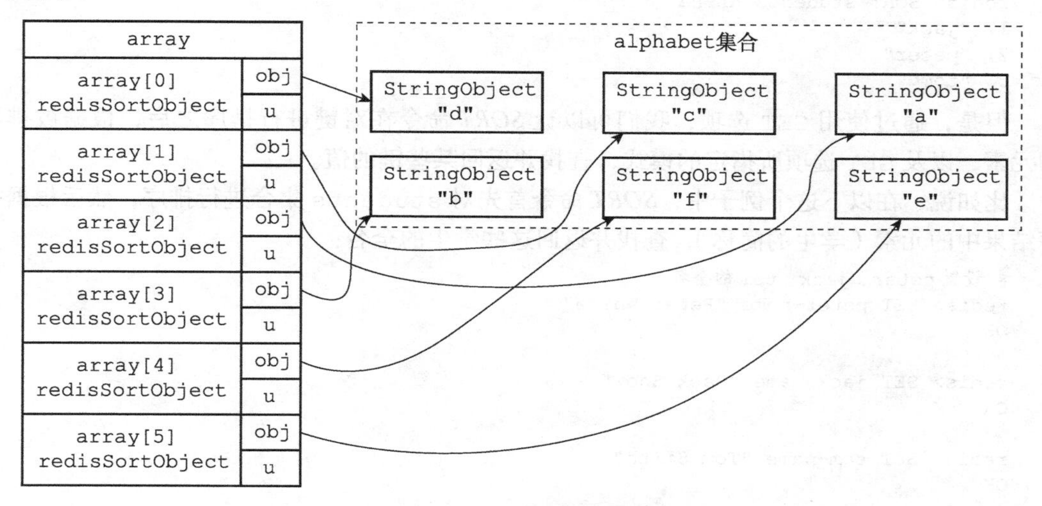

图 21-15 将 obj 指针指向集合的各个元素

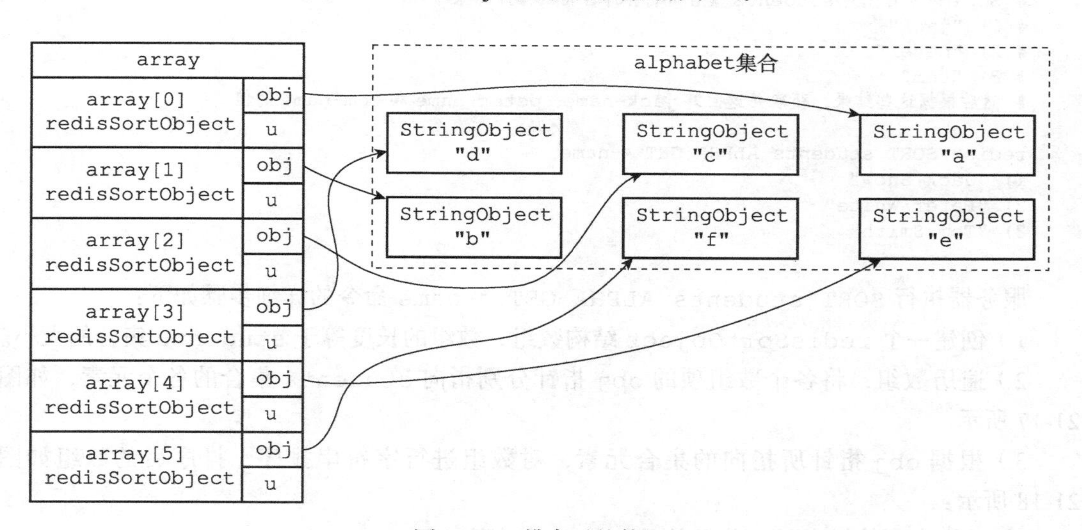

图 21-16 排序后的数组

21.7 GET 选项的实现

在默认情况下，*SORT*命令在对键进行排序之后，总是返回被排序键本身所包含的元素。

比如说，在以下这个对 students 集合进行排序的例子中，*SORT* 命令返回的就是被排序之后的 students 集合的元素：

```
redis> SADD students "peter" "jack" "tom"
```

```
(integer) 3

redis> SORT students ALPHA
1) "jack"
2) "peter"
3) "tom"
```

但是，通过使用 GET 选项，我们可以让 *SORT* 命令在对键进行排序之后，根据被排序的元素，以及 GET 选项所指定的模式，查找并返回某些键的值。

比如说，在以下这个例子中，*SORT* 命令首先对 students 集合进行排序，然后根据排序结果中的元素（学生的简称），查找并返回这些学生的全名：

```
# 设置 peter、jack、tom 的全名
redis> SET peter-name "Peter White"
OK

redis> SET jack-name "Jack Snow"
OK

redis> SET tom-name "Tom Smith"
OK

# SORT 命令首先对 students 集合进行排序，得到排序结果
# 1) "jack"
# 2) "peter"
# 3) "tom"
# 然后根据这些结果，获取并返回键 jack-name、peter-name 和 tom-name 的值

redis> SORT students ALPHA GET *-name
1) "Jack Snow"
2) "Peter White"
3) "Tom Smith"
```

服务器执行 SORT students ALPHA GET *-name 命令的详细步骤如下：

1）创建一个 redisSortObject 结构数组，数组的长度等于 students 集合的大小。

2）遍历数组，将各个数组项的 obj 指针分别指向 students 集合的各个元素，如图 21-17 所示。

3）根据 obj 指针所指向的集合元素，对数组进行字符串排序，排序后的数组如图 21-18 所示：

- 被排序到数组索引 0 位置的是 "jack" 元素。
- 被排序到数组索引 1 位置的是 "peter" 元素。
- 被排序到数组索引 2 位置的是 "tom" 元素。

4）遍历数组，根据数组项 obj 指针所指向的集合元素，以及 GET 选项所给定的 *-name 模式，查找相应的键：

- 对于 "jack" 元素和 *-name 模式，查找程序返回键 jack-name。
- 对于 "peter" 元素和 *-name 模式，查找程序返回键 peter-name。
- 对于 "tom" 元素和 *-name 模式，查找程序返回键 tom-name。

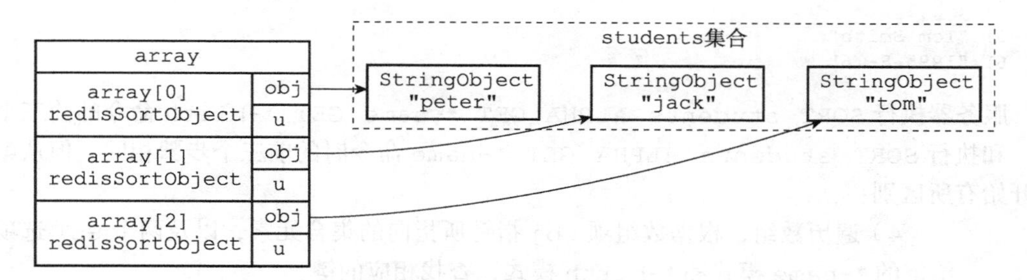

图 21-17 排序之前的数组

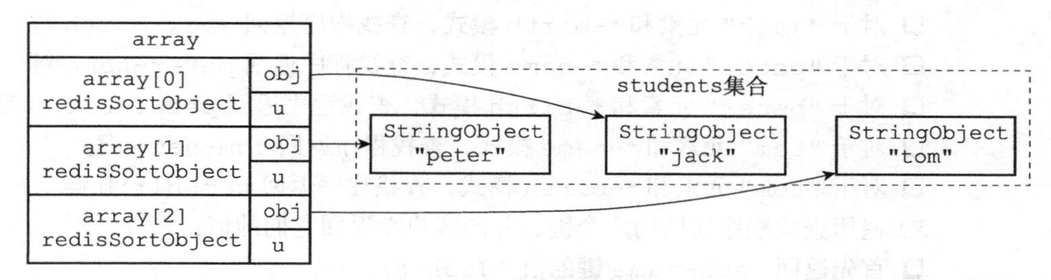

图 21-18 排序之后的数组

5）遍历查找程序返回的三个键，并向客户端返回它们的值：

- ❑ 首先返回的是 jack-name 键的值 "Jack Snow"。
- ❑ 然后返回的是 peter-name 键的值 "Peter White"。
- ❑ 最后返回的是 tom-name 键的值 "Tom Smith"。

因为一个 *SORT* 命令可以带有多个 GET 选项，所以随着 GET 选项的增多，命令要执行的查找操作也会增多。

举个例子，以下 *SORT* 命令对 students 集合进行了排序，并通过两个 GET 选项来获取被排序元素（一个学生）所对应的全名和出生日期：

```
# 为学生设置出生日期

redis> SET peter-birth 1995-6-7
OK

redis> SET tom-birth 1995-8-16
OK

redis> SET jack-birth 1995-5-24
OK

# 排序 students 集合，并获取相应的全名和出生日期

redis> SORT students ALPHA GET *-name GET *-birth
1) "Jack Snow"
2) "1995-5-24"
3) "Peter White"
4) "1995-6-7"
```

```
5) "Tom Smith"
6) "1995-8-16"
```

服务器执行 SORT students ALPHA GET *-name GET *-birth 命令的前三个步骤，和执行 SORT students ALPHA GET *-name 命令时的前三个步骤相同，但从第四步开始有所区别：

4）遍历数组，根据数组项 obj 指针所指向的集合元素，以及两个 GET 选项所给定的 *-name 模式和 *-birth 模式，查找相应的键：

- 对于 "jack" 元素和 *-name 模式，查找程序返回 jack-name 键。
- 对于 "jack" 元素和 *-birth 模式，查找程序返回 jack-birth 键。
- 对于 "peter" 元素和 *-name 模式，查找程序返回 peter-name 键。
- 对于 "peter" 元素和 *-birth 模式，查找程序返回 peter-birth 键。
- 对于 "tom" 元素和 *-name 模式，查找程序返回 tom-name 键。
- 对于 "tom" 元素和 *-birth 模式，查找程序返回 tom-birth 键。

5）遍历查找程序返回的六个键，并向客户端返回它们的值：

- 首先返回 jack-name 键的值 "Jack Snow"。
- 其次返回 jack-birth 键的值 "1995-5-24"。
- 之后返回 peter-name 键的值 "Peter White"。
- 再之后返回 peter-birth 键的值 "1995-6-7"。
- 然后返回 tom-name 键的值 "Tom Smith"。
- 最后返回 tom-birth 键的值 "1995-8-16"。

SORT 命令在执行其他带有 GET 选项的排序操作时，执行的步骤也和这里给出的步骤类似。

21.8 STORE 选项的实现

在默认情况下，*SORT* 命令只向客户端返回排序结果，而不保存排序结果：

```
redis> SADD students "peter" "jack" "tom"
(integer) 3

redis> SORT students ALPHA
1) "jack"
2) "peter"
3) "tom"
```

但是，通过使用 STORE 选项，我们可以将排序结果保存在指定的键里面，并在有需要时重用这个排序结果：

```
redis> SORT students ALPHA STORE sorted_students
(integer) 3

redis> LRANGE sorted_students 0-1
1) "jack"
```

```
2) "peter"
3) "tom"
```

服务器执行 SORT students ALPHA STORE sorted_students 命令的详细步骤如下：

1）创建一个 redisSortObject 结构数组，数组的长度等于 students 集合的大小。

2）遍历数组，将各个数组项的 obj 指针分别指向 students 集合的各个元素。

3）根据 obj 指针所指向的集合元素，对数组进行字符串排序，排序后的数组如图 21-19 所示：

- 被排序到数组索引 0 位置的是 "jack" 元素。
- 被排序到数组索引 1 位置的是 "peter" 元素。
- 被排序到数组索引 2 位置的是 "tom" 元素。

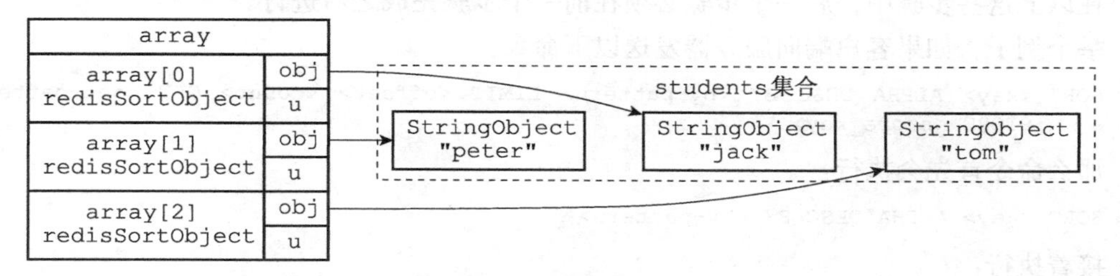

图 21-19 排序之后的数组

4）检查 sorted_students 键是否存在，如果存在的话，那么删除该键。

5）设置 sorted_students 为空白的列表键。

6）遍历数组，将排序后的三个元素 "jack"、"peter" 和 "tom" 依次推入 sorted_students 列表的末尾，相当于执行命令 RPUSH sorted_students "jack"、"peter"、"tom"。

7）遍历数组，向客户端返回 "jack"、"peter"、"tom" 三个元素。

SORT 命令在执行其他带有 STORE 选项的排序操作时，执行的步骤也和这里给出的步骤类似。

21.9 多个选项的执行顺序

前面的章节介绍了 *SORT* 命令以及相关选项的实现原理，为了简单起见，在介绍单个选项的实现原理时，文章通常只在代码示例中使用被介绍的那个选项，但在 *SORT* 命令的实际使用中，情况并不总是那么简单的，一个 *SORT* 命令请求通常会用到多个选项，而这些选项的执行顺序是有先后之分的。

21.9.1 选项的执行顺序

如果按照选项来划分的话，一个 *SORT* 命令的执行过程可以分为以下四步：

1）排序：在这一步，命令会使用ALPHA 、ASC或DESC、BY这几个选项，对输入键进行排序，并得到一个排序结果集。

2）限制排序结果集的长度：在这一步，命令会使用LIMIT选项，对排序结果集的长度进行限制，只有LIMIT选项指定的那部分元素会被保留在排序结果集中。

3）获取外部键：在这一步，命令会使用GET选项，根据排序结果集中的元素，以及GET选项指定的模式，查找并获取指定键的值，并用这些值来作为新的排序结果集。

4）保存排序结果集：在这一步，命令会使用STORE选项，将排序结果集保存到指定的键上面去。

5）向客户端返回排序结果集：在最后这一步，命令遍历排序结果集，并依次向客户端返回排序结果集中的元素。

在以上这些步骤中，后一个步骤必须在前一个步骤完成之后进行。

举个例子，如果客户端向服务器发送以下命令：

```
SORT <key> ALPHA DESC BY <by-pattern> LIMIT <offset> <count> GET <get-pattern>
    STORE <store_key>
```

那么命令首先会执行：

```
SORT <key> ALPHA DESC BY <by-pattern>
```

接着执行：

```
LIMIT <offset> <count>
```

然后执行：

```
GET <get-pattern>
```

之后执行：

```
STORE <store_key>
```

最后，命令遍历排序结果集，将结果集中的元素依次返回给客户端。

21.9.2 选项的摆放顺序

另外要提醒的一点是，调用*SORT*命令时，除了GET选项之外，改变选项的摆放顺序并不会影响*SORT*命令执行这些选项的顺序。

例如，命令：

```
SORT <key> ALPHA DESC BY <by-pattern> LIMIT <offset> <count> GET <get-pattern>
    STORE <store_key>
```

和命令：

```
SORT <key> LIMIT <offset> <count> BY <by-pattern> ALPHA GET <get-pattern> STORE
    <store_key> DESC
```

以及命令：

```
SORT <key> STORE <store_key> DESC BY <by-pattern> GET <get-pattern> ALPHA LIMIT
    <offset> <count>
```

都产生完全相同的排序数据集。

不过，如果命令包含了多个 GET 选项，那么在调整选项的位置时，我们必须保证多个 GET 选项的摆放顺序不变，这才可以让排序结果集保持不变。

例如，命令：

```
SORT <key> GET <pattern-a> GET <pattern-b> STORE <store_key>
```

和命令：

```
SORT <key> STORE <store_key> GET <pattern-a> GET <pattern-b>
```

产生的排序结果集是完全一样的，但如果将两个 GET 选项的顺序调整一下：

```
SORT <key> STORE <store_key> GET <pattern-b> GET <pattern-a>
```

那么这个命令产生的排序结果集就会和前面两个命令产生的排序结果集不同。

因此在调整 *SORT* 命令各个选项的摆放顺序时，必须小心处理 GET 选项。

21.10 重点回顾

- *SORT* 命令通过将被排序键包含的元素载入到数组里面，然后对数组进行排序来完成对键进行排序的工作。
- 在默认情况下，*SORT* 命令假设被排序键包含的都是数字值，并且以数字值的方式来进行排序。
- 如果 *SORT* 命令使用了 ALPHA 选项，那么 *SORT* 命令假设被排序键包含的都是字符串值，并且以字符串的方式来进行排序。
- *SORT* 命令的排序操作由快速排序算法实现。
- *SORT* 命令会根据用户是否使用了 DESC 选项来决定是使用升序对比还是降序对比来比较被排序的元素，升序对比会产生升序排序结果，被排序的元素按值的大小从小到大排列，降序对比会产生降序排序结果，被排序的元素按值的大小从大到小排列。
- 当 *SORT* 命令使用了 BY 选项时，命令使用其他键的值作为权重来进行排序操作。
- 当 *SORT* 命令使用了 LIMIT 选项时，命令只保留排序结果集中 LIMIT 选项指定的元素。
- 当 *SORT* 命令使用了 GET 选项时，命令会根据排序结果集中的元素，以及 GET 选项给定的模式，查找并返回其他键的值，而不是返回被排序的元素。
- 当 *SORT* 命令使用了 STORE 选项时，命令会将排序结果集保存在指定的键里面。
- 当 *SORT* 命令同时使用多个选项时，命令先执行排序操作（可用的选项为 ALPHA、ASC 或 DESC、BY），然后执行 LIMIT 选项，之后执行 GET 选项，再之后执行 STORE 选项，最后才将排序结果集返回给客户端。
- 除了 GET 选项之外，调整选项的摆放位置不会影响 *SORT* 命令的排序结果。

第 22 章

二进制位数组

Redis 提供了 *SETBIT*、*GETBIT*、*BITCOUNT*、*BITOP* 四个命令用于处理二进制位数组（bit array，又称“位数组”）。

其中，*SETBIT* 命令用于为位数组指定偏移量上的二进制位设置值，位数组的偏移量从 0 开始计数，而二进制位的值则可以是 0 或者 1：

```
redis> SETBIT bit 0 1      # 0000 0001
(integer) 0

redis> SETBIT bit 3 1      # 0000 1001
(integer) 0

redis> SETBIT bit 0 0      # 0000 1000
(integer) 1
```

而 *GETBIT* 命令则用于获取位数组指定偏移量上的二进制位的值：

```
redis> GETBIT bit 0 # 0000 1000
(integer) 0

redis> GETBIT bit 3 # 0000 1000
(integer) 1
```

BITCOUNT 命令用于统计位数组里面，值为 1 的二进制位的数量：

```
redis> BITCOUNT bit    # 0000 1000
(integer) 1

redis> SETBIT bit 0 1  # 0000 1001
(integer) 0

redis> BITCOUNT bit
(integer) 2

redis> SETBIT bit 1 1  # 0000 1011
(integer) 0
```

```
redis> BITCOUNT bit
(integer) 3
```

最后，*BITOP* 命令既可以对多个位数组进行按位与（and）、按位或（or）、按位异或（xor）运算：

```
redis> SETBIT x 3 1        # x = 0000 1011
(integer) 0

redis> SETBIT x 1 1
(integer) 0

redis> SETBIT x 0 1

(integer) 0

redis> SETBIT y 2 1        # y = 0000 0110
(integer) 0

redis> SETBIT y 1 1
(integer) 0

redis> SETBIT z 2 1        # z = 0000 0101
(integer) 0

redis> SETBIT z 0 1
(integer) 0

redis> BITOP AND and-result x y z        # 0000 0000
(integer) 1

redis> BITOP OR or-result x y z          # 0000 1111
(integer) 1

redis> BITOP XOR xor-result x y z        # 0000 1000
(integer) 1
```

也可以对给定的位数组进行取反（not）运算：

```
redis> SETBIT value 0 1          # 0000 1001
(integer) 0

redis> SETBIT value 3 1
(integer) 0

redis> BITOP NOT not-value value # 1111 0110
(integer) 1
```

本章将对 Redis 表示位数组的方法进行说明，并介绍 *GETBIT*、*SETBIT*、*BITCOUNT*、*BITOP* 四个命令的实现原理。

22.1　位数组的表示

Redis 使用字符串对象来表示位数组，因为字符串对象使用的 SDS 数据结构是二进制安全的，所以程序可以直接使用 SDS 结构来保存位数组，并使用 SDS 结构的操作函数来处理位数组。

图 22-1 展示了用 SDS 表示的，一字节长的位数组：

- ❑ redisObject.type 的值为 REDIS_STRING，表示这是一个字符串对象。
- ❑ sdshdr.len 的值为 1，表示这个 SDS 保存了一个一字节长的位数组。
- ❑ buf 数组中的 buf[0] 字节保存了一字节长的位数组。
- ❑ buf 数组中的 buf[1] 字节保存了 SDS 程序自动追加到值的末尾的空字符 '\0'。

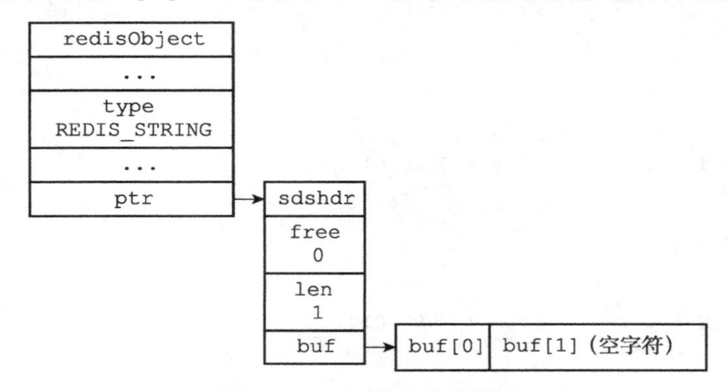

图 22-1 SDS 表示的位数组

因为本章介绍的操作涉及二进制位，为了清晰地展示各个位的值，本章会对 SDS 中 buf 数组的展示方式进行一些修改，让各个字节的各个位都可以清楚地展现出来。比如说，本章会将前面图 22-1 展示的 SDS 值改成图 22-2 所示的样子。

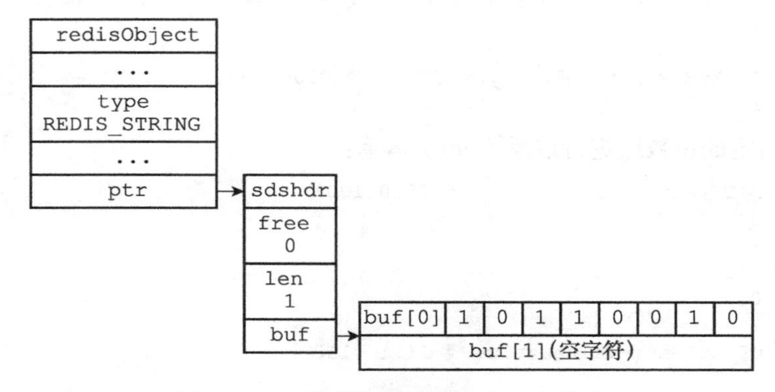

图 22-2 一字节长的位数组的 SDS 表示

现在，buf 数组的每个字节都用一行来表示，每行的第一个格子 buf[i] 表示这是 buf 数组的哪个字节，而 buf[i] 之后的八个格子则分别代表这一字节中的八个位。

需要注意的是，buf 数组保存位数组的顺序和我们平时书写位数组的顺序是完全相反的，例如，在图 22-2 的 buf[0] 字节中，各个位的值分别是 1、0、1、1、0、0、1、0，这表示 buf[0] 字节保存的位数组为 0100 1101。使用逆序来保存位数组可以简化

SETBIT 命令的实现，详细的情况稍后在介绍 *SETBIT* 命令的实现原理时会说到。

图 22-3 展示了另一个位数组示例：

- sdshdr.len 属性的值为 3，表示这个 SDS 保存了一个三字节长的位数组。
- 位数组由 buf 数组中的 buf[0]、buf[1]、buf[2] 三个字节保存，和之前说明的一样，buf 数组使用逆序来保存位数组：位数组 1111 0000 1100 0011 1010 0101 在 buf 数组中会被保存为 1010 0101 1100 0011 0000 1111。

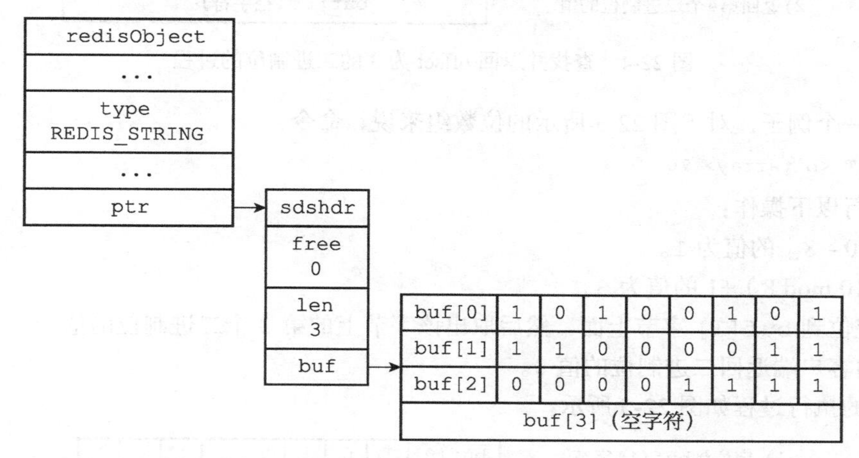

图 22-3　三字节长的位数组的 SDS 表示

22.2　GETBIT 命令的实现

GETBIT 命令用于返回位数组 bitarray 在 offset 偏移量上的二进制位的值：

```
GETBIT <bitarray> <offset>
```

GETBIT 命令的执行过程如下：

1）计算 $byte=\lfloor offset \div 8 \rfloor$，byte 值记录了 offset 偏移量指定的二进制位保存在位数组的哪个字节。

2）计算 $bit=(offset \bmod 8)+1$，bit 值记录了 offset 偏移量指定的二进制位是 byte 字节的第几个二进制位。

3）根据 byte 值和 bit 值，在位数组 bitarray 中定位 offset 偏移量指定的二进制位，并返回这个位的值。

举个例子，对于图 22-2 所示的位数组来说，命令：

```
GETBIT <bitarray> 3
```

将执行以下操作：

1）$\lfloor 3 \div 8 \rfloor$ 的值为 0。

2）（3 mod 8）+1 的值为 4。

3）定位到buf[0]字节上面，然后取出该字节上的第4个二进制位（从左向右数）的值。

4）向客户端返回二进制位的值1。

命令的执行过程如图22-4所示。

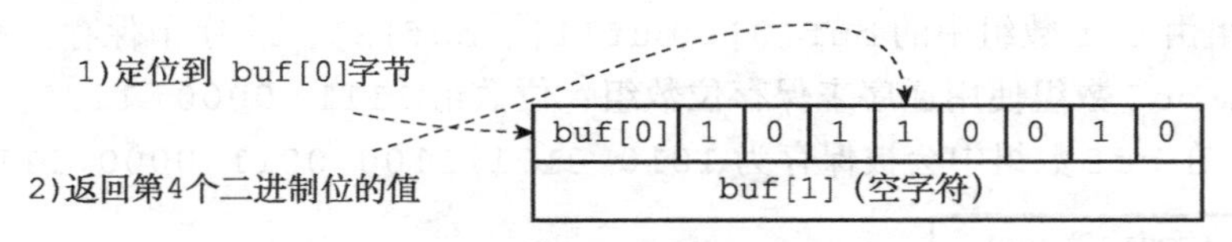

图22-4 查找并返回offset为3的二进制位的过程

再举一个例子，对于图22-3所示的位数组来说，命令：

```
GETBIT <bitarray> 10
```

将执行以下操作：

1）$\lfloor 10 \div 8 \rfloor$的值为1。

2）(10 mod 8) +1的值为3。

3）定位到buf[1]字节上面，然后取出该字节上的第3个二进制位的值。

4）向客户端返回二进制位的值0。

命令的执行过程如图22-5所示。

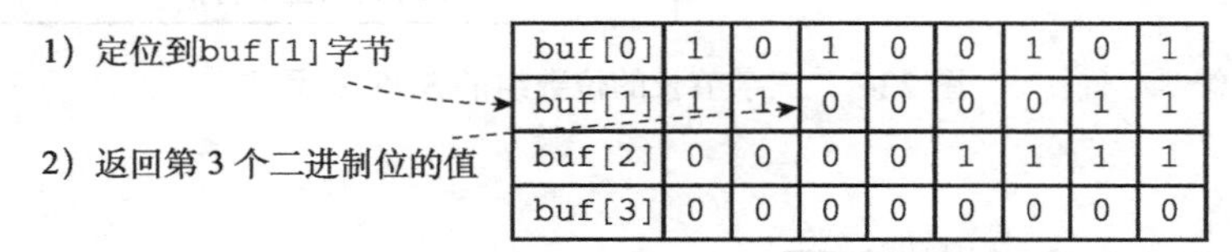

图22-5 查找并返回offset为10的二进制位的过程

因为*GETBIT*命令执行的所有操作都可以在常数时间内完成，所以该命令的算法复杂度为$O(1)$。

22.3 SETBIT命令的实现

*SETBIT*用于将位数组bitarray在offset偏移量上的二进制位的值设置为value，并向客户端返回二进制位被设置之前的旧值：

```
SETBIT <bitarray> <offset> <value>
```

以下是*SETBIT*命令的执行过程：

1）计算$len=\lfloor offset \div 8 \rfloor +1$，len值记录了保存offset偏移量指定的二进制位至少需要多少字节。

2）检查bitarray键保存的位数组（也即是SDS）的长度是否小于len，如果是的话，将SDS的长度扩展为len字节，并将所有新扩展空间的二进制位的值设置为0。

3）计算$byte=\lfloor offset \div 8 \rfloor$，byte值记录了offset偏移量指定的二进制位保存在位数

组的哪个字节。

4）计算 bit=（$offset$ mod 8）+1，`bit` 值记录了 `offset` 偏移量指定的二进制位是 `byte` 字节的第几个二进制位。

5）根据 `byte` 值和 `bit` 值，在 `bitarray` 键保存的位数组中定位 `offset` 偏移量指定的二进制位，首先将指定二进制位现在值保存在 `oldvalue` 变量，然后将新值 `value` 设置为这个二进制位的值。

6）向客户端返回 `oldvalue` 变量的值。

因为 *SETBIT* 命令执行的所有操作都可以在常数时间内完成，所以该命令的时间复杂度为 $O(1)$。

22.3.1 SETBIT 命令的执行示例

让我们通过观察一些 *SETBIT* 命令的执行例子来熟悉 *SETBIT* 命令的运行过程。

首先，如果我们对图 22-2 所示的位数组执行命令：

```
SETBIT <bitarray> 1 1
```

那么服务器将执行以下操作：

1）计算 $\lfloor 1 \div 8 \rfloor + 1$，得出值 `1`，这表示保存偏移量为 `1` 的二进制位至少需要 `1` 字节长位数组。

2）检查位数组的长度，发现 SDS 的长度不小于 `1` 字节，无须执行扩展操作。

3）计算 $\lfloor 1 \div 8 \rfloor$，得出值 `0`，说明偏移量为 1 的二进制位位于 `buf[0]` 字节。

4）计算（1 mod 8）+1，得出值 `2`，说明偏移量为 `1` 的二进制位是 `buf[0]` 字节的第 2 个二进制位。

5）定位到 `buf[0]` 字节的第 2 个二进制位上面，将二进制位现在的值 `0` 保存到 `oldvalue` 变量，然后将二进制位的值设置为 `1`。

6）向客户端返回 `oldvalue` 变量的值 `0`。

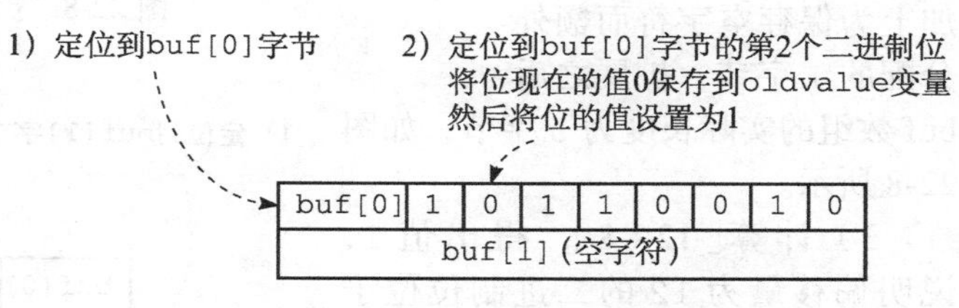

图 22-6 SETBIT 命令的执行过程

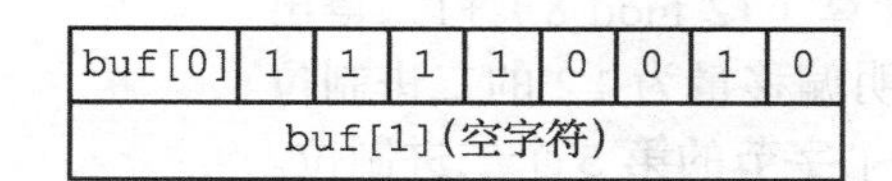

图 22-7 SETBIT 命令执行之后的位数组

图 22-6 展示了 *SETBIT* 命令的执行过程，而图 22-7 则展示了 *SETBIT* 命令执行之后，位数组的样子。

22.3.2 带扩展操作的 SETBIT 命令示例

前面展示的 *SETBIT* 例子无须对位数组进行扩展，现在，让我们来看一个需要对位数组进行扩展的例子。

假设我们对图 22-2 所示的位数组执行命令：

```
SETBIT <bitarray> 12 1
```

那么服务器将执行以下操作：

1）计算$\lfloor 12 \div 8 \rfloor + 1$，得出值 2，这表示保存偏移量为 12 的二进制位至少需要 2 字节长的位数组。

2）对位数组的长度进行检查，得知位数组现在的长度为 1 字节，这比执行命令所需的最小长度 2 字节要小，所以程序会要求将位数组的长度扩展为 2 字节。不过，尽管程序只要求 2 字节长的位数组，但 SDS 的空间预分配策略会为 SDS 额外多分配 2 字节的未使用空间，再加上为保存空字符而额外分配的 1 字节，扩展之后 buf 数组的实际长度为 5 字节，如图 22-8 所示。

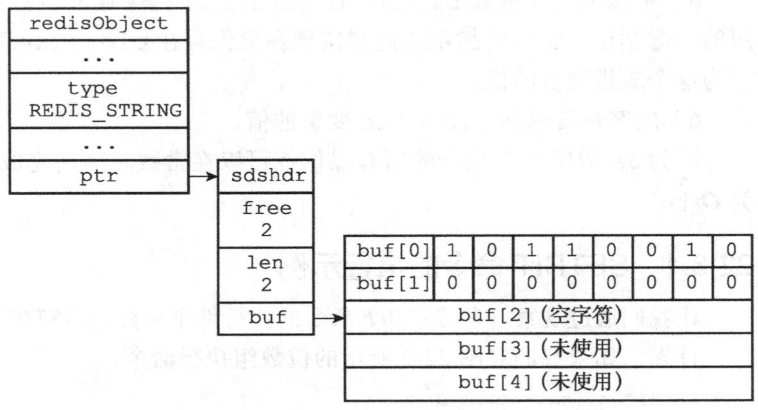

图 22-8 扩展空间之后的位数组

3）计算$\lfloor 12 \div 8 \rfloor$，得出值 1，说明偏移量为 12 的二进制位位于 buf[1] 字节中。

4）计算（12 mod 8）+1，得出值 5，说明偏移量为 12 的二进制位是 buf[1] 字节的第 5 个二进制位。

5）定位到 buf[1] 字节的第 5 个二进制位，将二进制位现在的值 0 保存到 oldvalue 变量，然后将二进制位的值设置为 1。

6）向客户端返回 oldvalue 变量的值 0。

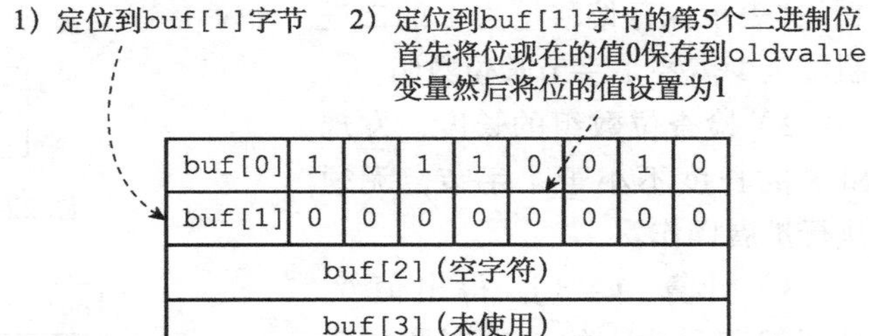

图 22-9 SETBIT 命令的执行过程

图 22-9 展示了 *SETBIT* 命令定位并设置指定二进制位的过程，而图 22-10 则展示了 *SETBIT* 命令执行之后，位数组的样子。

buf[0]	1	0	1	1	0	0	1	0
buf[1]	0	0	0	0	1	0	0	0
buf[2]（空字符）								
buf[3]（未使用）								
buf[4]（未使用）								

图 22-10 执行 SETBIT 命令之后的位数组

注意，因为 buf 数组使用逆序来保存位数组，所以当程序对 buf 数组进行扩展之后，写入操作可以直接在新扩展的二进制位中完成，而不必改动位数组原来已有的二进制位。

相反地，如果 buf 数组使用和书写位数组时一样的顺序来保存位数组，那么在每次扩展

buf 数组之后，程序都需要将位数组已有的位进行移动，然后才能执行写入操作，这比 *SETBIT* 命令目前的实现方式要复杂，并且移位带来的 CPU 时间消耗也会影响命令的执行速度。

图 22-11 至图 22-14 模拟了程序在 buf 数组按书写顺序保存位数组的情况下，对位数组 0100 1101 执行命令 SETBIT <bitarray> 12 1，将值改为 0001 0000 0100 1101 的整个过程。

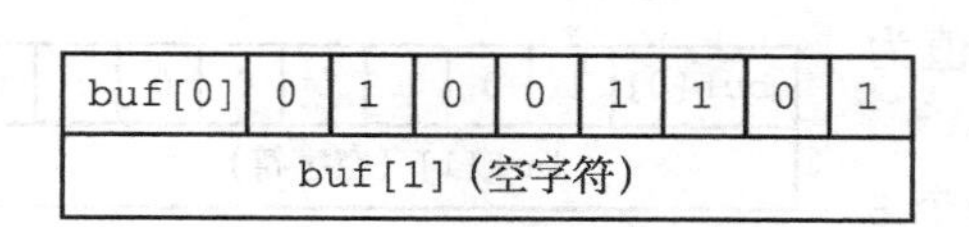

图 22-11　按书写顺序保存的位数组 0100 1101

buf[0]	0	1	0	0	1	1	0	1
buf[1]	0	0	0	0	0	0	0	0
buf[2]（空字符）								
buf[3]（未使用）								
buf[4]（未使用）								

图 22-12　扩展之后的位数组

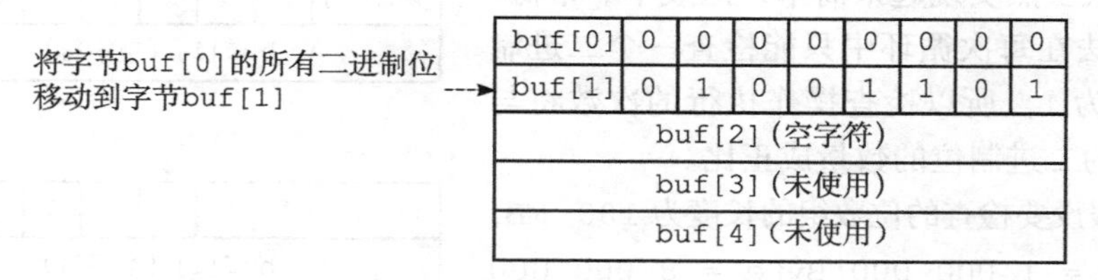

图 22-13　移动已有的二进制位

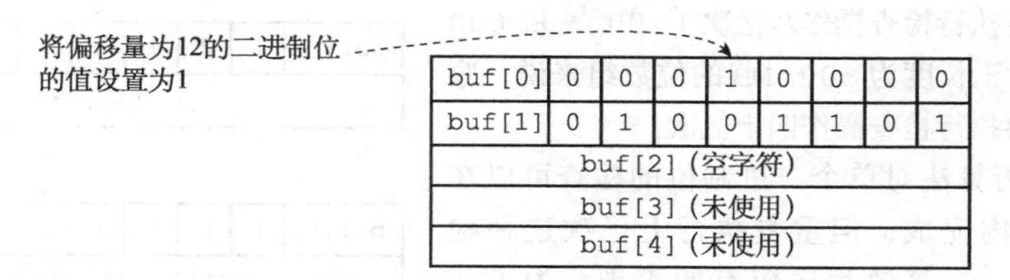

图 22-14　设置指定二进制位的值

22.4　BITCOUNT 命令的实现

BITCOUNT 命令用于统计给定位数组中，值为 1 的二进制位的数量。

举个例子，对于图 22-15 所示的位数组来说，*BITCOUNT* 命令将返回 4。

而对于图 22-16 所示的位数组来说，*BITCOUNT* 命令将返回 12。

buf[0]	1	0	1	1	0	0	1	0
buf[1]（空字符）								

图 22-15　BITCOUNT 命令示例一

buf[0]	1	0	1	0	0	1	0	1
buf[1]	1	1	0	0	0	0	1	1
buf[2]	0	0	0	0	1	1	1	1
buf[3]（空字符）								

图 22-16　BITCOUNT 命令示例二

BITCOUNT 命令要做的工作初看上去并不复杂，但实际上要高效地实现这个命令并不容易，需要用到一些精巧的算法。

接下来的几个小节将对 *BITCOUNT* 命令可能使用的几种算法进行介绍，并最终给出 *BITCOUNT* 命令的具体实现原理。

22.4.1 二进制位统计算法（1）：遍历算法

实现 *BITCOUNT* 命令最简单直接的方法，就是遍历位数组中的每个二进制位，并在遇到值为 1 的二进制位时，将计数器的值增一。

图 22-17 展示了程序使用遍历算法，对一个 8 位长的位数组进行遍历并计数的整个过程。

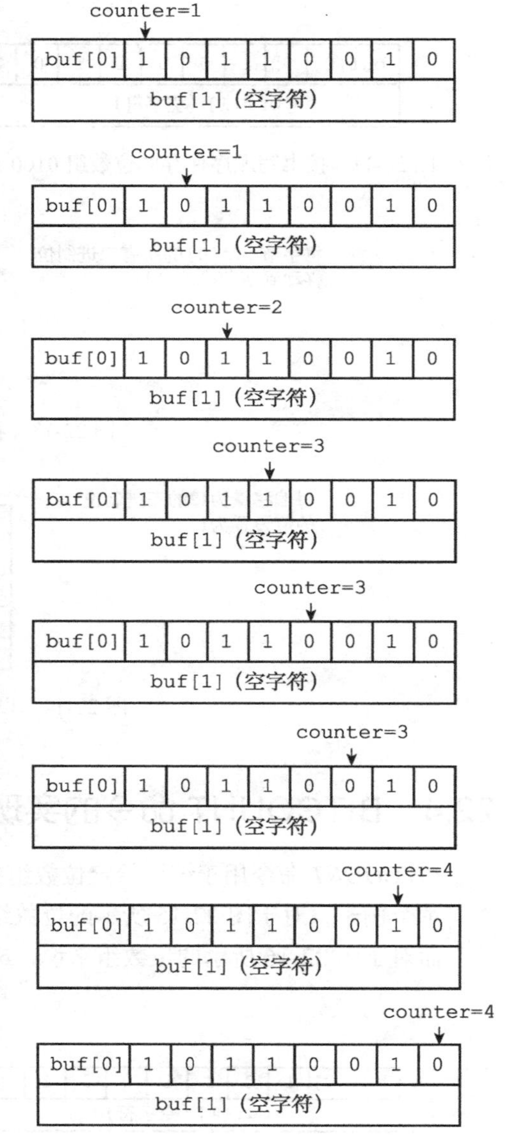

图 22-17 遍历算法的运行过程

遍历算法虽然实现起来简单，但效率非常低，因为这个算法在每次循环中只能检查一个二进制位的值是否为 1，所以检查操作执行的次数将与位数组包含的二进制位的数量成正比。

例如，假设要检查的位数组的长度为 100 MB，那么按 1 MB = 1 000 000 Byte = 8 000 000 bit 来计算，使用遍历算法检查长度为 100 MB 的位数组将需要执行检查操作八亿次（100 * 8 000 000）！而对于长度为 500 MB 的位数组来说，遍历算法将需要执行检查操作四十亿次！

尽管遍历算法对单个二进制位的检查可以在很短的时间内完成，但重复执行上亿次这种检查肯定不是一个高效程序应有的表现，为了让 *BITCOUNT* 命令的实现尽可能地高效，程序必须尽可能地增加每次检查所能处理的二进制位的数量，从而减少检查操作执行的次数。

22.4.2 二进制位统计算法（2）：查表算法

优化检查操作的一个办法是使用查表法：

- 对于一个有限集合来说，集合元素的排列方式是有限的。
- 而对于一个有限长度的位数组来说，它能表示的二进制位排列也是有限的。

根据这个原理，我们可以创建一个表，表的

键为某种排列的位数组，而表的值则是相应位数组中，值为 1 的二进制位的数量。

创建了这种表之后，我们就可以根据输入的位数组进行查表，在无须对位数组的每个位进行检查的情况下，直接知道这个位数组包含了多少个值为 1 的二进制位。

举个例子，对于 8 位长的位数组来说，我们可以创建表格 22-1，通过这个表格，我们可以一次从位数组中读入 8 个位，然后根据这 8 个位的值进行查表，直接知道这个值包含了多少个值为 1 的位。

表 22-1 可以快速检查 8 位长的位数组包含多少个 1

键（位数组）	值（值为 1 的位数量）
0000 0000	0
0000 0001	1
0000 0010	1
0000 0011	2
0000 0100	1
0000 0101	2
0000 0110	2
0000 0111	3
...	...
1111 1101	7
1111 1110	7
1111 1111	8

通过使用表 22-1，我们只需执行一次查表操作，就可以检查 8 个二进制位，和之前介绍的遍历算法相比，查表法的效率提升了 8 倍：

- 以 100 MB = 800 000 000 bit（八亿位）来计算，使用查表法处理长度为 100 MB 的位数组需要执行查表操作一亿次。
- 而对于 500 MB 长的位数组来说，使用查表法处理该位数组需要执行五亿次查表操作。

如果我们创建一个更大的表的话，那么每次查表所能处理的位就会更多，从而减少查表操作执行的次数：

- 如果我们将表键的大小扩展为 16 位，那么每次查表就可以处理 16 个二进制位，检查 100 MB 长的二进制位只需要五千万次查表，检查 500 MB 长的二进制位只需要两亿五千万次查表。
- 如果我们将表键的大小扩展为 32 位，那么每次查表就可以处理 32 个二进制位，检查 100 MB 长的二进制位只需要两千五百万次查表，检查 500 MB 长的二进制位只需要一亿两千五百万次查表。

初看起来，只要我们创建一个足够大的表，那么统计工作就可以轻易地完成，但这个问题实际上并没有那么简单，因为查表法的实际效果会受到内存和缓存两方面因素的限制：

- 因为查表法是典型的空间换时间策略，算法在计算方面节约的时间是通过花费额外的内存换取而来的，节约的时间越多，花费的内存就越大。对于我们这里讨论的统计二进制位的问题来说，创建键长为 8 位的表仅需数百个字节，创建键长为 16 位的表也仅需数百个 KB，但创建键长为 32 位的表却需要十多个 GB。在实际中，服务器只可能接受数百个字节或者数百 KB 的内存消耗。
- 除了内存大小的问题之外，查表法的效果还会受到 CPU 缓存的限制：对于固定大小的 CPU 缓存来说，创建的表格越大，CPU 缓存所能保存的内容相比整个表格的比例就越少，查表时出现缓存不命中（cache miss）的情况就会越高，缓存的换入和换出操作就会越频繁，最终影响查表法的实际效率。

由于以上列举的两个原因，我们可以得出结论，查表法是一种比遍历算法更好的统计办法，但受限于查表法带来的内存压力，以及缓存不命中可能带来的影响，我们只能考虑创建键长为 8 位或者键长为 16 位的表，而这两种表带来的效率提升，对于处理非常长的位数组来说仍然远远不够。

为了高效地实现 *BITCOUNT* 命令，我们需要一种不会带来内存压力、并且可以在一次检查中统计多个二进制位的算法，接下来要介绍的 variable-precision SWAR 算法就是这样一种算法。

22.4.3 二进制位统计算法（3）：variable-precision SWAR 算法

BITCOUNT 命令要解决的问题——统计一个位数组中非 0 二进制位的数量，在数学上被称为“计算汉明重量（Hamming Weight）”。

因为汉明重量经常被用于信息论、编码理论和密码学，所以研究人员针对计算汉明重量开发了多种不同的算法，一些处理器甚至直接带有计算汉明重量的指令，而对于不具备这种特殊指令的普通处理器来说，目前已知效率最好的通用算法为 variable-precision SWAR 算法，该算法通过一系列位移和位运算操作，可以在常数时间内计算多个字节的汉明重量，并且不需要使用任何额外的内存。

以下是一个处理 32 位长度位数组的 variable-precision SWAR 算法的实现：

```
uint32_t swar(uint32_t i) {

    // 步骤 1
    i = (i & 0x55555555) + ((i >> 1) & 0x55555555);

    // 步骤 2
    i = (i & 0x33333333) + ((i >> 2) & 0x33333333);

    // 步骤 3
    i = (i & 0x0F0F0F0F) + ((i >> 4) & 0x0F0F0F0F);

    // 步骤 4
    i = (i*(0x01010101) >> 24);

    return i;

}
```

以下是调用 swar(bitarray) 的执行步骤：

- 步骤 1 计算出的值 i 的二进制表示可以按每两个二进制位为一组进行分组，各组的十进制表示就是该组的汉明重量。

- 步骤 2 计算出的值 i 的二进制表示可以按每四个二进制位为一组进行分组，各组的十进制表示就是该组的汉明重量。
- 步骤 3 计算出的值 i 的二进制表示可以按每八个二进制位为一组进行分组，各组的十进制表示就是该组的汉明重量。
- 步骤 4 的 i*0x01010101 语句计算出 bitarray 的汉明重量并记录在二进制位的最高八位，而 >>24 语句则通过右移运算，将 bitarray 的汉明重量移动到最低八位，得出的结果就是 bitarray 的汉明重量。

举个例子，对于调用 swar(0x3A70F21B)，程序在第一步将计算出值 0x2560A116，这个值的每两个二进制位的十进制表示记录了 0x3A70F21B 每两个二进制位的汉明重量，如表 22-2 所示。

表 22-2　在对二进制进行两位分组下，0x3A70F21B 的汉明重量

值	分组															
0x3A70F21B	00	11	10	10	01	11	00	00	11	11	00	10	00	01	10	11
0x2560A116	00	10	01	01	01	10	00	00	10	10	00	01	00	01	01	10
汉明重量	0	2	1	1	1	2	0	0	2	2	0	1	0	1	1	2

之后，程序在第二步将计算出值 0x22304113，这个值的每四个二进制位的十进制表示记录了 0x3A70F21B 每四个二进制位的汉明重量，如表 22-3 所示。

表 22-3　在对二进制进行四位分组下，0x3A70F21B 的汉明重量

值	分组							
0x3A70F21B	0011	1010	0111	0000	1111	0010	0001	1011
0x22304113	0010	0010	0011	0000	0100	0001	0001	0011
汉明重量	2	2	3	0	4	1	1	3

接下来，程序在第三步将计算出值 0x4030504，这个值的每八个二进制位的十进制表示记录了 0x3A70F21B 每八个二进制位的汉明重量，如表 22-4 所示。

表 22-4　在对二进制进行八位分组下，0x3A70F21B 的汉明重量

值	分组			
0x3A70F21B	00111010	01110000	11110010	00011011
0x4030504	00000100	00000011	00000101	00000100
汉明重量	4	3	5	4

在第四步，程序首先计算 0x4030504 * 0x01010101 = 0x100c0904，将汉明重量聚集到二进制位的最高八位，如表 22-5 所示。

表 22-5 0x3A70F21B 的汉明重量聚集在 0x100c0904 的最高八位

值	24 位至 31 位	16 至 23 位	8 至 15 位	0 至 7 位
0x100c0904	00010000	00001100	00001001	00000100
汉明重量	16	无用值	无用值	无用值

之后程序计算 `0x100c0904 >> 24`，将汉明重量移动到低八位，最终得出值 `0x10`，也即是十进制值 `16`，这个值就是 `0x3A70F21B` 的汉明重量，如表 22-6 所示。

表 22-6 进行移位之后，0x3A70F21B 的汉明重量

值	24 位至 31 位	16 至 23 位	8 至 15 位	0 至 7 位
0x10	00000000	00000000	00000000	00010000

`swar` 函数每次执行可以计算 `32` 个二进制位的汉明重量，它比之前介绍的遍历算法要快 `32` 倍，比键长为 `8` 位的查表法快 `4` 倍，比键长为 `16` 位的查表法快 `2` 倍，并且因为 `swar` 函数是单纯的计算操作，所以它无须像查表法那样，使用额外的内存。

另外，因为 `swar` 函数是一个常数复杂度的操作，所以我们可以按照自己的需要，在一次循环中多次执行 `swar`，从而按倍数提升计算汉明重量的效率：

- 例如，如果我们在一次循环中调用两次 `swar` 函数，那么计算汉明重量的效率就从之前的一次循环计算 `32` 位提升到了一次循环计算 `64` 位。
- 又例如，如果我们在一次循环中调用四次 `swar` 函数，那么一次循环就可以计算 `128` 个二进制位的汉明重量，这比每次循环只调用一次 `swar` 函数要快四倍！

当然，在一个循环里执行多个 `swar` 调用这种优化方式是有极限的：一旦循环中处理的位数组的大小超过了缓存的大小，这种优化的效果就会降低并最终消失。

22.4.4 二进制位统计算法（4）：Redis 的实现

BITCOUNT 命令的实现用到了查表和 variable-precisionSWAR 两种算法：

- 查表算法使用键长为 `8` 位的表，表中记录了从 `0000 0000` 到 `1111 1111` 在内的所有二进制位的汉明重量。
- 至于 variable-precision SWAR 算法方面，*BITCOUNT* 命令在每次循环中载入 `128` 个二进制位，然后调用四次 `32` 位 variable-precision SWAR 算法来计算这 `128` 个二进制位的汉明重量。

在执行 *BITCOUNT* 命令时，程序会根据未处理的二进制位的数量来决定使用那种算法：

- 如果未处理的二进制位的数量大于等于 `128` 位，那么程序使用 variable-precision SWAR 算法来计算二进制位的汉明重量。
- 如果未处理的二进制位的数量小于 `128` 位，那么程序使用查表算法来计算二进制位的汉明重量。

以下伪代码展示了 *BITCOUNT* 命令的实现原理：

```
# 一个表，记录了所有八位长位数组的汉明重量
# 程序将 8 位长的位数组转换成无符号整数，并在表中进行索引
# 例如，对于输入 0000 0011，程序将二进制转换为无符号整数 3
# 然后取出 weight_in_byte[3] 的值 2
# 2 就是 0000 0011 的汉明重量
weight_in_byte = [0,1,1,2,1,2,2,/*...*/,7,7,8]

def BITCOUNT(bits):

    # 计算位数组包含了多少个二进制位
    count = count_bit(bits)

    # 初始化汉明重量为零
    weight = 0

    # 如果未处理的二进制位大于等于 128 位
    # 那么使用 variable-precision SWAR 算法来处理
    while count >= 128:

        # 四个 swar 调用，每个调用计算 32 个二进制位的汉明重量
        # 注意：bits[i:j] 中的索引 j 是不包含在取值范围之内的

        weight += swar(bits[0:32])
        weight += swar(bits[32:64])
        weight += swar(bits[64:96])
        weight += swar(bits[96:128])

        # 移动指针，略过已处理的位，指向未处理的位
        bits = bits[128:]
        # 减少未处理位的长度
        count -= 128

    # 如果执行到这里，说明未处理的位数量不足 128 位
    # 那么使用查表法来计算汉明重量
    while count:

        # 将 8 个位转换成无符号整数，作为查表的索引（键）
        index = bits_to_unsigned_int(bits[0:8])
        weight += weight_in_byte[index]

        # 移动指针，略过已处理的位，指向未处理的位
        bits = bits[8:]
        # 减少未处理位的长度
        count -= 8

    # 计算完毕，返回输入二进制位的汉明重量
    return weight
```

这个 *BITCOUNT* 实现的算法复杂度为 $O(n)$，其中 n 为输入二进制位的数量。

更具体一点，我们可以用以下公式来计算 *BITCOUNT* 命令在处理长度为 n 的二进制位输入时，命令中的两个循环需要执行的次数：

- 第一个循环的执行次数可以用公式 $loop_1 = \lfloor n \div 128 \rfloor$ 计算得出。
- 第二个循环的执行次数可以用公式 $loop_2 = n \bmod 128$ 计算得出。

以 `100 MB = 800 000 000 bit` 来计算，*BITCOUNT* 命令处理一个 `100 MB` 长的位数组

共需要执行第一个循环六百二十五万次，第二个循环零次。以 500 MB = 4 000 000 000 bit 来计算，*BITCOUNT* 命令处理一个 500 MB 长的位数组共需要执行第一个循环三千一百二十五万次，第二个循环零次。

通过使用更好的算法，我们将计算 100 MB 和 500 MB 长的二进制位所需的循环次数从最开始使用遍历算法时的数亿甚至数十亿次减少到了数百万次和数千万次。

22.5 BITOP 命令的实现

因为 C 语言直接支持对字节执行逻辑与（&）、逻辑或（|）、逻辑异或（^）和逻辑非（~）操作，所以 *BITOP* 命令的 AND、OR、XOR 和 NOT 四个操作都是直接基于这些逻辑操作实现的：

- 在执行 *BITOP AND* 命令时，程序用 & 操作计算出所有输入二进制位的逻辑与结果，然后保存在指定的键上面。
- 在执行 *BITOP OR* 命令时，程序用 | 操作计算出所有输入二进制位的逻辑或结果，然后保存在指定的键上面。
- 在执行 *BITOP XOR* 命令时，程序用 ^ 操作计算出所有输入二进制位的逻辑异或结果，然后保存在指定的键上面。
- 在执行 *BITOP NOT* 命令时，程序用 ~ 操作计算出输入二进制位的逻辑非结果，然后保存在指定的键上面。

举个例子，假设客户端执行命令：

```
BITOP AND result x y
```

其中，键 x 保存的位数组如图 22-18 所示，而键 y 保存的位数组如图 22-19 所示，*BITOP* 命令将执行以下操作：

buf[0]	1	0	1	0	0	1	0	1
buf[1]	1	1	0	0	0	0	1	1
buf[2]	0	0	0	0	1	1	1	1
buf[3]	0	0	0	0	0	0	0	0

图 22-18 键 x 所保存的位数组

buf[0]	1	1	1	1	1	1	1	1
buf[1]	0	0	0	0	0	0	0	0
buf[2]	1	1	1	1	1	1	1	1
buf[3]	0	0	0	0	0	0	0	0

图 22-19 键 y 所保存的位数组

1）创建一个空白的位数组 value，用于保存 AND 操作的结果。

2）对两个位数组的第一个字节执行 buf[0] & buf[0] 操作，并将结果保存到 value[0] 字节。

3）对两个位数组的第二个字节执行 buf[1] & buf[1] 操作，并将结果保存到 value[1] 字节。

4）对两个位数组的第三个字节执行 buf[2] & buf[2] 操作，并将结果保存到 value[2] 字节。

5）经过前面的三次逻辑与操作，程序得到了图22-20所示的计算结果，并将它保存在键 `result` 上面。

buf[0]	1	0	1	0	0	1	0	1
buf[1]	0	0	0	0	0	0	0	0
buf[2]	0	0	0	0	1	1	1	1
buf[3]	0	0	0	0	0	0	0	0

图22-20 键x和键y执行BITOP AND命令产生的结果

`BITOP OR`、`BITOP XOR`、`BITOP NOT` 命令的执行过程和这里列出的 `BITOP AND` 的执行过程类似。

因为 `BITOP AND`、`BITOP OR`、`BITOP XOR` 三个命令可以接受多个位数组作为输入，程序需要遍历输入的每个位数组的每个字节来进行计算，所以这些命令的复杂度为 $O(n^2)$；与此相反，因为 `BITOP NOT` 命令只接受一个位数组输入，所以它的复杂度为 $O(n)$。

22.6 重点回顾

- Redis使用SDS来保存位数组。
- SDS使用逆序来保存位数组，这种保存顺序简化了 *SETBIT* 命令的实现，使得 *SETBIT* 命令可以在不移动现有二进制位的情况下，对位数组进行空间扩展。
- *BITCOUNT* 命令使用了查表算法和variable-precision SWAR算法来优化命令的执行效率。
- *BITOP* 命令的所有操作都使用C语言内置的位操作来实现。

22.7 参考资料

- StackOverflow网站上的一个帖子对Hamming Weight主题进行了讨论，并给出了有用的参考信息：http://stackoverflow.com/questions/109023/how-to-count-the-number-of-set-bits-in-a-32-bit-integer 。
- 博客文章《Counting The Number Of Set Bits In An Integer》给出了variable-precision SWAR算法的介绍：http://yesteapea.wordpress.com/2013/03/03/counting-the-number-of-set-bits-in-an-integer/。

第 23 章

慢查询日志

Redis 的慢查询日志功能用于记录执行时间超过给定时长的命令请求，用户可以通过这个功能产生的日志来监视和优化查询速度。

服务器配置有两个和慢查询日志相关的选项：

- slowlog-log-slower-than 选项指定执行时间超过多少微秒（1 秒等于 1 000 000 微秒）的命令请求会被记录到日志上。

举个例子，如果这个选项的值为 100，那么执行时间超过 100 微秒的命令就会被记录到慢查询日志；如果这个选项的值为 500，那么执行时间超过 500 微秒的命令就会被记录到慢查询日志。

- slowlog-max-len 选项指定服务器最多保存多少条慢查询日志。

服务器使用先进先出的方式保存多条慢查询日志，当服务器存储的慢查询日志数量等于 slowlog-max-len 选项的值时，服务器在添加一条新的慢查询日志之前，会先将最旧的一条慢查询日志删除。

举个例子，如果服务器 slowlog-max-len 的值为 100，并且假设服务器已经储存了 100 条慢查询日志，那么如果服务器打算添加一条新日志的话，它就必须先删除目前保存的最旧的那条日志，然后再添加新日志。

我们来看一个慢查询日志功能的例子，首先用 *CONFIG SET* 命令将 slowlog-log-slower-than 选项的值设为 0 微秒，这样 Redis 服务器执行的任何命令都会被记录到慢查询日志中，接着将 slowlog-max-len 选项的值设为 5，让服务器最多只保存 5 条慢查询日志：

```
redis> CONFIG SET slowlog-log-slower-than 0
OK

redis> CONFIG SET slowlog-max-len 5
OK
```

接着，我们用客户端发送几条命令请求：

```
redis> SET msg "hello world"
```

```
OK

redis> SET number 10086
OK

redis> SET database "Redis"
OK
```

然后使用 *SLOWLOG GET* 命令查看服务器所保存的慢查询日志：

```
redis> SLOWLOG GET
1) 1) (integer) 4                # 日志的唯一标识符（uid）
   2) (integer) 1378781447       # 命令执行时的 UNIX 时间戳
   3) (integer) 13               # 命令执行的时长，以微秒计算
   4) 1) "SET"                   # 命令以及命令参数
      2) "database"
      3) "Redis"
2) 1) (integer) 3
   2) (integer) 1378781439
   3) (integer) 10
   4) 1) "SET"
      2) "number"
      3) "10086"
3) 1) (integer) 2
   2) (integer) 1378781436
   3) (integer) 18
   4) 1) "SET"
      2) "msg"
      3) "hello world"
4) 1) (integer) 1
   2) (integer) 1378781425
   3) (integer) 11
   4) 1) "CONFIG"
      2) "SET"
      3) "slowlog-max-len"
      4) "5"
5) 1) (integer) 0
   2) (integer) 1378781415
   3) (integer) 53
   4) 1) "CONFIG"
      2) "SET"
      3) "slowlog-log-slower-than"
      4) "0"
```

如果这时再执行一条 *SLOWLOG GET* 命令，那么我们将看到，上一次执行的 *SLOWLOG GET* 命令已经被记录到了慢查询日志中，而最旧的、ID 为 0 的慢查询日志已经被删除，服务器的慢查询日志数量仍然为 5 条：

```
redis> SLOWLOG GET
1) 1) (integer) 5
   2) (integer) 1378781521
   3) (integer) 61
   4) 1) "SLOWLOG"
      2) "GET"
```

```
2) 1) (integer) 4
   2) (integer) 1378781447
   3) (integer) 13
   4) 1) "SET"
      2) "database"
      3) "Redis"
3) 1) (integer) 3
   2) (integer) 1378781439
   3) (integer) 10
   4) 1) "SET"
      2) "number"
      3) "10086"
4) 1) (integer) 2
   2) (integer) 1378781436
   3) (integer) 18
   4) 1) "SET"
      2) "msg"
      3) "hello world"
5) 1) (integer) 1
   2) (integer) 1378781425
   3) (integer) 11
   4) 1) "CONFIG"
      2) "SET"
      3) "slowlog-max-len"
      4) "5"
```

23.1 慢查询记录的保存

服务器状态中包含了几个和慢查询日志功能有关的属性：

```
struct redisServer {

    // ...

    // 下一条慢查询日志的 ID
    long long slowlog_entry_id;

    // 保存了所有慢查询日志的链表
    list *slowlog;

    // 服务器配置 slowlog-log-slower-than 选项的值
    long long slowlog_log_slower_than;

    // 服务器配置 slowlog-max-len 选项的值
    unsigned long slowlog_max_len;

    // ...

};
```

slowlog_entry_id 属性的初始值为 0，每当创建一条新的慢查询日志时，这个属性的值就会用作新日志的 id 值，之后程序会对这个属性的值增一。

例如，在创建第一条慢查询日志时，slowlog_entry_id 的值 0 会成为第一条慢查询日志的 ID，而之后服务器会对这个属性的值增一；当服务器再创建新的慢查询日志的时候，slowlog_entry_id 的值 1 就会成为第二条慢查询日志的 ID，然后服务器再次对这个属性的值增一，以此类推。

slowlog 链表保存了服务器中的所有慢查询日志，链表中的每个节点都保存了一个 slowlogEntry 结构，每个 slowlogEntry 结构代表一条慢查询日志：

```
typedef struct slowlogEntry {

    // 唯一标识符
    long long id;

    // 命令执行时的时间，格式为 UNIX 时间戳
    time_t time;

    // 执行命令消耗的时间，以微秒为单位
    long long duration;

    // 命令与命令参数
    robj **argv;

    // 命令与命令参数的数量
    int argc;

} slowlogEntry;
```

举个例子，对于以下慢查询日志来说：

```
1) (integer) 3
2) (integer) 1378781439
3) (integer) 10
4) 1) "SET"
   2) "number"
   3) "10086"
```

图 23-1 展示的就是该日志所对应的 slowlogEntry 结构。

```
slowlogEntry
id 3
time 1378781439
duration 10
argv  -->  argv[0] StringObject "SET" | argv[1] StringObject "number" | argv[2] StringObject "10086"
argc 3
```

图 23-1 slowlogEntry 结构示例

图 23-2 展示了服务器状态中和慢查询功能有关的属性：

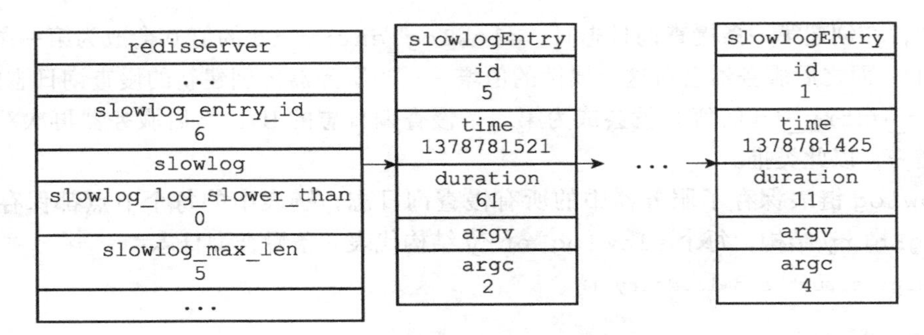

图 23-2 redisServer 结构示例

- slowlog_entry_id 的值为 6，表示服务器下条慢查询日志的 id 值将为 6。
- slowlog 链表包含了 id 为 5 至 1 的慢查询日志，最新的 5 号日志排在链表的表头，而最旧的 1 号日志排在链表的表尾，这表明 slowlog 链表是使用插入到表头的方式来添加新日志的。
- slowlog_log_slower_than 记录了服务器配置 slowlog-log-slower-than 选项的值 0，表示任何执行时间超过 0 微秒的命令都会被慢查询日志记录。
- slowlog-max-len 属性记录了服务器配置 slowlog-max-len 选项的值 5，表示服务器最多储存五条慢查询日志。

注意

因为版面空间不足，所以图 23-2 展示的各个 slowlogEntry 结构都省略了 argv 数组。

23.2 慢查询日志的阅览和删除

弄清楚了服务器状态的 slowlog 链表的作用之后，我们可以用以下伪代码来定义查看日志的 *SLOWLOG GET* 命令：

```
def SLOWLOG_GET(number=None):

    # 用户没有给定 number 参数
    # 那么打印服务器包含的全部慢查询日志
    if number is None:
        number = SLOWLOG_LEN()

    # 遍历服务器中的慢查询日志
    for log in redisServer.slowlog:

        if number <= 0:
            # 打印的日志数量已经足够，跳出循环
            break
        else:
            # 继续打印，将计数器的值减一
            number -= 1
```

```
        # 打印日志
        printLog(log)
```

查看日志数量的 *SLOWLOG LEN* 命令可以用以下伪代码来定义：

```
def SLOWLOG_LEN():

    # slowlog 链表的长度就是慢查询日志的条目数量
    return len(redisServer.slowlog)
```

另外，用于清除所有慢查询日志的 *SLOWLOG RESET* 命令可以用以下伪代码来定义：

```
def SLOWLOG_RESET():

    # 遍历服务器中的所有慢查询日志
    for log in redisServer.slowlog:

        # 删除日志
        deleteLog(log)
```

23.3 添加新日志

在每次执行命令的之前和之后，程序都会记录微秒格式的当前 UNIX 时间戳，这两个时间戳之间的差就是服务器执行命令所耗费的时长，服务器会将这个时长作为参数之一传给 slowlogPushEntryIfNeeded 函数，而 slowlogPushEntryIfNeeded 函数则负责检查是否需要为这次执行的命令创建慢查询日志，以下伪代码展示了这一过程：

```
# 记录执行命令前的时间
before = unixtime_now_in_us()

# 执行命令
execute_command(argv, argc, client)

# 记录执行命令后的时间
after = unixtime_now_in_us()

# 检查是否需要创建新的慢查询日志
slowlogPushEntryIfNeeded(argv, argc, before-after)
```

slowlogPushEntryIfNeeded 函数的作用有两个：

1）检查命令的执行时长是否超过 slowlog-log-slower-than 选项所设置的时间，如果是的话，就为命令创建一个新的日志，并将新日志添加到 slowlog 链表的表头。

2）检查慢查询日志的长度是否超过 slowlog-max-len 选项所设置的长度，如果是的话，那么将多出来的日志从 slowlog 链表中删除掉。

以下是 slowlogPushEntryIfNeeded 函数的实现代码：

```
void slowlogPushEntryIfNeeded(robj **argv, int argc, long long duration) {

    // 慢查询功能未开启，直接返回
    if (server.slowlog_log_slower_than < 0) return;
```

```
    // 如果执行时间超过服务器设置的上限，那么将命令添加到慢查询日志
    if (duration >= server.slowlog_log_slower_than)
        // 新日志添加到链表表头
        listAddNodeHead(server.slowlog,slowlogCreateEntry(argv,argc,duration));

    // 如果日志数量过多，那么进行删除
    while (listLength(server.slowlog) > server.slowlog_max_len)
        listDelNode(server.slowlog,listLast(server.slowlog));
}
```

函数中的大部分代码我们已经介绍过了，唯一需要说明的是 `slowlogCreateEntry` 函数：该函数根据传入的参数，创建一个新的慢查询日志，并将 `redisServer.slowlog_entry_id` 的值增 1。

举个例子，假设服务器当前保存的慢查询日志如图 23-2 所示，如果我们执行以下命令：

```
redis> EXPIRE msg 10086
(integer) 1
```

服务器在执行完这个 *EXPIRE* 命令之后，就会调用 `slowlogPushEntryIfNeeded` 函数，函数将为 *EXPIRE* 命令创建一条 `id` 为 6 的慢查询日志，并将这条新日志添加到 `slowlog` 链表的表头，如图 23-3 所示。

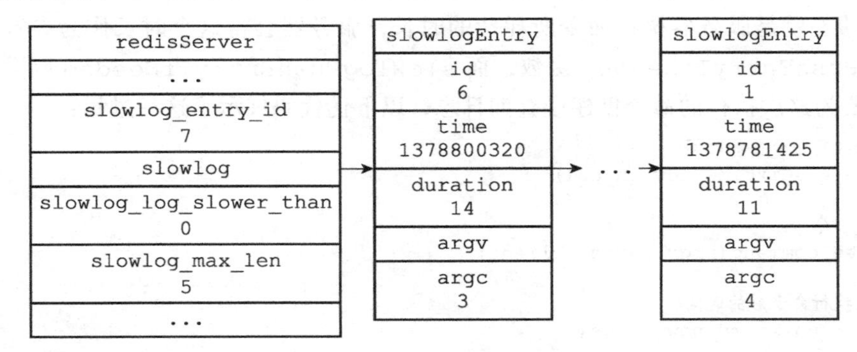

图 23-3 EXPIRE 命令执行之后的服务器状态

注意，除了 `slowlog` 链表发生了变化之外，`slowlog_entry_id` 的值也从 6 变为 7 了。

之后，`slowlogPushEntryIfNeeded` 函数发现，服务器设定的最大慢查询日志数目为 5 条，而服务器目前保存的慢查询日志数目为 6 条，于是服务器将 `id` 为 1 的慢查询日志删除，让服务器的慢查询日志数量回到设定好的 5 条。

删除操作执行之后的服务器状态如图 23-4 所示。

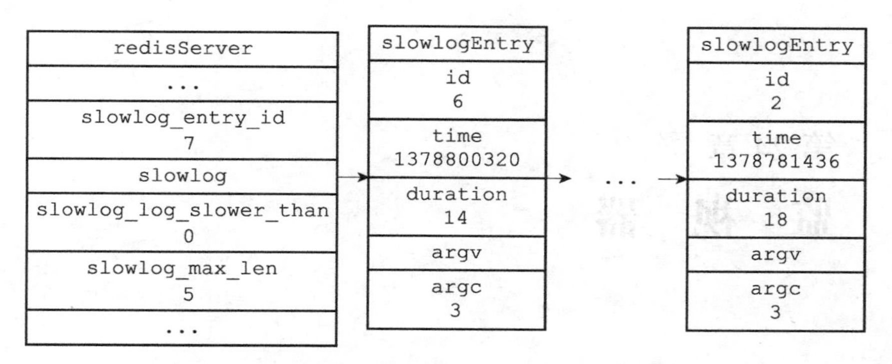

图 23-4　删除 id 为 1 的慢查询日志之后的服务器状态

23.4　重点回顾

- Redis 的慢查询日志功能用于记录执行时间超过指定时长的命令。
- Redis 服务器将所有的慢查询日志保存在服务器状态的 slowlog 链表中，每个链表节点都包含一个 slowlogEntry 结构，每个 slowlogEntry 结构代表一条慢查询日志。
- 打印和删除慢查询日志可以通过遍历 slowlog 链表来完成。
- slowlog 链表的长度就是服务器所保存慢查询日志的数量。
- 新的慢查询日志会被添加到 slowlog 链表的表头，如果日志的数量超过 slowlog-max-len 选项的值，那么多出来的日志会被删除。

第 24 章

监 视 器

通过执行 *MONITOR* 命令，客户端可以将自己变为一个监视器，实时地接收并打印出服务器当前处理的命令请求的相关信息：

```
redis> MONITOR
OK
1378822099.421623 [0 127.0.0.1:56604] "PING"
1378822105.089572 [0 127.0.0.1:56604] "SET" "msg" "hello world"
1378822109.036925 [0 127.0.0.1:56604] "SET" "number" "123"
1378822140.649496 [0 127.0.0.1:56604] "SADD" "fruits" "Apple" "Banana" "Cherry"
1378822154.117160 [0 127.0.0.1:56604] "EXPIRE" "msg" "10086"
1378822257.329412 [0 127.0.0.1:56604] "KEYS" "*"
1378822258.690131 [0 127.0.0.1:56604] "DBSIZE"
```

每当一个客户端向服务器发送一条命令请求时，服务器除了会处理这条命令请求之外，还会将关于这条命令请求的信息发送给所有监视器，如图 24-1 所示。

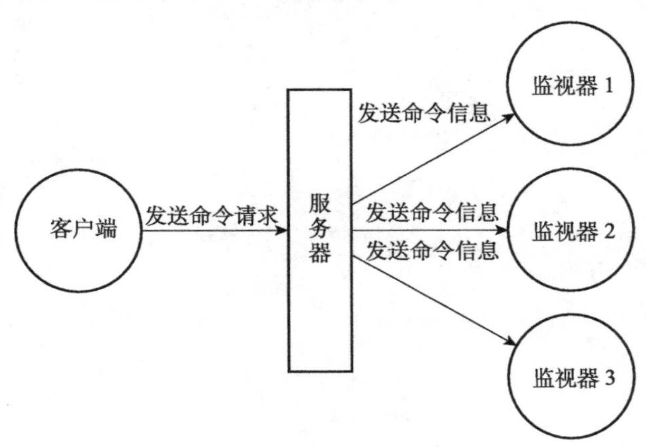

图 24-1　命令的接收和信息的发送

24.1 成为监视器

发送 *MONITOR* 命令可以让一个普通客户端变为一个监视器，该命令的实现原理可以用以下伪代码来实现：

```
def MONITOR():

    # 打开客户端的监视器标志
    client.flags |= REDIS_MONITOR

    # 将客户端添加到服务器状态的 monitors 链表的末尾
    server.monitors.append(client)

    # 向客户端返回 OK
    send_reply("OK")
```

举个例子，如果客户端 c10086 向服务器发送 *MONITOR* 命令，那么这个客户端的 REDIS_MONITOR 标志会被打开，并且这个客户端本身会被添加到 monitors 链表的表尾。

假设客户端 c10086 发送 *MONITOR* 命令之前，monitors 链表的状态如图 24-2 所示，那么在服务器执行客户端 c10086 发送的 *MONITOR* 命令之后，monitors 链表将被更新为图 24-3 所示的状态。

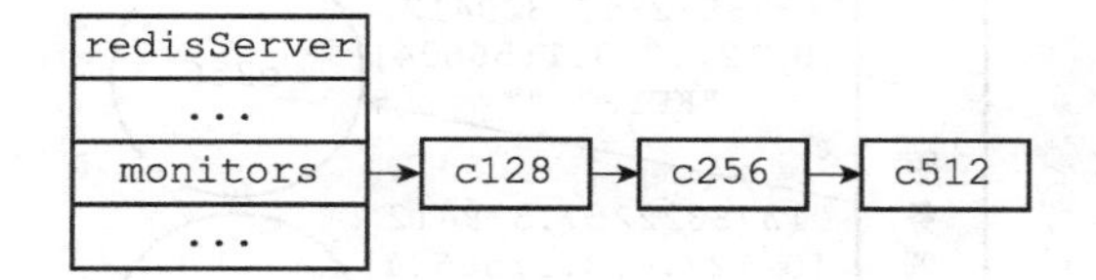

图 24-2 客户端 c10086 执行 MONITOR 命令之前的 monitors 链表

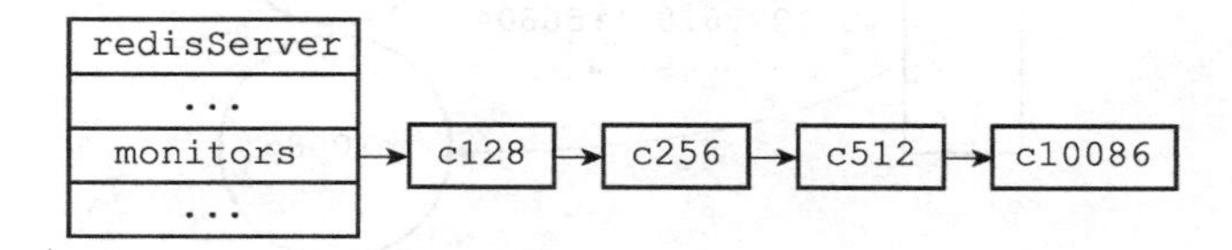

图 24-3 客户端 c10086 执行 MONITOR 命令之后的 monitors 链表

24.2 向监视器发送命令信息

服务器在每次处理命令请求之前，都会调用 replicationFeedMonitors 函数，由这个函数将被处理的命令请求的相关信息发送给各个监视器。

以下是 replicationFeedMonitors 函数的伪代码定义，函数首先根据传入的参数创建信息，然后将信息发送给所有监视器：

```
def replicationFeedMonitors(client, monitors, dbid, argv, argc):

    # 根据执行命令的客户端、当前数据库的号码、命令参数、命令参数个数等参数
```

```
# 创建要发送给各个监视器的信息
msg = create_message(client, dbid, argv, argc)

# 遍历所有监视器
for monitor in monitors:

    # 将信息发送给监视器
    send_message(monitor, msg)
```

举个例子，假设服务器在时间 1378822257.329412，根据 IP 为 127.0.0.1、端口号为 56604 的客户端发送的命令请求，对 0 号数据库执行命令 KEYS*，那么服务器将创建以下信息：

```
1378822257.329412 [0 127.0.0.1:56604] "KEYS" "*"
```

如果服务器 monitors 链表的当前状态如图 24-3 所示，那么服务器会分别将信息发送给 c128、c256、c512 和 c10086 四个监视器，如图 24-4 所示。

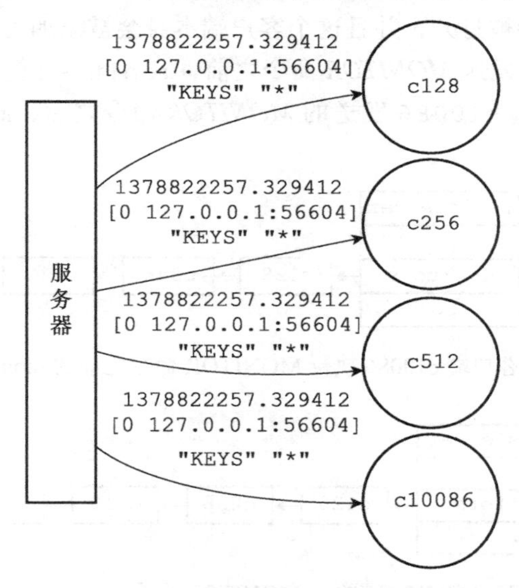

图 24-4 服务器将信息发送给各个监视器

24.3 重点回顾

- 客户端可以通过执行 *MONITOR* 命令，将客户端转换成监视器，接收并打印服务器处理的每个命令请求的相关信息。
- 当一个客户端从普通客户端变为监视器时，该客户端的 REDIS_MONITOR 标识会被打开。
- 服务器将所有监视器都记录在 monitors 链表中。
- 每次处理命令请求时，服务器都会遍历 monitors 链表，将相关信息发送给监视器。

推荐阅读

分布式系统：概念与设计（原书第5版）

作者：George Coulouris 等 ISBN：978-7-111-40392-0 定价：128.00元

本书全面介绍分布式系统的原理、体系结构、算法和设计，
内容涵盖分布式系统的相关概念、系统模型、数据复制、分布式文件系统、分布式事务、
分布式系统设计等，内容全面，巨细靡遗，是分布式领域的著名教材，被国外多所大学选作为教材。

云计算与分布式系统：从并行处理到物联网

作者：Kai Hwang 等 ISBN：978-7-111-41065-2 定价：85.00元

本书覆盖高性能计算、分布式与云计算、虚拟化和网格计算等技术，
阐述了如何为科研、电子商务、社会网络和超级计算等创建高性能、可扩展的可靠系统，
介绍了硬件和软件、系统结构、新的编程范式，以及强调速度性能和节能的生态系统方面的最新进展。
作者将应用与技术趋势相结合，揭示了计算的未来发展，提供的案例研究来自亚马逊、微软、谷歌等。

推荐阅读

大数据治理与安全
从理论到开源实践

Hadoop与大数据挖掘

An In-Depth Guide to Hadoop HDFS
深度剖析
Hadoop HDFS

Apache Kylin
权威指南

The Source Code Analysis of Ceph
Ceph源码分析

Kafka源码解析与实战

Learning Spark Step By Step
循序渐进学Spark

分布式实时处理系统
原理、架构与实现

大数据架构商业之路
从业务需求到技术方案